U0657939

发电厂电气设备

（第四版）

主　编　郭　琳　胡　斌　黄兴泉

副主编　马　雁　吴娟娟

编　写　石锋杰　喻　宙　彭　博

主　审　黄益华

中国电力出版社

CHINA ELECTRIC POWER PRESS

内 容 提 要

本书共分十七章，主要内容包括概述、电力系统中性点接地方式 、开关电器中的灭弧原理 、低压开关、熔断器 、隔离开关、高压断路器、互感器、电气主接线、发电厂和变电站的自用电、电气设备选择及短路电流限制 、配电装置、接地装置 、发电厂和变电站的直流系统、发电厂和变电站的保护测控系统、断路器的控制回路、同期回路。书后附录有常用系数及设备参数表，且每章后均有小结、思考题和习题。在改编本书过程中对部分内容进行了调整，较多地关注高压断路器、直流系统、保护测控系统等方面的新知识、新技术、新工艺，特别注重基础理论的系统性、实用性和先进性。本书在叙述上力求做到深入浅出，在内容编排上力求做到重点突出、实践性强，便于学生学习和理解。

本书主要作为高职高专院校电力技术类专业的教材，也可作为电力行业技术人员的参考用书。

图书在版编目(CIP)数据

发电厂电气设备/郭琳，胡斌，黄兴泉主编 . —4 版 . —北京：中国电力出版社，2019.10（2025.6重印）
"十三五"职业教育规划教材
ISBN 978-7-5198-3875-1

Ⅰ．①发…　Ⅱ．①郭…　②胡…　③黄…　Ⅲ．①发电厂-电气设备-高等职业教育-教材　Ⅳ．①TM621.7

中国版本图书馆 CIP 数据核字(2019)第 237010 号

出版发行：中国电力出版社出版
地　　址：北京市东城区北京站西街 19 号（邮政编码 100005）
网　　址：http：//www. cepp. sgcc. com. cn)
责任编辑：陈　硕
责任校对：朱丽芳
装帧设计：赵姗姗
责任印制：吴　迪

印　　刷：三河市航远印刷有限公司
版　　次：2019 年 10 月第四版
印　　次：2025 年 6 月北京第三十五次印刷
开　　本：787 毫米×1092 毫米　16 开本
印　　张：18
字　　数：435 千字
定　　价：46.00 元

前　言

高等职业教育正处于摸索和改革的重要阶段，以工作过程为导向的职业教育思想已被我国职业教育界所接受。为适应行动导向教学模式的需要，该教材主要采用行动导向编写方式，按照"项目导向，任务驱动，理实一体，教、学、做一体"的原则，以岗位分析为基础，以课程标准为依据，充分体现高等职业教育教学规律。该教材一经出版，立即被相关高职院校尝试行动导向教学法的专业所采用，并在使用过程中得到了读者的支持与肯定。普遍反映该教材能够充分考虑学生的认知规律，充分调动学生学习的积极性，使学生学会学习、学会工作，在工作过程中学会与人相处，具备合作能力、交流能力、约束能力等，并提高了综合能力。

但高等职业教育改革的过程是曲折的，很多高职院校对传统教学法和行动导向教学法分别开设专业进行教学，以探索更适合自身特点的教学模式。传统教学法采用目前普遍使用的"十一五"规划教材，随着我国电力技术和设备的不断发展，先前教材早已陈旧，已不能适应现阶段的教学要求。

本书针对课程特点，结合我国电力生产现状，在于长顺、郭琳主编的《发电厂电气设备（第三版）》基础上，删除了部分陈旧内容，同时借鉴郭琳、鲁爱斌主编的《电气设备运行与检修》，对全书内容进行了调整，较多地关注高压断路器、直流系统、保护测控系统等方面的新知识、新技术、新工艺，特别注重基础理论的系统性、实用性和先进性。本书在叙述上力求做到深入浅出，在内容编排上力求做到重点突出、实践性强，便于学生学习和理解。本书作为高职高专院校电力技术类专业的教材，在编写过程中按照人才培养目标的要求，以适用为度，由电力职业院校的在校教师和现场高级技术人员共同编写。

为学习贯彻落实党的二十大精神，本书根据《党的二十大报告学习辅导百问》《二十大党章修正案学习问答》，在数字资源中设置了"二十大报告及党章修正案学习辅导"栏目，以方便师生学习。

本书共分十七章，第一、十三章由郑州电力高等专科学校胡斌老师改编；第二、九、十章由郑州电力高等专科学校郭琳老师改编；第三、六、七、八章由国家电网河南省电力公司电力科学研究院黄兴泉博士、郑州电力高等专科学校石锋杰老师共同改编；第四、五章由郑州电力高等专科学校喻宙、彭博老师改编；第十一章由郑州电力高等专科学校郭琳、马雁老师改编；第十二、十六章由郑州电力高等专科学校郭琳、石锋杰老师改编；第十四、十五章由郑州电力高等专科学校胡斌、吴娟娟老师改编；第十七章由郑州电力高等专科学校郭琳、吴娟娟老师改编；附录由郑州电力高等专科学校马雁、喻宙、彭博老师改编。全书由郑州电力高等专科学校郭琳老师统稿。

由于编者教学水平和实际生产经验有限，不足和疏漏之处在所难免，希望读者提出宝贵意见。

编　者
2022 年 11 月

目　　录

第一章　概　　述

电力工业在社会主义现代化建设中占有十分重要的地位。电能与其他能源比较具有显著的优越性，它可以方便地与其他能源互相转换，可以经济地远距离输送，并在使用时易于操作和控制。所以，在现代化生产和人民生活中，电能得到日益广泛的应用。世界上已把电力工业的发展情况作为衡量一个国家现代化水平的标志之一。

通过本课程的学习，应掌握发电厂和变电站电气部分中的各种电气设备和一、二次系统的接线和装置的基本知识，并通过相应的实践教学环节，培养有关的基本技能。

本章主要从电力系统开始，对发电厂和变电站的电气部分进行概括介绍，为本课程以后各章内容的学习做好准备。

第一节　发电厂和变电站的类型

一、电力系统及电力网

由于电能不能大量储存，其生产、输送、分配和消费必须在同一时刻完成，因此各个环节必须连成一个整体。由发电机、变压器、升压站（升压变电站）、输电线路、降压站（降压变电站）及电能用户所组成的整体称为电力系统，其中由各级电压的输配线路和降压变电站组成的部分称为电力网。

为了提高供电的可靠性和经济性，目前广泛地将许多发电厂用电力网连接起来，并联在同一电力系统中工作。图 1-1 所示为一电力系统原理接线图。

电力系统运行必须保证：

（1）安全可靠、连续地对电力用户供电。

（2）电能质量。电压、频率、波形的偏差均不超过允许值。

（3）电力系统运行的经济性。在电能生产和输送过程中，应尽量消耗少、效率高、成本低。

二、发电厂的类型

发电厂是把其他形式的能量（如燃料的化学能、水流的位能和动能、原子核能、风能、海洋能、太阳能等）转换成电能的工厂。目前，我国电力系统中的发电厂按使用的能源不同，可分为以下几种。

1. 火力发电厂

火力发电厂简称火电厂，是利用燃料所蕴藏的化学能转变为电能。燃料在锅炉中燃烧时释放出热能，将水加热成一定温度和压力的蒸汽，然后利用蒸汽推动汽轮机旋转，带动发电机发电。目前我国电力系统中仍以火电厂为主，所占比例约为 70%。火电厂分为凝汽式电厂和热电厂两种，所用的燃料主要是煤、石油和天然气三种。

2. 水力发电厂

水力发电厂简称水电厂，是利用江河的水从上游流到下游时位能的变化，将水能变为电

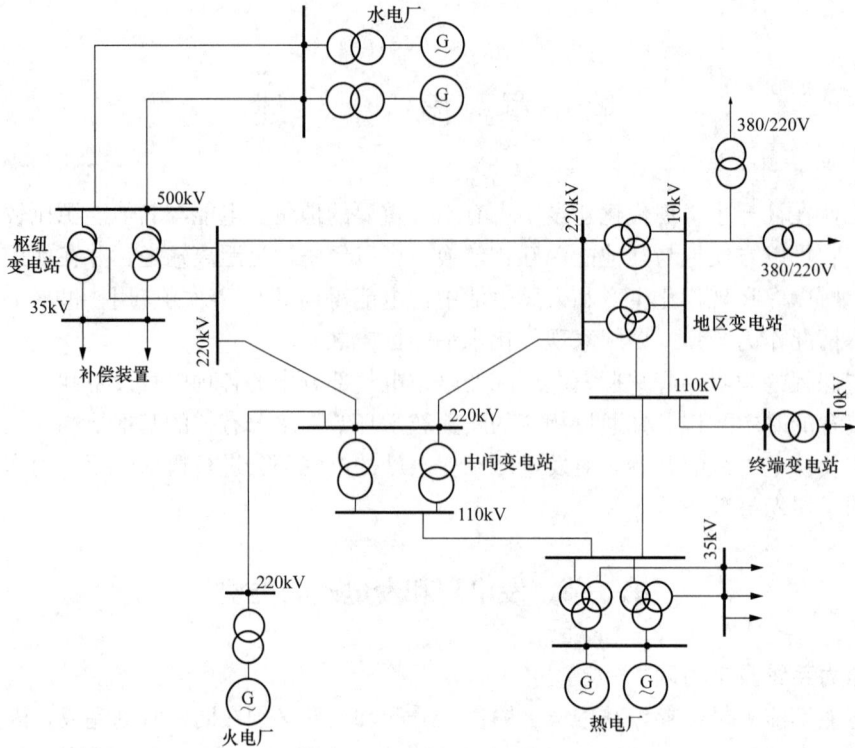

图 1-1　电力系统原理接线图

能。水电厂中发电机的原动机是水轮机,河水冲动水轮机旋转,带动发电机发电。水电厂的功率,与水的流量和上下游水位落差的乘积成正比。按照取水方式,水电厂可分为:

(1) 坝式水电厂。在河流上选择地质条件较好的适当位置,修建拦河坝,形成水库,抬高上游水位,使坝的上下游水位形成较大的集中落差,引水发电。我国水电厂多为坝式水电厂,如黄河上游的刘家峡水电站等。

(2) 径流式水电厂。利用有高落差的急流河道建坝,但不形成水库,将水引入水轮机。这种水电厂只能按天然河水流量的多少来发电,如我国长江中游的葛洲坝水电站等。

(3) 抽水蓄能电厂。它是一种特殊形式的水电厂,其建筑物情况与坝式水电厂相同,但其机组可按水轮机-发电机方式运行发电,也可按电动机-水泵方式运行抽水。当电力系统中负荷低时,机组按电动机-水泵方式运行,利用系统中的多余电力,将下游水库中的水抽到上游水库中去,储存起来。待电力系统中高峰负荷时,上游水库放水,机组按水轮机-发电机方式运行发电,供电力系统使用。我国已规划在一些地区兴建较多的抽水蓄能电厂,如广州抽水蓄能电厂等。

3. 核能发电厂

核能发电厂与一般火电厂的基本原理相同,发电设备仍为普通的汽轮机和发电机,不同的是在核电厂中用核反应堆和蒸汽发生器代替火电厂中的锅炉设备,核电厂可建成凝汽式电厂或热电厂。利用核能可大大减少燃料的开采、运输和存储的困难及费用,发电成本低;核电厂不释放 CO_2、SO_2 等气体,有利于环境保护。目前,我国已建成了多座核电厂,如大亚湾核电站、秦山核电站、田湾核电站等。

4. 风力发电厂

风力发电厂是将风能转换为电能。风能属于可再生能源，不能直接存储，而且具有随机性。在风能丰富的地区，按一定的排列方式成群安装风力发电机组，组成集群，其机组可多达几百上千台，是大规模开发利用风能的有效形式。目前，我国的新疆、内蒙古、宁夏等地都是风力发电厂比较集中的地区。

5. 海洋能发电厂

海洋能是蕴藏在海水中的可再生能源，如潮汐能、波浪能、海流能、海洋温差能、海洋盐差能等。潮汐能发电厂已实用化，小型波浪能发电装置正逐步商品化，其他三种海洋能发电处于试验研究阶段。

6. 地热发电站

利用地下蒸汽或热水等地球内部热能资源发电，称为地热发电。由于地热能是储存在地下的，因此不会受到任何天气状况的影响，并且地热资源同时具有其他可再生能源的所有特点，随时可以采用，不带有害物质。拉萨市郊羊八井热电厂是我国第一座地热发电厂。

7. 太阳能电站

太阳能电站利用从太阳向地球辐射的光能发电。其发电方式有太阳能热发电和光伏发电两种。太阳能发电系统主要包括太阳能电池组件、控制器、蓄电池、逆变器、负载等。其中，太阳能电池组件和蓄电池为电源系统，控制器和逆变器为控制保护系统，负载为系统终端。由于太阳能具有取之不尽、用之不竭，无污染等特点，太阳能电站已成为未来发展又一趋势。

8. 生物质能发电厂

生物质能发电的原料主要有农作物秸秆、人畜粪便、有机垃圾及工业有机废水等，建成的发电厂有垃圾焚烧电厂、沼气发电厂、秸秆发电厂等。

三、变电站的类型

变电站是电力系统中重要的中间环节，它的作用是变换电能电压，接收和分配电能。变电站根据在系统中的地位和作用可分为以下几类：

（1）枢纽变电站。枢纽变电站一般为 500kV 或 220~330kV 特别重要的变电站，如图 1-1 所示。其在系统中处于枢纽地位，连接系统高压和中压的几个部分，汇集多个大电源和大容量联络线。其特点是电压等级高、变电容量大、出线数目多；全站停电后，将引起系统解列，造成大面积停电。

（2）中间变电站。图 1-1 给出了 220kV 环形网络中的中间变电站。中间变电站一般设在高压和超高压主要环形线路或系统主要干线的接口处，其高压侧有系统功率穿越通过，此外，降压给附近地区供电，一般出线数目不多。

（3）地区变电站。图 1-1 给出了地区变电站。地区变电站主要给所属地区供电，是一个地区或中等城市的主要变电站，电压等级一般为 220kV 及以下。

（4）终端变电站。如图 1-1 所示，终端变电站多为 1~2 回线路接入，接线简单，位于负荷点附近，电压等级多为 35kV 及以下。

随着电力系统的发展及高一级电压电力网的出现，变电站在系统中的地位和作用会发生变化。如过去的 220kV 枢纽变电站，在今天会逐步下降为地区变电站。

第二节　发电厂变电站一次设备概述

发电厂电气部分的主要工作：根据负荷变化的要求，起动、调整和停止机组；对电路进行必要的切换；不断监视主要设备的工作；周期性地检查和维护主要设备；定期检修设备及迅速消除发生的故障等。

根据上述要求，发电厂中的电气设备分为一次设备和二次设备。

一、一次设备

直接生产、转换和输配电能的设备称为一次设备，主要有以下几种。

（1）生产和转换电能的设备，如生产电能的发电机、变换电能电压的变压器、拖动各种厂用机械的电动机。

（2）接通和断开电路的开关设备，如用于在不同条件下开闭和切换电路的断路器、隔离开关、空气自动开关、接触器、刀开关等。

（3）限制短路电流或过电压的设备，如限制短路电流的电抗器及限制过电压的避雷器、避雷针、避雷线等。

（4）载流导体，如用来汇集和分配电能的母线、传输电能的架空线和电缆线等。

（5）互感器，如将交流大电流变成小电流（5A 或 1A）的电流互感器和将交流高电压变成低电压（100V 或 $100/\sqrt{3}$ V）的电压互感器。

（6）补偿设备，如调相机、电力电容器、消弧线圈、并联电抗器等。

（7）绝缘子。绝缘子用来支撑和固定载流导体，并使载流导体与地绝缘，或使装置中不同电位的载流导体间绝缘。

（8）接地装置。接地装置用来保证电力系统正常工作或保护人身安全。前者称工作接地，后者称保护接地。

常用一次设备的名称及图形、文字符号如表 1-1 所示。

表 1-1　　　　常用一次设备的名称及图形、文字符号

名　称	图形符号	文字符号	名　称	图形符号	文字符号
交流发电机		G	三绕组自耦变压器	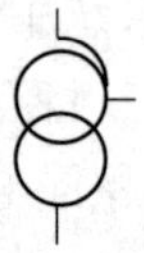	T
双绕组变压器	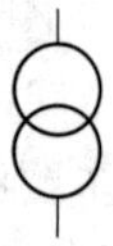	T	电动机		M
三绕组变压器	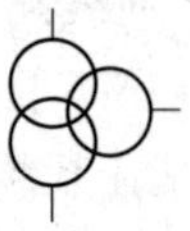	T	断路器		QF

名 称	图形符号	文字符号	名 称	图形符号	文字符号
隔离开关		QS	电容器		C
熔断器		FU	调相机		G
普通电抗器		L	消弧线圈		L
分裂电抗器		L	双绕组、三绕组电压互感器		TV
负荷开关		Q	具有两个铁芯和两个二次绕组、一个铁芯两个二次绕组的电流互感器		TA
接触器的主动合、主动断触头		K	避雷器		F
母线、导线和电缆		W	火花间隙		F
电缆终端头		—	接地		E

二、电气主接线和配电装置

1. 电气主接线

在发电厂中，各种一次设备根据工作的要求和它们的作用，依一定的顺序用导线连接而成的电路，称为一次电路，也称主电路，或称电气主接线。主接线表明电能的生产、汇集、转换、分配关系和运行方式，是运行操作、切换电路的依据。

电力工程技术中常用两种图表示电气接线的情况。一种是电路图，它是用图形符号并按工作顺序排列，详细表示电路、设备等的全部基本组成和连接关系，而不考虑实际位置，目的是便于详细理解作用原理以及分析和计算电路特性。另一种是接线图，接线图与电路图的不同之处在于图中所表示的设备位置宜与设备实际布置一致。接线图中常用的一次设备的图形符号如表 1-1 表示。电路图和接线图的画法可分为两种：单线图和多线图。单线图仅描绘出三相交流电路中一相的连接情况；多线图则描绘出各相的全部设备，比较复杂，不如单线图清晰。所以，目前在设计、运行、安装工作中广泛应用单线图，只有在需要表示局部电路的详细情况时才用多线图表示。

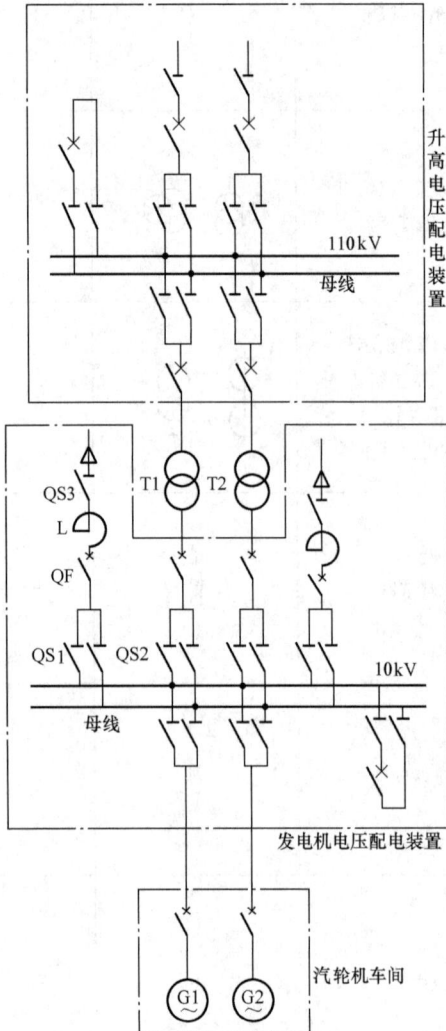

图 1-2   热电厂电气主接线的单线图

2. 配电装置

按主接线图，由一次设备及必要的辅助设备组建成的电工建筑物，称为配电装置。配电装置的作用是接收和分配电能，是发电厂和变电站的重要组成部分。

图 1-2 所示为某热电厂电气主接线的单线图。下面以该图为例，说明各种电气设备的作用，以及电气主接线和配电装置的情况。

需要指出，单线图中虽然描绘的是一相电路的连接情况，但表示的是三相电路。另外，规定在电路图中所有断路器和隔离开关的图形符号，均以断开位置画出。在阅读电路图时要注意以上规定。

热电厂是给用户供电兼供热的发电厂，多建在用户附近。发电机 G1 和 G2 并接在 10kV 母线上，母线的作用是接受电能和分配电能。电能由发电机送到母线后，一部分经电抗器 L 和电缆线路送到附近用户，另一部分通过升压变压器 T1 和 T2 送到 110kV 电压母线上，然后通过高压架空线路向远方用户送电并与系统连接。每种电压的母线都有两组，正常运行时，一组母线工作，所有电路均接在工作母线上，另一组母线备用。如工作母线检修或发生故障，全部电路可切换至备用母线上工作。

各电路中的断路器 QF，用来在正常运行时接通和断开电路。故障时，由继电保护作用能自动断开故障电路。隔离开关 QS1、QS2 等在此主要用来接通和断开没有电流的电路，其作用是在电路的设备需要停电检修和更换时，使这些设备与带电部分可靠地隔开，以保证工作人员的安全。

发电机电压电缆线路中串接的电抗器 L 是电抗值很大的线圈，用来限制短路电流，这样可以使发电厂和电力网中装设轻型电器，从而减少投资。

在发电厂中，发电机及其附属设备装在汽轮机车间内。发电机电压电路中的电气设备一般装在专门的建筑物内，称为屋内配电装置，升压变压器和升高电压电路中的各种电气设备通常是露天布置，称为屋外配电装置。上述各部分在图 1-2 中用点画线围出。

第三节　发电厂变电站二次设备概述

一、二次设备

对一次设备进行监察、测量、控制、保护、调节的辅助设备，称为二次设备。

（1）测量表计。测量表计用来监视、测量电路的电流、电压、功率、电能、频率及设备的温度等，如电流表、电压表、功率表、电能表、频率表、温度表等。

（2）控制和信号装置，如控制开关、按钮、信号灯、光字牌等。

（3）绝缘监察装置。绝缘监察装置用来监察交、直流电网的绝缘状况。

（4）继电保护及自动装置。继电保护的作用是当发生故障时，作用于断路器跳闸，自动切除故障元件；当出现异常情况时发出信号。自动装置的作用是实现发电厂的自动并列、发电机自动调节励磁、输电线路自动重合闸等。

（5）直流电源设备，如蓄电池组、硅整流器等。直流电源设备用作开关电器的操作、信号、继电保护及自动装置的直流电源，以及事故照明和直流电动机的备用电源。

二、二次电路图

二次设备按一定顺序连接而成的电路，称为二次电路或二次回路。虽然二次电路不是电气部分的主体，但它对安全可靠地生产起着重要作用，所以工作人员必须熟悉二次电路的工作原理和有关图纸。

描述二次电路的图有原理电路图和安装接线图。安装接线图专用于安装接线，本书不作介绍，读者可参考其他书籍了解有关知识。本章主要介绍二次原理电路图（简称二次电路图）。

1. 二次电路图的图形符号

二次电路图用于详细表示二次电路、设备等的基本组成部分和连接关系。它的用途是详细理解电路、设备及其组成部分的作用原理；为测试和寻找故障提供信息，并作为编制安装接线图的依据。

在电路图中，各种元件、器件和设备均采用国家统一规定的图形符号表示，同时画出它们之间所有的连接。图形符号旁应标注项目代号，需要时还可以注明主要参数。为了能看懂二次电路图，必须了解其组成元件的图形和文字符号。本书各图中用标注文字符号代替项目代号。由于在国家颁布新的图形和文字符号的同时，旧的图形和文字符号还在工程中大量使用，故将常用二次设备的新旧图形和文字符号对照分别列于表 1-2 和表 1-3 中。

表 1-2　　　常用二次设备的新旧图形符号对照

序号	名　称	图形符号 新	图形符号 旧	序号	名　称	图形符号 新	图形符号 旧
1	一般继电器及接触器线圈			13	连接片		
2	热继电器驱动器件			14	动合（常开）触点		
3	指示灯			15	动断（常闭）触点		
4	机械型位置指示器			16	延时闭合的动合（常开）触点		
5	电容器			17	延时断开的动合（常开）触点		
6	电流互感器			18	延时闭合的动断（常闭）触点		
7	仪表电流线圈			19	延时断开的动断（常闭）触点		
8	仪表电压线圈			20	限位开关的动合（常开）触点		
9	电阻			21	限位开关的动断（常闭）触点		
10	电铃			22	机械保持的动合（常开）触点		
11	蜂鸣器			23	机械保持的动断（常闭）触点		
12	切换片			24	热继电器的动断（常闭）触点		

续表

序号	名 称	图形符号		序号	名 称	图形符号	
		新	旧			新	旧
25	动合按钮			28	接触器的动断（常闭）触点		
26	动断按钮			29	非电量继电器的动合（常开）触点		
27	接触器的动合（常开）触点			30	非电量继电器的动断（常闭）触点		

表 1-3 　　　　　　　　　**常用二次设备的新旧文字符号对照**

序号	名 称	新符号	旧符号	序号	名 称	新符号	旧符号
1	装置	A		24	电流继电器	KA	LJ
2	自动重合闸装置	APR	ZCH	25	电压继电器	KV	YJ
3	电源自动投入装置	AAT	BZT	26	时间继电器	KT	SJ
4	中央信号装置	ACS		27	信号继电器	KS	XJ
5	自动准同步装置	ASA	ZZQ	28	控制（中间）继电器	KC	ZJ
6	手动准同步装置	ASM		29	防跳继电器	KCF	TRJ
7	硅整流装置	AUF		30	出口继电器	KCO	BCJ
8	电容器（组）	C		31	跳闸位置继电器	KCT	TWJ
9	发热器件、热元件、发光器件	E		32	合闸位置继电器	KCC	HWJ
10	熔断器	FU	RD	33	事故信号继电器	KCA	SXJ
11	蓄电池	GB		34	预告信号继电器	KCR	YXJ
12	声、光指示器	H		35	同步监察继电器	KY	TJJ
13	声响指示器	HA		36	重合闸继电器	KRC	ZCH
14	警铃	HAB	DL	37	重合闸后加速继电器	KCP	JSJ
15	蜂鸣器、电喇叭	HAU	FM	38	闪光继电器	KH	
16	光指示器	HL		39	脉冲继电器	KP	XMJ
17	跳闸信号灯	HLT		40	绝缘监察继电器	KVI	
18	合闸信号灯	HLC		41	电源监视继电器	KVS	JJ
19	绿灯	HG	LD	42	压力监视继电器	KVP	
20	红灯	HR	HD	43	闭锁继电器	KCB	BSJ
21	白灯	HW	BD	44	气体继电器	KG	WSJ
22	光字牌	HP	GP	45	温度继电器	KT	WJ
23	继电器	K	J	46	热继电器	KR	RJ

序号	名　称	新符号	旧符号	序号	名　称		新符号	旧符号
47	接触器	KM	C	66	电流互感器		TA	LH
48	电流表	PA		67	电压互感器		TV	YH
49	电压表	PV		68	连接片、切换片		XB	LP
50	有功功率表	PPA		69	端子排		XT	
51	无功功率表	PPR		70	合闸线圈		YC	HQ
52	有功电能表	PJ		71	跳闸线圈		YT	TQ
53	无功电能表	PRJ		72	交流系统电源相序	第一相	L1	A
54	频率表	PF				第二相	L2	B
55	电力电路开关器件	Q				第三相	L3	C
56	刀开关	QK	DK	73	交流系统设备端相序	第一相	U	A
57	自动开关	QA	ZK			第二相	V	B
58	电阻器、变阻器	R	R			第三相	W	C
59	控制回路开关	S				中性线	N	
60	控制开关	SA	KK	74	保护线		PE	
61	按钮开关	SB	ANA	75	接地线		E	
62	测量转换开关	SM	CK	76	直流系统电源	正	+	
63	手动准同步开关	SSM1	1STK			负	—	
64	解除手动准同步开关	SSM1	1STK			中间线	M	
65	自动准同步开关	SSA1	DTK					

　　在电路图中，元件和设备的可动部分，如继电器和开关的触点，通常应表示为元件和设备在无电压、无外力作用时的状态或位置。例如，继电器和接触器在无电压状态，断路器和隔离开关在断开位置。

　　对于驱动部分和被驱动部分有机械联系的元件和设备，如继电器的线圈和触点之间，在电路图中表示的方法有三种：集中表示法、半集中表示法和分开表示法。

　　集中表示法和半集中表示法，将同一元件的线圈和触点之间用虚线连接表示其间的机械联系，并在线圈旁标注元件的文字符号。采用半集中表示法时，图形上的机械连接虚线允许折弯、分支和交叉。

　　分开表示法中线圈和触点不画在一起，为了表示属于同一元件的线圈和触点，在线圈和触点的图形旁应标注该元件的文字符号。

　　同类元件可用文字符号后加数字来加以区别，触点和线圈的端子还应标注其编号，本书以后各图中略去此端子编号。

2. 二次电路图的绘制

图 1-3 为集中表示法绘制的电路图，为 35kV 线路保护电路。35kV 线路保护包括电流速断保护和过电流保护。电流速断保护由电流继电器 KA1 和 KA2、中间继电器 KC、信号继电器 KS1 组成。过电流保护由电流继电器 KA3 和 KA4、时间继电器 KT 和信号继电器 KS2 组成。

当 35kV 线路在电流速断保护范围内发生短路时，电流继电器 KA1、KA2 动作，起动中间继电器 KC，KC 触点接通后，起动信号继电器 KS1，发出信号，并经断路器 QF 的辅助触点，使 QF 的跳闸线圈 YT 通过电流，断路器立即跳闸，切除故障线路。

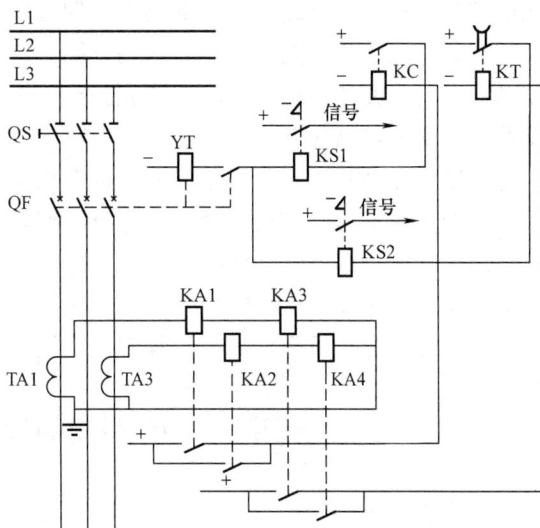

图 1-3　35kV 线路保护电路图

当短路发生在过电流保护范围内，电流速断保护拒绝动作时，KA3、KA4 动作，起动时间继电器 KT，经过一段延时后，起动信号继电器 KS2，发出信号，同时接通断路器的跳闸线圈 YT，使断路器跳闸。

由图 1-3 可见，采用集中表示法的电路图比较直观，但当电路较复杂时，接线相互交叉，显得凌乱，阅读起来比较困难；此外，该图没有给出元件内部接线，没有元件端子及回路编号，使用不方便。集中表示法电路图主要用于表示继电保护和自动装置的工作原理及构成该装置所需设备，是二次接线设计的原始依据。集中表示法电路图又称为归总式原理图。

图 1-3 所示的 35kV 线路保护电路用分开表示法绘制的电路图如图 1-4 所示。习惯上称这种图为展开图。图中电路可以垂直绘制，也可以水平绘制，图 1-4 采用水平绘制方法。

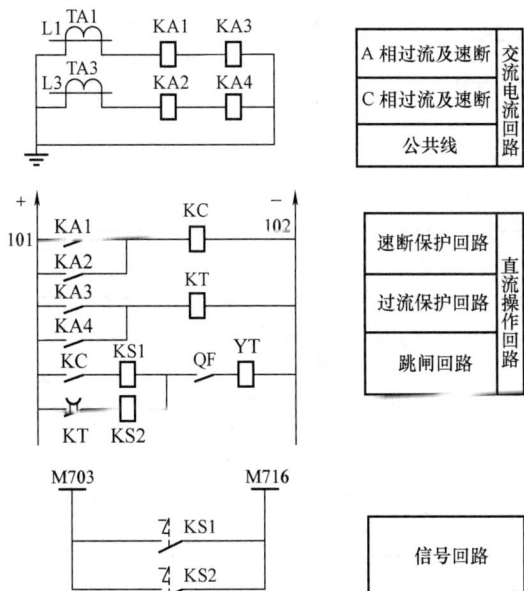

图 1-4　35kV 线路保护电路的展开图

分开表示法是把属于同一元件的不同部分，分别画在不同的回路中。因此，绘制展开图时，一般是把整个二次回路分成交流电流回路、交流电压回路、直流操作回路和信号回路等几个主要组成部分，每一部分又分成很多支路。这些支路在垂直绘制时自左而右排列成列，在水平绘制时自上而下排列成行。各支路在交流回路中按相序排列，在直流回路中按继电器动作的顺序排列。在每一列或行的支路中，各元件的线圈和触点是按实际连接顺序画出的。

根据展开图绘制的方法，可以得到阅读展开图的要领：自左往右看，自上往下看。

首先应按列或行一个支路、一个支路地依照顺序读懂搞通，有时性质不同的支路交错画在一起，就要跳过无关的支路，找到有关的支路，在整张展开图中，把与这个支路有联系的所有支路都找到。在阅读具体支路时，要先找到继电器线圈的起动支路，然后寻找该继电器的触点支路，一个继电器往往有几对触点，所有与该继电器有关的触点支路都要找到。应逐条支路、逐个继电器地找下去，逐条支路、逐个继电器地看懂弄通。

为了便于安装施工和投入运行后进行维修，对二次回路中的连线和控制电缆等，应按有关规定用数字进行编号。

由图 1-4 可见，展开图接线清晰，阅读方便，易于了解整套装置的动作程序和工作原理，便于查找和分析故障，故在工程中被广泛采用。

第四节　电气设备的额定电压和额定电流

一、额定电压

为了使电气设备生产标准化，各种电气设备都有规定的额定电压。当电气设备在额定电压下长期工作时，其技术性能与经济性能最佳。额定电压等级是根据国民经济的发展需要、技术经济合理性和工业水平等因素确定的。我国规定的各种电气设备的额定电压按电压高低可分为三类。

第一类是 100V 以下的额定电压，如表 1-4 所示，主要用于安全照明、蓄电池及其他特殊设备等。

第二类是大于 100V、小于 1000V 的额定电压，如表 1-5 所示。

第三类是 1000V 以上的额定电压，如表 1-6 所示。

第二类和第三类额定电压主要用于用电设备、发电机及变压器。

表 1-4　　　　　　　　　　第一类额定电压　　　　　　　　　　(V)

直　流	交　流	
	三相	单相
6 12 24 48	36	12 36

表 1-5　　　　　　　　　　第二类额定电压　　　　　　　　　　(V)

用电设备			发电机		变　压　器			
直流	三相交流		直流	三相交流	三　　相		单　　相	
	线电压	相电压			一次绕组	二次绕组	一次绕组	二次绕组
110			115					
	(127)			(133)	(127)	(133)	(127)	(133)
220	220	127	230	230	220	230	220	230
	380	220	400	400	380	400	380	
440								

注　括号内的电压，只用于矿井下或其他安全条件要求较高之处。

表 1-6				第 三 类 额 定 电 压				(kV)
用电设备	交流发电机	变　压　器		用电设备	交流发电机	变　压　器	
		一次绕组	二次绕组			一次绕组	二次绕组
3	3.15	3 及 3.15*	3.15 及 3.3	(60)	(60)	(66)
6	6.3	6 及 6.3*	6.3 及 6.6	110	110	121
10	10.5	10 及 10.5*	10.5 及 11	(154)	(154)	(169)
	13.8	13.8		220	220	242
	15.75	15.75		330	330	363
	18	18		500	500	550
35		35	38.5	750	750	825

注　1. 表中所列均为线电压；

　　2. 括号内的电压仅用在特殊地区；

　　3. 水轮发电机允许采用非标准额定电压。

*　适用于升压变压器。

我国电力网的额定电压有 0.38、3、6、10、35、60、110、220、330、500、1000kV 等。一般城市或大工业企业配电，采用 6kV 或 10kV 电压等级的网络。35、110、220、330、500、1000kV 电压等级多用于远距离输电。大功率电动机的额定电压用 3、6kV 或 10kV，小功率电动机的额定电压用 380V 或 220V。照明采用 380/220V 三相四线制网络，电灯接在相线和中性线之间的 220V 相电压上。电压为 110V 或 220V 的直流网络，广泛应用在发电厂和变电站中，供电给继电保护、控制和信号设备等。

发电机的额定电压比电力网的额定电压高 5%，如表 1-5 和表 1-6 所示。这是考虑一般电力网的电压损失为 10%，如果首端电压比电力网的额定电压高 5%，则末端电压比电力网的额定电压低 5%，从而保证用电设备的工作电压偏移均不会超出允许范围，一般为 ±5%。

通常 6.3kV 多用于 50MW 及以下的发电机，10.5kV 用于 25～100MW 的发电机，13.8kV 用于 125MW 的汽轮发电机和 72.5MW 的水轮发电机，15.75kV 用于 200MW 的汽轮发电机和 225MW 的水轮发电机，18kV 用于 300MW 的汽轮发电机和水轮发电机，20kV 用于 600MW 的汽轮发电机。

变压器一次绕组的额定电压，对于升压变压器和降压变压器来讲有所不同。因为升压变压器一般与发电机电压母线或与发电机直接连接，其一次绕组的额定电压与发电机相同，见表 1-6 中有 "*" 的数字。降压变压器相当电力网的用电设备，其一次绕组的额定电压等于电力网的额定电压。

考虑到线路和变压器的电压损失，变压器二次绕组的额定电压比电力网的额定电压高 5%～10%；对于变压器二次侧线路较短、高压侧电压在 35kV 及以下、短路电压在 7.5% 及以下的变压器，采用 5%，否则采用 10%。

习惯上把 1000V 及以上的电气设备称为高压设备，1000V 以下的电气设备称为低压设备。这样区分是由于这两种设备的构造和使用规则等不同，绝不表明它们对人身安全的危害程度不同。

二、额定电流

电气设备的额定电流是指在一定的基准环境温度下，允许长期连续通过设备的最大电流，并且，此时设备的绝缘和载流部分长期加热的最高温度不超过所规定的允许值。

我国采用的基准环境温度如表 1-7 所示。

表 1-7　　　　　　　　　　　　　我国采用的基准环境温度

电气设备		基准环境温度（℃）
电力变压器和电器（周围空气温度）		40
发电机（冷却空气温度）		35～40
裸导线、绝缘导线、裸母线（周围空气温度）		25
电力电缆	空气中敷设	30
	直埋敷设	25

对于发电机和变压器等，还规定了它们的额定容量，其条件与额定电流相同。因为发电机的原动机只能供给有功功率，所以发电机的额定容量一般用有功功率表示。变压器的额定容量是指二次绕组为额定电压时的容量，规定用视在功率表示。

小　结

电能是一种优质能源，已成为现代动力的主力军。但由于目前电能不能大量存储，因此必须将发电、输电、变电、配电和用电有机地连成一个整体，这个整体称为电力系统。通常发电和用电之间的中间环节称为电力网。

目前电力系统中的发电厂，按使用的能源不同可分为火力发电厂、水力发电厂和核能发电厂、风力发电厂、海洋能发电厂、地热发电站、太阳能发电站、生物质能发电厂等，这些发电厂都各有其特点。

变电站是电力系统的中间环节，用来汇集电源、升降电压和分配电能。按其在系统中的地位和作用，可分为枢纽变电站、中间变电站、地区变电站、终端变电站等。

发电厂和变电站中的电气设备，按其功能可分为一次设备和二次设备。这些设备按照工作的要求依一定顺序连接成电路，并安装建造成各种电气装置，组成发电厂和变电站的电气部分。因此，电气工作人员了解各种电气设备的特点，对保证整个电气部分的安全可靠运行是十分重要的。

二次电路在发电厂和变电站中有着重要作用。二次电路图主要用来说明二次回路的工作原理，描述二次电路中的设备及它们之间的相互连接。在二次电路图中，各种设备都按国家统一规定的图形符号表示。工程中广泛应用展开图。展开图按交流电流、交流电压和直流电路分别画出。元件部分分别画在它们所在的电路中，形成许多支路。这些支路按一定规定，可以垂直排列，也可水平排列。阅读展开图时应"自上往下看，自左往右看"，必须掌握展开图的画法和阅图方法。

额定电压和额定电流是各种电气设备的主要技术参数。

本课程是电力技术类专业的一门主要专业课，它的特点是实践性和应用性很强。除应学好本课程基本内容外，还应注意学习应用基础理论分析和解决实际工作问题的方法，努力培养自己这方面的能力。

思考题和习题

1-1　什么叫电力系统和电力网？建立电力系统有什么优越性？电能有哪些优点？

1-2　发电厂和变电站各有哪几种类型？简述各类发电厂的生产过程。变电站的作用是什么？

1-3　发电厂中有哪些电气设备？它们的作用是什么？在电路图中用什么图形符号表示？

1-4　什么叫一次设备和二次设备？哪些属于一次设备？哪些属于二次设备？

1-5　什么是二次电路图？二次电路图有几种形式？各有什么特点？

1-6　试述电气设备额定电压和额定电流的定义。电力网、发电机和变压器的额定电压是如何规定的？

1-7　在图 1-5 所示电路中，各母线所标电压为该电力网的额定电压，试写出图中发电机和各变压器绕组的额定电压。

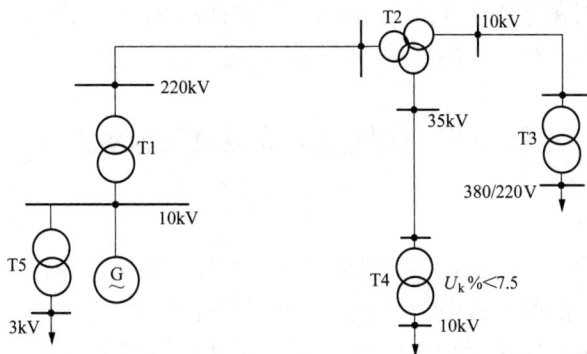

图 1-5　题 1-7 接线图

第二章　电力系统中性点接地方式

　　电力系统中三相交流发电机、变压器接成星形绕组的公共点，称为电力系统中性点。在电力系统中，有的中性点接地，有的不接地，这是因为电力系统除正常运行情况外，往往会出现各种故障，其中最常见的是单相接地故障。为了处理这种故障，根据不同系统的情况，对中性点采用了不同的接地方式（也称为运行方式）。目前，电力系统中性点接地方式有不接地、经消弧线圈接地、经电抗接地、经电阻接地及直接接地等。长时期以来，我国电力系统广泛采用的中性点接地方式主要有不接地、经消弧线圈接地和直接接地三种。

　　中性点不同的接地方式涉及电力系统技术、经济等多方面的综合性问题，如系统稳定、供电的可靠性、电气设备和线路的绝缘水平、继电保护和自动装置的配置和正确动作、对通信系统的干扰等。因而在选择中性点接地方式时应对各种接地方式的特性和特点有较全面的了解。本章将针对三相系统的中性点不同接地方式进行综合介绍。

第一节　中性点不接地的三相系统

一、正常运行情况

　　电力系统三相导线之间及各相导线对地之间，沿导线全长都均匀分布有电容，这些电容将引起附加电流。在一般的分析中，由于正常负荷电流和附加电流在导线上引起的电压降很小，可忽略不计，故各相导线对地之间的分布电容可分别用集中参数等效电容 C_U、C_V 和 C_W 代替。而各相导线间的电容及其所引起的电容电流对系统接地特性的影响很小，一般也不予考虑。图 2-1（a）为简化的中性点不接地三相系统正常运行情况的示意图。图中，断路器 QF 正常运行时处于合闸状态。

　　设电源 U、V、W 三相的相电压分别为 $\dot{U}_U$、$\dot{U}_V$、$\dot{U}_W$，并且三相是对称的。三相对地电容 C_U、C_V 和 C_W 可看成以地为中点的一组星形负荷。这样，电源与中性点之间便形成一个具有两个节点的交流电路，由电工基础知识可知，用节点电压法可求得电源中性点 N 与地之间的电压。

　　设电源中性点对地电压为 $\dot{U}_N$，则

$$\dot{U}_N = -\frac{\sum(\dot{U}Y)}{\sum Y} = -\frac{\dot{U}_U Y_U + \dot{U}_V Y_V + \dot{U}_W Y_W}{Y_U + Y_V + Y_W + Y_N} \tag{2-1}$$

式中　Y_U、Y_V、Y_W、Y_N——各相和中性点对地的复导纳。

　　因电源中性点不接地，则中性点对地的复导纳 $Y_N = 0$，式（2-1）变为

$$\dot{U}_N = -\frac{\dot{U}_U Y_U + \dot{U}_V Y_V + \dot{U}_W Y_W}{Y_U + Y_V + Y_W} \tag{2-2}$$

　　假如三相导线经完善换位，各相对地电容相等，即 $C_U = C_V = C_W = C$，则 $Y_U = Y_V = Y_W$

=Y，所以

$$\dot{U}_N = -\frac{\dot{U}_U + \dot{U}_V + \dot{U}_W}{3} = 0 \tag{2-3}$$

可见，正常运行时电源中性点对地电压为零，即中性点 N 与地的电位相等。

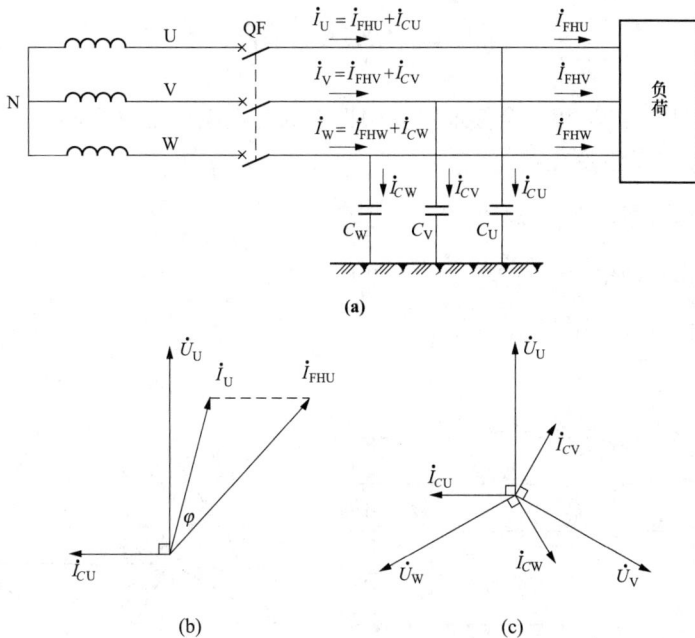

(a)

(b)　　　　　**(c)**

图 2-1　中性点不接地三相系统的正常运行情况

(a) 电路示意图；(b)、(c) 相量图

若各相对地电压分别用 $\dot{U}_{UD}$、$\dot{U}_{VD}$、$\dot{U}_{WD}$ 表示，则

$$\dot{U}_{UD} = \dot{U}_U + \dot{U}_N = \dot{U}_U$$

$$\dot{U}_{VD} = \dot{U}_V + \dot{U}_N = \dot{U}_V$$

$$\dot{U}_{WD} = \dot{U}_W + \dot{U}_N = \dot{U}_W$$

各相对地电压分别为电源各相的相电压。在此对地电压作用下，各相对地的电容电流 $\dot{I}_{CU}$、$\dot{I}_{CV}$、$\dot{I}_{CW}$ 大小相等，相位差为 120°，如图 2-1（c）所示。各相对地电容电流之和为零，所以没有电容电流流过大地。各相电源电流 $\dot{I}_U$、$\dot{I}_V$、$\dot{I}_W$ 应为各相负荷电流 $\dot{I}_{FHU}$、$\dot{I}_{FHV}$、$\dot{I}_{FHW}$ 与对地电容电流 $\dot{I}_{CU}$、$\dot{I}_{CV}$、$\dot{I}_{CW}$ 的相量和，如图 2-1（b）所示。图中仅给出 U 相情况。

当各相对地电容不相等时，$\dot{U}_N$ 不为零，发生中性点电位位移现象，$\dot{U}_N$ 称为中性点位移电压。在中性点不接地系统中，正常运行时中性点所产生的位移电压较小，一般可以忽略不计，故认为电源中性点与地的电位相等，各相对地电压等于相电压，大地中没有电容电流流过。

二、单相接地故障

在中性点不接地系统中，当由于绝缘损坏等原因发生单相接地故障时，情况将发生明显变化。图 2-2 所示为 W 相 d 点发生完全接地的情况。完全接地也称为金属性接地，即认为接地处的电阻等于或近似为零。

当 W 相接地时，W 相的对地复导纳 $Y_W = \infty$，$Y_W \gg Y_U$，$Y_W \gg Y_V$，即 Y_U、Y_V 可忽略不计。设此时中性点对地电压为 $\dot{U}'_N$，由式（2-2）可得

$$\dot{U}'_N = -\frac{\dot{U}_W Y_W}{Y_W} = -\dot{U}_W \tag{2-4}$$

式（2-4）表明，当 W 相完全接地时，中性点的对地电压不再为零，而为 $-\dot{U}_W$。

各相对地电压也发生变化：

W 相对地电压为零，即 $\dot{U}'_{WD} = 0$；

未接地的 U 相对地电压 $\dot{U}'_{UD} = \dot{U}_U + \dot{U}_N = \dot{U}_U - \dot{U}_W$；

未接地的 V 相对地电压 $\dot{U}'_{VD} = \dot{U}_V + \dot{U}_N = \dot{U}_V - \dot{U}_W$。

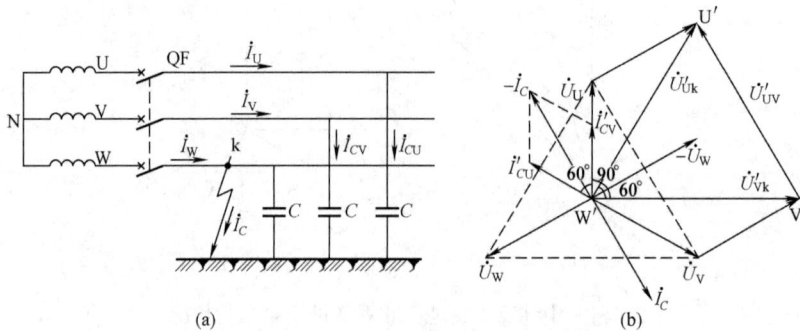

图 2-2 中性点不接地系统单相接地
(a) 电路图；(b) 相量图

各相对地电压的相量关系如图 2-2 (b) 所示，$\dot{U}'_{UD}$ 和 $\dot{U}'_{VD}$ 之间的夹角为 60°，此时 U、W 两相相间电压为 $\dot{U}'_{UD}$，V、W 两相相间电压为 $\dot{U}'_{VD}$，而 U、V 两相相间电压等于 $\dot{U}'_{UV}$，相当于正常运行时的线电压三角形平移到 $\triangle U'V'W'$ 的位置，即三相的线电压保持对称且大小不变。因此，对电力用户接于线电压的设备的工作并无影响，无须立即中断对用户的供电。

由于 U、V 两相对地电压较接地前增大了 $\sqrt{3}$ 倍，则两相对地的电容电流也相应增大 $\sqrt{3}$ 倍。如正常运行时各相导线对地的电容相等，设为 C，那么各相对地电容电流的有效值也相等，且

$$I_{CU} = I_{CV} = I_{CW} = \omega C U_{ph}$$

式中　U_{ph}——电源的相电压；

　　　ω——电源的角频率；

　　　C——相对地电容。

W 相接地故障时，该相对地电容电流为零，未接地 U、V 相的对地电容电流有效值为

$$I'_{CU} = I'_{CV} = \sqrt{3}\omega C U_{ph} \tag{2-5}$$

此时三相对地电容电流之和不再为零，大地中有电流流过，并通过接地点构成回路，如图 2-2（a）所示。W 相接地处的电流，简称为接地电流，用 $\dot{I}_C$ 表示。如选择电流的参考方向为从电源到负荷的方向，则 $\dot{I}_C$ 为

$$\dot{I}_C = -(\dot{I}'_{CU} + \dot{I}'_{CV})$$

由图 2-2（b）可见，$\dot{I}'_{CU}$ 和 $\dot{I}'_{CV}$ 分别超前 $\dot{U}'_{UD}$ 和 $\dot{U}'_{VD}$ 90°，$\dot{I}'_{CU}$ 和 $\dot{I}'_{CV}$ 之间的夹角为 60°，二者的相量和为 $-\dot{I}_C$。接地电流 $\dot{I}_C$ 超前 $\dot{U}_U$ 90°，为容性电流，其有效值为

$$I_C = \sqrt{3}I'_{CU} = 3\omega C U_{ph} \tag{2-6}$$

可见，单相接地故障时的接地电流，等于正常运行时一相对地电容电流的三倍。接地电流 I_C 的值与网络的电压、频率和相对地电容 C 的大小有关，而电容 C 的大小又与线路的结构（电缆或架空线、有无避雷线）、布置方式、相间距离、线路高度、杆塔形式、线路长度等因素有关。实用计算中可按下式近似计算：

对架空线路

$$I_C = \frac{UL}{350}$$

对电缆线路

$$I_C = \frac{UL}{10}$$

式中　I_C——接地电流，A；

　　　U——网络的线电压，kV；

　　　L——电压为 U、具有电联系的所有线路的总长度，km。

当发生不完全接地，即通过一定的电阻接地时，故障相对地电压将大于零而小于相电压，而健全相对地电压则大于相电压而小于线电压，中性点对地电压大于零而小于相电压，线电压仍保持不变，但此时接地电流要小一些。

中性点不接地系统发生单相接地故障时，系统三相电源电压仍维持对称，不影响对用户继续供电，因此允许带故障运行一段时间（一般为 1.5～2h），这就大大提高了供电可靠性。但值得注意的是，此时的接地电流可能会在接地处形成稳定的或间歇性的电弧。所以，在此期间必须迅速查明故障并进行处理。

电弧的大小与接地电流成正比。当接地电流不大时，电流过零时电弧将自行熄灭，接地故障随之消失，电网恢复正常运行。如果接地电流较大，如大于 30A，将产生稳定的电弧，从而形成持续的电弧接地。高温电弧可能烧坏附近的设备，甚至导致相间短路，尤其在电机或电器内部发生单相接地出现电弧时最危险。

实践证明，在接地电流大于 5A 而小于 30A 时，电弧就难以自行熄灭，又不会形成稳定持续的电弧，有可能出现电弧燃烧—熄灭—复燃的不稳定状态。这种间歇性电弧将导致系统中电感和电容形成电磁振荡过程，产生遍及全电网的间歇性电弧接地过电压，其幅值可达 2.5～3.5 倍的相电压，这个数值对于正常电气设备的绝缘来说应能承受，但当存在绝缘薄弱点时，可能发生设备绝缘击穿而造成短路。

三、中性点不接地系统适用范围

中性点不接地方式的主要特点是简单、不需要任何附加设备、投资少、运行方便，特别

适合于以架空线为主的电容电流较小、结构简单的辐射形中压配电网。对于 63kV 及以下的系统，当发生单相接地故障时，由于线路不长、电压不高，流过故障点的电流仅为电网的对地电容电流，其数值较小，接地电弧一般都能自行熄灭，不需立即断开故障部分，不必中断向用户供电，提高了供电可靠性。同时，绝缘方面投资增加不多、供电可靠性较高的优点突出，所以这种系统的中性点采用不接地运行方式较为适宜。但是必须在较短的时间内查明并消除接地故障。

在中性点不接地系统中，电气设备和线路的对地绝缘应按能承受线电压考虑设计，而且应装设交流绝缘监察装置，当发生单相接地故障时，立即发出信号通知值班人员。

中性点不接地系统最大的弱点在于其中性点是绝缘的，电网对地电容中储存的能量没有释放通道。当电压等级较高、线路较长时，接地电流较大，易产生稳定电弧或间歇性电弧，电弧反复熄灭与重燃将使系统的电容电压逐步升高，这种弧光接地过电压可达很高的倍数，对系统设备的绝缘危害很大。电压等级较高时，如仍采用这种方式势必使系统绝缘方面的投资大大增加，因此上述优点就不复存在了。

根据上述情况，目前我国中性点不接地系统的适用范围如下：

(1) 电压在 500V 以下的三相三线制装置（380/220V 的照明装置除外）。

(2) 3～10kV 系统当单相接地电流小于 30A 时。

(3) 20～63kV 系统当单相接地电流小于 10A 时。

(4) 与发电机有直接电气联系的 3～10kV 系统，如要求发电机可带内部单相接地故障运行，当单相接地电流小于 5A 时。

当不满足以上条件时，通常采用中性点经消弧线圈接地、经低电阻接地或直接接地的运行方式。

第二节　中性点经消弧线圈接地的三相系统

中性点不接地系统在发生单相接地电流超过规定值时易产生稳定或间歇性电弧。为防止这种情况的出现，应采取减小接地电流的措施。通常采用的方法是在中性点与地之间接入消弧线圈，由于消弧线圈呈电感性，在接地故障时，可使接地处流过一个与接地电容电流大小相近、方向相反的电感电流，从而对电容电流进行补偿。

接有消弧线圈的电网称为补偿电网，又称谐振接地系统。它有非自动跟踪补偿方式和自动跟踪补偿方式两种。前者采用非自动调谐消弧线圈补偿的方式，在过去是广为使用的，而目前使用越来越多的方式是自动调谐消弧线圈补偿，实践证明它具有无可比拟的优点。

一、消弧线圈的工作原理

消弧线圈的外形和小容量变压器相似，而内部实际上是一个具有分段铁芯（即带气隙）的可调电感线圈，线圈的电阻很小，电抗很大，电抗值可通过改变线圈的匝数来调节。气隙沿整个铁芯柱均匀设置，以避免铁芯饱和，保持电流与电压的线性关系。铁芯柱上设有主线圈，为了绝缘和散热，铁芯和线圈浸放在油箱内。为调节线圈匝数，通常装有 5～9 个分接头可供选用，以改变补偿的程度，最大补偿电流和最小补偿电流之比为 2 或 2.5。国产消弧线圈的型号为 XDJ（其中，X 表示消弧线圈，D 表示单相，J 表示油浸式）。

消弧线圈装在发电机或变压器的中性点与大地之间，其工作情况如图 2-3 所示。

根据节点电压法，可求得中性点 N 与地之间的电压为

$$\dot{U}_N = -\frac{\dot{U}_U Y_U + \dot{U}_V Y_V + \dot{U}_W Y_W}{Y_U + Y_V + Y_W + Y_H}$$

式中　Y_H——消弧线圈的复导纳，如忽略电导，则 $Y_H = -j/\omega L$，L 为消弧线圈的电感。

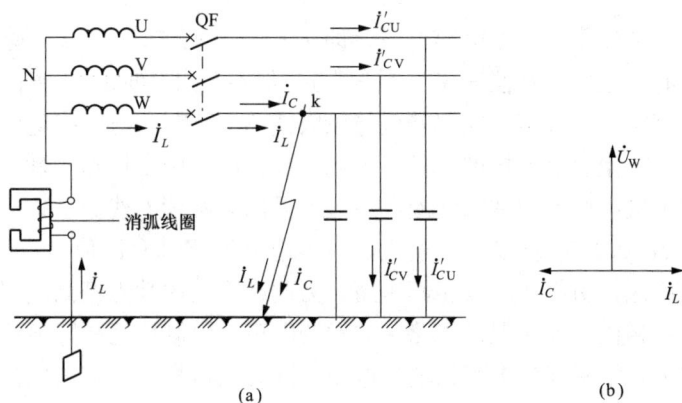

图 2-3　中性点经消弧线圈接地的三相系统

(a) 电路图；(b) 相量图

正常运行时，因消弧线圈的阻抗较大，Y_H 可忽略不计。如各相对地电容相等，则中性点对地电压为零，消弧线圈中没有电流流过。

单相接地故障时，假设 W 相接地，$Y_W \approx \infty$，远远大于 Y_U、Y_V、Y_H，则中性点对地电压 $\dot{U}'_N = -\dot{U}_W$，未接地相对地电压增大 $\sqrt{3}$ 倍，网络的线电压不变。此时，消弧线圈处于电源 W 相相电压作用下，有电感电流 $\dot{I}_L$ 通过，此电感电流通过接地点构成回路，所以接地处的电流为接地电容电流 $\dot{I}_C$ 与电感电流 $\dot{I}_L$ 的相量和，如图 2-3 (a) 所示。接地电容电流 $\dot{I}_C$ 超前 $\dot{U}_W 90°$，电感电流 $\dot{I}_L$ 滞后 $\dot{U}_W 90°$，$\dot{I}_C$ 和 $\dot{I}_L$ 方向相反，如图 2-3 (b) 所示。在接地处 $\dot{I}_C$ 和 $\dot{I}_L$ 相互抵消全部或一部分，称为电感电流对接地电容电流的补偿。如果适当选择消弧线圈的匝数，可使接地处的电流（又称为残余电流）变得很小或等于零，从而消除了接地处的电弧以及由它所引起的危害，消弧线圈也因此得名。

二、消弧线圈的补偿方式

为了表明单相接地故障时消弧线圈的电感电流 I_L 对接地电容电流 I_C 的补偿情况，取 $k = I_L/I_C$，称为补偿度，也称调谐度；取 $\nu = 1 - k = (I_C - I_L)/I_C$，称为脱谐度。根据电感电流对接地电容电流的补偿程度，消弧线圈的补偿方式有三种：完全补偿、欠补偿和过补偿。

1. 完全补偿方式

完全补偿是使电感电流等于接地电容电流，即 $I_L = I_C$，接地处残余电流为零，补偿度 $k = 1$，脱谐度 $\nu = 0$。

完全补偿方式似乎十分理想，但实际上存在着严重问题。因为采取完全补偿方式时，$I_L = I_C$，$I_L = U_{ph}/\omega L = 3\omega C U_{ph} = I_C$，即 $1/\omega L = 3\omega C$。正常运行时，在某些条件下，如线路三相的对地电容不完全相等或断路器接通时三相触头未能同时闭合等，中性点与地之间会出

现一定的电压。此电压作用在消弧线圈通过大地与三相对地电容构成的串联回路，因此时感抗与容抗相等，满足谐振条件，形成串联谐振，在串联电路中会产生很大电流，使消弧线圈有很大压降。结果，中性点对地电位大为升高，可能使设备绝缘损坏。因此，电力系统一般不采取完全补偿方式。

2. 欠补偿方式

欠补偿是使电感电流小于接地电容电流，即 $I_L < I_C$，调谐度 $k < 1$，脱谐度 $\nu > 0$，单相接地故障时接地处有容性的欠补偿电流（$I_C - I_L$）。但在欠补偿时，可能在切除部分运行线路时使相对地的电容减小，或由于频率降低等原因使 X_C 增大，均使接地电容电流 I_C 减小，结果变成完全补偿，产生满足谐振的条件。因此，装在电网中变压器中性点的消弧线圈，以及具有直配线的发电机中性点的消弧线圈，一般不采用欠补偿方式。

对于单元接线的 200MW 及以上发电机，当接地电流超过允许值时，将烧伤定子铁芯，进而损坏定子绕组绝缘，引起匝间或相间短路，为此常采用中性点经高电阻接地。这种接地方式可改变接地电流相位，加速泄放回路中的残余电荷，限制接地故障电流不超过 10A，促使接地电弧自行熄灭，限制间歇电弧接地过电压。同时还可提供足够的电流和零序电压，使发电机接地保护可靠动作。为减小电阻值，一般经单相接地变压器、配电变压器或电压互感器接入中性点，电阻接在变压器的二次侧。

3. 过补偿方式

过补偿是使电感电流大于接地电容电流，即 $I_L > I_C$，调谐度 $k > 1$，脱谐度 $\nu < 0$，单相接地故障时接地处有感性的过补偿电流（$I_L - I_C$）。这种补偿方式不会有上述缺点，因为当接地电容电流减小时，过补偿电流更大，不会变为完全补偿。另外，即使将来电网发展，原有消弧线圈还可使用。因此，一般系统中装在变压器中性点的消弧线圈，以及具有直配线的发电机中性点的消弧线圈，均应采用过补偿方式。

但应指出，由于过补偿方式在接地处有一定的过补偿残流，这一电流值不能超过 10A，否则接地处的电弧便不能自行熄灭。

三、消弧线圈补偿容量选择及数量、地点配置

1. 消弧线圈补偿容量选择

整个补偿电网消弧线圈的总容量是根据该电网的接地电容电流值选择的。选择时应考虑电网 5 年左右发展远景及过补偿运行的需要，可按下式计算：

$$S_H = K I_C \frac{U_N}{\sqrt{3}}$$

式中　S_H——消弧线圈补偿容量，kVA；

　　　K——系数，过补偿取 1.35，欠补偿按脱谐度确定；

　　　I_C——电网或发电机回路的接地电容电流，A；

　　　U_N——电网或发电机回路的额定线电压，kV。

2. 数量、地点配置

原则上应使得在各种运行方式下，电网每个独立部分都具有足够的补偿容量。在此前提下，综合考虑经济运行费用及操作情况，尽量选取较少的台数。当采用两台及以上时，应尽量选用额定容量不同的消弧线圈，以扩大其所能调节的补偿范围。

消弧线圈应尽可能装在电网或它们负责补偿的那部分电网的送电端，以减小消弧线圈被切除的可能性。通常装在不少于两回线路供电的变电站内。在变电站中，消弧线圈宜装在变压器中性点上。当有两台及以上的变压器可接消弧线圈时，通常将消弧线圈经两台隔离开关分别接到两台变压器的中性点上，但运行中只有一台隔离开关合上；当任一台变压器退出时，应保证消弧线圈不退出。

消弧线圈有时也装在某些发电厂内。在发电厂中，发电机电压侧的消弧线圈可装在发电机中性点上，也可装在厂用变压器中性点上。当发电机与变压器为单元连接时，消弧线圈应装在发电机中性点上。

四、消弧线圈适用范围

中性点经消弧线圈接地，保留了中性点不接地方式的全部优点。由于消弧线圈补偿了电网接地电容电流，降低了故障相接地电弧恢复电压的上升速度，使电弧能够顺利熄灭，提高了供电可靠性，因此广泛应用于电压为 3~63kV 系统。我国规定，凡不符合采用中性点不接地运行方式的 3~63kV 系统，均可采用中性点经消弧线圈接地的运行方式。

电压为 110kV 的系统，大多不采用中性点经消弧线圈接地的运行方式，而采用直接接地的运行方式。这主要是为了减少设备和线路的投资。但是，在个别雷害事故较严重的地区和某些大城市电网，为了提高供电可靠性，减少由于暂时性单相接地故障引起的线路断路器分闸次数，并减少断路器的维修工作量，110kV 系统也可采用经消弧线圈接地的运行方式。

电压等级更高的电网不宜采用。因为 220kV 及以上系统经消弧线圈接地时，电网的最大长期工作电压和过电压水平较高，将显著增加绝缘方面的费用。另外，这种电网中各相对地除有电容外，还存在有较大的泄漏损耗和电晕损耗等，因此，接地电流中除无功分量外还有有功分量存在，即使消弧线圈中的电感电流使接地处无功分量电流补偿为零，但存在的有功分量电流也使接地处电弧不易熄灭。电压等级越高，有功分量电流也越大，以致达不到使用消弧线圈的目的。

第三节　中性点直接接地的三相系统

随着输电电压的升高和线路的增长，接地电流随之增大，中性点不接地或经消弧线圈接地的方式已不能满足电力系统安全、经济运行的要求。针对这种情况，可采用中性点直接接地的运行方式。

图 2-4 所示为中性点直接接地三相系统的电路图。单相接地故障时，由于接地相直接经过地对电源构成单相短路，故称此故障为单相短路。单相短路电流 $I_k^{(1)}$ 很大，继电保护装置应立即动作，使断路器断开，迅速切除故障部分，从而防止单相接地时产生电弧的可能。

当中性点直接接地时，式（2-1）分母中 $Y_N \approx \infty$，所以中性点的位移电压为零或接近于零，即 $\dot{U}_N \approx 0$，中性点与地的电位永远相等。单相短路时，接地相对地电压为零，未接地相对地电压基本不变，仍接近于相电压。这样设备和线路对地的绝缘水平可以按相电压决定，从而降低了造价。研究表明，中性点直接接地系统的绝缘

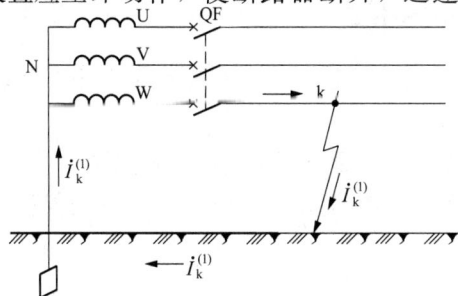

图 2-4　中性点直接接地三相系统的电路图

水平与中性点不接地时相比，大约可降低 20%。电压等级越高，其经济效益愈显著。这是中性点直接接地的主要优点。

中性点直接接地的缺点如下：

（1）由于中性点直接接地系统在单相短路时须断开故障线路，中断对用户供电，这将影响供电的可靠性。为了弥补此缺点，目前在中性点直接接地系统的线路上，广泛装设自动重合闸装置。当发生单相短路时，在继电保护作用下断路器迅速断开，经一段时间后，在自动重合闸装置作用下断路器自动合闸。如果接地是暂时性的，则线路接通后对用户恢复供电；如果单相接地是永久性的，继电保护将再次使断路器断开。

（2）单相接地短路时短路电流很大，甚至会超过三相短路电流，有可能需选用较大容量的开关设备。为了限制单相短路电流，通常只将系统中一部分变压器的中性点接地或经阻抗接地。接地变压器中性点的数目，根据将单相短路电流限制到小于三相短路电流的原则选择。

（3）由于较大的单相短路电流只在一相内通过，在三相导线周围将形成较强的单相磁场，对附近通信线路产生电磁干扰。因此，在线路设计时必须考虑电力线路在一定距离内避免与通信线路平行，以减少可能产生的电磁干扰。

目前，我国电压 220kV 及以上的系统都采用中性点直接接地的运行方式。110kV 系统也大多采用中性点直接接地的运行方式。

小　结

目前电力系统中性点运行方式主要有直接接地方式、不接地方式和经消弧线圈接地方式。

110kV 及以上高压、超高压系统，一般都采用中性点直接接地运行方式。单相接地故障时，非故障相对地电压接近于相电压，从而降低了电网的绝缘水平和造价，有比较显著的经济效益。但接地时形成单相短路，必须立即切除故障部分，中断用户供电。

中性点不接地系统和经消弧线圈接地系统，统称为非有效接地系统。在单相接地故障时，中性点对地电压、各相对地电压都发生变化，但线电压不变，用户可继续工作，提高了供电的可靠性。但这种系统中，设备的绝缘水平由线电压决定，使投资增大。在电压较低、线路不长情况下，投资增加不多，故这两种接地方式多用在 110kV 及以下的系统。

思考题和习题

2-1　目前我国电力系统中有哪几种中性点接地方式？都分别应用在什么情况下？比较各种系统的优缺点。

2-2　试画出中性点不接地三相系统中发生单相接地故障时电压和电流的相量图。

2-3　试述消弧线圈的工作原理。什么是完全补偿、欠补偿和过补偿？一般采用何种补偿方式？为什么？

2-4　试述消弧线圈的一般安装地点。

2-5　35kV 系统架空线路总长度大于多少时应装设消弧线圈？10kV 系统架空线路或电

缆线路的总长度大于多少时应装设消弧线圈?

2-6　在图 2-5 所示电路中，如 35kV 侧有架空线路 8 条，其中两条长各为 20km，三条长各为 15km，另三条长各为 35km，35kV 侧需装消弧线圈吗? 如果需要，应装设在什么地点?

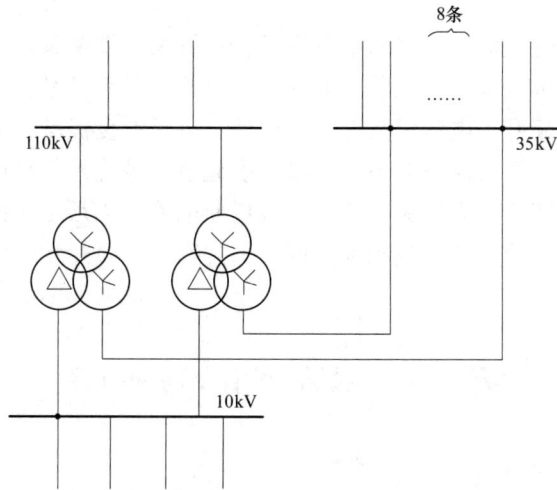

图 2-5　题 2-6 电路图

第三章　开关电器中的灭弧原理

开关电器是用来接通或断开电路的电气设备。在开关电器触头接通或分离时，触头间可能出现电弧。电弧是一种气体放电现象，即使开关电器的触头已经分开，触头间只要有电弧存在，电路就没有完全断开，电流仍然存在。此外，电弧温度极高，有可能烧坏触头及触头附近的其他部件。如果电弧长期不能熄灭，将会引起电器被烧毁甚至爆炸，危及电力系统的安全运行，造成生命财产的极大损失。所以，在切断电路时必须尽快使电弧熄灭。本章以电弧的熄灭为重点，主要介绍电弧形成和熄灭的物理过程、电弧的特征以及常见的基本灭弧方法和措施。

第一节　电弧的产生和物理特性

一、弧光放电及其特点

电弧或弧光放电是气体放电的一种形式。在正常状态下，气体具有良好的电气绝缘性能。但当在气体间隙的两端加上足够大的电场时，就可以引起电流通过气体，这种现象就称为放电。放电现象与气体的种类及其压力、电极的材料和几何形状、两极间的距离以及加在间隙两端的电压等因素有关。

弧光放电是气体自持放电的一种形式，它可以从不同的放电形式转变而成。其途径和条件有以下几种：

（1）如果电场比较均匀，则间隙外加电压达到一定数值后间隙将被击穿，此时的电压就称为间隙击穿电压。当电源功率足够大时，击穿电压将直接发展为弧光放电。

（2）在电场比较均匀，而气体压力较低时，气体间隙击穿后，将先出现辉光放电，然后随着电流的增大而逐渐转变为弧光放电。

（3）在电极间距离和电极曲率半径之比很大的极不均匀电场中，当气体压力较高且回路电阻较大时，先在电极表面电场集中的区域出现电晕放电。只有电极间电压增大到一定数值后才能发展为弧光放电。

在辉光、电晕、弧光这三种自持性放电形式中，弧光放电的主要特点是电流密度大（伴随着高温和强光），阴极压降低，而辉光放电和电晕放电则相反。例如，弧光放电的电流密度为几百至几万安培每平方厘米，阴极压降仅十几伏；而辉光放电的电流密度为几十毫安每平方厘米，阴极压降为 $200\sim300V$。因此，电弧是一种能量集中、温度很高、亮度很大的气体自持性放电现象。

二、电弧的组成部分

电弧可分为三个区域：阴极区、弧柱区和阳极区。电弧的两个电极（阴极和阳极）也可认为是电弧的组成部分，如图 3-1 所示。

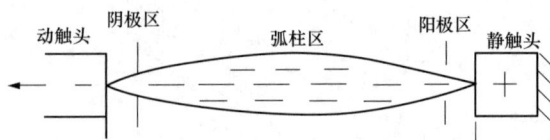

图 3-1　电弧的组成

1. 阴极区

产生阴极电压降的阴极区域称为阴极压降区。这一区域的长度很小，约为 10^{-4} cm。电极间电弧形成后，游离产生的电子和正离子分别奔向阳极和阴极，在阴极附近积聚大量正离子，即积聚大量正的空间电荷。正电荷周围的电场对阴极一侧的电场起加强作用，因此在阴极压降区内电场很强，电位急剧跃变，形成阴极电压降。阴极电压降的数值与电弧电流的大小关系不大，而与阴极材料和气体介质有关，一般为 $10\sim20$V。

2. 弧柱区

弧柱区的特点与阴极压降区不同。弧柱上的电压与电流的大小、弧隙的长短，特别是介质及其状态（如介质的导热系数、介质压力、介质流动方式及流速等）有关。在电弧稳定燃烧的条件下，如果电弧周围介质的情况不变，当电弧电流增大时，弧柱内部热游离加强，带电粒子的密度剧增，弧柱的电阻下降，则弧柱电压降下降。当弧长不变时，弧柱电压随电弧电流的增加而减小。若弧长增加，弧柱电压也增加，弧柱电压降与弧长成正比。

3. 阳极区

产生阳极电压降的阳极区域称为阳极压降区。这一区域的长度为阴极区的几倍，但电压降比阴极区小。因为电子奔向阳极，所以在阳极附近积聚了大量带负电的电子。负的空间电荷使阳极一侧的电场加强，形成阳极压降区。阳极电压降与电弧电流大小有关，当电流很大时，阳极电压降很小。

电弧的阴极区域对电弧的发生和物理过程具有重要的意义，形成电弧放电的大部分电子是在阴极区产生或由阴极本身发射的。电弧放电时，实际上并不是整个阴极全部参加放电过程，阴极表面的放电只集中在一个很小的区域上。这个小区域称为阴极斑点，它是一个非常集中、面积很小的光亮区域，其电流密度很大，是电弧放电中强大电子流的来源。阳极表面也存在阳极斑点，它接收从弧柱过来的电子。弧柱是由高温、游离了的气体形成的充满了带电粒子的等离子体。弧柱的特征和物理过程对电弧起着重要的作用。开关电弧中主要研究的就是弧柱的特性。

电弧可分为短弧和长弧两种。电弧长度较短、电弧电压主要由阴极和阳极压降构成的电弧称为短弧。在短弧中，近阴极区域的过程起主要作用。电弧长度较长、电弧电压主要由弧柱压降构成的电弧称为长弧。在长弧中，弧柱的过程起主要作用。在高压断路器中的电弧一般均属于长弧。

三、电弧产生的条件

在断路器电弧研究中，电弧的产生有以下几个主要途径：

1. 电路开断时电弧的产生

在触头开始分离时，作用在它们之间的接触压力将减少，接触面积也缩小，因而接触电阻和触头中放出的热量就增加。热量在很小的体积中，金属被加热到高温而熔化。在触头之间形成液态金属桥。最后金属桥被拉开，在触头之间形成过渡的或稳定的电弧。如果放电是稳定的，则形成所谓的开断电弧。放电稳定性与很多因素有关，如开断前的电流、触头电路的特性、触头分离的速度等。为了使电弧点燃，某一最低电流值是必需的。

2. 触头闭合时电弧的产生

连接到电压源的两个触头闭合之前会发生电击穿。击穿电压的最低值对于银触头大约是15V，这时可以发生通常的电弧放电。触头上电压并不是立即稳定的，电弧建立的时间大约

为 10^{-8} s，与发生击穿时的触头间距无关。

3. 真空和气体间隙的击穿

电弧可以在真空的两电极间发生。这种电弧可以称为真空电弧。但电弧实际上并不是在绝对真空中发生而是在金属蒸气中燃炽。

4. 从辉光放电到电弧放电的转变

从辉光放电过渡到热电子电弧过程，是随着电流的增加以及发生辉光放电转变到阴极电位降逐渐增高的非正常状态，同时，在阴极上放出的能量也在增加。如果这时阴极温度达到热电子发射开始起显著作用的数值，则放电的击穿电压开始下降。电流继续增加，阴极温度跟着升高及热电子流的作用就增大，电压下降到电弧放电的数值。

5. 从火花放电到电弧放电的转变

当两电极之间的间隙被击穿形成火花放电时，在间隙形成导电通道，开始输入能量，电流逐渐上升。电流上升速度一般决定于外部电路的参数，但在两电极间的电容经常有某些储藏的能量被迅速输入到通道中。通道强烈地被加热和扩展，并且，扩展的速度在初始阶段可以近似地看作冲击波的传播。火花放电可以引起具有大的压力跃变的冲击波。

四、电弧的形成

电弧的产生主要是触头间产生大量自由电子的结果。在中性的气体中不存在自由电子，气体原子内的电子受到原子核的正电荷的吸引，只能在围绕原子核的一定能级的轨道上转动，没有外界能量的作用，它不能从原子内部跑出去，因此气体是不导电的。要使气体变为导电状态，就必须有外界的能量使大量的电子从围绕原子核运动的轨道上脱离出来并成为自由电子。这种从气体中性粒子（原子或分子）中分离出自由电子的现象称为游离。

1. 阴极在强电场作用下发射电子

开关电器的触头开始分离时，触头间隙很小，触头间会形成很高的电场强度。当电场强度超过一定值后，阴极触头表面的电子就会在强电场作用下被拉出，成为存在于触头间隙中的自由电子。这种现象称为强电场发射。

2. 阴极在高温下发生热电子发射

开关电器的触头是由金属材料制成的，在常温下，金属内部就存在大量的自由电子。当触头开始分离时，由于动静触头间的接触压力不断下降，接触面积不断减少，使接触电阻迅速增大，在电流的作用下接触处的温度急剧升高，在阴极上出现强烈的炽热点，从而有电子从阴极表面向四周发射，这种现象称为热电子发射。发射电子的多少与阴极材料及表面温度有关。

3. 弧柱区产生碰撞游离

从阴极表面发射出来的电子，在电场力的作用下向阳极作加速运动。在运动过程中，质点就会在电场作用下获得能量，并不断地与其他质点（正离子、原子、分子等）发生碰撞，相互间就会发生能量的交换。当带电质点的运动速度足够高时，它的动能就可能超过原子或分子的游离能，当它和中性质点相碰撞时，就可能使束缚在原子内部的电子释放出来，形成新的自由电子和正离子，这种现象称为碰撞游离。

游离出来的正离子向阴极运动，速度很慢，而从阴极表面发射出来和碰撞游离出来的自由电子一起以极高的速度向阳极运动。当它们与其他中性质点碰撞时，又会再次发生碰撞游离。碰撞游离连续进行的结果是会使触头间充满自由电子和正离子，具有很大的电导。在外加电压作用下，带电粒子作定向运动形成电流，使介质被击穿而形成电弧。

4. 弧柱区产生热游离

电弧形成后，弧隙的温度极高，处于高温下的中性质点由于高温而产生强烈的热运动。当那些具有足够动能的中性质点互相碰撞时，又可游离出自由电子和正离子，这种现象称为热游离。热游离也会产生大量的带电粒子，因此，电弧形成后维持电弧稳定燃烧的电压不需要很高，热游离足以维持电弧的燃烧。

五、电弧中的去游离

电弧中介质因游离而产生大量带电粒子的同时，还存在带电粒子消失的相反过程，称为去游离。如果带电粒子消失的速度比产生的速度快，电弧电流将减小而使电弧熄灭。带电粒子的消失是因为复合和扩散两种物理现象造成的。

1. 复合

两种带异性电荷的质点互相接触而形成中性质点的过程称为复合。复合可以在电极的表面上发生，称为表面复合；也可在间隙的空间中发生，称为空间复合。

电弧弧柱中存在大量的自由电子和正离子，它们的复合（称直接复合）似乎是最直接和有利的。但实验表明，自由电子和正离子直接复合的可能性很小，这是因为电子运动速度很快，几乎是正离子速度的 1000 倍，而交换能量需要有一定的作用时间。空间复合一般是在正负离子间进行的（称为间接空间复合），即在适当的条件下，电子先附着在中性质点上形成带负电荷的粒子（负离子），然后再与正离子复合。由于负离子的体积和质量都较大，运动速度也较慢，因此复合就容易实现。复合过程伴随着能量的释放，释放出的能量以热和光的形式散向周围空间。

复合使弧柱中带电质点减少，游离过程降低。复合的速度与离子的浓度、温度、压力、电场强度等因素有关，其中，最主要的影响因素是温度。温度下降时，复合的速度迅速增加，去游离作用强烈。

2. 扩散

扩散是弧柱内带电粒子逸出弧柱以外进入周围介质的一种现象。扩散是由于带电粒子不规则的热运动以及电弧内带电粒子的密度远大于电弧外，电弧中的温度远高于周围介质的温度造成的。它可使弧柱中带电粒子减少，游离程度降低。

扩散的速度与离子浓度、正离子运动速度、弧柱直径、温度及压力等有关，其中，弧柱直径的影响最大，弧柱直径愈小，扩散愈强烈。

六、电弧的物理特性

1. 电弧的伏安特性

当其他条件不变时，电弧电压与电弧电流的关系曲线，称为电弧的伏安特性。

电弧的伏安特性说明了电弧电压与电流的关系，是电弧最重要的特性之一。电弧电压和电流之间的函数关系，首先决定于电弧间隙的物理过程。弧柱的物理状态不是静止的，在其中始终进行着游离和去游离过程。如果游离和去游离过程相平衡，则弧柱处于动平衡状态而不是时间的函数。弧柱处于动平衡的工作状态称为静态或稳态。稳态电弧（直流稳定电弧）的伏安特性称为静特性。当电弧工作状态改变时，弧柱动平衡被破坏，发生过渡状态。但如果电弧中电的过程改变得慢，热的过程来得及跟上，则电压与电流的关系仍和静态一样。如果电的过程改变得快，以至于热的过程跟不上其改变的过程而出现热迟滞现象，这时的伏安特性称为动特性。处于不稳定状态的直流电弧和交流电弧的伏安特性为动特性。

在一系列稳定状态下，决定了相应的电弧和电压的数值，就可以得到电弧的静特性，电弧的静特性曲线一般是下降的，其原因是当电流增加时，电弧通道的截面增加，温度也升高，因此电弧电阻很快下降。

2. 交流电弧的物理特性

交流电弧的电流变化速度很快，不可能建立稳定平衡状态，因此电弧的特性应是动态特性，并且交流电流每半个周期经过一次零值。电流过零时，电弧自动熄灭。如果电弧是稳定燃烧的，则电弧电流过零熄灭后，在另半周又会重新燃烧。

在交流电弧中，因温度随电流而变化，电弧的温度也是变化的。但气体的热惯性是很大的，甚至在工频电流情况下，也会引起温度的变化滞后于电流的变化，这种现象称为电弧的热惯性。交流电弧伏安特性如图 3-2（a）所示。由电流的波形及伏安特性，得到的电弧电压随时间变化的波形呈马鞍形，如图 3-2（b）所示。其中 A 点为电弧产生时的电压，称为燃弧电压；B 点为电弧熄灭时的电压，称为熄弧电压。

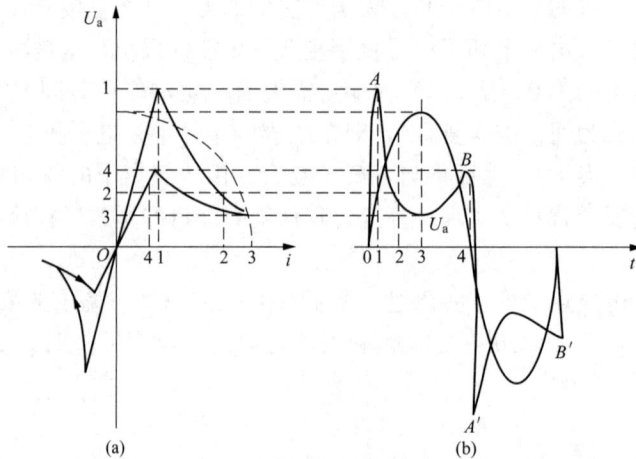

图 3-2　交流电弧伏安特性和电弧电流、电压波形图
(a) 伏安特性；(b) 波形图

第二节　直流电弧的熄灭

一、熄灭直流电弧的方法

直流电弧的等值电路如图 3-3 所示。当电弧稳定燃烧时，电流大小不变，电感上的电压降为零，电源加在弧隙上的电压 $U-IR$ 恰好等于电弧稳定燃烧所需要的电弧电压 U_h。当电源加在弧隙上的电压 $U-IR$ 小于电弧稳定燃烧所需要的电弧电压时，电弧将熄灭。可见，为使直流电弧熄灭，可从两方面着手：一是降低加在弧隙上的电压，二是提高电弧电压。为了避免电弧熄灭时产生过电压，一般不采用强烈的方法熄灭直流电弧，常见的方法有如下几种。

1. 增大回路电阻

当电源电压 U 一定时，回路电阻 R 增大，作用于弧隙上的电压减小，电弧就容易熄灭。

2. 将长电弧分割为多个短电弧

要使短电弧稳定燃烧，外加电压必须大于阴极和阳极电压降之和。因此，可利用许多平行排列的金属片把长电弧分割成一系列串联的短电弧，如图 3-4 所示。因为每一个短电弧都有一个阴极和阳极电压降，总的电弧电压便大为增加。如果选择金属片的数目，使加到断路器触头间的电压小于所有短电弧电极电压降的总和时，电弧即迅速熄灭。

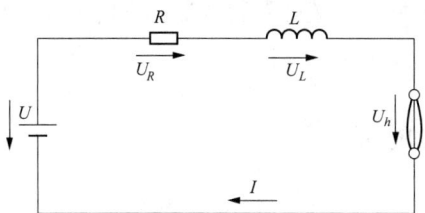

图 3-3 直流电弧的等值电路　　　　　图 3-4 将长电弧分割成多个短电弧

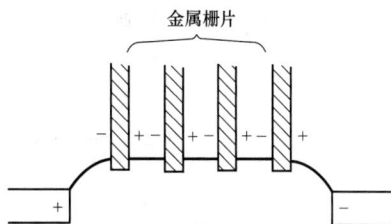

3. 增大电弧长度

因为弧柱电压降与电弧长度成正比，电弧长度增加，电弧电压降也增加，当电弧长度增加到电弧电压大于外加电压时，电弧即熄灭。增加电弧长度的方法有以下几种：

（1）不断增大触头间的距离。断路器触头开始分离后，随着触头间的距离不断增大，电弧长度亦随之增加。当触头间的距离足够大时，电弧将熄灭。

（2）利用磁场横吹电弧。利用导电回路自身的磁场或外加磁场，使电弧电流在磁场中受电动力而横向拉长电弧，如图 3-5（a）所示。电路中电流 I 沿图示箭头方向流动，电弧受电动力 F 后，向上移动被拉长。

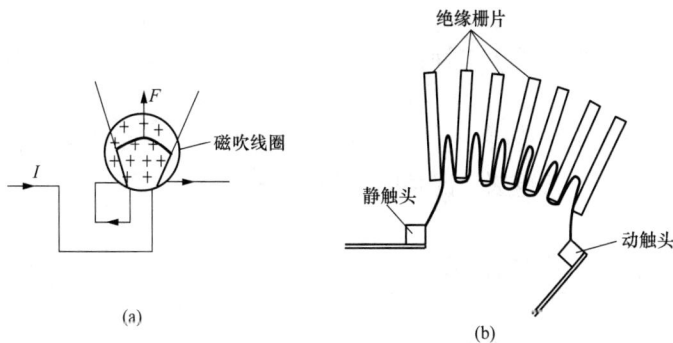

(a)　　　　　　　　　　(b)

图 3-5 磁吹动电弧和狭缝灭弧原理图
（a）磁吹动电弧；（b）狭缝灭弧

4. 使电弧与耐弧的绝缘材料紧密接触

如图 3-5（b）所示，将电弧吹入石棉、陶瓷等耐弧绝缘材料制成的栅片狭缝中，使电弧与温度较低的固体介质接触，这样，带电粒子在固体介质表面的复合加强，带电粒子减少，弧柱导电性变差，弧柱电压增加，电弧就容易熄灭。另外，狭缝中气体的压力加大和固体介质对电弧的冷却作用，都有利于灭弧。

二、直流电弧熄灭时引起的过电压

在开断直流电路时，由于回路中有电感存在，在触头两端及电感上均可能产生过电压。

过电压不仅危及线路中电器的绝缘，而且造成触头间重新被击穿，电弧复燃。过电压值与回路的电感及电流下降的速率有关。回路电感越大，电流下降速率（di/dt）越大，过电压值越高。为了减小过电压值，必须限制电流下降速率。

在断开高压大容量的直流电路时，如大容量同步发电机励磁回路的灭磁断路器，一方面采用冷却、拉长电弧及利用短电弧原理来灭弧，另一方面还随着断路器的断开，同时采用逐渐增大串联电阻的方法来灭弧。这样，既可增加灭弧能力，又可限制电流的下降速率，降低过电压值。

第三节　交流电弧的熄灭

一、交流电弧熄灭过程

交流电弧燃烧过程中电流每半周要过零值一次，此时电弧暂时熄灭。如果在电流过零时采取有效措施，使弧隙介质的绝缘能力达到不会被弧隙外加电压击穿的程度，则电弧就不会重燃而最终熄灭。

在电流过零前后，弧隙中发生的现象是很复杂的：一是弧隙去游离和它的介质强度（即弧隙的绝缘能力，或称弧隙的耐压强度）增大；二是加于弧隙的电压（称恢复电压）增大。

弧隙介质绝缘能力或介质强度（以能耐受的电压 u_j 表示）恢复到正常情况需要有一个过程，称为介质强度的恢复过程。而加在弧隙上的电压，由电弧熄灭时的熄弧电压逐渐恢复到电源电压，也要有一个过程，称为弧隙电压的恢复过程。电弧熄灭后，弧隙上的电压称为恢复电压 u_{hf}。

电弧电流过零时，是熄灭电弧的有利时机，但电弧是否能熄灭，取决于上述两方面竞争的结果。

交流电弧熄灭过程主要有以下三种：

1. 强迫熄弧

在这种情况下，电弧电压 u_h 很高，电源电压不能维持，电弧电流很快被减小到零而熄灭。这种灭弧过程与直流电弧熄灭情况相同。

2. 截流开断

在此情况下，电弧因不稳定而熄灭。

3. 过零熄弧

在大多数高压断路器开断过程中，电弧电压远低于电源电压，也即电源电压足以维持电弧燃烧而不致发生强迫熄弧。在电流较大的情况下也不会出现截流。在这种情况下，电弧是在电流零点时熄灭的。这种熄弧过程称为过零熄弧。

对于频率为 50Hz 的交流电路，电流每秒有 100 次零值，因此不管断路器的熄弧能力如何差，电弧电压 u_h 如何低，电流 i 都要过零，电弧自然熄灭，至少是暂时的熄灭。这时对于交流电弧来说，不是电弧电流能不能降低到零，而是电流过零后弧隙是否会重新被击穿而复燃的问题。如电流过零后，弧隙未复燃，电弧即最后熄灭；反之，如发生复燃，则电弧在电流此次过零时不能熄灭，至少需燃烧至电弧电流下次过零时再熄灭。

二、弧隙介质强度恢复过程

弧隙介质强度的恢复是一个比较复杂的过程。在电弧电流过零之前，弧隙中的空间充满了电子和正离子。当电弧电流过零熄灭后，电极极性发生变化，弧隙中的电子迅速奔向新阳极，比电子质量大一千多倍的正离子，相对电子而言则基本未动，所以在新阴极附近形成正空间电荷。

图 3-6 所示为电弧电流过零后电荷沿短弧隙的分布情况。由图可见，电压主要降落在阴极附近的

图 3-6　电流过零后电荷沿短弧隙
的分布情况

薄层空间。根据实验，此薄层空间的耐压为 $150\sim250\mathrm{V}$ 的介质强度。这种在阴极附近电介质强度出现突然升高的现象称为近阴极效应。由于近阴极效应而在弧隙中立即出现的介质强度，称为起始介质强度。起始介质强度出现后，介质强度的增长速率主要决定于弧隙的冷却条件。图 3-7 所示为不同冷却条件下弧隙温度与介质强度的变化曲线。

近阴极效应在低压短电弧的熄灭过程中有很重要的作用。但在高压长电弧中，由于近阴极介质强度与加在电弧上的高电压相比是很小的，因此近阴极效应在高电压长电弧的熄灭过程中不起多大作用。在长电弧中，起决定作用的是弧柱中的去游离过程。在高压断路器中产生的电弧一般都是长电弧，所以普遍利用气体或液体吹动电弧来加强弧柱的冷却，以加快介质强度的恢复。

起始介质强度出现后，弧柱区介质强度的恢复过程与断路器的灭弧装置结构、介质特性、电弧电流、冷却条件及触头分开速度等因素有关。

目前，电力系统中常用的灭弧介质有油（变压器油）、压缩空气、真空、SF_6 等，其介质强度恢复过程曲线如图 3-8 所示。

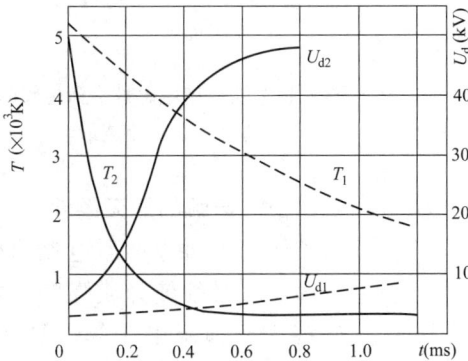

图 3-7　不同冷却条件下弧隙温度与介质强度的变化曲线
T_1、U_{d1}—弱冷却时的情况；T_2、U_{d2}—强冷却时的情况

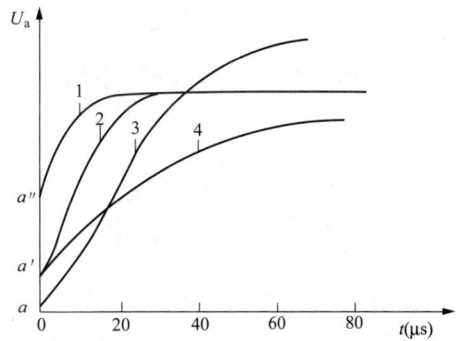

图 3-8　介质强度恢复过程曲线
1—真空；2—SF_6；3—空气；4—油

另外，提高触头的分断速度，可迅速拉长电弧，使其散热和扩散的表面积迅速增加，去游离加强，介质强度恢复速度提高。

三、弧隙电压恢复过程

弧隙电压的恢复过程，即恢复电压的变化过程，与电路参数、负荷性质（阻、容、感性）有关。图 3-9 所示为几种典型电路的电压恢复过程。

当断开纯电阻性交流电路时，电源电压 u、电弧电流 i_h、电路电流 i（$i=i_h$）、弧隙电压 u_h 的变化情况如图 3-10 所示。由于 u、i、u_h 相位相同，电弧熄灭后，熄弧电压即按电源电压变化，电压恢复比较缓慢，这对熄灭电弧比较有利。

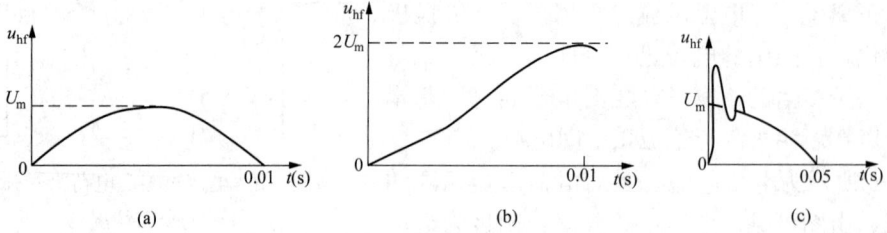

图 3-9　几种典型电路的电压恢复过程
(a) 电阻电路；(b) 电容电路；(c) 电感电路

断开纯电感性交流电路时的电压、电流波形如图 3-11 所示，电弧电压与电源电压相位差接近于 90°。当电流过零电弧熄灭时，电源电压几乎等于幅值。弧隙电压由熄弧电压过渡到电源电压比较快，而且由于电路有电容和电感存在，还可能由于振荡而使电压恢复更快，如图 3-11 中恢复电压 u_{hf} 所示，这对熄灭电弧不利。为了降低电压恢复速率，可在电路中串联电阻，一般采取在断路器每相触头并联电阻的方法。

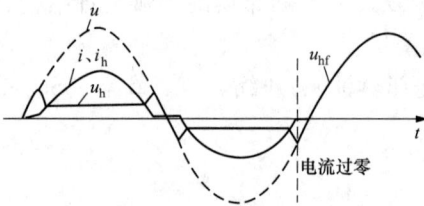

图 3-10　断开纯电阻性交流电路时的
电压、电流波形

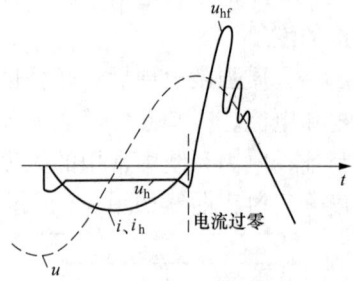

图 3-11　断开纯电感性交流电路时
的电压、电流波形

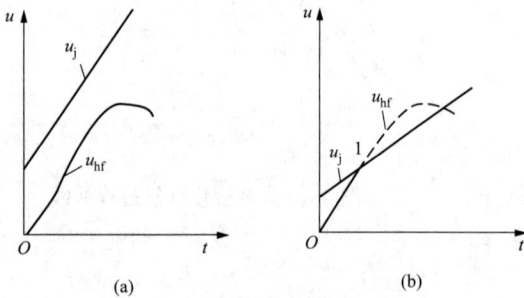

图 3-12　交流电弧在电流过零值后的熄灭和重燃
(a) 熄灭；(b) 重燃

四、交流电弧的熄灭条件

为了使电流过零值后电弧熄灭不发生重燃，就必须使介质强度的恢复速度始终大于弧隙电压的恢复速度。当发生图 3-12 (a) 所示情况时，电弧则熄灭；否则，当发生图 3-12 (b) 所示情况时，在曲线交点 1 处电弧则重燃。

交流电弧熄灭的条件为

$$u_j\ (t) > u_{hf}\ (t)$$

第四节　熄灭交流电弧的基本方法

由分析可知，交流电弧能否熄灭，取决于电流过零电弧熄灭后，弧隙介质强度恢复过程和弧隙电压恢复过程的结果。加强弧隙的去游离使介质强度恢复速度加大，或减少弧隙上的电压恢复速率，都可以促使电弧熄灭。

为此，现代开关电器中广泛采用的灭弧方法，归纳起来有以下几种。

一、采用灭弧能力强的灭弧介质

电弧中的去游离强度，在很大程度上取决于电弧周围介质的特性。高压断路器中广泛采用以下几种灭弧介质。

（1）变压器油。变压器油在电弧高温的作用下，可分解出大量氢气和油蒸气（H_2 占 $70\%\sim80\%$），氢气的绝缘和灭弧能力是空气的 7.5 倍。

（2）压缩空气。压缩空气的压力约 $20\times10^5\,Pa$，由于其分子密度大，质点的自由行程小，能量不易积累，不易发生游离，所以有良好的绝缘和灭弧能力。

（3）SF_6 气体。SF_6 是良好的负电性气体，其氟原子具有很强的吸附电子的能力，能迅速捕捉自由电子而形成稳定的负离子，为复合创造了有利条件，因而具有很强的灭弧能力。

（4）真空。真空气体压力低于 $133.3\times10^{-4}\,Pa$，气体稀薄，弧隙中的自由电子和中性质点都很少，碰撞游离的可能性大大减少，而且，弧柱与真空的带电质点的浓度差很大，有利于扩散。其绝缘能力比变压器油、1 个大气压力下的 SF_6、空气都大。

二、采用特殊金属材料制作灭弧触头

电弧中的去游离强度，在很大程度上与触头材料有关。常用的触头材料有铜钨合金和银钨合金等，在电弧高温下不容易熔化和蒸发，有较高的抗电弧、抗熔焊能力，可以减少热电子发射和金属蒸气，抑制游离作用。

三、吹弧

利用气体或油吹动电弧，广泛应用于各种电压的开关电器，特别是高压断路器中。

温度对灭弧的影响很大。气体热游离的基本条件是需要有一定的温度，温度越低，热游离越不易发生。降低弧隙温度便能加速去游离，而且介质的绝缘强度随温度的降低而增加。介质强度恢复的快慢，在很大程度上取决于弧隙温度降低的速率。所以，冷却电弧是熄灭电弧的重要方法之一。用气体或液体介质吹弧，既能起到对流散热、强烈冷却弧隙的作用，也有部分取代原弧隙中游离气体或高温气体的作用，气体流速越大，对弧隙的冷却作用越强。

在断路器中，常制成各种形式的灭弧室，使气体或液体产生较高的压力，有力地吹向电弧。吹弧的方式有纵吹和横吹，如图 3-13 所示。纵吹主要是使电弧冷却变细，加大介质压强，加强去游离，使电弧熄灭。而横吹还能把电弧拉长，使其表面积增大并加强冷却，灭弧效果较好。纵吹和横吹的方式各有特点，不少断路器采用纵横混合吹弧的方式，灭弧效果更好。

四、多断口熄弧

高压断路器常采用每相有两个或多个串联断口的灭弧方式，图 3-14 所示为双断口断路器。采用双断口是把电弧分割成两个小弧段，在相等的触头行程下，双断口断路器比单断口断路器的电弧拉长了，从而增大弧隙电阻，而且电弧被拉长的速度也增加，加速了弧隙电阻的增大，同时也增大了介质强度的恢复速率。由于加在每个断口上的电压降低，使弧隙的恢复电压降低，因此灭弧性能更好。

220kV 以上电压等级的断路器，根据电压等级不同，往往把几个相同形式的灭弧室（每个灭弧室是一个断口）串联起来，这种结构称为组合式或积木式结构。

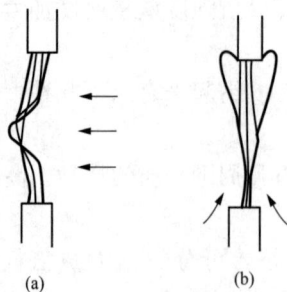

图 3-13　吹弧的方式
(a) 横吹；(b) 纵吹

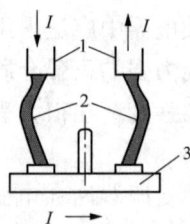

图 3-14　双断口断路器
1—静触头；2—电弧；3—动触头

采用多断口的结构后，每一个断口在开断时电压分布不均匀。下面以两个断口的断路器为例加以说明。图 3-15 所示为单相断路器开断接地故障时的电路图。U 为电源电压，U_1 和 U_2 分别为两个断口的电压。电弧熄灭后，每个断口可用一等值电容 C_d 代替；中间的导电部分与断路器底座及大地间，也可以看成一个对地等值电容 C_0；对于两断口间的电压分布情况，可按图 3-16 所示电路进行计算。

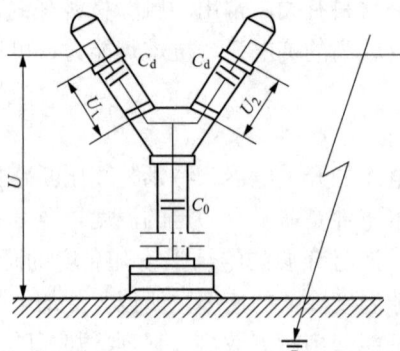

图 3-15　单相断路器开断接地故障时的电路图

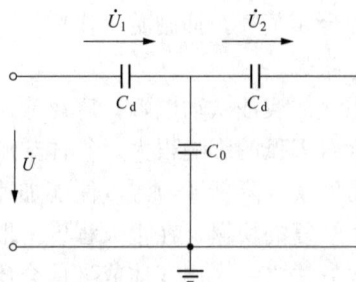

图 3-16　端口电压分布计算图

$$U_1 = U \frac{C_d + C_0}{2C_d + C_0}$$

$$U_2 = U \frac{C_d}{2C_d + C_0}$$

假定 $C_d = C_0$，则

$$U_1 = U \frac{C_0 + C_0}{2C_0 + C_0} = \frac{2}{3}U$$

$$U_2 = U \frac{C_0}{2C_0 + C_0} = \frac{1}{3}U$$

可见两个断口上的电压相差很大。第一个灭弧室的工作条件显然比第二个灭弧室要严重得多。为使两个灭弧室的工作条件相接近，通常采用断口并联电容的方法。一般在每个灭弧室的外边并联一个比 C_d 或 C_0 大得多的电容 C，称为均压电容，其容量一般为 $1000\sim2000\text{pF}$。接有均压电容 C 后的等值电路如图 3-17 所示。

由于 C 值比 C_d 或 C_0 大得多，C_0 可忽略不计，则断口电压分布为

$$U_1 = U_2 \approx U \frac{C+C_d}{2(C+C_d)} = \frac{U}{2}$$

由此可知，并联均压电容后，只要电容量足够大，两断口上的电压分布就接近相等，从而提高了断路器的灭弧能力。

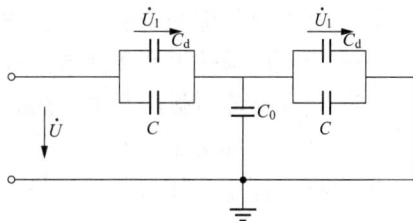

图 3-17 接有均压电容后的等值电路

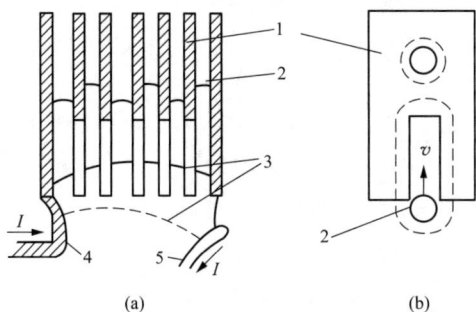

五、提高断路器触头的分离速度

在高压断路器中都装有强力断路弹簧，以加快触头的分离速度，迅速拉长电弧，使弧隙的电场强度骤降，同时使电弧的表面积增大，有利于电弧的冷却及带电质点的扩散和复合，削弱游离而加强去游离，从而加速电弧的熄灭。

六、金属栅片灭弧装置

这种灭弧装置的构造原理如图 3-18 所示。灭弧室内装有很多由钢板冲成的金属灭弧栅片，栅片为铁磁性材料。当触头间发生电弧后，由电弧电流产生的磁场与铁磁物质间产生的相互作用力，把电弧吸引到栅片内，将长弧分割成一串短弧。如前所述，当电弧过零时，每个短弧的阴极附近立即出现 $150\sim250\text{V}$ 的介质强度。如果作用于触头间的电压小于各个间隙介质强度的总和，电弧必将熄灭。

图 3-18 金属栅片灭弧装置的构造原理
(a) 灭弧栅装置的构造；(b) 栅片结构
1—灭弧栅片；2—电弧；3—电弧移动位置；
4—静触头；5—动触头

小 结

电弧是一种气体放电现象，是开关电器中常见的物理现象。它的形成主要靠碰撞游离，维持靠热游离。在电弧中同时存在着游离和去游离两种物理过程。当去游离的作用大于游离的作用时，电弧即熄灭。

交流电弧的稳定燃烧，是不断熄灭和复燃的过程。在电流为零时电弧自动熄灭，这是熄灭交流电弧的良好时机。当交流电弧自动熄灭后，如果弧隙间介质强度的恢复速度大于弧隙电压的恢复速度，交流电弧即完全熄灭。

因此，现代交流开关电器中，都是采用尽快恢复弧隙绝缘强度和抑制弧隙恢复电压的方法来熄灭电弧的。

思考题和习题

3-1 什么是碰撞游离、热游离、去游离？它们在电弧的形成和熄灭过程中起何作用？

3-2 开关电器中的电弧有什么危害？

3-3　什么是弧隙介质强度恢复过程？什么是弧隙电压恢复过程？它们与哪些因素有关？

3-4　直流电弧熄灭的条件与交流电弧熄灭的条件有什么不同？

3-5　熄灭交流电弧的基本方法有哪些？

3-6　在直流和交流电弧中，分割长电弧为短电弧进行灭弧，各利用什么原理？

3-7　断路器中为什么要加装并联电容？

第四章 低 压 开 关

低压开关是用来接通或断开 1000V 以下交流和直流电路的开关电器。灭弧方法一般是在空气中拉长电弧或利用灭弧栅将长电弧分为短电弧。常用的低压开关有刀开关、接触器、磁力启动器和自动空气开关等。本章主要介绍几种低压开关的主要用途、型号、工作原理、基本结构和主要技术参数等。

第一节 刀 开 关

一、刀开关的主要用途

刀开关是手动电器中结构最简单的一种低压开关，额定电流在 1500A 以下，只能手动操作，主要用于不经常操作的交、直流低压电路中。为了能在短路或过负荷时自动切断电路，刀开关必须与熔断器配合使用。

二、刀开关的型号

大电流刀开关有 HD11、HD12、HD13、HD14 四个系列的单投刀开关和 HS11、HS12、HS13 三个系列的双投刀形转换开关。

HD 系列刀开关和 HS 系列双投刀形转换开关的型号含义如下：

三、刀开关的结构和工作原理

对于各型刀开关，额定电流为 100~400A 时采用单刀片，600~1500A 时采用双刀片。

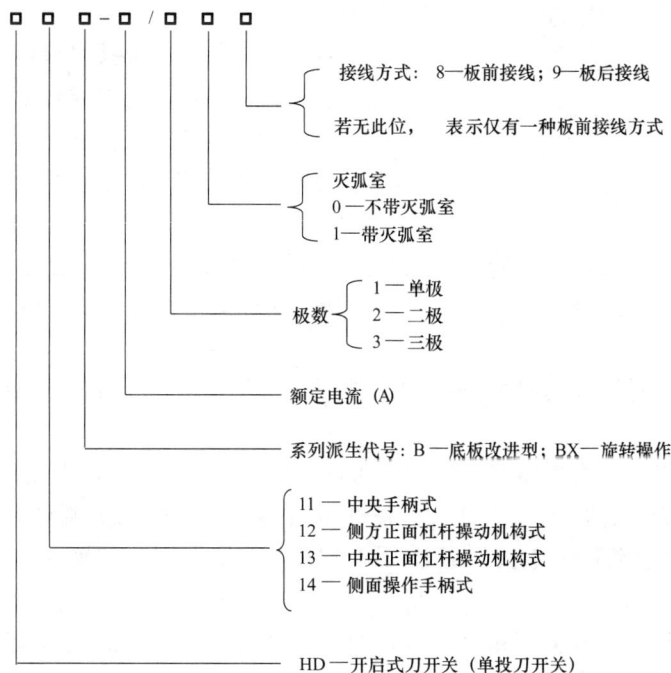

□ □ □－□ / □ □ □

接线方式：8—板前接线；9—板后接线

若无此位，表示仅有一种板前接线方式

灭弧室
0—不带灭弧室
1—带灭弧室

极数
1—单极
2—二极
3—三极

额定电流（A）

系列派生代号：B—底板改进型；BX—旋转操作

11—中央手柄式
12—侧方正面杠杆操动机构式
13—中央正面杠杆操动机构式
14—侧面操作手柄式

HD—开启式刀开关（单投刀开关）

图 4-1（a）所示为 HD13-600/31 型刀开关的外形结构，其额定电流为 600A，刀采用中央杠杆操作，带有灭弧罩，可以切断额定电流及以下的负荷电流。每极有两个矩形截面的接触支座，称为静触头；刀刃为两个接触条，称为动触头。在静触头两侧装有弹簧卡子，用来安装灭弧罩。灭弧罩由绝缘纸板和钢栅片拼铆而成，如图 4-1（b）所示。开断电路时，刀片与静触头之间产生的电弧在电磁力作用下拉入灭弧罩内，被分成若干短电弧后迅速熄灭。没有灭弧罩的刀开关靠触头开距的增大和电磁力拉长电弧来灭弧，一般只用来隔离电源，不能切断较大的负荷电流。

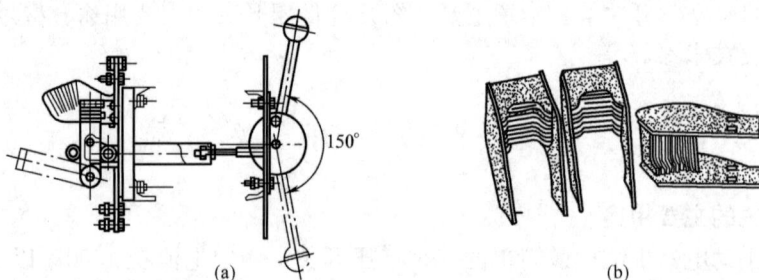

图 4-1　HD13-600/31 型刀开关
(a) 外形结构；(b) 灭弧罩

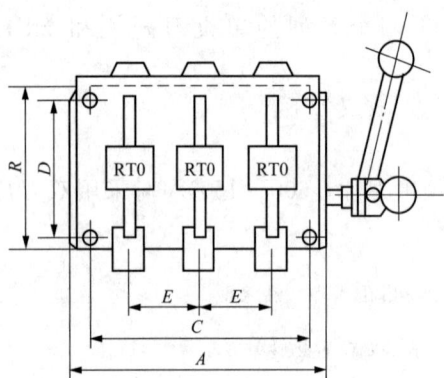

图 4-2　HR3 系列熔断器式刀开关的结构

熔断器式刀开关同时具有刀开关和熔断器的功能，可用来代替刀开关和熔断器的组合。HR3 系列熔断器式刀开关的结构如图 4-2 所示，它由 RTO 型熔断器、静触头、灭弧装置、安全挡板、底座和操动机构组成。熔断器的触头同时作为刀开关的刀片。

四、刀开关的主要技术参数

表征刀开关性能的主要技术参数如下：

（1）额定电压。额定电压是指在规定的条件下，刀开关在长期工作中能承受的最高电压。

（2）额定电流。额定电流是指在规定的条件下，刀开关在合闸位置允许长期通过的最大工作电流。目前生产的大电流刀开关的额定电流一般为 100、200、400、600、1000、1500A 六级。小电流刀开关的额定电流一般为 10、15、20、30、60A 五级。

（3）通断能力。通断能力是指在规定条件下，在额定电压下能可靠接通和分断的最大电流。

（4）动稳定电流。当发生短路事故时，如果刀开关能通以某一最大短路电流，并不因其所产生的巨大电动力的作用而发生变性、损坏或者触刀自动弹出等现象，则这一短路电流（峰值）就是刀开关的动稳定电流。通常刀开关的动稳定电流为其额定电流的数十倍到数百倍。

（5）热稳定电流。当发生短路事故时，如果刀开关能在一定时间（通常为 1s）内通以某一最大短路电流，并不会因温度急剧升高而发生熔焊现象，则这一短路电流就称为刀开关的热稳定电流。

（6）机械寿命。刀开关在需要修理或更换机械零件前所能承受的无载操作次数称为机械寿命。

（7）电气寿命。在规定的正常工作条件下，刀开关在不需要修理或更换机械零件的情况下的带负荷操作次数称为电气寿命。

第二节 接 触 器

一、接触器的用途

接触器是用来远距离接通或断开负荷电流的低压开关。除了用于频繁控制电动机外，接触器还可用于控制小型发电机、电热装置、电焊机和电容器组等设备。接触器不能切断短路电流和过负荷电流，因此，常与熔断器和热继电器等配合使用。接触器可分为交流接触器和直流接触器。

二、接触器的型号

接触器的型号含义如下：

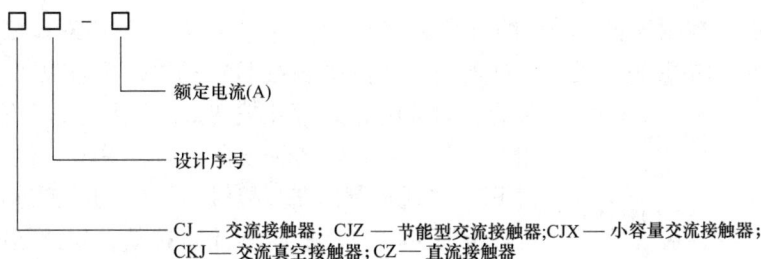

额定电流(A)

设计序号

CJ — 交流接触器；CJZ — 节能型交流接触器;CJX — 小容量交流接触器；
CKJ — 交流真空接触器；CZ — 直流接触器

三、接触器的结构和工作原理

接触器种类繁多，其基本结构大致相同，主要由触头系统、电磁机构、灭弧装置和其他部分等组成。接触器的基本结构如图 4-3 所示。当电磁铁线圈 8 通电时，产生电磁力吸引衔铁 4，使动触头 3 动作，动、静触头闭合，主电路接通；当电磁铁线圈断电后，电磁力消失，衔铁在自身质量（或返回弹簧）的作用下，向下跌落，使触头分离，主电路断开。

接触器的灭弧室由陶土材料或金属栅片制成，根据狭缝灭弧原理使电弧熄灭。为了自动控制的需要，接触器除了接通和断开主电路用的主触头外，还有接在控制回路中的辅助触点，见图 4-3 中 10。

图 4-4（a）所示为 CJ10-40 交流接触器的外形图，图 4-4（b）为 CJ12-40 交流接触器的外形图。

图 4-5 所示为 CJ20 系列交流接触器的结构图，该系列为正装直动式双断点结构。触头材料为银氧化镉，动触头 4 为船形结构，有较高的强度和较大的容量；静触头选用型材并配有铁质引弧角，便于电弧向外运动；磁系统为 E 形或 U 形铁芯，缓冲装置采用硅橡胶材料。

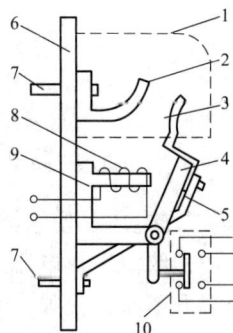

图 4-3 接触器的基本结构
1—灭弧罩；2—静触头；3—动触头；4—衔铁；5—连接导线；6—底座；7—接线端子；8—电磁铁线圈；9—铁芯；10—辅助触点

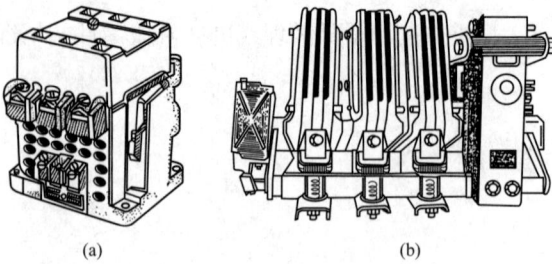

图 4-4　交流接触器的外形图
（a）CJ10-40 交流接触器的外形；
（b）CJ12-40 交流接触器的外形

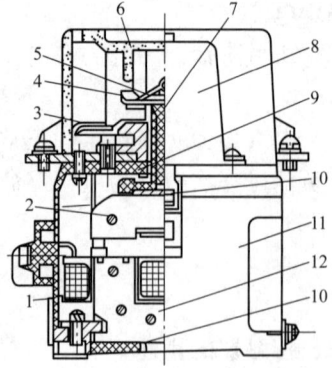

图 4-5　CJ20 系列交流接触器的结构图
1—电磁铁线圈；2—衔铁；3—静触头；4—动触头；
5—片状弹簧；6—灭弧罩；7—触头支持件；8—辅助
触头；9—底板；10—缓冲件；11—底座；12—磁轭

四、用交流接触器控制异步电动机

用交流接触器控制异步电动机的电路如图 4-6 所示，主电路由刀开关 Q、熔断器 FU 和交流接触器 KM 的主触头组成；控制电路由交流接触器 KM 的线圈和辅助触点、能自动复归的启动按钮 S1、停止按钮 S2 组成，接于主电路的 U、V 相上。在启动电动机前先合上刀开关 Q，然后按下启动按钮 S1，接通控制回路，接触器 KM 的线圈通电使主触头闭合，接通主电路，电动机开始转动。与此同时，和启动按钮并联的接触器 KM 的动合辅助触头也闭合，这样当启动按钮断开后，接触器 KM 仍保持在闭合状态。辅助触头的这种作用称为"自保持"。停机时，可按下停止按钮 S2，使控制回路断电，接触器 KM 的线圈失磁，主触头和辅助触点都断开，电动机断电停转。

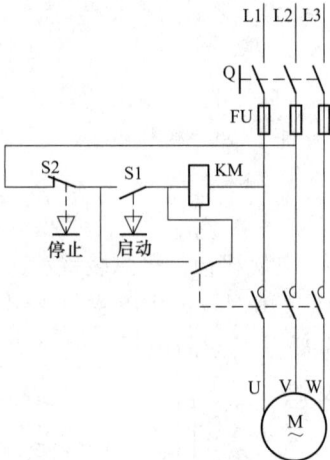

图 4-6　用交流接触器控制异步
电动机的电路图

五、接触器的主要技术参数

（1）额定电压。额定电压是在规定条件下，保证接触器主触头正常工作的电压值。通常最大的工作电压即为额定电压。

（2）额定电流。额定电流是由电器主触头的工作条件（额定工作电压、使用类别、额定工作制和操作频率）所决定的电流值。

（3）约定发热电流。约定发热电流是指在规定条件下试验时，电流在 8h 工作制下，各部分温升不超过极限值时所承载的最大电流。对于老产品，只有额定电流；对于新产品（如 JC20 系列），则有约定发热电流和额定工作电流之分。

（4）动作值。动作值是接触器的接通电压和释放电压。在接触器电磁线圈上已发热稳定时，若电压为 85% 额定电压，其衔铁应能完全可靠地吸合，无任何中途停滞现象；反之，如果在工作中电网电压过低或突然消失，衔铁也应完全可靠地释放，不停顿地返回原始位置。

（5）闭合与分断能力。接触器的闭合与分断能力，是指其主触头在工作情况下所能可靠地闭合和断开的电流值。在此电流下，闭合能力是指开关闭合时，不会造成触头熔焊的能力；断开能力是指开关断开时，不产生飞弧和过分磨损而能可靠灭弧的能力。

（6）电气寿命与机械寿命。机械寿命和电气寿命是指在正常操作条件下，不需要修理和更换零件的操作次数。机械寿命一般在数百万次以上，电气寿命应不小于机械寿命的 1/20。

第三节 磁 力 启 动 器

一、磁力启动器的用途

磁力启动器主要用来远距离控制三相异步电动机的启动、停止和正反向运转，并可兼作电动机的低电压和过负荷保护。除少数手动启动器外，大部分启动器不能断开短路电流，所以必须和熔断器配合使用。在各种启动器中，磁力启动器应用最广。

二、磁力启动器的型号

磁力启动器的型号一般由类组代号、设计序号、基本规格代号、品种派生（规格）代号、辅助规格代号、热带产品代号等几部分组成。QC25 系列磁力启动器的型号含义如下：

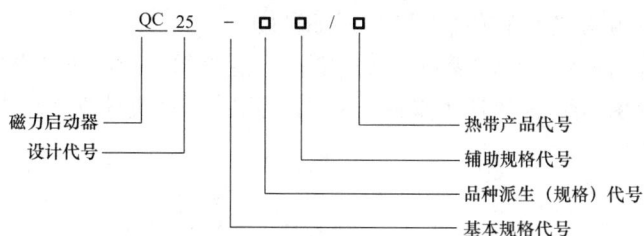

QC 25 - □ □ / □

磁力启动器
设计代号
基本规格代号
品种派生（规格）代号
辅助规格代号
热带产品代号

三、磁力启动器的结构和工作原理

磁力启动器又称电磁启动器，是一种直接启动器，一般由交流接触器、热继电器和控制按钮组成，通过按钮操作可以远距离直接启动、停止中小型的笼形三相异步电动机。常见的磁力启动器外形如图 4-7 所示。

1. 热继电器

热继电器具有结构简单、体积小、价格低和保护性能好等优点。热继电器是一种利用电流的热效应来切断电路的保护电器，常与接触器配合使用保护电动机长期过负荷的一种自动控制电器，主要用于电动机的过载保护、断相及电流不平衡的保护及其他电气设备发热状态的控制。

热继电器中应用较多的是 JR 系列的双金属片式热继电器，双金属片由两层线膨胀系数相差较大的合金材料结合而成，主动层的线膨胀系数大，被动层的线膨胀系数小。基本工作原理是利用膨胀系数不同的双金属片在受热后发生弯曲的特性将控制电路断开。

JR 系列双金属片式热继电器的结构示意

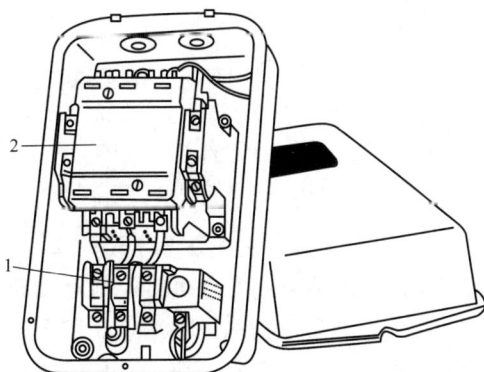

图 4-7 常见的磁力启动器外形
1—热继电器；2—接触器

图如图 4-8 所示。图 4-8 (a) 为 JR1 系列双金属片式热继电器,其热元件 1 串联接入电动机主电路,触点 6 串联接入电动机控制电路,双金属片 2 与热元件靠近并经扣板 3 及绝缘拉板 5 与触点 6 相关联,但不接入任何电路。电动机运行正常时,热元件温度不高,双金属片不会使热继电器动作;电动机过负荷时,热元件温度较高,双金属片因过热膨胀向上弯曲而脱离扣板,扣板在弹簧 4 的作用下逆时针转动,并经绝缘拉板带动触点 6 断开。该系列热继电器动作后只能手动复位(向左推绝缘拉板 5)。

JR15 系列热继电器的结构如图 4-8 (b) 所示。该系列热继电器为两相式结构,其主双金属片 7 与热元件 8 采用联合体加热法一起接入主电路;温度补偿双金属片 10 的作用是,保证在不同介质温度时热继电器的刻度电流值基本不变;转动下部偏心结构的凸轮,可改变推杆 16 的位置,从而调节过载保护电流的大小(在凸轮上有标志);把复位调节螺钉 13 调出、调进,可调节动触点 12 和静触点 11 在断开位置时的开距大小。当电动机过负荷时,主双金属片 7 因过热膨胀向右弯曲而推动导板 9,并通过补偿双金属片 10、推杆 16 和弓形弹簧 14 将动触点 12 与静触点 11 断开,电动机的控制回路和主电路相继断开。经过一定时间的冷却,热继电器的机构自动向左返回,如果动、静触点开距足够小,则触点自动闭合,这种复位方式称为热继电器的自动复位;反之,如果动、静触点开距足够大,则触点不能实现闭合,需用手按动右下角的"再扣按钮"进行人工复位。

由于热元件温度升高和双金属片受热变形都需要一定时间,因此热继电器是一种延时的过负荷保护元件。部分系列热继电器(如 JR9 系列)除具有过负荷保护的热元件外,还具有短路保护的电磁元件。

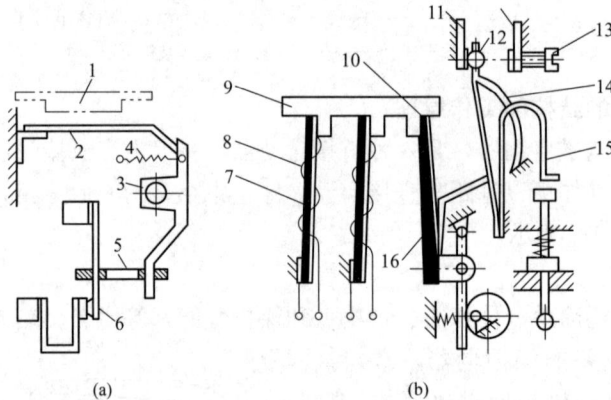

图 4-8　JR 系列双金属片式热继电器的结构示意图

(a) JR1 系列;(b) JR15 系列

1、8—热元件;2—双金属片;3—扣板;4—弹簧;5—绝缘拉板;6—触点;7—主双金属片;9—导板;
10—补偿双金属片;11—静触点;12—动触点;13—复位调节螺钉;14、15—弓形弹簧;16—推杆

2. 磁力启动器控制电动机电路的工作原理

图 4-9 所示是用磁力启动器控制电动机电路的工作原理图。启动器 K 的控制回路接在 U、W 相上,热继电器 KR 的触点 5 和 5′平时是闭合的。当启动电动机时,首先接通刀开关 Q,然后按下启动按钮 S1,使启动器的吸持线圈 1 电路接通,吸持线圈吸引衔铁,使启动器的主触点接通,电动机转动。同时启动器的辅助触点闭合,实现自保持。要使电动机停止转

动，可按下停止按钮 S2，吸持线圈断电，启动器主触头断开。当电动机过负荷时，双金属片由于受到热元件 4 或 4′的间接加热而膨胀变形，使触点 5 或 5′断开吸持线圈的电路，磁力启动器断开，使电动机得到保护。由于热元件的温度升高和双金属的膨胀变形都需要经过一段时间，不能瞬间动作，因此热继电器多作为过负荷保护。

当主电路电压由于某种原因降低到额定电压 85% 以下时，电动机转矩显著降低，转速下降，定子和转子电流增大，造成过热，严重时甚至使电动机损坏。在出现这种欠电压情况时，吸持线圈的吸引力减小，启动器自动断开主电路，达到欠电压保护的目的。

为使电动机能正转或反转运行，常用可逆磁力启动器的控制电路。可逆磁力启动器由两台交流接触器和一个热继电器组成，控制电路如图 4-10 所示。图中 KM1 为正转接触器，KM2 为反转接触器。S3 为正转启动按钮，S4 为反转启动按钮，这些按钮为复合按钮，有动合和动断两对触点。S2 为停止按钮。KR 为热继电器。

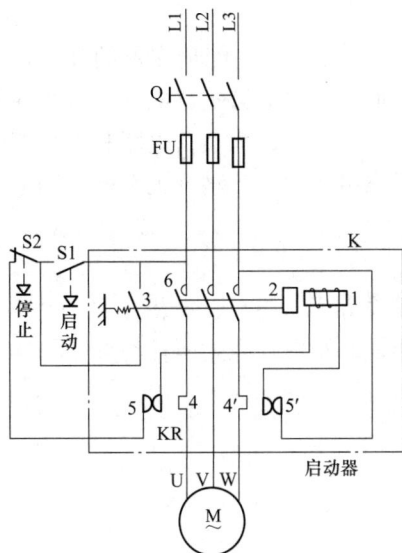

图 4-9　用磁力启动器控制电动机
电路的工作原理图

1—启动器的吸持线圈；2—衔铁；3—辅助触
点；4、4′—热继电器的热元件；5、5′—热继
电器的触点；6—启动器的主触点

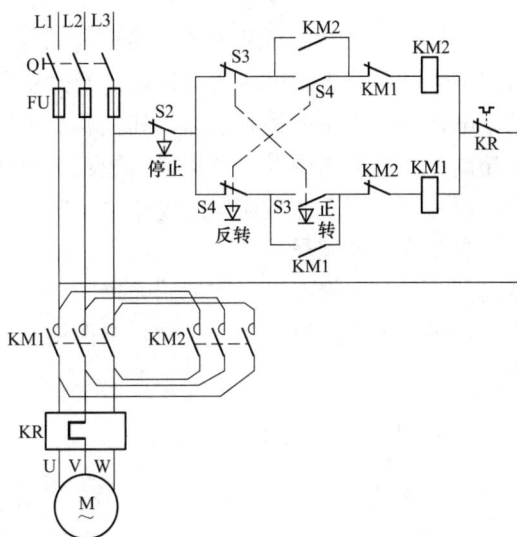

图 4-10　用可逆磁力启动器控制电动机电路的工作原理图

正转控制时，接通电源开关 Q，按下正转启动按钮 S3，使正转接触器 KM1 线圈通电，相应的主触头和辅助触点闭合。主触头 KM1 闭合后，接入电动机定子绕组的电源相序为 U—V—W，电动机正转运行。此时，辅助触点 KM1 闭合，实现自保持作用。

若反转启动电动机，可按下反转启动按钮 S4，使反转接触器 KM2 的线圈回路接通，反转接触器 KM2 动作，电动机定子绕组接入的电源相序改为 U—W—V，电动机反转启动，此时辅助触点 KM2 闭合，也实现自保持作用。

当需要将正转运行的电动机改为反转运行时，可按下反转按钮 S4，这时串联在接触器 KM1 线圈电路中的 S4 动断触点断开，使接触器 KM1 线圈断电，电动机脱离电源，KM1 断开后，串接在 KM2 线圈电路中的动断辅助触点 KM1 闭合，接通反转接触器 KM2 的线圈回路，KM2 动作，使接入电动机定子绕组的电源相序改接，电动机即反转。不论电动机正转还是反转，只要按下停止按钮 S2，便可使 KM1 或 KM2 的线圈断电，使电动机停止运行。

在正转接触器 KM1 线圈回路中，串入反转接触器 KM2 的动断触点及反转启动按钮 S4 的动断触点；同样，在反转接触器 KM2 的线圈回路中，串入了正转接触器 KM1 的动断触点及正转启动按钮 S3 的动断触点。这种连接方法叫闭锁，它保证线圈 KM1 和 KM2 不会同时接通，避免两个接触器同时闭合时造成电源短路事故。

电动机的过负荷保护由热继电器实现，短路保护由熔断器 FU 实现，欠电压保护可由启动器的接触器本身实现。

第四节　自　动　空　气　开　关

一、自动空气开关的用途

自动空气开关又称低压断路器（简称自动开关），是低压开关中性能最完善的开关，它不仅可以接通和断开正常电路的负荷电流及过负荷电流，而且可以断开短路电流，常用在低压大功率电路中作为主要控制电器，如低压配电中变电站的总开关、大负荷电路和大功率电动机的控制等。当电路内发生过负荷、短路、电压降低或失电压时，自动开关都能自动地切断电路，但它不适用于频繁操作的电路。

二、自动开关的型号

自动开关的种类繁多，可按使用类别、结构形式、操作方式、极数、安装方式、灭弧介质、用途等多种方式进行分类。自动开关按结构分为框架式和塑料外壳式两种类型。其型号含义如下：

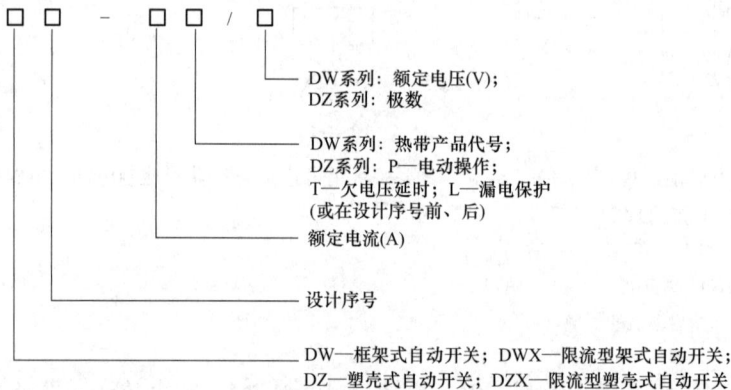

框架式自动开关为 DW 型，各部件安装在塑料或金属底架上，结构形式为敞开式。额定电流最大可为 4000A。常用的有 DW10 系列和 DW15 系列自动开关。

塑料外壳式自动开关为 DZ 型，除操作手柄和接线端子外，其余部分均安装在封闭的塑料外壳内，使用很安全。额定电流最大为 600A。常用的有 DZ10 系列和 DZ15 系列自动开关。

三、自动开关的主要结构

自动开关的主要结构由触头系统、灭弧装置、自由脱扣机构、脱扣器和操动机构等部分组成。

1. 触头系统

触头系统是自动开关的执行元件，一般包括主触头和灭弧触头。正常工作时工作电流主要通过主触头，因而要求接触电阻小和散热表面大。为此，在接触处多焊有银片，并施加足够的触头压力。

灭弧触头专用于保护主触头以免被电弧烧坏。接通电路时，灭弧触头首先接通，然后主触头接通；断开电路时，主触头先断开，灭弧触头后断开。因此，在接通和断开电流时，电弧都发生在灭弧触头上，不会发生在主触头上。灭弧触头具有可更换的碳或黄铜的灭弧端。

额定电流较大的自动开关，如 1000A 以上，除主触头、灭弧触头外，还有副触头，它可以代替灭弧触头工作。当自动开关分闸时，首先是工作触头断开，其次是副触头断开，最后是灭弧触头断开，自动合闸时顺序则相反。

图 4-11 所示为自动开关的触头系统。主动触头 5，做成圆柱形，以便与主静触头 6 形成线接触。在开关合闸过程中，弹簧 4 受压力，把动触头和静触头紧紧压在一起，保证接触良好。

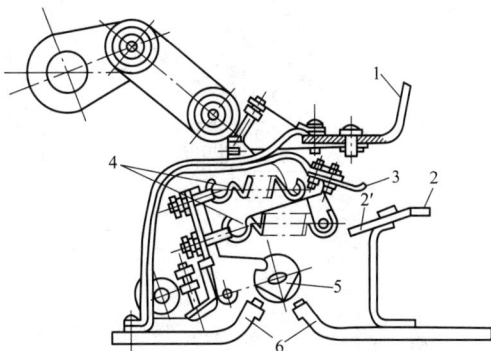

图 4-11　自动开关的触头系统
1—灭弧动触头；2—灭弧静触头；3、2′—副触头；
4—弹簧；5—主动触头；6—主静触头

2. 灭弧装置

自动开关灭弧装置的主要作用是熄灭触头在切断电路时所产生的电弧。自动开关采用的灭弧方式有四种：

（1）将电弧拉长，使电源电压不足以维持电弧燃烧，从而使电弧熄灭。

（2）有足够的冷却表面，使电弧能与整个冷却表面接触迅速冷却。

（3）将电弧分成多段使长弧分割成短弧，每段短弧有一定的电压降，这样电弧上总的电压降增加，而电源电压不足以维持电弧燃烧，使电弧熄灭。

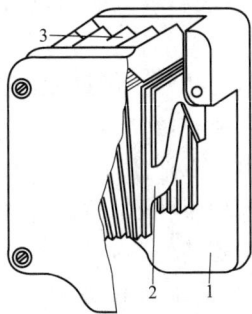

图 4-12　自动开关灭弧装置
1—灭弧室；2—灭弧栅；
3—灭焰栅

（4）限制电弧火花喷出的距离。

图 4-12 所示为自动开关灭弧装置。为了提高自动开关的断流能力，迅速熄灭电弧，自动开关均在触头的上部装有灭弧装置（灭弧罩）。灭弧罩内有许多互相绝缘的镀铜钢片所组成的灭弧栅，栅片交错布置，且栅片上有不同形状的凹槽，构成"迷宫式"形状，灭弧罩的外壳用绝缘耐热材料制成，如石棉板、陶土等，以防止相间飞弧造成短路。灭弧栅由横向金属片组成，以限制电弧火花喷出的距离。

3. 自由脱扣机构

自由脱扣机构类似于高压断路器，在合闸操作时，如果线路上恰好存在短路故障，则要求自动开关仍能自动断开，否则将会导致事故扩大。因此，自动开关都设有自由脱扣机构。

自由脱扣机构工作原理示意图如图 4-13 所示，它由四连杆机构组成。图 4-13（a）为自动开关处在合闸位置，这时铰链 9 稍低于铰链 7 和 8 的连线，即处于死点位置之下，且连杆

6 的下方受止钉 10 的限制不能下折，这相当于图 4-13 中锁键被锁扣扣住，尽管分闸弹簧力图使主触头断开，但自动开关不能跳闸而维持在闭合状态。进行分闸操作时，分闸线圈 4 的铁芯 5 上的顶杆冲撞铰链 9，使之移至死点位置之上，连杆 6 向上曲折，此时不论手柄 1 的位置如何，自动开关都将在分闸弹簧作用下自动断开，如图 4-13（b）所示。当再次手动合闸时，必须将手柄 1 沿顺时针方向转动到对应于自动开关断路位置，使铰链 9 重新处于死点位置之下，而后方可进行合闸操作，如图 4-13（c）所示。

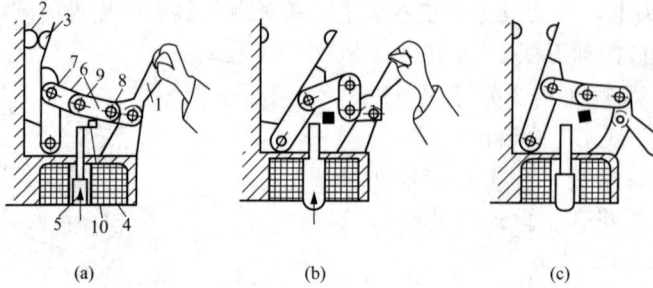

图 4-13　自由脱扣机构工作原理示意图
(a) 自动开关合闸；(b) 自动开关跳闸；(c) 自动开关准备合闸
1—手柄；2—静触头；3—动触头；4—分闸线圈；5—铁芯；
6—连杆；7～9—铰链；10—止钉

4. 脱扣器

脱扣器是自动开关的感测元件，也是自动开关的保护装置，当接到操作人员的指令或继电保护信号后，可通过传递元件使自动开关跳闸而切断电路。常用的脱扣器有过电流脱扣器、失电压（欠电压）脱扣器、过电流延时脱扣器和分闸脱扣器等。

(1) 过电流脱扣器：电路中发生短路故障时使自动开关自动分闸，为过电流保护。

(2) 失电压（欠电压）脱扣器：电路电压降低到一定值时使自动开关自动分闸，为欠电压保护。

(3) 过电流延时脱扣器：电路中发生过负荷时通过一定的时间后使自动开关自动分闸，为过负荷保护，有双金属片式的热脱扣器和电子式脱扣器。

(4) 分闸脱扣器：供远距离控制使自动开关分闸。

需要说明，不是任一个自动开关都装有以上各种脱扣器，而是根据电路和控制的需要装设。如三极自动开关仅装过电流脱扣器和失电压脱扣器。图 4-14 所示为具有分闸脱扣器的三极自动开关的工作原理。分闸脱扣器的线圈平时无电流通过。当需要远距离分闸时，可按下按钮 S2，接通线圈的电路，使衔铁被吸下，冲击杆向上使搭钩释放钩杆，于是自动开关分

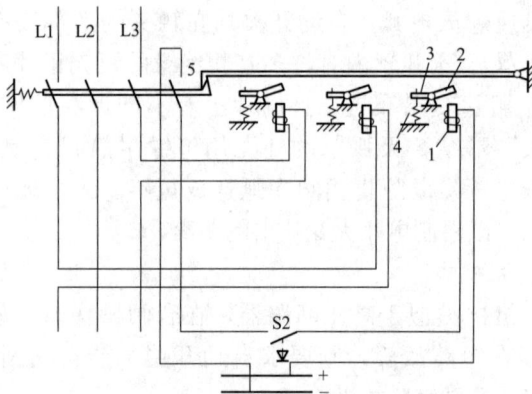

图 4-14　具有分闸脱扣器的三极自动开关的工作原理图
1—分闸脱扣器线圈；2—衔铁；3—冲击杆；4—弹簧；5—辅助触点

闸。为了避免在断开线圈的电路时，按钮 S2 的触点被烧损，在它的电路中串接自动开关的辅助触点，当自动开关分闸时，辅助触点也断开，所以释放 S2 时不再切断电流。

四、自动开关的工作原理

图 4-15 为三极自动开关的工作原理图。自动开关的主触头 1 靠搭钩 4 和钩杆 3 维持在闭合状态。过电流脱扣器线圈 5 串联在主电路中。正常工作时，通过线圈 5 的电流较小，电磁铁吸力小于弹簧 7 的拉力。当主电路中发生短路故障时，线圈 5 中通过的电流增大，电磁铁吸下过电流脱扣器衔铁 6，衔铁的另一端克服弹簧 7 的拉力并顶撞搭钩 4，释放钩杆 3，主触头 1 在分闸弹簧 12 作用下自动断开，将电路切断。过电流脱扣器实际上是一种最简单的瞬时动作的过电流继电器，起短路保护作用。

过电流脱扣器的动作电流和弹簧 7 的弹力有关，弹力越大，动作电流也越大，通过调节弹簧的弹性力，便可整定过电流脱扣器的动作电流。

自动开关还装有失电压（欠电压）脱扣器，脱扣器衔铁线圈 8 经分闸按钮 11 和辅助触点接在线电压上，当线路电压降低到某一规定值（一般为 50%～60% 额定电压）时，由于弹簧 10 拉力大于电磁铁对衔铁的吸力，衔铁撞击搭钩 4，使钩杆释放，主触头自动开断，这样便可保护电动机不致因长期电压过低而烧坏。

当需要远距离操动自动开关分闸时，可按下分闸按钮 11，失电压脱扣器电磁铁线圈的电路被切断，使自动开关分闸。

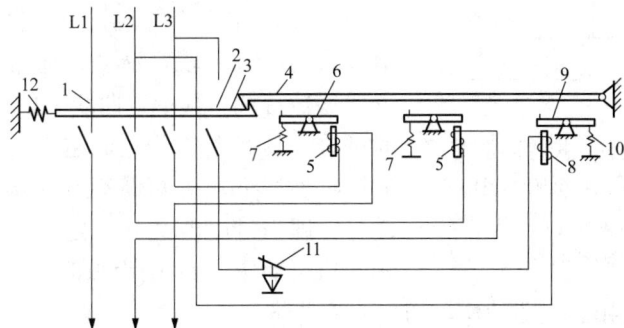

图 4-15 三极自动开关的工作原理图

1—主触头；2—辅助触点；3—钩杆；4—搭钩；5—过电流脱扣器线圈；
6—过电流脱扣器衔铁；7—弹簧；8—失电压脱扣器衔铁线圈；9—失电
压脱扣器衔铁；10—弹簧；11—分闸按钮；12—分闸弹簧

五、自动开关的主要技术参数

(1) 额定电压。额定电压是指自动开关在规定条件下长期运行所能承受的工作电压，一般指线电压。

(2) 额定电流。额定电流分为自动开关额定电流和自动开关壳架等级额定电流。前者是指在规定条件下，自动开关可长期通过的电流，又称为脱扣器额定电流；后者是指自动开关的框架或塑料外壳中能装的最大脱扣器的额定电流。

(3) 短路通断能力。短路通断能力是指在规定条件下，自动开关能够接通和断开的短路电流值。

1) 额定短路接通能力。额定短路接通能力是指自动开关在额定频率和额定功率因数等规定条件下，能够接通短路电流的能力，用最大极限峰值电流表示。

2）额定短路开断能力。额定短路开断能力是指自动开关在额定频率和额定功率因数等规定条件下，能够开断的最大短路电流值。它分为额定极限短路开断能力和额定运行短路开断能力两种，一般用短路电流周期分量的有效值表示。

3）额定短时耐受电流。额定短时耐受电流是指自动开关在规定试验条件下，在指定的短时间内所能承受的电流值。

（4）动作时间。动作时间是指从电网出现短路的瞬间开始到触头分离、电弧熄灭、电路被完全开断所需要的全部时间。它包括以下三部分：

1）自动开关由正常工作电流增大到脱扣器整定电流所需的时间。

2）自动开关从过电流脱扣得到信号开始动作起，到触头系统受到自由脱扣机构的作用，弧触头开始分离并出现电弧的一般时间。这段时间习惯上称为固有时间。

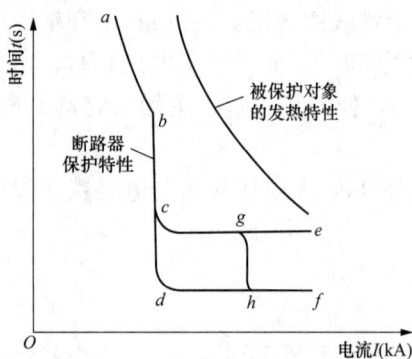

图 4-16　自动开关的保护特性曲线
ab 段—过负荷段；ce 段—短延时特性；
df 段—瞬动特性；abdf、abce—两段保护特性；
abcghf—三段保护特性

3）从弧触头间产生电弧开始，到电弧完全熄灭，电流被切断为止的时间，习惯上称为燃弧时间。

（5）保护特性。自动开关的保护特性主要是指自动开关对电流的保护特性，一般用各种过电流情况与自动开关动作时间的保护特性曲线来表示，如图 4-16 所示。

图 4-16 中出现的转折点，将三条特性曲线分别分成了两段或三段，这就是通常的两段保护特性和三段保护特性。其中，曲线上的 ab 段为过负荷长延时部分，具有过负荷电流越大，动作时间越短的反时限特性；ce 段为短路短延时部分，它属于定时限动作，即当过电流达到一定值时，经过一定时间的延时后再动作；df 段为瞬时动作部分，即当故障电流达到规定值时，脱扣器立即动作，切断故障电路。

（6）使用寿命。自动开关的使用寿命包括电气寿命和机械寿命，它是指在规定的正常负荷条件下动作而不必更换零部件的操作次数。配电用自动开关由于操作次数和动作次数较少，其电气寿命和机械寿命要求不高，一般电气寿命为 0.2 万～1.2 万次，机械寿命为 0.2 万～2 万次。

随着电子技术的发展，自动开关正在向智能化方向发展，例如，用电子脱扣器取代原机电式保护器件，使开关本身具有测量、显示、保护、通信等功能。

小　结

低压开关是用于 1000V 以下电路中的开关电器，在发电厂和变电站的自用电低压电路中得到广泛应用，常用的有刀开关、接触器、磁力启动器和自动开关。

刀开关只能手动操作，可用来接通和断开电路的负荷电流，不能远距离控制，必须与熔断器等保护电器配合使用，一般用在不常操作的电路中。

接触器只能远距离控制，用来接通和断开电路的负荷电流，广泛用于频繁启动和控制电动机的电路。

　　磁力启动器是由三极交流接触器、热继电器及按钮组成，主要用来远距离控制异步电动机的启动，停止和正反向运转，并可兼作电动机的低电压和过负荷保护，但不能断开短路电流，必须与熔断器配合使用。

　　自动开关（断路器）是一种性能较完善的低压开关，能手动也能远距离操作，并有过电流、欠电压等保护，故多用于大功率低压电路中。

　　低压开关目前生产的品种繁多，性能不断完善，体积逐渐减小，以及新材料和新技术的采用，使低压开关出现新的面貌。

思考题和习题

4-1　常用的低压开关有哪几种？它们的作用是什么？

4-2　常用的低压开关在结构上各有哪些不同？

4-3　试画出用接触器控制电动机的电路图。

4-4　试述热继电器的工作原理。

4-5　试画出用磁力启动器控制电动机的电路图，并说明工作原理。

4-6　为什么说自动开关是一种性能较稳定的低压开关，表现在哪些方面？简述其工作原理。

第五章　熔　断　器

　　熔断器是最简单和最早使用的一种保护电器，用来保护电路中的电气设备，使其免受过负荷和短路电流的危害。熔断器不能用来正常地切断和接通电路，必须与其他电器（隔离开关、接触器、负荷开关等）配合使用。熔断器具有结构简单、价格低廉、维护方便、使用灵活等优点，但其容量小、保护特性不稳定。它广泛使用在电压为1000V及以下的装置中；在电压为3～110kV高压装置中，主要作为小功率电力线路、配电变压器、电力电容器、电压互感器等设备的保护。本章主要介绍熔断器的技术特性、类型、结构和工作原理。

第一节　熔断器概述

一、熔体的材料、形状

1. 熔体的材料

　　熔断器是利用电路中电流增大到一定值时，熔体发热温度达到熔点而熔断，使电路自动断开。因此，熔体是熔断器的主要部件。要求熔体的材料熔点低、导电性能好、不易氧化和易于加工。熔体材料一般分为低熔点材料和高熔点材料两大类。

　　（1）低熔点材料。铅、铅锡合金和锌的熔点较低，分别为320、200℃和420℃，但导电性能差，所以，用这些材料制成的熔体截面积相当大，熔断时产生的金属蒸气太多，对灭弧不利。因此，在电压为1000V以上的装置中，不宜采用这些材料制成的熔体。但锌制熔体不易氧化，保护特性比较稳定。

　　（2）高熔点材料。铜和银的导电性能好，但熔点较高，分别为1080℃和960℃，可以制成截面积较小的熔体。铜熔体广泛应用于各种电压的熔断器中。银熔体的价格较贵，只使用于电压在1000V以上的小电流熔断器中。对于用来保护工作电流很小的电压互感器的熔断器，可使用康铜或镍铬铁合金制成的熔件。

　　铜和银熔体的主要缺点是熔点较高。当熔断器长期通过略小于熔体熔断电流的过负荷电流时，熔体可能一直不熔断，而发热温度长期高达900℃以上，使熔断器其他部件损坏。

　　为了充分利用低熔点材料和高熔点材料的优点，克服它们的缺点，提高熔体材料的性能，经过长期实践，人们终于找到了一种方法，即冶金效应来降低熔体的熔点。冶金效应是指在采用高熔点金属材料的基础上，局部引入低熔点材料。例如，在铜熔体上焊以锡球或锡块，如图5-1所示。图5-1（a）为丝状熔体上焊以低熔点金属球，图5-1（b）为片状熔体上焊以低熔点金属块。当通以过负荷电流后，熔体温度上升到低熔点金属锡的熔点时，锡首先熔化渗入铜中，使铜熔体局部成为合金，因合金的熔点比高熔点材料的熔点低、电阻率较大，使局部发热剧增，缩短了熔化时间。因此，铜熔体熔断时的温度比其本身熔点低得多，大大改善了保护特性，如图5-2所示。同时，锡球或锡块体积较小，对熔断器的分断能力影响不大，故兼有两类材料的优点。需注意的是，当通过短路电流时，由于熔体熔化时间极短，冶金效应不起作用。冶金效应的缺点是容易使熔体老化，保护特性不稳定，为此，国内

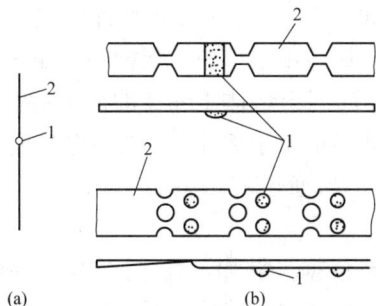

图 5-1 具有冶金效应的熔体
（a）丝状熔体上焊以低熔点金属球；
（b）片状熔体上焊以低熔点金属块
1—低熔点金属球或块；2—高熔点熔体

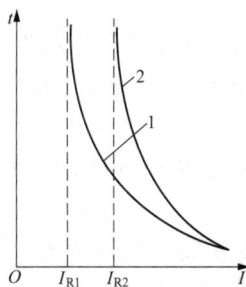

图 5-2 铜熔体的保护特性
1—有冶金效应；2—无冶金效应

外一些熔断器制造厂正在采用其他措施来改善过负荷电流的性能。

2. 熔体的形状

熔体的形状一般分为丝状和片状两种。其中，丝状熔体多用于小电流的场合；片状熔体一般用薄金属片冲压制成，通常带有宽窄不等的变截面，或在条形薄片上冲成一些小孔，不同形状可以改变熔断器的保护特性。常用片状熔体的外形如图 5-3 所示。

片状熔体的工作原理是，当熔体通过的电流大于规定值时，截面狭窄处因电阻较大、散热差，故先行熔断，从而使整个熔体变成几段掉落下来，造成几段串联短弧，有利于熄弧。狭窄部分的段数与额定电压有关，额定电压越高，要求的段数越多，一般每个断口的电压可承受 200～250V。当并联片数多时，一般做成网状。

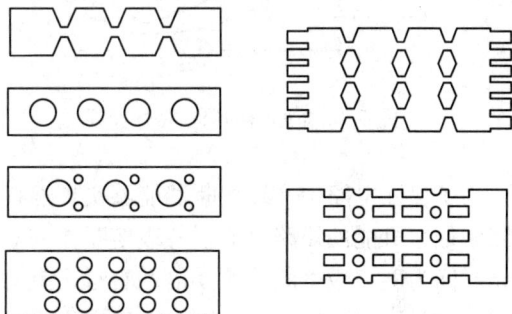

图 5-3 常用片状熔体的外形

二、熔断器的额定参数

表征熔断器技术特性的主要参数如下：

（1）额定电压：熔断器长期能够承受的正常工作电压。

（2）额定电流：熔断器壳体部分和载流部分允许通过的长期最大工作电流。

（3）熔体的额定电流：熔体允许长期通过而不熔化的最大电流。熔体的额定电流可以和熔断器的额定电流不同。同一熔断器可装入不同额定电流的熔体，但熔体的最大额定电流不应超过熔断器的额定电流。

（4）极限分断能力：低压熔断器多用熔断器所能断开的最大电流表示。若熔断器断开的电流大于极限分断电流值，熔断器将被烧坏，或引起相间短路。高压熔断器则用额定开断容量或额定开断电流表示。

三、熔断器的保护特性

通过熔体的电流达到一定值时，熔体便熔断。熔断器的断路时间取决于熔体的熔化时间和灭弧时间。通过熔体的电流越大，熔体熔化得越快，断路时间越短。

熔断器的断路时间（熔断时间）与通过熔断器使熔体熔断的电流之间的关系曲线，称为熔断器的保护特性曲线，也称安秒特性曲线，如图 5-4 所示。保护特性曲线由制造厂试验做出。当熔断器通过的电流小于最小熔断电流时，熔体不会熔断。保护特性曲线对不同额定电流的熔体分别做出，图 5-4 所示为额定电流不同的两个熔体 1 和 2 的保护特性曲线。熔体 1 的额定电流小于熔体 2 的额定电流，熔体 1 的截面也小于熔体 2。同一电流通过不同额定电流的熔体时，额定电流小的熔体先熔断。例如，当通过短路电流 I_k 时，$t_1 < t_2$，熔体 1 先熔断。

熔断器的保护特性曲线是选择熔断器的重要依据。例如，当电网中有几级熔断器串联，分别保护各电路中的元件时，当某一元件发生过负荷或短路故障时，保护该元件的熔断器应该熔断，即为选择性熔断；如果保护该元件的熔断器未熔断，而上一级熔断器熔断，即为非选择性熔断。当发生非选择性熔断时，必将扩大停电范围，造成不应有的损失。在图 5-5 所示电路中，当 k 点发生短路时，FU1 应该先熔断，FU2 不应该熔断。

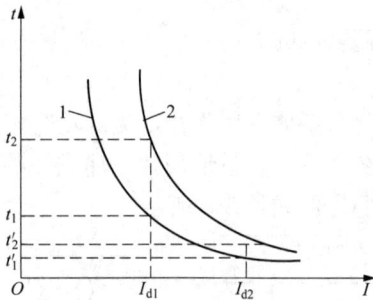

图 5-4　熔断器的保护特性曲线　　　　图 5-5　低压配电电路熔断器的配置

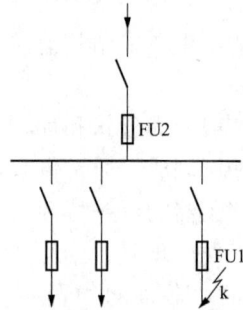

为了保证电路中几级熔断器能够实现选择性熔断，应根据它们的保护特性曲线，检查在电路中最大可能的短路电流下各级熔断器的断路时间。在通常情况下，如果上一级熔断器的断路时间为下一级熔断器的 3 倍左右时，就有可能保证选择性熔断。一般情况下，如果熔体为同一材料，上一级熔体的额定电流应为下一级熔体额定电流的 2～4 倍。但是，熔断器的保护特性是很不稳定的，因为熔体熔化时间与熔断器触头和熔体本身状况有关。例如，触头接触不良，会造成触头和熔体过热；熔体的氧化和损伤会使熔体有效截面减小等，这些因素都可能造成非选择性熔断。

第二节　熔断器工作的物理过程、类型、型号和结构

一、熔断器工作的物理过程

熔断器熔体熔断时的物理过程一般可分成以下四个阶段：

（1）熔体升温。当电路中出现过负荷或短路电流时，熔体温度升高到熔化温度，但熔体仍处于固体状态，并没有开始熔化。此时，电流越大，温度上升越快。

（2）熔体熔化。熔体继续吸收热量，其中部分金属开始从固体状态转变为液体状态。由于熔体熔化需要吸收一部分热量，因此，在这个阶段内，熔体温度始终保持在熔点。

（3）电弧产生。熔化了的金属继续被加热直至气化，即出现金属蒸气。此时，由于出现瞬间小的绝缘间隙，电流突然中断，此时的电路电压会立即击穿此间隙，产生电弧，使电路

又一次接通，形成第二次加热阶段。

（4）电弧熄灭。电弧形成后，若能量较小，随熔断间隙的扩大将自行熄灭；否则，电弧燃烧扩散到填料中，使熔体间隙进一步扩大，以致电弧不能继续燃烧，电弧熄灭。于是熔断器真正切断电流，起到保护电器的作用。

上述四个阶段实际上可以看成两个连续的过程，即未产生电弧之前的弧前过程和已产生电弧的弧后过程。

弧前过程的主要特点是熔体升温与熔化，即熔断器对故障作出反应。显然，过负荷电流越大，弧前过程越短；反之，过负荷电流越小，弧前过程越长。

弧后过程的主要特点是含有大量金属蒸气的电弧在间隙内蔓延、燃烧，最后被熄灭，此过程的持续时间取决于熔断器的灭弧能力。

二、熔断器的类型和型号

1. 熔断器的类型

熔断器的类型很多。熔断器按电压等级，可分为高压熔断器和低压熔断器；按安装地点，可分为户内式和户外式；按有无填料，可分为填料式和无填料式；短路冲击电流到达之前能切断短路电流的称为限流熔断器，否则称为非限流熔断器。

2. 熔断器的型号

熔断器的型号含义如下：

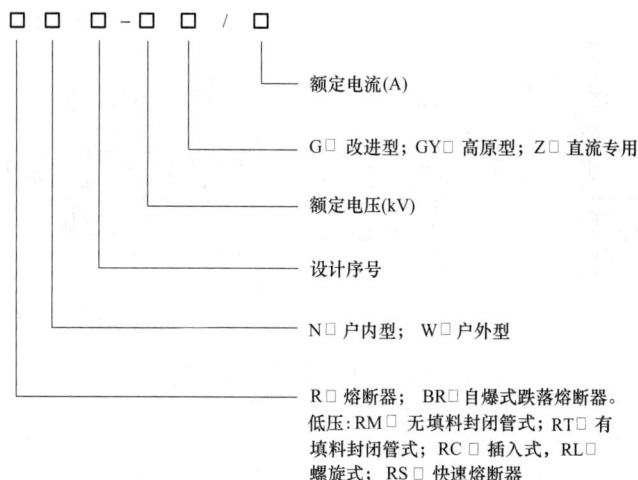

额定电流(A)

G□ 改进型；GY□ 高原型；Z□ 直流专用

额定电压(kV)

设计序号

N□ 户内型；W□ 户外型

R□ 熔断器；BR□ 自爆式跌落熔断器。
低压：RM□ 无填料封闭管式；RT□ 有填料封闭管式；RC□ 插入式，RL□ 螺旋式；RS□ 快速熔断器

三、熔断器的结构

下面按低压和高压分别介绍几种常用熔断器的结构。

1. 低压熔断器

低压熔断器有 RC 型插入式熔断器、RM 型封闭管式熔断器、RL 型螺旋式熔断器、RT 型有填料封闭管式熔断器和 RS 型快速熔断器等。

（1）RM10 型无填料封闭管式熔断器。RM10 型无填料封闭管式熔断器的结构如图 5-6 所示，其熔体用锌片冲制成变截面形状，熔体套装在绝缘纸管内。当过负荷电流或短路电流通过熔断器时，由于熔体狭窄部分电流密度大，温度升高很快，熔体狭窄部分的一处或几处先熔断，产生电弧。

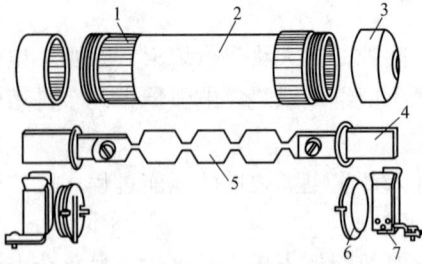

图 5-6 RM10 型无填料封闭管式熔断器的结构

1—黄铜圈；2—绝缘纸管；3—黄铜管帽；4—插刀；
5—熔体；6—特种垫圈；7—刀座

此种熔断器的断路能力较强，为限流熔断器。因为电弧在狭窄部分燃烧，产生金属蒸气少；当几处狭窄部分同时熔断时，宽阔部分下落，电弧被拉长变细；密封的纤维管在电弧作用下产生大量高温气体，管内压力迅速增高，约为 10MPa。由于以上原因，电弧的去游离很强，电弧电阻迅速增大，以至在电路中出现短路冲击电流之前，电弧即被熄灭，有限流作用。RM10 型熔断器具有结构简单、更换熔体方便等优点，被广泛应用于发电厂和变电站的电动机保护和断路器合闸控制回路的保护等。

(2) RTO 型有填料密封管式熔断器。RTO 型熔断器为不可拆卸结构，如图 5-7 所示。熔管 1 是用滑石陶瓷或高频陶瓷制成的波纹方管，有较高的机械强度和耐热性能，管内充满石英砂；两端的盖板 2 用螺钉 3 固定在熔管上；工作熔体 6 用薄纯铜板冲制成网孔状，形成多根并联引弧栅片 9，片间窄部焊有低熔点的锡桥 10，整个熔体围成笼状，上、下端焊在金属底板和触刀 7 上；指示器 4 是一个红色机械信号装置，正常情况下由指示器熔体 5（与工作熔体 6 并联的康铜丝）拉紧；工作熔体熔断后，指示器熔体也随即熔断，指示器在弹簧作用下弹出，表明熔体已熔断。

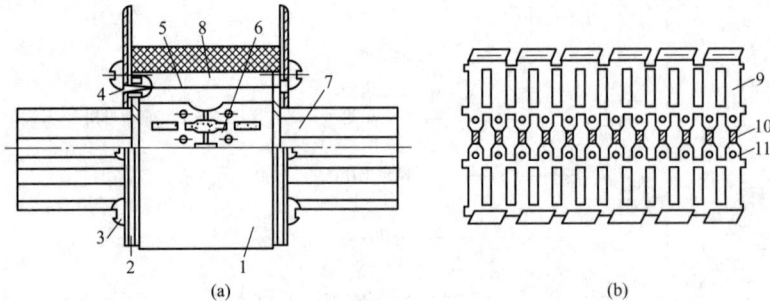

图 5-7 RTO 型熔断器的结构和熔体

(a) 结构；(b) 熔体

1—熔管；2—盖板；3—螺钉；4—指示器；5—指示器熔体；6—工作熔体；7—触刀；
8—石英砂；9—引弧栅片；10—锡桥；11—变截面小孔

如果被保护电路发生过负荷，当工作锡熔体发热到其熔点时，锡桥首先熔化，被锡包围的紫铜部分则逐渐熔解在锡滴中，形成合金（故称为冶金效应法或金属熔剂法），电阻增大，发热加剧，随后在焊有锡桥处熔断，产生电弧，从而使熔体沿全长熔化，形成多条并联的细电弧。电弧在石英砂的冷却作用下熄灭。

当被保护电路发生短路时，工作熔体几乎同时熔断，形成多条并联的细电弧，熔体的变截面小孔又将使每条电弧分为几段短弧。由于原熔体的沟道压力突然增加，使得金属蒸气向周围石英砂的缝隙喷射，并被迅速凝结，既减少了弧隙中的金属蒸气，又加强了对电弧的冷却，从而使电弧迅速熄灭。

RTO 型熔断器有很强的断流能力，其极限分断能力可达 5kA，也属限流型，具有很好的保护特性，适用于短路电流较大的低压电路。但熔件不能更换，因此，在熔体熔断后，整个管体也随之报废。该型熔断器在低压电路中与自动开关或磁力启动器配合使用，能组成具有一定选择性的保护，多被用于短路电流较大的低压电路中。

（3）快速熔断器。随着电子技术的迅猛发展，半导体元器件已开始被广泛应用于电气控制和电力拖动装置中。然而，由于各种半导体元器件的过负荷能力很差，通常只能在极短的时间内承受过负荷电流，时间稍长就会将其烧坏。因此，一般熔断器已不能满足要求，应采用动作迅速的快速熔断器进行保护，快速熔断器又称为半导体器件保护熔断器。

目前，常用的快速熔断器主要有 RS 系列有填料快速熔断器、RLS 系列螺旋式快速熔断器和 NGT 系列半导体器件保护用熔断器三大类。

① RS 系列有填料快速熔断器。常用 RS 系列有填料快速熔断器主要有 RSO 和 RS3 两个系列产品。其中，RSO 系列产品主要用于硅整流元器件及其成套装置的短路保护，RS3 系列产品主要用于晶闸管及其成套装置的短路保护。

快速熔断器的结构与 RTO 系列有填料封闭管式熔断器的结构基本一致，只是熔体的材料和形状有所不同。图 5-8 为 RS3 系列快速熔断器的结构图，它主要由瓷熔管、石英砂填料、熔体和接线端子组成。其中熔管由高频陶瓷制成，熔管内填充石英砂填料；熔体一般由性能优于铜的纯银片制成，银片上开有 V 形深槽，使熔片的狭窄部分特别细，因此，过负荷时极易熔断。另外，熔体

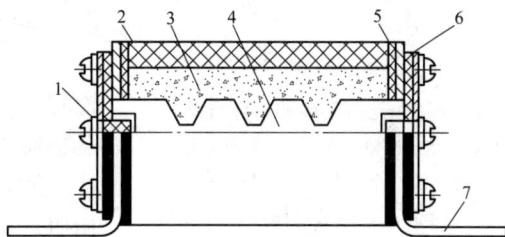

图 5-8　RS3 系列快速熔断器的结构
1—熔断指示器；2—瓷熔管；3—石英砂；4—熔体；
5—绝缘垫；6—端盖；7—接线端子

沿轴向还设有多个断口以适应熄弧的需要。为缩小安装空间和保证接触良好，快速熔断器的接线端子一般做成表面镀银的汇流排式。上述结构使熔断器满足快速熔断的要求。

② RLS 系列螺旋式快速熔断器。RLS 系列快速熔断器是 RL 系列螺旋式熔断器的派生产品，除熔体材料（采用变截面银片）和结构不同外，其基本结构和外形没有多大区别。目前，常用的有 RLS1 和 RLS2 两个系列产品，它们适用于小容量的硅整流器件和晶闸管的短路或过负荷保护。

③ NGT 系列半导体器件保护用熔断器。NGT 系列熔断器是一种高分断能力快速熔断器，其结构也是有填料封闭管式。该系列熔断器具有功率损耗小、性能稳定、分断能力高等优点，广泛用于半导体器件保护。

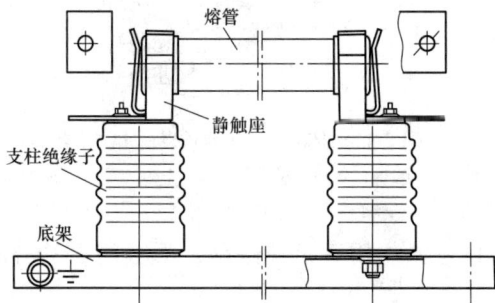

图 5-9　RN1 型熔断器的外形

2. 高压熔断器

高压熔断器有户内式和户外式两种。

（1）户内 RN 型熔断器。下面以 RN1 型和 RN2 型熔断器为例，说明这类熔断器的结构。RN 型熔断器用于 3～35kV 屋内配电装置中，RN1 型熔断器用作电力线路和电力变压器的过负荷和短路保护；RN2 型熔断器用作电压互感器的短路保护。图 5-9 所示为 RN1 型熔断器的外形，熔体装在充满石英砂

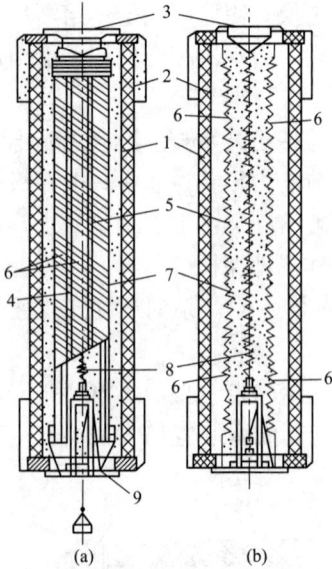

图 5-10　充石英砂的熔体管结构

(a) 熔体绕于陶瓷芯上；(b) 具有螺旋形熔体

1—瓷质熔体管；2—黄铜罩；3—管盖；

4—陶瓷芯；5—工作熔体；6—小锡球；

7—石英砂；8—指示器熔体；

9—熔断指示器

的瓷管内，RN1 型熔断器根据额定电流的大小可装 1、2 或 4 根熔体，RN2 型熔断器只装 1 根熔体。

图 5-10 为充石英砂的熔体管结构。瓷质熔体管两端有黄铜罩，管内装有工作熔体和指示器，充填石英砂后焊上管盖将管密封。熔体使用银、铜或康铜制成的并联细丝或片，指示器熔体是一根细铜丝。额定电流小于 7.5A 的熔体，为一根或几根并联的镀银铜丝，绕在陶瓷芯上，以保持它在管内的准确位置。在熔件中间焊有小锡球，如图 5-10 (a) 所示。额定电流大于 7.5A 的熔体，有两种不同直径的铜丝做成螺旋形，连接处焊上小锡球，如图 5-10 (b) 所示。当过负荷或短路时，工作熔体和指示器熔体先后熔断，指示器被弹出，如图 5-10 (a) 所示。

RN2 型的熔体是由三种不同截面的一根铜丝绕在瓷芯上，但无指示器。当熔体熔断时，根据接于电压互感器一次侧电路内仪表的读数消失来判断。

RN2-35 型熔断器的结构有两种：一种与 RN1 型相似，一种与 RW10-35 型熔断器相似。当短路电流通过熔断器时，熔体几乎立即沿全长熔化和蒸发，金属蒸气猛烈向四周喷溅，渗入石英砂填料中，产生的电弧由于受气体压力和填料冷却的作用，使电弧迅速熄灭。这种熔断器断路时间很短，并有限流作用。当通过过负荷电流时，熔体首先在焊有小锡球处熔断，然后熔体沿全长熔断，电弧在电流某一次过零时最后熄灭。

(2) 户外 RW 型熔断器。户外 RW 型高压熔断器，按其结构可分为跌落式和支柱式两种。

1) 跌落式高压熔断器。跌落式熔断器主要作为 3～35kV 电力线路和变压器的过负荷和短路保护。图 5-11 所示为 RW3-10 Ⅱ 型跌落式熔断器结构，RW4、RW5 型和 RW7 型结构与此基本相同，主要有绝缘瓷套管、熔管、上下触头等组成。熔体由铜银合金制成，焊在编织导线上，并穿在熔管内。正常工作时，熔体使熔管上的活动关节锁紧，故熔管能在上触头的压力下处于合闸状态。当熔体熔断时，在熔管内产生电弧，熔管内衬的消弧管在电弧作用下分解出大量气体，在电流过零时产生强烈的去游离作用而使电弧熄灭。由于熔体熔断，活

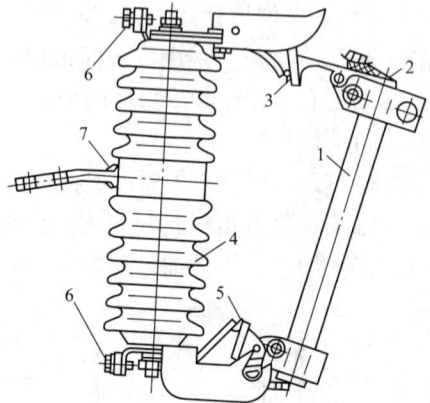

图 5-11　RW3-10 Ⅱ 型跌落式熔断器结构

1—熔管；2—熔体元件；3—上触头；4—绝缘瓷套管；5—下触头；6—接线段；7—紧固板

动关节被释放，使熔管在上下触头的弹力和熔管自重的作用下迅速跌落，形成明显的分断间隙。

喷射跌落式熔断器在我国自 20 世纪 50 年代初以来至今已使用了半个多世纪，在国外早

在 20 世纪 40 年代就开始应用了，目前国内外还在普遍推广使用着。这是由于它结构简单、价格低廉，同时，用户可自行方便地更换熔断件。但随着近代电力系统容量的不断增长，这种喷射跌落式熔断器已开始满足不了用户的要求，因此急需解决开断容量提高的问题。

高压限流跌落式熔断器的结构如图 5-12 所示，由熔断件 1 和支架 2 两部分组成。熔断件的熔体采用截面带状电工纯铜材料制造，管内填充以石英砂经过固化后作为灭弧材料，管状外壳用玻璃纤维管制造，端帽用镀锡的铜材与玻璃纤维制造的外壳密封。

2）支柱式高压熔断器。支柱式高压熔断器适用于保护 35kV 高压电气设备。额定电流为 0.5A 熔断器用作电压互感器短路保护，额定电流为 2～10A 熔断器用作其他电气设备过负荷和短路保护。此类熔断器的型号有 RW10-35 和 RXW0-35 两种，结构如图 5-13 所示。支柱绝缘子上的横瓷套内，加限流电阻，结构简单、体积小、质量轻、灭弧性能好、断流能力强、维护方便，大大提高了运行的可靠性。因目前 35kV 多采用屋内配电装置，所以在发电厂和变电站中，这种熔断器已少采用。

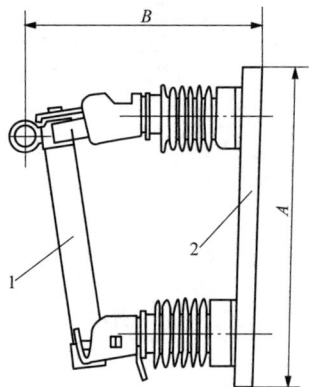

图 5-12　高压限流跌落式熔断器的结构
1—熔断件；2—支架

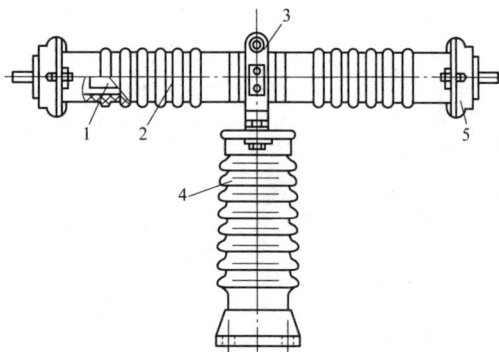

图 5-13　RW10-35 熔断器的结构
1—熔管；2—瓷套；3—紧固法兰；4—棒形支柱绝缘子；5—接线立帽

小 结

熔断器是一种保护电器，主要用来作为电力线路和电气设备的过负荷和短路保护，使它们免受大电流的损害。

熔断器主要由熔体、截流部分（触头）及外壳组成。为了加速电弧的熄灭，有的外壳内充填有石英砂。熔断器的类型很多，低压熔断器主要介绍了 RT0、RM10 型和快速熔断器，高压熔断器介绍了 RN 型和 RW 型。熔断器的主要缺点是每次熔体熔断后需要更换熔体。

熔断器的主要技术参数有熔断器的额定电流、额定电压、熔体的额定电流、极限分断能力和保护特性曲线。为了保证熔断器熔断的选择性，选用熔断器时，必须注意各个熔断器保护特性配合使用。

思考题和习题

5-1　熔断器的主要作用是什么？

5-2 什么是熔断器的保护特性曲线？什么是选择性熔断和非选择性熔断？

5-3 熔体上焊小锡球和采用变截面熔体的作用是什么？

5-4 熔断器限流作用是什么？

5-5 试述 RM10 型熔断器熔体熔断和熄灭电弧的物理过程。

5-6 熔断器有哪些技术参数？它们的意义如何？

第六章 隔 离 开 关

隔离开关是电力系统广泛使用的开关电器，因为没有专门的灭弧装置，所以不能用来接通和切断负荷电流及短路电流，但在分位置时有明显的断开标志，在合位置时能承载正常回路条件下的电流及在规定时间内异常条件（如短路）下的电流。隔离开关可以有效地隔离电源以保证工作人员的人身安全和检修的设备安全。本章主要介绍几种常用的隔离开关及其操动机构。

第一节 概 述

一、隔离开关的基本概念

隔离开关是在断路器处于正常分闸位置时，符合安全要求及绝缘距离的开关设备，可用于分合很小的电容电流或电感电流，也可用于分合不大的环流。当额定电压在 40.5kV 及以上时，要求隔离开关具有母线转换电流的操作功能。

1. 快分隔离开关

分闸时间等于或小于 0.5s 的隔离开关称为快分隔离开关。

2. 断口距离

断口距离指隔离开关的主闸刀在正常分闸位置时，同相两极触头之间的最短距离。对于多断口隔离开关而言，最短距离是指全部断口最短绝缘距离之和。

3. 接线端机械负荷

接线端机械负荷是在考虑母线的自重、张力、风力、覆冰和雪等施加于隔离开关接线端的情况下的最大拉力。

4. 合闸不同期性

合闸不同期性是指两相或多相隔离开关的主闸刀不同时接触时的差异，通常以距离表示。

5. 接地开关

接地开关是释放被检修设备和回路的静电荷以及为保证停电检修时检修人员人身安全的一种机械接地装置，可以在异常情况下（如短路）耐受一定时间的电流，但在正常情况下不通过负荷电流。

接地开关分为 E0、E1 级及 E2 级。E0 级是符合输、配电系统一般要求的常用类型，E1 级是能关合短路电流的接地开关，E2 级是用于 40.5kV 及以下配电系统中且维护工作量最少的接地开关。

二、隔离开关的特点

隔离开关是一种没有灭弧装置的开关电器。其中，敞开式隔离开关的触头全部敞露在空气中。在分闸状态下，有明显可见的断口；在合闸状态下能可靠地通过正常工作电流，并能在规定时间内承受故障短路电流和相应电动力的冲击。隔离开关仅能用来分合只有电压没有负荷电流的电路,否则,会在隔离开关的触头间形成强大电弧,危及设备和人身安全,造成重大事故。因此,在电路中,隔离开关一般只能在断路器已将电路断开的情况下才能接通或断开。

隔离开关的动、静触头断开后,两者之间的距离应大于被击穿时所需的距离,避免在电路中发生过电压时断开点发生击穿,以保证检修人员的安全。必要时可在隔离开关上附设接地开关,以供检修时接地用。

为了满足不同接线和不同场地条件下达到合理布置、缩小空间和占地面积以及适应不同用途和工作条件,隔离开关已发展成多种规格的系列化产品。

三、隔离开关的用途

隔离开关的主要用途是保证高压电器装置检修工作的安全。用隔离开关将需要检修的部分与其他带电部分可靠地断开、隔离,工作人员可以安全地检修电气设备,不致影响其余部分的工作。此外,隔离开关还可根据运行需要换接线路以及开断或关合一定长度线路的充电电流和一定容量的空载变压器励磁电流。

1. 检修与分段隔离

利用隔离开关断口的可靠绝缘能力,使需要检修的电气设备与带电系统相互隔离,以保证被隔离的设备能安全地进行检修。

2. 改变运行方式

在断口两端接近等电位的条件下,带电进行分、合闸,变换母线或其他不长的并联线路的接线方式,如双母线电路中的倒母线操作等。

3. 接通和断开小电流电路

利用隔离开关断口在分开时电弧拉长和空气的自然熄弧能力,分合一定长度的母线、电缆、架空线路的电容电流,以及分合一定容量空载变压器的励磁电流。

4. 自动快速隔离

快速隔离开关具有自动快速分开断口的性能。这类隔离开关在一定的条件下能迅速隔离开已发生故障的设备和线路,达到节省断路器用量的目的。

四、隔离开关的基本要求

根据在电力系统担负的工作任务,隔离开关应能满足以下要求:

(1) 应有明显的断开点,易于鉴别电器是否与电网隔离。

(2) 断开点间应具有可靠的绝缘,即要求断开点间有足够的安全距离,能保证在过电压和相间击穿的情况下,不致危及工作人员安全。

(3) 具有足够的热稳定性和动稳定性,即受到允许范围内电流的热效应和电动力作用时,其触头不能熔焊,也不能因电动力的作用而断开或损坏。

(4) 用在气候寒冷地区的户外型隔离开关应具有设计要求的破冰能力,在冰冻的环境里应能可靠地分、合闸。

(5) 带有接地开关的隔离开关应装设连锁机构,以保证分闸时先断开隔离开关、后闭合接地开关;合闸时,先断开接地开关、后闭合隔离开关的操作顺序。

(6) 与断路器配合使用时,应设有电气连锁装置。

(7) 结构简单,动作可靠。

第二节　隔离开关的类型、技术参数及型号含义

一、隔离开关的类型

隔离开关的类型很多，一般按下列方法分类。

（1）按安装地点的不同，可分为户内式和户外式两种。

（2）按支柱绝缘子的数目，可分为单柱式、双柱式和三柱式。

（3）按隔离开关的运动方式，可分为水平旋转式、垂直旋转式、摆动式和插入式四种。

（4）按有无接地开关及装设接地开关数量的不同，可分为不接地（无接地开关）、单接地（有一个接地开关）和双接地（有两个接地开关）三种。

（5）按极数，可分为单极和三极两种。

（6）按操动机构的不同，可分为手动、电动等类型。

（7）按使用性质不同，分为一般用、快分用和变压器中性点接地用三种。

二、隔离开关的技术参数和型号含义

（一）技术参数

1．额定电压

额定电压指隔离开关长期运行时承受的系统最高电压。按照标准，额定电压分为以下几级：3.6、7.2、12、24、31.5、40.5、63、72.5、126、252kV以及363、550、800、1100kV。

2．额定电流（A）

额定电流指隔离开关可以长期通过的工作电流（有效值），即长期通过该电流，隔离开关各部分的发热不超过允许值。

3．热稳定电流（kA）

热稳定电流指隔离开关在某一规定的时间内，允许通过的最大电流，表明隔离开关承受短路电流热稳定的能力。

4．极限通过电流峰值（kA）

极限通过电流峰值指隔离开关所能承受的瞬时冲击短路电流，与隔离开关各部分的机械强度有关。

（二）型号含义

目前我国隔离开关型号根据国家技术标准的规定，一般由文字符号和数字按以下方式组成。隔离开关的型号含义如下：

① ② ③ ④ ⑤ ⑥/⑦

①——产品名称：G—隔离开关；J—接地开关。

②——装置地点：N—户内；W—户外。

③——设计序号：以数字1、2、3…表示。

④——额定电压（kV）。

⑤——补充工作特征标志：G—改进型；T—统一设计；K—快速分闸；ID—带一组接地开关；ⅡD—带两组接地开关。

⑥——特殊使用环境：W—污秽地区；G—高海拔地区；TH—湿热带地区；TA—干热带地区；H—高寒地区。

7——额定电流（A）。

例如，产品型号 GW7-252DW/3150，即表示隔离开关（G），户外装置（W），设计序号为 7，额定电压为 252kV，额定电流为 3150A，带接地开关，用于污秽地区。

第三节　隔离开关的基本结构

一、户内隔离开关

户内隔离开关有单极式和三级式两种，一般为闸刀式结构并多采用线接触触头。图 6-1 所示为户内隔离开关的典型结构图，由导电部分、支持绝缘子、操作绝缘子（或称拉杆绝缘子）及底座等组成。

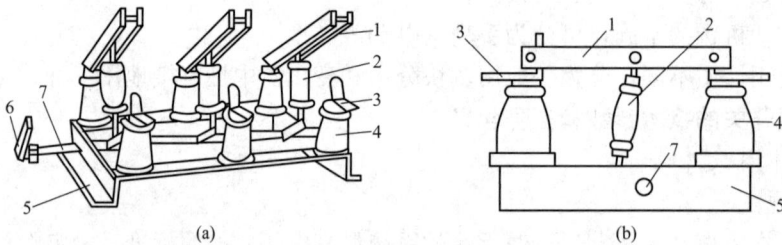

图 6-1　户内隔离开关的典型结构图
（a）三极式；（b）单极式
1—闸刀；2—操作绝缘子；3—静触头；4—支持绝缘子；5—底座；6—拐臂；7—转轴

导电部分包括闸刀 1（动触头）、静触头 3。闸刀及静触头采用铜导体制成，一般额定电流为 3000A 及以下的隔离开关采用矩形截面的铜导体，额定电流为 3000A 以上则采用槽形截面的铜导体。闸刀由两片平行刀片组成，电流平均流过两刀片且方向相同，产生相互吸引的电动力，使接触压力增加。支持绝缘子 4 固定在角钢底座 5 上，承担导电部分的对地绝缘。操作绝缘子 2 与闸刀 1 及转轴 7 上对应的拐臂铰接，操动机构则与轴端拐臂 6 连接，各拐臂均与轴硬性连接。当操动机构动作时，带动转轴转动，从而驱动闸刀转动而实现分、合闸。

GN2、GN6、GN8、GN11、GN16、GN18、GN22 等系列隔离开关为三极式结构，额定电压为 12～40.5kV，额定电流最大为 3000A。GN1、GN3、GN5、GN14 等系列隔离开关为单极式结构，额定电压为 12～24kV，额定电流为 3000～9100A，可用在发电机电路中。以 GN19-10 型插入式隔离开关为例介绍户内隔离开关的结构特点。

隔离开关采用三相共底架结构，由静触头、基座、支柱绝缘子、拉杆绝缘子、动触头组成，如图 6-2 所示。隔离开关每相导电部分通过两个支柱绝缘子固定在基座上，三相平行安装。动触头为两片槽形铜片，每相动触头中间均连有拉杆绝缘子，拉杆绝缘子与安装在基座上的转轴相连，转动转轴，拉杆绝缘子操动动触头完成分、合闸。

二、户外隔离开关

户外隔离开关的工作条件比较恶劣，应保证在风、雪、雨、水、灰尘、严寒和酷热条件下可靠工作，并承受母线或线路的拉力。因此，户外隔离开关在绝缘和机械强度方面均有比

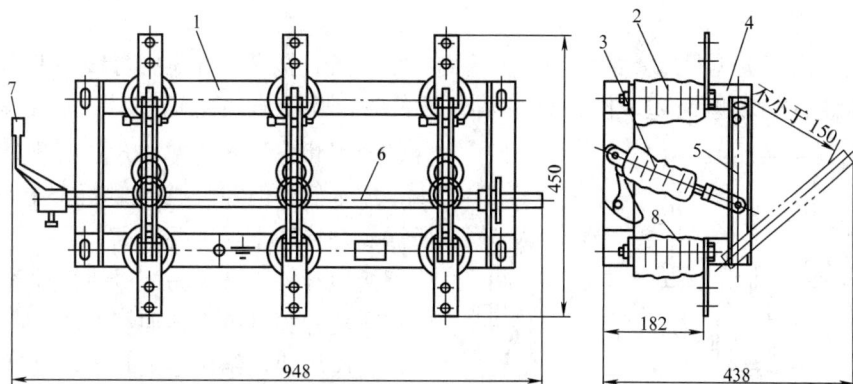

图 6-2　GN19-10/400 型三极隔离开关

1—角钢底座；2、8—支持绝缘子；3—拉杆绝缘子；4—静触头；5—隔离开关；6—转轴；7—拐臂

较高的要求。户外隔离开关的型号较多，按基本结构可分为单柱式、双柱式和三柱式三种。

1. 单柱式隔离开关

单柱式隔离开关又称垂直断口伸缩式隔离开关，其绝缘支柱只有一根，它既起绝缘作用，也起支持导电闸刀的作用。这类隔离开关的静触头被独立地安装在架空母线上，导电部分固定在绝缘支柱顶上的可伸缩折架（也有不伸缩的，通常在电压等级较低时），借助折架的伸缩，动触头（即闸刀）便能和悬挂在母线上的静触头接触或分开，以完成分、合闸动作。闸刀的动作方式可分为双臂折架式（即剪刀式）和单臂折架式（即半折架式或称伸缩式）。

图 6-3 所示为 GW16-252 型单柱垂直断口隔离开关主闸刀系统结构图，图 6-4 所示为 GW16-252 型单柱垂直断口隔离开关外形图。该隔离开关主要由底座装配、绝缘子、主闸刀系统、接地开关系统等组成，具有载流能力大、占地面积小、结构紧凑、运动部分密封良好等特点。

隔离开关的运动过程是由两部分运动复合而成的，即折叠运动和夹紧运动。

(1) 折叠运动：由操动机构驱动旋转绝缘子 1 做水平转动，与旋转绝缘子相连的一对伞形齿轮 2 带动平面双四连杆 3 运动，从而使下导电管 6 顺时针转动合闸，逆时针转动分闸；由于调整螺杆装配 4 与下导电管的铰接点不同，从而使与调整螺杆装配上端铰接的操作杆 5 相对于下导电管作轴向位移，而操作杆的上端与齿条 8 固连，这样齿条的移动便推动齿轮 9 转动，从而使与齿轮轴固连的上导电管 13 相对于下导电管作伸直（合闸）或折叠（分闸）运动；另外，在操作杆轴向位移的同时，平衡弹簧 7 按预定的要求储能或释能，最大限度地平衡刀闸的重力矩，以利于刀闸的运动。

(2) 夹紧运动：隔离开关由分闸位置向合闸方向运动的过程中，并在接近合闸位置（快要伸直）时，滚轮 11 开始与齿轮箱 10 上的斜面接触，并沿着斜面继续运动。于是，与滚轮相连的顶杆 14 便克服复位弹簧 15 的反作用力向前推移，同时动触头座 19 内的对称式滑块增力机构把顶杆的推移运动转换成触指 18 的相对钳夹运动。当静触杆 16 被夹住后，滚轮继续沿斜面上移，直至完全合闸，此时夹紧弹簧 12 的力已作用在顶杆上。在这个过程中，由于顶杆被设计成推压柔性杆，故原已预压缩的夹紧弹簧被第二次压缩，并作用在顶杆上，使得顶杆获得一个稳定的推力，从而使触指对静触杆保持一个可靠不变的夹紧力。当隔离开关开始分闸时，滚轮沿斜面向外运动，直到脱离斜面。此时，在复位弹簧的作用下，顶杆带动触指张开呈 V 形。

单柱式隔离开关无须笨重的底座，占地面积小，可直接布置在架空母线的下面，能有效地利用配电装置的场地面积；作为母线隔离开关时，除节省占地面积外，还可减少引线，分、合闸状态清晰。单柱式隔离开关需用材料少、成本低，但在分合闸时折架上部受力大，所需支柱绝缘子强度要求高；另外，无法装设两把接地开关，必须另配母线接地器。由于单柱式隔离开关具有占地面积小的突出优点，近年来发展较快，结构形式较多，已经向超高电压发展。

GW10、GW16、GW20、GW29 型等隔离开关均为单柱式隔离开关。

2. 双柱式隔离开关

双柱式隔离开关由两个绝缘支柱组成，根据导电闸刀的动作方式，分为水平回转式和水平伸缩式。

水平回转式隔离开关由两根绝缘支柱同时起支撑和传动作用。此类产品较多，主要由底座、支柱绝缘子、导电部分组成。每极有两个绝缘支柱，分别装在底座两端轴承座上，以交叉连杆连接，可以水平旋转。导电闸刀分成两

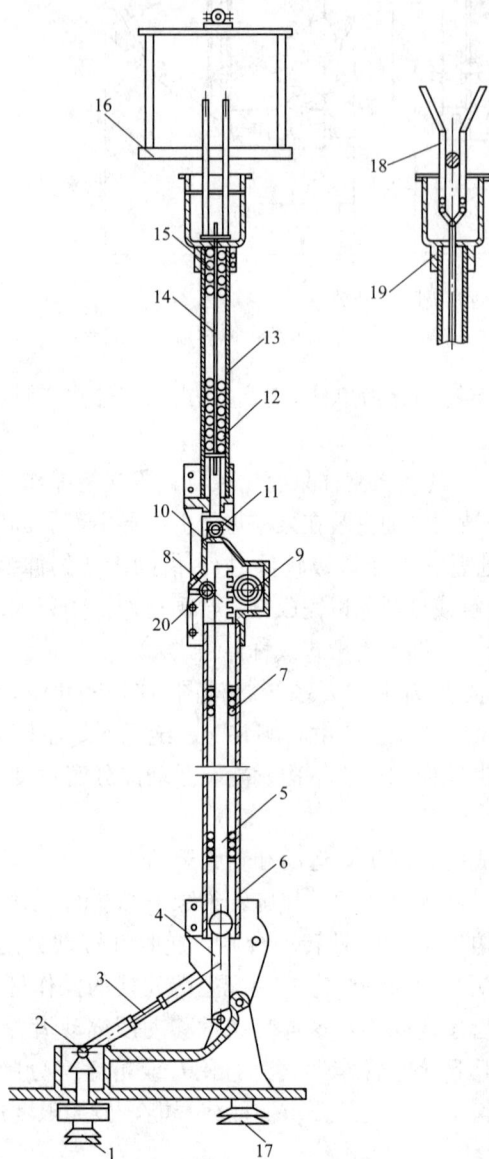

图 6-3　GW16-252 型单柱垂直断口隔离开关
主闸刀系统结构图

1—旋转绝缘子；2—相啮合的伞形齿轮；3—平面双四连杆；4—调整螺杆装配；5—操作杆；6—下导电管；7—平衡弹簧；8—齿条；9—齿轮；10—齿轮箱；11—滚轮；12—夹紧弹簧；13—上导电管；14—顶杆；15—复位弹簧；16—静触杆；17—支持绝缘子；18—触指；19—动触头座；20—支轴

图 6-4　GW16-252 型单柱垂直断口隔离开关外形图

半，分别固定在支柱绝缘子上，触头接触在两个支柱绝缘子的中间。当操动机构动作时，带动支柱绝缘子的一个支柱转动 90°，另一绝缘支柱由于连杆传动也同时转动 90°，于是闸刀便向同一侧方向分合。为确保隔离开关和接地开关两者之间操作顺序正确，在产品或机构上装有机械连锁装置，以保证"主分—地合"、"地分—主合"的顺序动作。此种结构的支柱既起支撑作用又起传动作用，所以虽然结构简单、安装方便，但不易向超高压发展。代表型号有 GW4、GW5、GW31、GW25 等系列。

　　双柱水平伸缩式的结构与单柱式基本相同，分闸后形成单断口，闸刀在水平上伸缩，常采用分高低架式结构，占地面积小，分闸后只占用上部空间，相间距离小，因而节省占地面积，并且易于发展成敞开式组合电器。代表型号有 GW11、GW12、GW17、GW21、GW28 等系列。

　　图 6-5 所示为 GW4-126 型隔离开关外形图。主要由底座装配、轴承座装配、接地开关管、接线座、左触头、右触头、接地开关静触头、接地开关底座装配等部分组成。

图 6-5　GW4-126 型隔离开关外形图

　　隔离开关运动是靠人力操动机构传动轴旋转 90°，传动轴带动水平连杆使一侧绝缘子旋转 90°，并借助交叉连杆使另一侧绝缘子反向旋转 90°，于是，左右两触头同时向一侧分开或闭合。接地开关的运动是靠人力操动机构通过一四连杆带动着接地开关的底座主轴旋转 90°，由接地开关装配组成的四连杆使接地开关管在合闸过程中，由旋转运动变为直线运动。

　　图 6-6 所示为 GW4-252 型双柱式隔离开关的一极。隔离开关的分、合闸操作由传动轴通过连杆机构带动两侧棒形瓷柱沿相反方向各自回转 90°，使闸刀在水平面上转动，实现分、合闸。合闸时圆柱形触头嵌入两排触指内，出线端滚动接触，转动灵活。当操

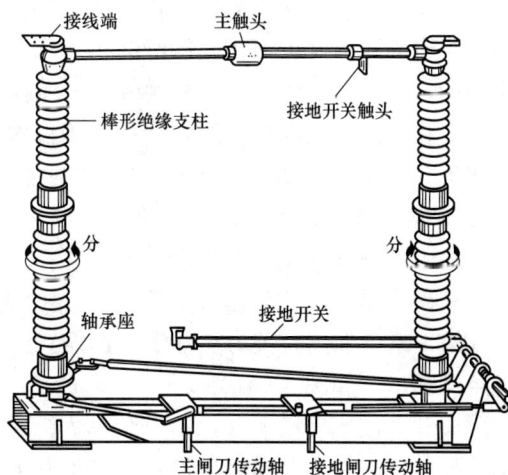

图 6-6　GW4-252 型双柱式隔离开关

作操动机构时，带动底架中部的传动轴旋转 180°，通过水平连杆带动一侧的瓷柱旋转 90°，并借交叉连杆使另一绝缘子外向旋转 90°，于是两闸刀便向一侧分开或闭合。接地开关主轴上有扇形板与紧固在绝缘子法兰上的弧形板组成连锁装置，确保"主分—地合"、"地分—主合"的顺序动作。

图 6-7 所示为 GW5-126 型双柱式隔离开关的一极，其棒形瓷柱作 V 形布置，是双柱式隔离开关的改进型。每相的两个支持瓷柱 6 呈 V 形布置在底座 1 的轴承上，夹角为 50°；轴承座由伞形齿轮啮合。操作时，两个瓷柱以相同速度做相反方向（一个顺时针，另一个逆时针）转动，于是闸刀 2、3 便向同一侧分闸或合闸。

图 6-8 所示为 GW5-126 型隔离开关外形图，主要由底座装配、轴承座装配、接地开关管、接线座、左触头、右触头、接地开关静触头、接地开关底座装配等部分组成。

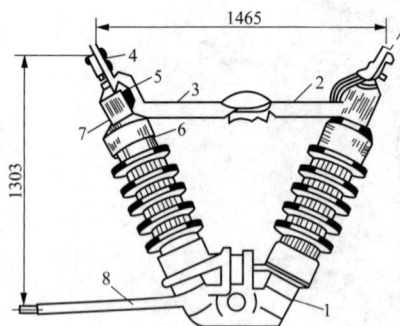

图 6-7 GW5-126 型双柱式隔离开关的一极
1—底座；2、3—闸刀；4—接线端子；5—挠性连接导体；6—支持瓷柱；7—支承座；8—接地开关

图 6-8 GW5-126 型隔离开关外形图

隔离开关运动是靠人力操动机构输出轴作 90°水平旋转，输出轴通过 $\phi32mm$ 焊接钢管、万向接头带动隔离开关本体一侧绝缘子转动，通过隔离开关底座内的伞形齿轮带动另一侧绝缘子转动，从而使两绝缘子上的触头分合闸动作一致。当三相联动时，通过拉杆接头的联动，使三相隔离开关动作一致，分、合闸位置由机构和本体上相应的限位装置限定。

接地开关采用手动操动机构，此时的手柄处于水平位置，做 90°水平旋转，其轴通过 $\phi32mm$ 焊接钢管，带动一四连杆机构操动接地闸刀，操作完毕后，将手柄竖起并用锁环套上。机构中的辅助开关与机构的转轴连接在一起，在分、合闸终止时，将相应的触点切断或闭合，从而发出相应的分、合闸信号，并可和其他电气设备连锁。

GW11 系列隔离开关为双柱水平伸缩式结构，合闸后动触头向上折叠收拢，形成水平方向的绝缘断口，如图 6-9 所示。

隔离开关制成单极形式，由三个单极组成一台三相隔离开关。每极隔离开关动、静触头侧均可配装一个接地开关供接地用。接地开关为单杆分步动作式。隔离开关、接地开关的三级联动通过极间拉杆实现。闸刀的动作方式为水平伸缩式，分闸后形成水平方向的绝缘单断口，分合状态清晰，便于巡视。在动触头侧，通过机械连锁装置使隔离开关与接地开关实现主分—地合、地分—主合，在静触头侧，采用电磁锁来保证操作顺序的正确。

双柱式隔离开关具有结构简单、体积小、质量轻、不占上部空间、电动稳定度高、破冰能力强等优点；但在合闸时，瓷柱要受较大弯曲力；由于闸刀水平转动，因此相间距离较大。

3. 三柱式隔离开关

三柱式隔离开关的特点是两边的绝缘支柱均静止不动，中间绝缘支柱带动闸刀回

图 6-9　GW11-252 型双柱水平伸缩式隔离开关

转，闸刀对称装在中间支柱顶上。分、合闸时，闸刀在水平方向旋转，分闸后形成两个串联断口。在超高压情况下，采用中间支柱也不动，只支撑闸刀，由另一根操作支柱传动。

GW7 系列隔离开关为单极三柱式结构，它由底座、支柱绝缘子、导电闸刀、操动机构等组成。底座部分由槽钢和钢板焊制而成，在槽钢上装有三个支座，两端支座是固定的，中间支座是转动的。在槽钢内腔装有主闸刀和接地开关的传动连杆及连锁板。接地开关由刀杆（钢管制成）和静触头组成，刀杆端头有一对触片与静触头接触。每极共有三个瓷柱（500kV 每极由四个瓷柱构成，三个固定，一个传动），每柱由实心棒式绝缘子叠装而成，固定在底座的支座上，承担对地绝缘及传递操作力矩的功能。导电部分由动闸刀和静触头组成，动闸刀装在中间支柱绝缘子上部，静触头分别装在两边支柱绝缘子上部，由操动机构带动中间支柱绝缘子转动进行分、合闸操作。该开关制成单极形式，可以带一把接地开关、两把接地开关或不带接地开关。接地开关和主闸刀设有机械地锁功能，以保证主、地间规定的合闸顺序。

图 6-10　GW7-252 型隔离开关外形图

图 6-10 所示为 GW7-252 型隔离开关外形图。GW7-252 型户外高压隔离开关由三个单极装配组成，各极独立分装；每极主要由底座装配、绝缘支柱、主闸刀系统、接地开关系统等组成。

GW7 系列隔离开关具有结构简单、运行可靠、维修工作量少、较高的机械强度和绝缘强度等优点，但所用绝缘子较多、体积较大。

4. 接地开关

由于单柱式隔离开关只能装一个接地开关，所以，上层母线的接地也必须有专用的接地开关来实现。接地开关制成单极形式，由三个单极组成一台三极电器，结构包括底座、绝缘支柱、接地闸刀、静触头和操动机构。

表 6-1 汇总了常用国产户内外隔离开关常

见型号及外形结构特点，并配以简图，可供比较分析。

表 6-1　　　　　　　　　常用国产户内外隔离开关常见型号及外形结构特点

结构形式		产品型号举例	主要特点	简图
单柱垂直断口	对折式	GW6、GW6A	1. 可直接安装于母线正下方作为母线隔离开关，节省占地面积和引线； 2. 相间距离小； 3. 触头钳夹范围大，适用于硬母线、软母线	
	偏折式	GW10、GW16、GW29、GW20、GW6-126、252G、GW23	1. 可直接安装于母线正下方作为母线隔离开关，节省占地面积和引线； 2. 相间距离小，分闸后闸刀仅占一侧空间； 3. 活动关节较少	 (a)　　(b)
双柱水平断口	平开式 (中央开断)	GW4、GW4A-252、GW31-126、GW25	1. 闸刀不占上部空间； 2. 相间距离大； 3. 瓷柱少，但需承受弯矩、扭矩； 4. 额定电压达 252kV	
		GW5、GW5A	1. 闸刀不占上部空间； 2. 相间距离小； 3. 瓷柱少，但需承受弯矩、扭矩； 4. 底座小，安装方式灵活多样； 5. 额定电压达 126kV	
	立开式 (折叠伸缩)	GW11、GW17、GW28、GW21、GW34、GW12、GW22	1. 闸刀分闸后占上部空间较小； 2. 相间距离小； 3. 可由两组产品组成共静触头形式，适用于 1 个半断路器接线； 4. 适宜作进出线隔离开关	

续表

结构形式		产品型号举例	主 要 特 点	简 图
双柱水平断口	立开式 (直臂)	GW7F-800	1. 闸刀分闸后占上部空间较大； 2. 相间距离小； 3. 适宜作进出线隔离开关； 4. 闸刀分合闸两步动作，合闸阻力小，具有自清扫能力	
三柱水平断口	平开式 (闸刀平动)	GW7	1. 闸刀分闸后形成双断口，不占上部空间，横向尺寸较大； 2. 适宜作进出线隔离开关； 3. 可方便连接成敞开式组合电器	
	平开式 (闸刀平动自转)	GW7、GW27、GW3、GW43、GW26	1. 闸刀分闸后形成双断口，不占上部空间，横向尺寸较大； 2. 适宜作进出线隔离开关； 3. 可方便连接成敞开式组合电器； 4. 闸刀具有翻转动作，操作时两侧绝缘子受力较小	

三、隔离开关操动机构

隔离开关的操动机构可分为手动和电动两类。采用手动操动机构时，必须在隔离开关安装地点就地操作。手动操动机构结构简单、价格低廉、维护工作量少，合闸操作后能及时检查触头的接触情况。手动操动机构有杠杆式和蜗轮式两种，前者一般适用于额定电流小于3000A 的隔离开关，后者一般适用于额定电流大于 3000A 的隔离开关。电动操动机构操作隔离开关时，可以使操作方便、省力和安全，且便于在隔离开关和断路器间实现闭锁，以防止误操作。电动操动机构结构复杂、维护工作量大，但可以实现远方操作，主要用于户内式重型隔离开关及户外式 110kV 及以上的隔离开关。

小 结

隔离开关是保证高压装置中检修工作安全的开关电器，其作用是使被检修的设备与电路中带电部分之间形成明显可见的绝缘间隔；结构简单，没有专门的灭弧装置，因此隔离开关只能分、合有电压无负荷的电路。

隔离开关按其安装地点可分为户内和户外两种。户内隔离开关多为闸刀型结构。户外隔离开关分为单柱式、双柱式和三柱式三种。随着电力系统的发展，隔离开关的需用量越来越多，隔离开关的品种也将越来越繁杂。

隔离开关的操动机构分为手动操动机构和电动操动机构。

思考题和习题

6-1　隔离开关的作用是什么？为什么隔离开关不能接通和断开有负荷电流的电路？

6-2　隔离开关分几类？它的基本结构如何？其操动机构有哪几种？

6-3　户外隔离开关有哪几种类型？它们各有什么优缺点？

6-4　如果用隔离开关切断电路中的负荷电流，会产生什么后果？

6-5　接地闸刀的作用是什么？它与主闸刀应如何闭锁？

6-6　当断开隔离开关时，发现触头间有电弧发生时应如何操作？

第七章 高 压 断 路 器

高压断路器是电力系统最重要的控制和保护设备，设有灭弧装置和高速传动机构，能关合和开断各种状态下高压电路中的电流。高压断路器在电网中主要起两方面的作用：一是控制作用，即在正常时根据电网的运行需要，接通或断开电路的工作电流；二是保护作用，当系统中发生故障时，高压断路器与继电保护装置及自动装置配合，迅速、自动地切除故障电流，将故障部分从电网中断开，保证电网无故障部分的安全运行，以减少停电范围，防止事故扩大。

第一节 概　　述

一、高压断路器的基本要求

电力系统的运行状态、负荷性质是多种多样的，作为起控制和保护作用的高压断路器，必须满足以下基本要求：

（1）工作可靠。断路器应能在规定的运行条件下长期可靠地工作，并能正确地执行分、合闸命令，完成接通或断开电路的任务。

（2）具有足够的开断能力。断路器在断开短路电流时，触头间会产生很大的电弧，此时断路器应具有足够强的灭弧能力，安全可靠地断开电路，还要有足够的热稳定性。

（3）具有尽可能短的开断时间。分断时间要短，灭弧速度要快，这样，当电网发生短路故障时可以缩短切除故障的时间，以减轻短路电流对电气设备和电力系统的危害，有利于系统的稳定。

（4）具有自动重合闸功能。由于输电线路的故障多数是暂时性的，采用自动重合闸可以提高供电可靠性和电力系统的稳定性。发生短路故障时，继电保护动作使断路器跳闸，切除故障电流，经无电流间隔时间后自动重合闸、恢复供电。当然，如果故障仍然存在，断路器则再次跳闸，切断故障电流。

（5）具有足够的机械强度和良好的稳定性能。正常运行时，断路器应能承受自身重量、风载和各种操作力的作用。在系统发生短路故障、断路器通过短路电流时，应有足够的动稳定性和热稳定性，以保证断路器的安全运行。

（6）结构简单，价格低廉。在满足安全、可靠要求的前提下，还应考虑经济性，因此要求断路器结构简单、体积小、重量轻、价格合理。

二、高压断路器的类型

高压断路器按安装地点不同可分为屋内式和屋外式两种，而按使用的灭弧介质不同可分为以下几种。

（1）油断路器（包括多油断路器和少油断路器）：用变压器油作为灭弧介质。多油断路器的油除灭弧外，还作为对地绝缘使用；少油断路器的油仅作为灭弧介质和分闸后触头间的绝缘使用。油断路器价格低廉、技术成熟，但维护工作量较大。随着无油化、免（少）维护以及无人值守变电站的推广，油断路器已被其他类型断路器所代替。

（2）真空断路器：采用高度真空作为灭弧介质和绝缘介质的断路器，具有可频繁操作、维护工作量少、体积小、环保等优点。

（3）空气断路器：以压缩空气作为灭弧介质和绝缘介质，具有灭弧能力强、动作迅速等优点，但结构复杂，运行费用高，目前使用很少。

（4）六氟化硫（SF_6）断路器：采用绝缘性能和灭弧能力优异的 SF_6 气体作为灭弧介质和绝缘介质的断路器，具有开断能力强、动作快、维护工作量小、运行稳定、安全可靠等优点，在 110kV 及以上系统中广泛使用。

三、高压断路器的主要技术参数

（1）额定电压：在规定的使用和性能条件下能连续运行的最高电压，并以此确定高压断路器的有关试验条件。按照标准，额定电压分为以下几档：3.6、7.2、12、24、31.5、40.5、63、72.5、126、252kV 以及 363、550、800、1100kV。

（2）额定电流：表征断路器通过长期电流能力的参数，在规定的正常使用和性能条件下能够连续承载的电流数值。

（3）额定开断电流：表征断路器开断能力的参数，是在规定条件下，断路器能保证正常开断的最大短路电流，以触头分离瞬间电流交流分量有效值和直流分量百分数表示。

（4）额定动稳定电流：又称为极限通过电流，表征断路器通过短时电流能力的参数，反映断路器承受短路电流电动力效应的能力，是在规定的使用和性能条件下，断路器在闭合位置所能耐受的额定短时耐受电流第一个大半波的峰值电流。断路器通过动稳定电流时，不能因电动力作用而损坏。

（5）额定关合电流：表征断路器关合电流能力的参数，是在额定电压以及规定使用和性能条件下，断路器能保证正常关合的最大短路峰值电流。断路器在接通电路时，电路中可能预伏有短路故障，此时断路器将关合很大的短路电流。这样，一方面由于短路电流的电动力减弱了合闸的操作力，另一方面由于触头尚未接触前发生击穿而产生电弧，可能使触头熔焊，从而使断路器造成损伤。

（6）额定热稳定电流：又称为额定短时耐受电流。热稳定电流也是表征断路器通过短时电流能力的参数，但它反映断路器承受短路电流热效应的能力，是在规定的使用和性能条件下，在确定的短时间内，断路器在闭合位置所能承载的规定电流有效值。

（7）合闸时间与分闸时间：表征断路器操作性能的参数。各种不同类型的断路器的分、合闸时间不同，但都要求动作迅速。合闸时间是指从断路器从接到合闸指令瞬间起到所有极的触头均接触瞬间的时间间隔。分闸时间是指断路器接到分闸指令瞬间起到所有极的触头均分离瞬间的时间间隔。

四、高压断路器的型号

目前我国断路器型号根据国家技术标准的规定，一般由文字符号和数字按以下方式组成。

① ② ③-④ ⑤/⑥-⑦

1——产品名称：S—少油断路器；D—多油断路器；L—六氟化硫（SF_6）断路器；Z—真空断路器；K—压缩空气断路器；Q—自产气断路器；C—磁吹断路器。

2——安装地点：N—屋内型；W—屋外型。

3——设计序号。

4——额定电压（kV）。

5——补充特性：C—手车式；G—改进型；W—防污型；Q—防振型。

6——额定电流（A）。

7——额定开断电流（kA）。

例如，ZN28-12/1250-25，表示户内式真空断路器，设计序号为 28，最高工作电压为 12kV，额定电流为 1250A，额定开断电流为 25kA。

五、高压断路器的基本结构

高压断路器的基本结构如图 7-1 所示。它的核心部件是开断元件，包括动触头、静触头、导电部件和灭弧室等。动触头和静触头处于灭弧室内。动、静触头用来开断和关合电路，是断路器的执行元件。开断元件是带电的，放置在绝缘支柱上，使处在高电位状态下的触头和导电部分保证与接地的零电位部分绝缘。动触头的运动（开断动作与关合动作）由操动机构提供动力。操动机构与动触头的连接由传动机构和绝缘拉杆来实现。操动机构工作使断路器完成合闸、分闸操作。

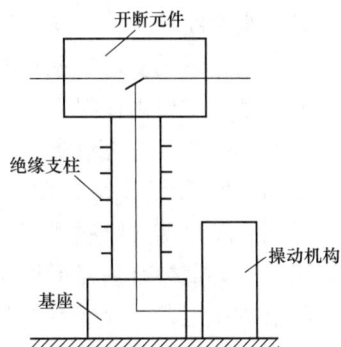

图 7-1　高压断路器的基本结构

第二节　真空断路器

在真空容器中进行电流开断与关合的开关电器称为真空断路器，它是利用真空度为 $6.6 \times 10^{-2} Pa$ 以上的高真空作为绝缘和灭弧介质的。所谓真空是相对而言的，指的是绝对压力低于 1 个大气压的气体稀薄的空间。真空度就是气体的绝对压力与大气压的差值。气体的绝对压力值越低，真空度就越高。真空间隙气体稀薄，气体分子的自由行程大，发生碰撞游离的机会少，击穿电压高，绝缘强度高，电弧容易熄灭。真空间隙在较小的距离间隙（2～3mm）情况下，有比变压器油、1 个大气压下的 SF_6 气体和空气高得多的绝缘强度，这就是真空断路器的触头开距一般不大的原因。

一、真空电弧

真空电弧的形成及熄灭与一般的气体中的电弧放电现象有很大差别。真空间隙气体稀薄，分子的自由行程大，发生碰撞的概率小，因此，碰撞游离不是真空间隙击穿产生电弧的主要因素。真空中的电弧是在触头电极蒸发出来的金属蒸气中形成的。同时，开断电流的大小不同，电弧表现的特点也不同。真空电弧一般分为小电流真空电弧和大电流真空电弧。

1. 小电流真空电弧

触头在真空中开断时，产生电流和能量十分集聚的阴极斑点。从阴极斑点上大量地蒸发金属蒸气，其中的金属原子和带电质点的密度都很高，电弧就在其中燃烧。同时，弧柱内的金属蒸气和带电质点不断地向外扩散，电极也不断地蒸发新的质点来补充。在电流过零时，电弧的能量减小，电极的温度下降，蒸发作用减少，弧柱内的质点密度降低。最后，在过零时阴极斑消失，电弧熄灭。有时，蒸发作用不能维持弧柱的扩散速度，电弧突然熄灭，发生截流现象。

2. 大电流真空电弧

在触头断开大的电流时，电弧的能量增大，阳极也严重发热，形成很强的集聚型的弧柱。同时，电动力的作用明显。因此，对于大电流真空电弧，触头间的磁场分布对电弧的稳定性和熄弧性能有决定性的影响。如果电流太大，超过了极限开断电流，就会造成开断失败。此时，触头发热严重，电流过零以后仍然蒸发，介质恢复困难，不能断开电流。

二、真空断路器的结构和工作原理

真空断路器的生产厂家较多，型号也较繁杂。真空断路器按结构一般分为悬臂式和落地式两种类型，主要由框架部分、真空灭弧室部分（真空泡）和操动机构部分组成。

1. ZN28-12 型户内型悬臂式真空断路器

如图 7-2 所示，ZN28-12 型真空断路器本体与操动机构一起安装在箱形固定柜和手车柜中。采用中间封接式纵磁场真空灭弧室，每个灭弧室由一只落地绝缘子和一只悬挂绝缘子固定，真空灭弧室旁有一棒形绝缘子支撑。真空灭弧室上下铝合金支架既是输出接线的基座，又兼起散热作用。在灭弧室上支架的上端面，安装有黄铜制作的导向板，使导电杆在分闸过程中对中良好。触头弹簧装设在绝缘拉杆的尾部。操动机构、传动主轴和绝缘转轴等部位均设置滚珠轴承，用于提高效率。

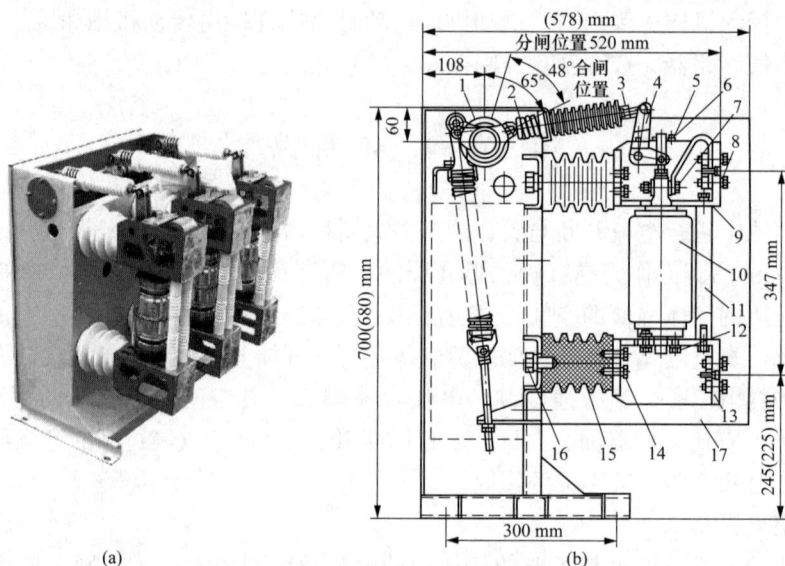

图 7-2　ZN28-12 型真空断路器

（a）外观图；（b）结构图

1—主轴；2—触头弹簧；3—接触行程调整螺栓；4—拐臂；5—导向板；6—导向杆；7—导电夹紧固螺栓；8—动力架；9—螺栓；10—真空灭弧室；11—绝缘支撑杆；12—真空灭弧室紧固螺栓；13—静支架；14—螺栓；15—绝缘子；16—绝缘子固定螺栓；17—绝缘隔板

2. ZW32-12 系列户外型落地式真空断路器

如图 7-3 所示，ZW32-12 型真空断路器可分为箱式（仿多油断路器结构）和支柱式（仿少油断路器结构），由真空灭弧室、上下绝缘罩、箱体、操动机构等组合而成。断路器为直立安装，三相真空灭弧室分别封闭在三组绝缘罩内，绝缘罩（采用聚氨酯密封材料，内部采用发泡灌封材料）固定在箱体上，箱体内安装弹簧操动机构，同时具备电动和手动操作，可

图 7-3　ZW32-12 型户外支柱式真空断路器外观图

配置智能开关控制器。设有三段式过电流保护、零序保护、重合闸、低电压、过电压保护等多种功能，支持多种通信协议，允许选用多种通信方式构成通信网，既可对开关进行本地手动或遥控操作，又可通过通信网实现远方控制。

　　真空灭弧室是真空断路器中最重要的部件，由外壳、触头、屏蔽罩三大部分组成。其结构示意图如图 7-4 所示。外壳是由绝缘筒、两端的金属盖板和波纹管所组成的真空密封容器。灭弧室内有一对触头，动、静触头分别焊在动、静导电杆上，动导电杆在中部与波纹管的一个断口焊在一起，波纹管的另一端口与动端盖的中孔焊接，动导电杆从中孔穿出外壳。由于波纹管可以在轴向上自由伸缩，这种结构既能实现在灭弧室外带动动触头作分合运动，又能保证真空外壳的密封性。

　　由于大气压力的作用，灭弧室在无机械外力作用时，其动、静触头始终保持闭合状态，当外力使动导电杆向外运动时，触头才分离。真空灭弧室的性能主要取决于触头材料和结构，并与屏蔽罩的结构、材质以及灭弧室的制造工艺有关。

　　真空灭弧室的触头一般采用磁吹对接式。如图 7-5 所示，其触头的中间是一接触面的四周开有三条螺旋槽的吹弧面，触头闭合时，只有接触面相互接触。当开断电流时，最初在接触面上产生电弧，在电弧磁场作用下，驱动电弧沿触头四周切线方向运动，即在触头外缘上不断旋转，避免了电弧固定在触头某处而烧毁触头。电流过零时，电弧即熄灭。

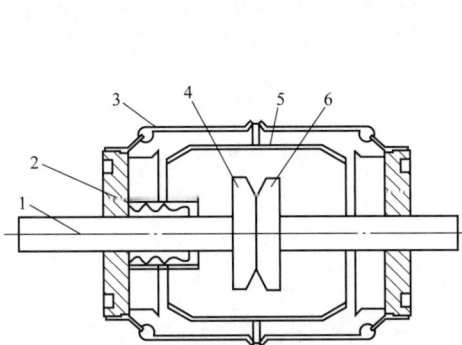

图 7-4　真空灭弧室结构示意图

图 7-5　内螺槽触头

1—动触杆；2—波纹管；3—外壳；4—动触头；5—屏蔽罩；6—静触头

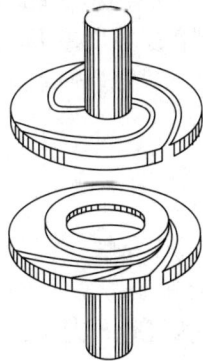

三、真空断路器的优缺点

1. 真空断路器的优点

（1）寿命长，适于频繁操作。其额定电流开断次数可达 10 000 次以上，满容量开断次数可达 30 次以上。

（2）触头开距与行程小，不仅减小了灭弧室体积，而且大大减少了操动机构的合闸功，并且分合闸速度大，操作噪声及机械振动均小。

（3）燃弧时间短，一般不超过 20ms，燃弧时间基本上不受分断电流大小和负载性质的影响。

（4）无油化，防火防爆，既不受外界污染，也不污染外界。

（5）体积小，重量轻。

（6）检修间隔时间长，维护方便。

2. 真空断路器的缺点

（1）真空灭弧室的真空度保持和有效的指示有待改进。真空度可因某些意外而降低，并且尚无准确的检测方法。

（2）易产生过电压。

四、新型真空断路器简介

（1）标准型真空断路器：短路开断电流一般为 25～50kA，作一般用途。

（2）特大容量真空断路器：短路开断电流高达 63～80kA 及以上，用于发电机保护。

（3）低过电压真空断路器：用于开断感性负荷，不用加过电压吸收装置，采用新开发出的触头材料，将过电压限制至常规值的 1/10。

（4）频繁操作断路器：操作次数 5 万～6 万次，用于投切电容的无重击穿真空断路器。

（5）超频繁型真空断路器：操作次数 10 万～15 万次。

（6）经济型真空断路器：开断电流 16～25kA，用于一般场合。

（7）多功能真空断路器：实现三工位（合—分—隔离）或四工位（合—分—隔离—接地）等功能。

（8）同步真空断路器：又叫选相真空断路器或受控真空断路器，在电压或电流最有利时刻关合或开断，可降低电网瞬态过电压负荷，改善电网供电质量，提高断路器电寿命及性能，简化电网设计。

（9）智能化真空断路器：将微机（微处理器）加入机械系统，使开关系统有了"大脑"，再加入"传感器"采集信息，用光纤传导信息，使开关系统有了"知觉"，大脑根据"知觉"作出判断与决定，使系统具有"智能"。

第三节　SF_6 断 路 器

一、SF_6 特性

1. 物理性质

SF_6 为无色、无味、无毒、不可燃且透明的惰性气体，比空气密度大 5 倍。SF_6 的热导率随温度不同而变化，它在 2000～3000K 时热导率极高，而在 5000K 时热导率极低。正是这种特性，对熄灭电弧起主要作用。

2. 化学性质

（1）SF_6 在常温下是极为稳定的惰性气体，在通常条件下与电气设备中常用的金属和绝缘材料是不起化学作用的，不侵蚀与之接触的物质。

（2）有水分混入时，在电弧高温下会生成有严重腐蚀性的氢氟酸，会对设备内部某些材料造成损害及运行故障（玻璃、瓷、绝缘纸及类似材料易受损害）。

（3）SF_6 气体在电晕、电弧或高温下分解发生化学反应，会产生对人体有剧毒的微量物质，对人的呼吸系统有伤害，应予以充分重视。

（4）采用合适的材料和结构，可以排除潮气和防止腐蚀。在设备运行中可以采用吸附剂（如氧化铝、碱石灰、分子筛或它们的混合物）清除设备内的潮气和 SF_6 气体的分解物。

3. 绝缘性能

（1）SF_6 气体具有良好的绝缘性能，原因是 SF_6 分子直径很大，所以电子在 SF_6 气体中的平均自由行程很短，它经常与中性分子发生弹性碰撞，并将积累的动能消耗掉，所以，发生碰撞游离概率小。

（2）SF_6 为强电负性气体，即 SF_6 气体及由它分解出的氟原子在 1000K 以下对电子有很大的亲和力，能吸附电子生成负离子，负离子易与正离子复合形成中性粒子，使绝缘强度大大提高。

（3）在均匀电场及相同压力下，SF_6 的绝缘性能为空气的 2～3 倍，故采用 SF_6 作为绝缘介质可大大减小绝缘间隙的尺寸和缩小电气设备的体积。

（4）影响 SF_6 气体绝缘性能下降的因素包括：电极间电场不均匀、水分含量超过规定值、SF_6 气体中含有导电微粒及灰尘等。

4. 灭弧性能

SF_6 气体具有很强的灭弧能力（在静止的 SF_6 气体中，其开断能力要比空气大 100 倍），其原因如下：

（1）散热能力强。SF_6 气体的散热主要靠对流和传导实现。

（2）SF_6 气体中电弧的弧柱细小，含热量少，弧柱冷却快，弧隙介电强度恢复率也快，灭弧能力强；再者，弧柱中热游离充分，电导率高，在相同的电流时，弧压降较小，燃弧时能量较少，对灭弧有利。

（3）SF_6 气体电负性能强。SF_6 气体分子及由它分解出的氟原子，在温度不太高的情况下对电子有很大的亲和力，能吸附电子生成负离子，负离子易与正离子复合形成中性粒子。由于吸附和复合的综合作用，弧隙带电质点迅速减少，产生电场游离与热游离的概率也降低，在电弧电流过零前后促使介质强度迅速恢复。

总之，SF_6 气体有上述优越的特性，是目前所知的最理想的绝缘和灭弧介质，在电力系统中得到了广泛的应用。

二、SF_6 断路器的优缺点

1. 优点

（1）灭弧室单断口耐压高。

（2）开断能力大，通流能力强。SF_6 气体热导率高，对触头和导体冷却效果好；在 SF_6 气体中的触头，不会氧化，接触电阻稳定，所以额定电流可达 8000A 以上。

（3）电寿命长，检修间隔周期长。SF_6 气体中触头烧损极为轻微，SF_6 气体分解后还可还原；在电弧作用下的分解物不含有碳等影响绝缘能力的物质，也基本无腐蚀性，因此其寿命长。

（4）开断性能优异。SF_6 断路器除能开断很大的短路电流外，还能开断空载长线路（或电容器组），不发生电弧重燃现象，因而过电压小。

（5）无火灾危险，无噪声公害。

（6）发展 SF_6 全封闭式组合电器，可大大减少变电所占地面积。

2. 缺点

（1）在不均匀电场中，气体的击穿电压下降很多，因此对断路器零部件加工要求高。

（2）对断路器密封性能要求高，对水分与气体的检测与控制要求很严。

（3）SF_6 容易液化，$-40℃$ 时，工作压力不得大于 $0.35MPa$；$-30℃$ 时，工作压力不得大于 $0.5MPa$。

（4）SF_6 气体处理和管理工艺复杂，要有完备的气体回收、分析测试设备，工艺要求高。因此，要专门设置密封良好的阀门、检漏设备、气体回收装置、压力监视系统及净化系统。

三、SF_6 断路器的结构

1. SF_6 断路器的本体结构

按照断路器总体布置的不同，SF_6 断路器按外形结构的不同，分为瓷柱式和落地罐式。

瓷柱式 SF_6 断路器的外形结构与少油断路器和压缩空气断路器相似，灭弧室布置成 I、T 型或 Y 型。$110\sim220kV$ 断路器为单断口，整体呈 I 型布置；$330\sim500kV$ 断路器一般为双断口，整体呈 T 型或 Y 型布置。瓷柱式 SF_6 断路器的灭弧室置于高强度的瓷套中，用空心瓷柱支撑并实现对地绝缘。穿过瓷柱的动触头与操动机构的传动杆相连。灭弧室内腔和瓷柱内腔相通，充有相同压力的 SF_6 气体。瓷柱式 SF_6 断路器结构简单，运动部件少，产品系列性好，但其重心高抗震能力差。

落地罐式 SF_6 断路器沿用了多油断路器的总体结构方案，将断路器装入一个外壳接地的金属罐中。落地罐式 SF_6 断路器每相由接地的金属罐、充气套管、电流互感器、操动机构和基座组成。断路器的灭弧室置于接地的金属罐中，高压带电部分由绝缘子支持，对箱体的绝缘主要依靠 SF_6 气体。绝缘操作杆穿过支持绝缘子，将动触头与机构传动轴相连接，在两根出线套管的下部可安装电流互感器。落地罐式 SF_6 断路器的重心低，抗震性能好，灭弧断口间电场较均匀，开断能力强，可以加装电流互感器，还能与隔离开关、接地开关、避雷器等融为一体，组成复合式开关设备。但是落地罐式 SF_6 断路器罐体耗材量大，用气量大，成本较高。

2. 并联电容器

断路器采用双断口结构时，每个断口的电压分布取决于断路器断口电容和对地电容的大小。由于断口的工作条件不同，加在每个断口的电压有一定偏差，影响断路器灭弧能力。为了改善断口的电压分布，双断口断路器通常在每个断口并联一个适当容量的电容器。并联电容器的主要作用是：改善各个断口的电压分配，使开断过程中各断口的恢复电压基本相等、工作条件接近相同；此外，装设并联电容器还能降低弧隙恢复电压上升速度，提高断路器近区故障开断能力。

图 7-6 所示为 T 型布置断路器，图 7-7 所示为 I 型布置断路器。

图 7-6 T 型布置断路器

图 7-8 和图 7-9 所示为落地罐式断路器外形图及结构图，其灭弧装置装在罐内，导电部分借助绝缘套管引出。

四、SF₆断路器灭弧原理

SF$_6$断路器的灭弧室一般由动触头、喷口和压气活塞连在一起，通过绝缘连杆由操动机构带动。静触头制成管形，动触头是插座式，动、静触头的端部镶有铜钨合金。喷口用耐高温、耐腐蚀的聚四氟乙烯制成。SF$_6$断路器根据灭弧原理的不同分为双压式、单压式、旋弧式、自能式几种。

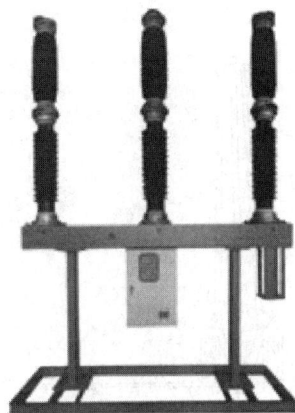

图 7-7 I 型布置断路器

（1）双压式灭弧室。双压式灭弧室内部具有两种不同的压力区，即低压区和高压区。低压区的压力一般为 0.3～0.5MPa，主要用于内部绝缘；高压区的压力一般为 1.6MPa，仅作为吹弧用。在断路器分闸过程中，排气阀自动打开，从高压力区排向低压力区的 SF$_6$ 气体途经喷口吹灭电弧。低压区的 SF$_6$ 气体通过气泵再送入高压室，为下一次分闸做准备。双压式的 SF$_6$断路器结构比较复杂，早期应用较多，目前已被淘汰。

（2）单压式灭弧室。单压式灭弧室内 SF$_6$ 气体只有一种压力，工作压力一般为 0.6MPa 左右。在分闸过程中，动触杆带动压气缸，使 SF$_6$ 气体自然形成一定压力。当动触杆运动至喷口打开时，气缸内的高压力 SF$_6$ 气体经喷口吹灭电弧，完成灭弧过程。

单压式灭弧室按开断过程动、静触头之间开距的变化分为定开距和变开距两种。定开距灭弧室的两个喷口保持在固定位置，动触头与压气缸一起运动。在开断电流的过程中，断口两侧的引弧触头间的距离不随触头的运动发生变化。变开距灭弧室在开断电流的过程中，动、静触头之间开距随触头的运动而发生变化。

定开距和变开距灭弧室的比较：

1）气体利用率。变开距灭弧室吹气时间较长，压气缸的气体利用率比较高。定开距灭弧室吹气时间较短，压气缸的气体利用率比较低。

图 7-8　落地罐式断路器外形图

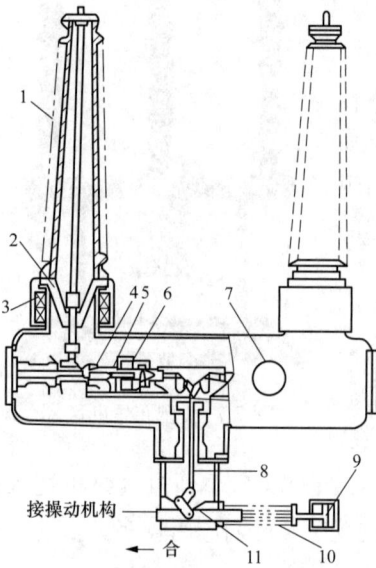

图 7-9　落地罐式 SF_6 断路器结构图
1—套管；2—支持绝缘子；3—电流互感器；
4—静触头；5—动触头；6—喷口工作缸；
7—检修窗；8—绝缘操作杆；9—油缓冲器；
10—合闸弹簧；11—操作杆

2）断口情况。变开距灭弧室断口间电场强度分布稍不均匀，喷口置于断口之间，经电弧多次灼伤之后，可能影响断口的绝缘性能，故断口开距较大。定开距灭弧室断口间电场强度分布比较均匀，故断口开距较小。

3）开断电流能力。变开距灭弧室的电弧拉得比较长，弧柱电压高，电弧能量大，不利于提高开断能力；定开距灭弧室的电弧短而固定，弧柱电压比较低，电弧能量小，有利于提高开断能力，且性能稳定。

4）喷口设计。变开距灭弧室的触头与喷口分开，有利于喷口最佳形状的设计，提高吹气效果。定开距灭弧室的气流经喷口内喷，其形状和尺寸均有一定限制，不利于提高吹气效果。

5）行程和金属短接时间。变开距灭弧室可动部分行程较小，超行程与金属短接时间较短。定开距灭弧室可动部分行程较大，超行程与金属短接时间较长。金属短接时间指断路器在合闸操作时从动、静触头刚接触到刚分离时的一段时间。金属短接时间长，则当重合闸于永久故障时持续时间长，对电网稳定影响大；金属短接时间短，则不利于灭弧。

（3）旋弧式灭弧室。旋弧式灭弧室在静触头附近设置磁吹线圈。开断电流时，线圈通过电弧电流，在动、静触头之间产生磁场，使电弧沿着触头中心高速旋转。由于电弧的质量较轻，在高速旋转时，使电弧逐渐拉长，最终熄灭。

旋弧式灭弧室主要有以下特点：灭弧能力强，大大电流时容易开断，小电流时也不产生截流现象，所以不致引起操作过电压，开断电容电流时，触头间的绝缘较高，不致引起重燃现象；灭弧室结构简单，不需要大功率的操作机构；电弧局限在圆筒电极内腔上高速运动，电极烧损均匀，电寿命长。旋弧式灭弧室在 $10\sim35\mathrm{kV}$ 电压等级的 SF_6 断路器设备上大量采用。

（4）自能式灭弧室。随着断路器向小型化、高性能方向发展，利用自能灭弧原理的断路器得到广泛应用。自能灭弧是利用电弧自身能量将电弧熄灭。自能式灭弧室包括旋弧式和热膨胀式。旋弧式灭弧室主要用于中压系统，热膨胀式灭弧室主要用于高压系统。

热膨胀式灭弧室利用电弧自身能量使 SF_6 气体加热膨胀，产生较高的压力，形成气体吹弧。为了克服开断小电流时吹弧能力不足的问题，通常采用小型辅助压气活塞，辅以压气灭弧。传统的单压式断路器利用操动机构带动气缸与活塞相对运动来压气灭弧，所需要操作功大，操动机构不得不采用液压或气动机构，而液压或气动机构的漏油或漏气给用户带来很多问题。在单压式断路器中，操动机构是发生故障最多的组件。热膨胀式断路器的出现大大减少了操作功，减轻了操动机构的负担，同时简化了灭弧室的结构，提高了断路器的可靠性。

早期的自能式断路器采用压气＋热膨胀增压技术，灭弧室采用热膨胀室和压气室分开的双气室结构，开断大电流时靠电弧能量自身使热膨胀室增压，在电流过零时反向吹弧。开断小电流时，带有泄压阀的辅助压气室起作用，故只需产生较小的气压熄灭小电流电弧。其灭弧原理是：在大电流阶段电流堵塞喷口，被电弧加热的气体反流入压气缸中，使压气缸中压力增高，当电弧电流变小，弧区压力下降，喷口开放时，压气缸中的高压气体吹向电弧，使之熄灭。这种灭弧室结构相对简单，在一定程度上利用了电弧能量，操动机构要克服的反压力随开断电流大小而变。降低操作功最有效的途径就是减小压气活塞。

新型自能式断路器采用了多种复合灭弧技术，如热膨胀＋压气＋助推、热膨胀＋减少压气行程、旋弧＋热膨胀＋助吹、热膨胀＋辅助压气＋双动等多种结构形式。热膨胀＋辅助压气＋双动灭弧室仍属于双室的自膨胀灭弧原理，但由于采用了上、下触头在开断时反向运动的结构，在几乎不增加操作功的基础上，使刚分速度显著增加，提高了大电流的开断能力。

自能式 SF_6 断路器优化了灭弧室结构，降低了操作功，从而使配用轻型的弹簧机构成为可能，替代了液压或气动机构，减小了操作噪声，避免了操动机构介质泄漏的问题，提高了操作可靠性，是断路器的发展方向。但是降低操作功会使其断路器某些开断性能受到影响，从而限制其使用。由于自能式断路器主要依靠短路电弧自身的能量提高灭弧室内 SF_6 气体的压力以达到熄弧压力，这样势必会增加燃弧时间、加重喷口和触头的烧损程度、使介质强度的初始恢复速度降低，从而影响短路开断能力、电寿命次数、近区故障开断能力。同时自能式 SF_6 断路器的灭弧室结构复杂，部件增多，而且在开断大小不同电流时均须可靠配合，这既增大了制造难度，同时也可能对可靠性造成不利影响。

采用弹簧机构克服了液压机构的渗漏问题，但可能会发生更多的机械故障，如机械变形、损伤、卡滞及分合闸锁扣失灵等。配用弹簧操动机构的自能式 SF_6 断路器的出现，解决了运行部门长期以来液压机构的渗漏问题所带来的困扰。但是，自能式 SF_6 断路器仍处于发展过程中，缺乏运行经验，在其显现优势的同时，许多新出现的问题仍待解决。

第四节　高压断路器操动机构

断路器的全部功能最终都体现在触头的分、合闸动作上。触头的分、合动作是通过操动机构来实现的，因此，操动机构是断路器的重要组成部分，断路器的工作可靠性在很大程度上依赖于操动机构的动作可靠性。断路器事故分析结果显示，由于操动机构原因而导致断路器的事故占全部事故的50％以上，足以证明操动机构对断路器工作性能和可靠性起着重要的作用。

一、概述

通常把独立于断路器本体以外的部分称为操动机构。因此操动机构往往是一个独立的产品，一种型号的操动机构可以配用不同型号的断路器，而同一型号的断路器也可配装不同型号的操动机构。

根据所提供能源形式的不同，操动机构可分为以下几种：

（1）手动操动机构（CS型）：用人力进行合闸的操动机构。

（2）电磁操动机构（CD型）：用电磁铁进行合闸的操动机构。

（3）弹簧操动机构（CT型）：事先用人力或电动机时弹簧储能事先合闸的操动机构。

（4）液压操动机构（CY型）：用高压油推动活塞实现合闸与分闸的操动机构。

（5）气动操动机构（CQ型）：用压缩空气推动活塞实现合闸与分闸的操动机构。

（6）电动机操动机构（CJ型）：用电动机合闸与分闸的操动机构。

二、操动机构基本要求

操动机构既然是断路器的组成部分，它的动作性能必须满足断路器的工作性能和可靠性要求。因此，对操动机构的基本要求如下：

（1）具有足够的操作功率。在操作合闸时，操动机构要输出足够的操作功率，除保证断路器获得一定的合闸速度外，还要克服分闸弹簧的反作用力并储能于分闸弹簧中，以实现快速分闸。若操作功率不够，则在断路器关合到短路电流时，有可能出现触头合不到位等情况，对断路器极为不利。

（2）具备维持合闸的装置。巨大的操作功率不能在合闸后继续长时间提供。为保证当操作功率消失后，在分闸弹簧的强劲作用下断路器仍能维持合闸状态，操动机构中必须有维持合闸的装置，且该装置不应消耗功率，可实现"无功维持"。

（3）具有可靠的分闸装置和足够的分闸速度。操动机构的分闸装置，其实就是解除合闸维持，释放分闸弹簧储能的装置。它除需满足远距离自动和手动操作外，还应能就地进行手动脱扣。为了设备和系统的安全，分闸装置务必工作可靠、灵敏快速，满足灭弧性能的要求，且在任何情况下都不允许误动或拒动。断路器分闸后，操动机构应自动恢复到准备合闸位置。

（4）具有自由脱扣装置。在断路器进行合闸的过程中又接到分闸命令，操动机构应立即终止合闸过程，迅速进行分闸。这种合闸过程中的分闸称为自由脱扣。可见，自由脱扣装置是分闸装置的重要补充，两者常结合在一起。无论对自动操动机构，还是对手动操动机构，该装置都是不可缺少的。

（5）具有"防跳跃"功能。当断路器关合到有短路故障电路时，断路器将自动分闸。此时若合闸命令还未解除，则断路器分闸后将再次合闸，接着又会分闸。这样，断路器就可能连续多次合分短路电流，这种现象称为"跳跃"。"跳跃"对断路器以及电路都有很大危害，必须加以防范。

（6）具备工作可靠、结构简单、体积小、质量轻、操作方便、价格便宜、便于维修等特点。

三、主要操动机构

（1）弹簧操动机构。图 7-10 所示为弹簧操动机构外形图，弹簧操动机构是利用弹簧作为储能元件使断路器分、合闸的机械式操动机构。弹簧的储能借助电动机通过减速装置来完成，并经过锁扣系统保持在储能状态。开断时，锁扣借助磁力脱扣，弹簧释放能量，经过机械传递单元使触头运动。断路器合闸时，分闸弹簧将拉伸、储能，以便断路器能在脱扣器作用下分闸。

图 7-10　弹簧操动机构外形图

常用的弹簧操动机构有 CT2、CT7、CT8、CT9、CT10、CT12、CTS 等型号，一般由储能元件、储能维持装置、凸轮连杆机构、合闸维持和分闸脱扣等部分组成。分、合闸操作采用两个螺旋压缩弹簧实现。储能电机给合闸弹簧储能，合闸时合闸弹簧的能量一部分用来合闸，另一部分用来给分闸弹簧储能。合闸弹簧一释放，储能电机立刻给其储能，储能时间不超过 15s（储能电机采用交直流两用电机）。运行时分合闸弹簧均处于压缩状态，而分闸弹簧的释放有一独立的系统，与合闸弹簧没有关系。弹簧操动机构结构简单、可靠性高，缺点是机械结构比较复杂，对加工制造和调整的要求较高。

近年来，随着运行、检修经验的不断积累，弹簧操动机构由于其本身众多的优点，在 SF_6 断路器中得到了广泛的应用。尤其在用于操作功率较小的自能式和半自能式灭弧室中，其由于体积小、操作噪声小、对环境无污染、耐气候条件好、免（少）运行维护、可靠性高等一系列优点受到电力系统广大用户的推崇，是当前断路器的主流操动机构。

（2）液压操动机构。图 7-11 所示为液压操动机构外形图。液压操动机构利用压缩氮气储能，用航空油作为传递动力的介质，并借助各种操作油阀进行控制，全面实现操动机构的各项要求。这类操动机构结构比较复杂，制造工艺和密封要求较高。但是液压操动机构压力高，动作迅速且准确，体积小，噪声和冲击力都很小，也不需要大功率合闸电源，短时失去电源仍可进行分、合闸。

目前，国产的液压操动机构主要有 CY3、CY4、CY5 等型号，可实现手动缓慢分、合闸；就地电动快速分、合闸；远方电动快速分、合闸和重合闸，并能依据断路器和操动机构本身的异常情况发出报警信号和闭锁信号，保证设备和系统的安全。液压操动机构在 110kV 及以上的断路器广泛应用，尤其是 500、1000kV 断路器中。

（3）电动机操动机构。针对上述常规断路器操动机构存在的结构复杂、不便于实现操作过程的监控等局限性，新型电动机操动机构应运而生，最新的有

图 7-11　液压操动机构外形图

CJ7、CJ9 等系列产品。这种新式的操动机构采用先进的数字技术，与简单、可靠、成熟的电动机设备结合，不仅能满足断路器操动机构的基本要求，还可以提供监控等新功能。例如，可通过调制解调器获得工作状态、报警、能量水平、内部故障等信息，通过选配的人机界面获得动作时间、电流状况、控制单元温度状况、看门狗状况等信息，甚至还具有新"微动功能"，即通过移动电动机转子（断路器触头）向前或向后几毫米的动作来检查整个系统从输入/输出单元到断路器触头各个部分的工作情况。电动机操动机构因为具有先进的监控平台，可实现模块化设计、低功耗、低噪声等优点，能方便地应用到各种断路器上，且能够保持始终如一的性能，为断路器提供一个非常可靠、灵活的操作平台，促使断路器控制技术的发展。

小 结

高压断路器是发电厂和变电所电气部分中主要的电气设备之一，它的主要作用是接通和断开正常工作状态的电路以及故障状态（特别是短路状态）的开断，具有通流、绝缘、关合和开断电流以及一定的机械能力。断路器的各种额定参数，即用来表达以上各种能力的技术数据，在选择和使用断路器时应特别注意。

SF_6 断路器是用 SF_6 气体作为灭弧介质。由于 SF_6 气体自身具有良好的灭弧性能和自恢复性能，所以 SF_6 断路器是靠 SF_6 气体与电弧接触而使电弧熄灭的。目前我国在 110kV 及以上电压系统中多采用 SF_6 断路器。真空断路器是靠在真空中灭弧，目前我国多用在 35kV 及以下的配电系统中。

断路器的操动机构有弹簧式、液压式等。高压断路器多采用弹簧式和液压式操动机构。

思考题和习题

7-1 断路器的作用是什么？分为几种类型？型号如何表示？

7-2 断路器有哪些额定参数？它们的意义是什么？

7-3 断路器的基本结构可分为哪几部分？

7-4 简述真空断路器的灭弧原理。

7-5 简述 SF_6 断路器的灭弧原理。

7-6 说明弹簧操动机构和液压操动机构的工作原理。

第八章　互　感　器

互感器是将电路中大电流变为小电流、将高电压变为低电压的电器设备，并可作为测量仪表和继电器的交流电源。互感器是一种特殊变压器，可分为电流互感器和电压互感器两种，它们的工作原理基本与变压器相似，但又有其特殊性。本章主要介绍电流互感器和电压互感器的工作特性及其接线，以及常用互感器的结构特点。

第一节　互感器的作用

目前，电力系统中广泛使用的电磁式互感器分为电压互感器和电流互感器两种，是一次系统和二次系统的联络元件，其一次绕组接入电网，二次绕组分别与测量仪表、保护装置等相互连接。图 8-1 所示为单相电压互感器和电流互感器的工作原理电路图。

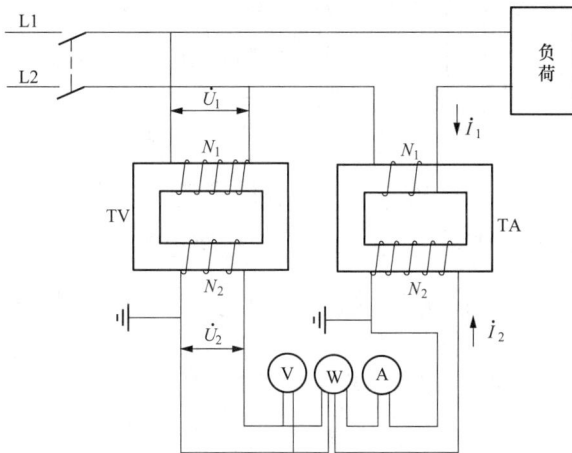

图 8-1　单相电压互感器和电流互感器的工作原理电路图

电压互感器 TV 的一次绕组并接在高压电路中，将高电压变成低电压，二次绕组的额定电压为 100V 或 $100/\sqrt{3}$ V，所以，一次绕组匝数 N_1 大于二次绕组匝数 N_2，二次绕组与测量仪表或继电器的电压线圈并联。电流互感器 TA 的一次绕组串联在一次侧电路内，将大电流变成小电流，二次额定电流为 5A 或 1A，所以一次绕组匝数 N_1 小于二次绕组匝数 N_2，二次绕组与测量仪表或继电器的电流线圈串联。因此，互感器性能的好坏直接影响电力系统测量、计量的准确性和继电保护、自动装置动作的可靠性。此外，互感器还有如下作用：

（1）能使测量仪表和继电器等二次侧的设备，与一次侧高压装置在电气方面隔离，以保证二次设备和工作人员的安全。

（2）能够使测量仪表和继电器实现标准化和小型化。

（3）使二次回路能够采用低压小截面控制电缆，实现远距离的测量和控制。

（4）使二次回路不受一次回路的限制，接线灵活，维护、调试方便。

在低压装置上也广泛使用互感器，其主要目的是使用简单且经济的标准化仪表，并使配电屏接线简单。

为了确保工作人员在接触测量仪表和继电器时的安全，互感器二次绕组必须接地。因为接地后，当一次绕组和二次绕组间的绝缘损坏时，可以防止仪表和继电器出现高电压，危及人身安全。

第二节　电　流　互　感　器

一、电流互感器的工作原理

电磁式电流互感器是一种专门用于变换电流的特种变压器，其工作原理与普通变压器相似，如图 8-2 所示。

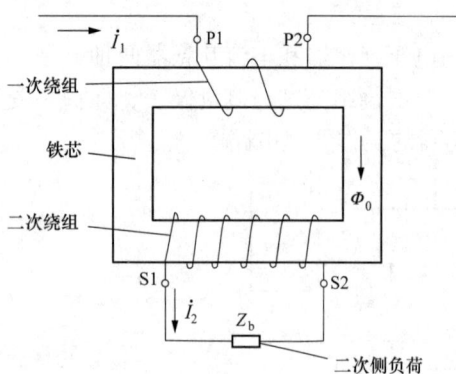

图 8-2　电流互感器的工作原理

电流互感器的一次绕组串接在被测量的电力线路中，线路电流就是互感器的一次电流 $\dot{I}_1$，二次绕组外部回路串接测量仪表、继电保护、自动装置等二次设备。由于二次侧各类阻抗很小（正常运行时二次侧接近于短路状态），在图中用一个集中阻抗 Z_b 来表示其阻抗（包括连接导线的阻抗）。

1. 工作原理

在图 8-2 中，当电流 $\dot{I}_1$ 流过互感器匝数为 N_1 的一次绕组时，将建立一次磁势 $\dot{I}_1 N_1$，一次磁势也称一次安匝。同理，二次电流 $\dot{I}_2$ 与二次绕组匝数 N_2 的乘积构成二次磁势 $\dot{I}_2 N_2$，又称二次安匝。

一次磁势与二次磁势的相量和即为励磁磁势 $\dot{I}_0 N_1$，有

$$\dot{I}_1 N_1 + \dot{I}_2 N_2 = \dot{I}_0 N_1 \tag{8-1}$$

式中　$\dot{I}_1$——一次电流；

　　　N_1——一次绕组匝数；

　　　$\dot{I}_2$——二次电流；

　　　N_2——二次绕组匝数；

　　　$\dot{I}_0$——励磁电流。

式（8-1）称为电流互感器的磁势平衡方程式。由此可见，一次磁势 $\dot{I}_1 N_1$ 包括两部分，其中很小一部分用来励磁（$\dot{I}_0 N_1$），使铁芯中产生磁通；另外大部分用来平衡二次磁势 $\dot{I}_2 N_2$，这一部分磁势与二次磁势大小相等、方向相反。

当忽略励磁电流时，式（8-1）可简化为

$$\dot{I}_1 N_1 = -\dot{I}_2 N_2$$

若以额定值表示，则可写成 $\dot{I}_{1N}N_1 = -\dot{I}_{2N}N_2$，即

$$K_i = \frac{I_{1N}}{I_{2N}} \approx \frac{N_2}{N_1} = K_N \qquad (8\text{-}2)$$

式中　K_i —— 额定电流比；

　　　K_N —— 匝数比；

　　　I_{1N} —— 一次侧额定电流；

　　　I_{2N} —— 二次侧额定电流。

2. 工作特点

电流互感器与变压器比较，其工作状态有如下特点：

(1) 电流互感器一次绕组串接在一次电路中，其电流由一次侧的负荷电流决定，而不是由二次电流决定的。由于电流互感器一次绕组的匝数很少，阻抗很小，因此对一次电路中的电流没有影响。而变压器的一次电流是随二次电流的变化而变化的。

(2) 电流互感器二次绕组串接的仪表和继电器电流线圈的阻抗很小，正常情况下，电流互感器接近于短路状态运行。

(3) 由于二次侧负荷阻抗很小，所以在一定范围内二次侧负荷的变化，对二次电流影响很小，可认为一次电流与二次侧负荷的变化无关。

(4) 电流互感器运行时二次绕组不允许开路。这是因为在正常运行时，二次侧负荷产生的二次侧磁势 $\dot{I}_2N_2$，对一次侧磁势 $\dot{I}_1N_1$ 有去磁作用，因此励磁磁势 $\dot{I}_0N_1$ 及铁芯中的合成磁通 Φ_0 很小，在二次绕组中感应的电势不超过几十伏。当二次侧开路时，二次电流 $I_2 = 0$，二次侧的去磁磁势也为零，而一次侧磁势不变，全部用于励磁，励磁磁势 $\dot{I}_0N_1 = \dot{I}_1N_1$，合成磁通很大，使铁芯出现高度饱和，此时磁通 Φ 的波形接近平顶波，磁通曲线过零时 $\dfrac{d\Phi}{dt}$ 很大，因此二次绕组将感应出几千伏的电势 e_2，如图 8-3 所示，危及人身和设备安全。

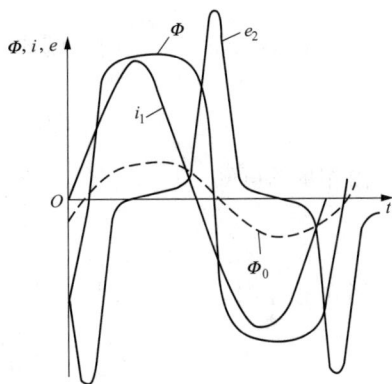

图 8-3　电流互感器二次侧开路时磁通和
电势波形

为了防止二次绕组开路，规定在二次回路中不准装熔断器。如果在运行中必须拆除测量仪表或继电器，应先在断开处将二次绕组短路，再拆下仪表。

二、电流互感器误差及影响误差的因素

根据电磁理论，可得出电流互感器的等值电路图和相量图，如图 8-4 所示。图中以二次电流 $\dot{I}_2'$ 为参考相量，二次电压 $\dot{U}_2'$ 超前 $\dot{I}_2'$ 一个二次侧负荷的功率因数角 φ_2，$\dot{E}_2'$ 超前 $\dot{I}_2'$ 一个二次侧总阻抗角 α，铁芯磁通 $\dot{\Phi}$ 超前 $\dot{E}_2'$ 90°，励磁磁势 $\dot{I}_0N_1$ 超前 $\dot{\Phi}$ 一个铁芯损耗角 ψ。

由式（8-1）和相量图可以看出，由于励磁电流 $\dot{I}_0$ 的影响，使一次电流 $\dot{I}_1$ 与 $-K_N\dot{I}_2$ 在数值上和相位上都有差异，因此测量结果有误差。通常，此误差用电流误差和角误差来表示。

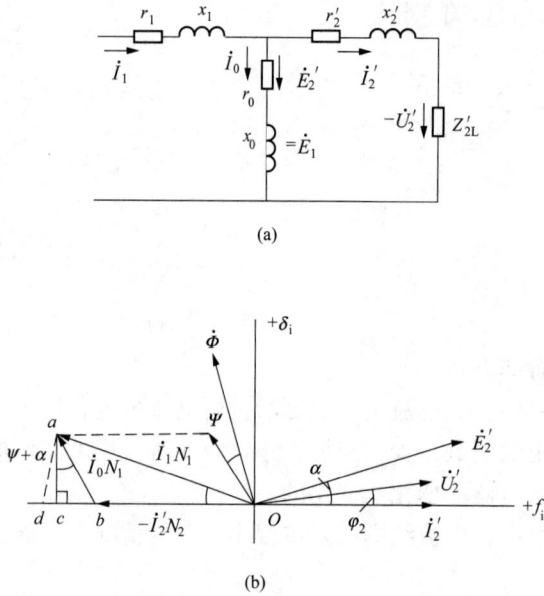

(a)

(b)

图 8-4　电流互感器的等值电路图与相量图

(a) 等值电路图；(b) 相量图

1. 电流误差 f_i（比差）

电流误差 f_i 用电流互感器测出的电流 $K_N I_2$ 和实际电流 I_1 之差与实际电流 I_1 的百分比表示，它是由于实际电流比不等于额定电流比所造成的，故又叫比值差，简称比差。

标准规定电流误差的百分数用下式表示：

$$f_i(\%) = \frac{K_N I_2 - I_1}{I_1} \times 100 \quad (8\text{-}3)$$

2. 角误差 δ_i（角差）

角误差 δ_i 以旋转 180°的二次电流相量 $-\dot{I}'_2$ 与一次电流相量 $\dot{I}_1$ 之间的夹角表示，并规定 $-\dot{I}'_2$ 超前 $\dot{I}_1$ 时，δ_i 为正值，反之为负值。由于 δ_i 很小，因此用分（′）表示。

当取 $K_i \approx K_N = \dfrac{N_2}{N_1}$ 时，则式（8-3）可写成

$$f_i(\%) = \frac{I_2 N_2 - I_1 N_1}{I_1 N_1} \times 100 \quad\quad\quad (8\text{-}4)$$

由相量图可知

$$I_2 N_2 - I_1 N_1 = \overline{ob} - \overline{od} = -\overline{bd}$$

当 δ_i 很小时，取 $\overline{bd} \approx \overline{bc}$，则

$$f_i(\%) = \frac{-\overline{bc}}{I_1 N_1} \times 100 = -\frac{I_0 N_1}{I_1 N_1} \sin(\psi + \alpha) \times 100 \quad\quad (8\text{-}5)$$

$$\delta_i \approx \sin\delta_i = \frac{\overline{ac}}{oa} = \frac{I_0 N_1}{I_1 N_1} \cos(\psi + \alpha) \times 3440' \quad\quad (8\text{-}6)$$

电流误差引起所有测量仪表和继电器产生误差，角误差只对功率型测量仪表和继电器及反映相位的保护装置有影响。

3. 影响误差的因素

由式（8-5）和式（8-6）可以看出，电流互感器的误差与一次电流的大小、铁芯质量、结构尺寸及二次侧负荷等有关。

（1）误差与一次磁势 $I_1 N_1$ 成反比。要减小误差，就要增加一次磁势，因此，对于额定一次电流小的互感器，通常采用增加一次绕组匝数的方法来增加一次磁势。但这种方法在某些互感器中不能实现。例如，在套管型互感器中，一次绕组只可能有一匝。这是额定电流较小的套管型电流互感器做不出高精度的主要原因。

（2）一次电流 I_1 对误差的影响。制造电流互感器时，为了减小误差，在一次侧为额定电流和二次侧为额定负荷的条件下，把互感器的工作点选在磁化曲线的直线段中部，如图

8-5 所示。因为,在直线段范围内,μ(铁芯导磁率)值较
大。除此之外,在磁化曲线其他部分,μ 值都逐渐变小。
根据上述情况并对照式(8-5)和式(8-6)可知,当 I_1 工
作在一次额定电流值附近时,因为 μ 值大,相对于 I_1 而
言,I_0 较小,所以电流误差 f_i 和角误差 δ_i 均比较小;当 I_1
值比一次额定电流值大得多或小得多时,因为 μ 值小,所
以相对于 I_1 而言,I_0 较大,f_i 和 δ_i 均增大。

(3) 铁芯质量和结构尺寸对误差的影响。为了减小
I_0,必须减小铁芯的磁阻 $R_m = \dfrac{L}{\mu S}$,如减小磁路长度 L、增
大铁芯截面 S 和选用磁导率 μ 高的电工钢。此外,减小磁
路的空气隙也有重要作用。

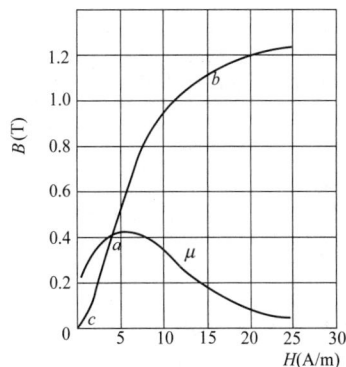

图 8-5 磁化曲线

(4) 二次侧负荷阻抗及功率因数对误差的影响。当一次电流不变,增加二次侧负荷阻抗
时,I_2 将减小,$I_0 N_1$ 将增大,因而 f_i 和 δ_i 将增大。当二次侧负荷功率因数角 φ_2 增加时,$\dot{E}'_2$
与 $\dot{I}'_2$ 之间的 α 角增加。根据式(8-5)和式(8-6),α 增大时,f_i 增大,而 δ_i 减小;反之,当
α 减小时,f_i 减小,而 δ_i 增大。由此可见,当要求电流互感器具有一定的测量准确度时,必
须把二次侧负荷的阻抗及功率因数限制在相应的范围内。

三、电流互感器的准确级和额定容量

1. 准确级

电流互感器应能准确地将一次电流变换为二次电流,这样才能保证测量精确或保护装置
正确动作,因此,电流互感器必须保证一定的准确度。电流互感器的准确度是以标称准确级
来表征的,对应于不同的准确级有不同的误差要求,在规定的使用条件下,误差均应在规定
的限值以内。测量用电流互感器的标准准确级有 0.1、0.2、0.5、1、3、5 级,对特殊要求
的还有 0.2S 和 0.5S 级。保护用电流互感器的标准准确级有 5P 和 10P 级,电流互感器的误
差限值如表 8-1 和表 8-2 所示。

表 8-1 测量用电流互感器的误差限值

准确级	一次电流为额定电流的百分数(%)	误差限值		保证误差的二次侧负荷范围 $\cos\varphi=0.8$(滞后)
		电流误差±(%)	相位差±(′)	
0.1	5	0.4	15	
	20	0.2	8	
	100~120	0.1	5	
0.2	5	0.75	30	
	20	0.35	15	
	100~120	0.2	10	$(0.25\sim1.0)S_{2N}$
0.5	5	1.5	90	
	20	0.75	45	
	100~120	0.5	30	
1	5	3.0	180	
	20	1.5	90	
	100~120	1.0	60	
3	50	3	—	$(0.5\sim1.0)S_{2N}$
	120	3	—	
5	50	5	—	
	120	5	—	

准确级	一次电流为额定 电流的百分数 (%)	误差限值		保证误差的二次侧负荷范围 $\cos\varphi=0.8$(滞后)
		电流误差±(%)	相位差±(′)	
0.2S	1 5 20 100~120	0.75 0.35 0.2 0.2	30 15 10 10	$(0.25\sim1.0)S_{2N}$ 注:本栏仅用于额定二次电流为5A 的互感器
0.5S	1 5 20 100~120	1.5 0.75 0.5 0.5	90 45 30 30	

表 8-2　　　　　　　　　　保护用电流互感器的误差限值

准确级	额定一次电流下的误差		额定准确限值一次 电流下的复合误差 (%)	保证误差的二次侧负荷范围 $\cos\varphi=0.8$(滞后)
	电流误差±(%)	相位差±(′)		
5P	1	60	5	S_{2N}
10P	3	—	10	S_{2N}

从表 8-1 和表 8-2 可以看出,对于测量用电流互感器的准确级是在规定的二次侧负荷变化范围内,一次电流为额定值时的最大电流误差百分数来标称的,而保护用电流互感器的准确级是以额定准确限值一次电流下的最大允许复合误差百分数来标称的（字母 P 表示保护用）。所谓额定准确限值一次电流是指保护用电流互感器复合误差不超过限值的最大一次电流。保护用电流互感器主要在系统短路时工作,因此,在额定一次电流范围内的准确级不如测量级高,但为保证保护装置正确动作,要求保护用电流互感器在可能出现的短路电流范围内,最大误差限值不超过 10%。

2. 额定容量

电流互感器的额定容量 S_{2N} 是指电流互感器在二次额定电流 I_{2N} 和额定阻抗 Z_{2N} 下运行时二次绕组输出的容量,即

$$S_{2N} = I_{2N}^2 Z_{2N} \tag{8-7}$$

由于 I_{2N} 为 5A 或 1A,S_{2N} 与 Z_{2N} 仅相差一个系数,因此,二次额定容量 S_{2N} 可以用二次额定阻抗 Z_{2N} 代替,称为二次侧额定负荷,单位为 Ω。

由于电流互感器的误差与二次阻抗有关,因此,同一台电流互感器使用在不同的准确级时二次侧就有不同的额定负荷。例如,某一台电流互感器工作在 0.5 级时,其二次侧额定负荷为 0.4Ω,但当它工作在 1 级时,其二次侧额定负荷为 0.6Ω。换言之,准确级为 0.5 级、二次侧负荷为 0.4Ω 的电流互感器,当其所接的二次侧负荷大于 0.4Ω 而小于 0.6Ω 时,其准确级即自 0.5 级下降为 1 级。

四、电流互感器接线

电气测量仪表接入电流互感器的常用接线方式如图 8-6 所示。图 8-6（a）所示的接线用于对称三相负荷,测量一相电流。图 8-6（b）为星形接线,可测量三相负荷电流以监视负荷电流不对称情况。图 8-6（c）为不完全星形接线,在三相负荷平衡或不平衡的系统中,当

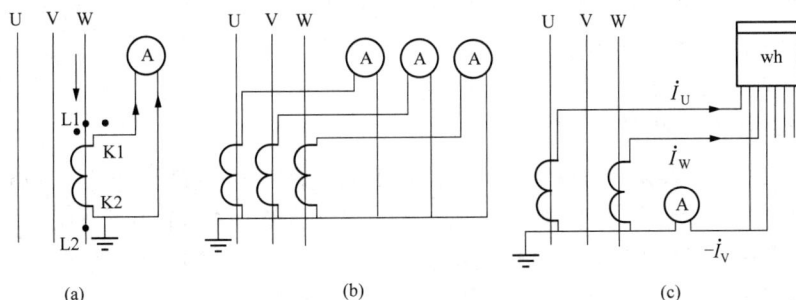

图 8-6 电子测量仪表接入电流互感器的常用接线方式

(a) 单相接线；(b) 星形接线；(c) 不完全星形接线

只需取 U、W 两相电流时，如三相二元件功率表或电能表，便可采用不完全星形接线。此时，流过公共导线上的电流为 U、W 两相电流的向量和，即 $\dot{I}_U + \dot{I}_W = -\dot{I}_V$，所以通过公共导线上的电流表可以测量出 V 相电流。

五、电流互感器的结构和类型

1. 电流互感器的结构

为使电流互感器具有一定的准确度和规定的额定二次电流，除应有适当的铁芯外，对于一次电流较小的互感器，其一次绕组必须做成较多匝数；对于一次电流较大的互感器，其一次绕组必须做成较少匝数。因此，按一次绕组的匝数，电流互感器可分为单匝式和复匝式两种。

单匝式电流互感器由实心圆柱或管形截面的载流导体，或直接利用载流母线作为一次绕组，使一次绕组穿过绕有二次绕组的环形铁芯构成，如图 8-7 (a) 所示。这种电流互感器的主要优点是结构简单、尺寸较小、价格便宜，主要缺点是被测电流很小时，由于一次侧磁动势较小，测量的准确度很低。通常，当一次电流超过 600～1000A 时都制成单匝式。

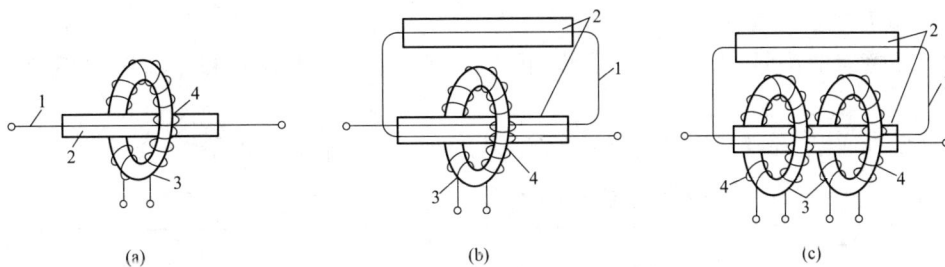

图 8-7 电流互感器结构示意图

(a) 单匝式；(b) 复匝式；(c) 具有两个铁芯的复匝式

1——次绕组；2—绝缘；3—铁芯；4—二次绕组

多匝式电流互感器的一次绕组是多匝穿过铁芯，铁芯上绕有二次绕组，如图 8-7 (b)、(c) 所示。这种电流互感器由于一次绕组匝数较多，所以，即使额定一次电流很小，也能获得较高的准确度。其缺点是，当过电压加于电流互感器，或当大的短路电流通过时，一次绕组的匝间可能承受很高的电压。

图 8-7 (c) 是有两个铁芯的复匝式电流互感器，每个铁芯都有单独的二次绕组，一次绕组为两个铁芯共用。两个铁芯中每个二次绕组的负荷变化时一次电流并不改变，所以，不会

影响另一个铁芯的二次绕组工作。对于多铁芯的电流互感器，各个铁芯可制成不同的准确级，供不同要求的二次回路使用。

2. 电流互感器的类型

电流互感器通常有以下几种分法：

（1）按用途可分为测量用和保护用。测量用电流互感器指专门用于测量电流和电能的电流互感器。保护用电流互感器指专门用于继电器保护和自动控制装置的电流互感器。保护用电流互感器中包括零序电流互感器，其结构较简单，作用原理与一般的电流互感器有所不同。

（2）按装置地点可分为户内式和户外式。20kV 及以下大多制成户内式，35kV 及以上多制成户外式。

（3）按绝缘介质可分为油绝缘、浇注绝缘、一般干式绝缘、瓷绝缘、气体绝缘等。

油绝缘电流互感器即油浸式电流互感器，互感器内部是油和纸的复合绝缘，多用于户外式，最高电压可达 500kV 及以上。

浇注绝缘电流互感器是以环氧树脂或其他树脂为主的混合胶浇注成型的电流互感器，多在 35kV 以下采用。

一般干式绝缘电流互感器包括有塑料外壳的和无塑料外壳的由普通绝缘材料包扎、经浸渍漆处理的电流互感器。

瓷绝缘电流互感器的主绝缘由瓷件构成，这种绝缘结构已被浇注绝缘所取代。

气体绝缘电流互感器即互感器内部充有特殊气体，如六氟化硫（SF_6）气体作为绝缘的互感器，多用于高压产品。

（4）按安装方式可分为穿墙式、支持式和装入式。穿墙式电流互感器装在墙壁可同时作为穿墙套管用；支持式电流互感器则安装在平面或支柱上；装入式电流互感器套装在 35kV 及以上变压器或断路器的套管上，故也称为套管式。

（5）按一次绕组匝数可分为单匝式和多匝式。

3. 电流互感器的型号

电流互感器的型号由产品型号、设计序号、电压等级（kV）和特殊使用环境代号等组成。

产品型号均以汉语拼音字母表示，字母代表的意义及排列顺序如表 8-3 所示。

表 8-3　　　　　　　　　　　电流互感器型号中代表字母的意义及排列顺序

序号	分　类	含　义	代表字母
1	用途	电流互感器	L
2	结构形式	套管式（装入式）	R
		支柱式	Z
		线圈式	Q
		贯穿式（复匝）	F
		贯穿式（单匝）	D
		母线型	M
		开合式	K
		倒立式	V
		链型	A

序号	分　类	含　义	代表字母
3	线圈外绝缘介质	变压器油	—
		空气（"干"式）	G
		"气"体	Q
		"瓷"	C
		浇"注"成型固体	Z
		绝缘"壳"	K
4	结构特征及用途	带有"保"护级	B
		带有"保"护级（暂"态"误差）	BT
5	油保护方式	带金属膨胀器	—
		不带金属膨胀器	N

设计序号表示同类产品的改型设计，但不涉及型号的改变时，为和原设计区别而用设计序号1、2、3……来表示第一次、第二次……改型设计。

特殊使用环境代号主要有以下几种：GY——高原地区用；W—污秽地区用（W_1、W_2、W_3对应污秽等级为Ⅱ、Ⅲ、Ⅳ）；TA—干热带地区用；TH——湿热带地区用。

例如，LFZB6-10，表示第6次改型设计的复匝贯穿式、浇注绝缘电流互感器，电压等级为10kV。

4. 电流互感器的结构

电流互感器的结构类型很多，按一次绕组的主绝缘不同，电流互感器可分为一般干式、树脂浇注式、油纸绝缘式和SF_6气体绝缘式等多种。以下仅介绍其中几种电流互感器的结构。

（1）一般干式和树脂浇注绝缘电流互感器。干式、树脂式电流互感器结构形式分套管式、贯穿式、母线式和支柱式，根据使用要求，可制成单变比、多变比、单个二次绕组和多个二次绕组。

干式电流互感器主要适用于户内，一、二次绕组之间及绕组与铁芯之间的绝缘介质由绝缘纸、玻璃丝带、聚酯薄膜带等固体材料构成，并经浸渍绝缘漆烘干处理。复匝式的一次绕组和二次绕组为矩形筒式，绕在骨架上，绕组间用纸板绝缘，浸漆处理后套在叠积式铁芯上。单匝母线式电流互感器采用环形铁芯，经浸漆后装在支架或装在塑料壳内，也有采用环氧混合胶浇注的。干式电流互感器结构简单，制造方便，但绝缘强度低，且受气候影响大，防火性能差，故只宜用于0.5kV及以下低压产品。

树脂浇注式电流互感器广泛应用于10～20kV电压等级，由合成树脂、填料、固化剂等组成的混合胶固化后形成固体绝缘介质，具有绝缘强度高、机械性能好、防火、防潮等特点。混合胶在一定温度条件下，具有良好的流动性，可以填充细小的间隙，并可浇注成各种需要的形状。一次绕组为单匝式或母线型时，铁芯为圆环形，二次绕组均匀绕在铁芯上，一次导电杆和二次绕组均浇注成一整体。一次绕组为多匝时，铁芯多为叠积式，先将一、二次绕组浇注成一体，然后再叠装铁芯。图8-8所示为浇注绝缘多匝贯穿式电流互感器的结构。

根据浇注所用树脂不同，10kV户内浇注式电流互感器分为两种：一种是环氧树脂浇注

绝缘，即采用环氧树脂和石英粉的混合胶浇注加
热固化成型；另一种是不饱和树脂浇注绝缘，即
采用不饱和树脂浇注在常温下固化成型。这两种
电流互感器的结构相似，但型号不同。

　　环氧树脂浇注绝缘的电流互感器，一次额定
电流在 400A 以下时，制成复匝式。图 8-9 所示
为 LFZ-10、LFZJ-10 型电流互感器的结构（Z—
浇注绝缘；J—加大容量）。该型电流互感器为半
封闭结构。一次绕组为多匝贯穿式，二次绕组绕
在骨架上，二者在模具中定位后，用环氧树脂混
合胶浇注成浇注体。铁芯为叠片式，插入浇注体上预留孔内，然后将铁芯和安装板夹装在浇
注体上。安装板上有铭牌和安装孔等，互感器可以垂直或水平安装。一次额定电流在 400～
1500A 时制成单匝式。图 8-10 所示为 LDZ-10、LDZJ-10 型电流互感器的结构，该型电流互
感器为全封闭结构，一次绕组为一根铜棒或铜管，铁芯为优质硅钢带卷成环形，二次绕组沿
环形铁芯径向均匀绕制。每台互感器都有两个铁芯，对称地固定在金属支持件上，一次导电
杆穿过铁芯在模具中定位后与二次绕组一起用环氧树脂混合胶浇注加热固化成型，浇注体装
在安装板上。因为绕组和铁芯都浇注在绝缘体内，可避免受潮而降低绝缘强度。

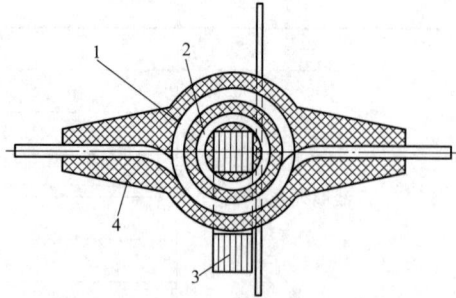

图 8-8　浇注绝缘多匝贯穿式电流互感器的结构
1——一次绕组；2—二次绕组；3—铁芯；4—树脂混合料

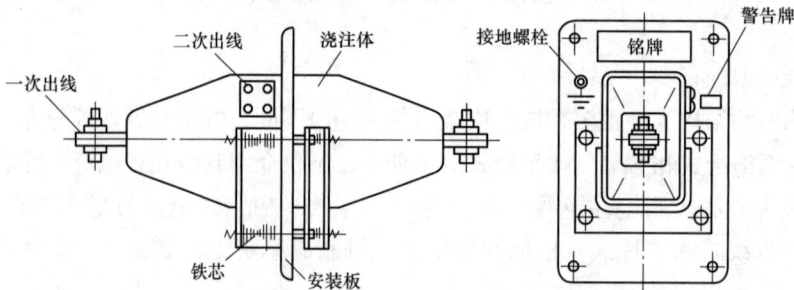

图 8-9　LFZ-10、LFZJ-10 型电流互感器的结构

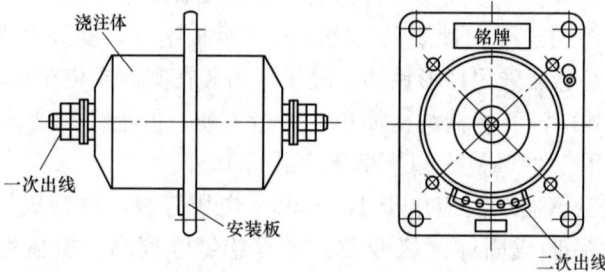

图 8-10　LDZ-10、LDZJ-10 型电流互感器的结构

　　图 8-11 所示为 LMZ-10、LMZJ-10 型电流互感器的结构，为全封闭结构，铁芯为环形，
二次绕组沿铁芯周围均匀绕制；环氧树脂浇注绝缘，中间留有孔，供一次侧母线通过或电缆
缠绕用。一次额定电流为 300～3000A。

　　不饱和树脂浇注绝缘的电流互感器，型号为 LA-10、LAJ-10 型，复匝式、单匝式和母

线式电流互感器的外形，分别与图 8-9、图 8-11 所示相似。

（2）油浸式电流互感器。油浸式电流互感器一般为户外式，按主绝缘结构不同，可分为纯油纸绝缘的链型结构和电容型油纸绝缘结构。110kV 以下电流互感器多采用链型绝缘结构，110kV 及以上电流互感器主要采用电容型绝缘结构。

链型绝缘结构的一次绕组和二次绕组构成互相垂直的圆环，就像两个链环。其中，各个二次绕组分别绕在不同的环形铁芯上，将几个二次绕组合在一起，装好支架，用电缆纸带包扎绝缘，之后再绕一次绕组，如图 8-12 所示。

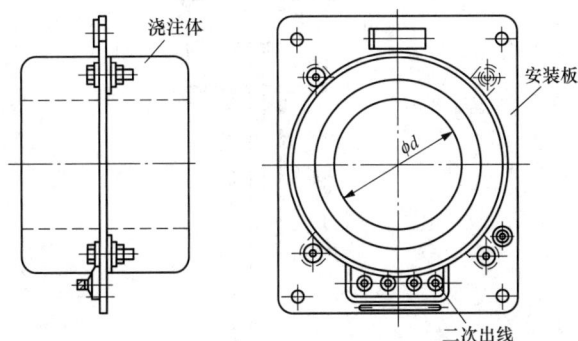

图 8-11　LMZ-10、LMZJ-10 型电流互感器的结构

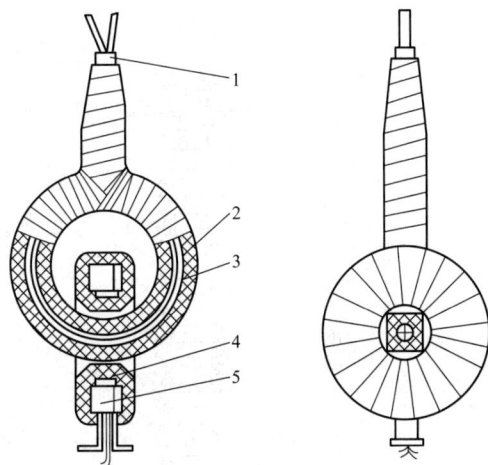

图 8-12　链型绝缘结构图
1—一次引线支架；2—主绝缘Ⅰ；3—一次绕组；
4—主绝缘Ⅱ；5—二次绕组装配

正立式电容型绝缘结构的主绝缘全部包扎在一次绕组上，倒立式电容型绝缘结构的主绝缘全部包扎在二次绕组上。正立式结构一次绕组常采用 U 形，倒立式结构二次绕组常采用吊环形。电容型绝缘结构如图 8-13 所示。

图 8-14 所示为 LCLWD3-220 型电流互感器结构图。一次绕组由扁铝线弯成 U 形，主绝缘采用多层电缆纸与铝箔相互交替，全部包绕在 U 形的一次绕组上制成电容型绝缘，铝箔形成层间电容屏，内屏与一次绕组连接，外屏接地，构成一个同心圆柱形的电容器串。这样，如果电容屏各层间的电容量相等，则沿主绝缘厚度的各层电压分布均匀，从而使绝缘得到充分利用，减小了绝缘的厚度。

一次绕组制成四组，可进行串、并联换接。在 U 形一次绕组下部分别套上两个绕有二次绕组的环形铁芯，组成有四个准确级的二次绕组，以满足测量和保护要求。这种电流互感器采用了电容型绝缘结构，又称电容绝缘电

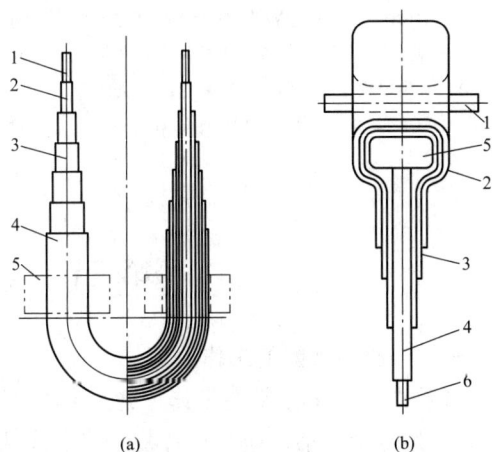

图 8-13　电容型绝缘结构图
（a）U 形电容型绝缘；（b）吊环形（倒立式）电容型绝缘
1—一次导体；2—高压电容屏；3—中间电容屏；
4—地电屏；5—二次绕组；6—支架

流互感器。目前，110kV 及以上的电流互感器广泛采用此结构。

（3）SF$_6$ 气体绝缘电流互感器。SF$_6$ 气体绝缘电流互感器是在 20 世纪 70 年代研制并推广应用的，最初在组合电器（GIS）上配套使用，后来逐步发展为独立式 SF$_6$ 互感器。这种互感器多做成倒立式结构，如图 8-15 所示。它由躯壳、器身（一、二次绕组）、瓷套和底座组成。器身固定在躯壳内，置于顶部；二次绕组用绝缘件固定在躯壳上，一、二次绕组间用 SF$_6$ 气体绝缘；躯壳上方有压力释放装置，底座有压力表、密度继电器和充气阀、二次接线盒等。SF$_6$ 互感器主要用在 110kV 及以上电力系统中。

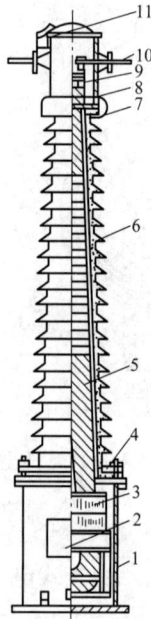

图 8-14　LCLWD3-220 型电流互感器结构图

1—油箱；2—二次接线盒；3—环形铁芯及二次绕组；4—压圈式卡接装置；5—U 形一次绕组；6—磁套；7—均压护罩；8—储油柜；9—一次绕组切换装置；10—一次出线端子；11—呼吸器

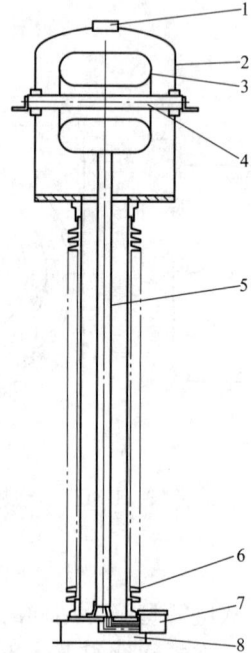

图 8-15　SF$_6$ 电流互感器

1—防爆片；2—壳体；3—二次绕组及屏蔽筒；4—一次绕组；5—二次出线管；6—套管；7—二次端子盒；8—底座

第三节　电 压 互 感 器

一、电压互感器的工作原理

电磁式电压互感器的工作原理和结构与电力变压器相似〔原理电路如图 8-16（a）所示〕，只是容量较小，通常只有几十伏安或几百伏安，接近于变压器空载运行情况。

电压互感器的一次绕组并联在电网上，二次绕组外部并接测量仪表和继电保护装置等负荷。仪表和继电器的阻抗很大，二次侧负荷电流很小，且负荷一般都比较恒定。所以，运行中电压互感器一次电压不会受二次侧负荷的影响，电压互感器二次电压的大小可以反映一次侧电网电压的大小。

电压互感器一、二次绕组的额定电压 U_{1N}、U_{2N} 之比，称为电压互感器的额定电压比，用 K_u 表示，并近似等于匝数之比，即

$$K_u = \frac{U_{1N}}{U_{2N}} \approx \frac{N_1}{N_2} = K_N \qquad (8\text{-}8)$$

电压互感器的等值电路与图 8-4（a）相同，相量图如图 8-16（b）所示。

二、电压互感器误差及影响误差的因素

1. 误差

由相量图可见，由于励磁电流和内阻抗的影响，使折算到一次侧的二次电压 $-\dot{U}'_2$ 与一次电压 $\dot{U}_1$ 在数值和相位上都有差异，即电压互感器测量结果存在着两种误差，即电压误差和相位差。

（1）电压误差 f_u：为电压互感器测出的电压 $K_u U_2$，与实际一次电压 U_1 之差，相对于实际一次电压 U_1 的百分数，即

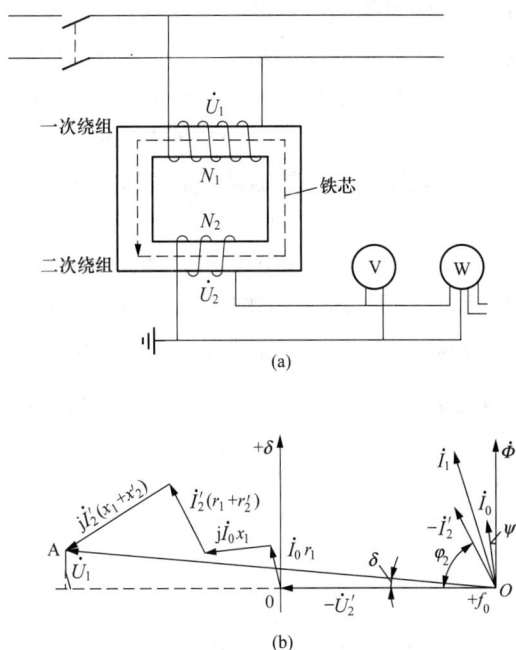

图 8-16　电压互感器的工作原理
（a）原理电路；（b）相量图

$$f_u(\%) = \frac{K_u U_2 - U_1}{U_1} \times 100$$

$$\approx -\left[\frac{I_0 r_1 \sin\psi + I_0 x_1 \cos\psi}{U_1} + \frac{I'_2(r_1 + r'_2)\cos\varphi_2 + I'_2(x_1 + x'_2)\sin\varphi_2}{U_1}\right] \times 100$$

$$= f_0 + f_1 \qquad (8\text{-}9)$$

式中　f_0、f_1——空载电压误差和负载电压误差。

（2）相位差 δ_u：为旋转 $180°$ 的二次电压相量 $-\dot{U}'_2$ 与一次电压相量 $\dot{U}_1$ 之间夹角 δ_u，并规定 $-\dot{U}'_2$ 超前 $\dot{U}_1$ 时相位差为正值，反之相位差为负值。

$$\delta_u \approx \sin\delta_u$$

$$= \left[\frac{I_0 r_1 \cos\psi - I_0 x_1 \sin\psi}{U_1} + \frac{I'_2(r_1 + r'_2)\sin\varphi_2 - I'_2(x_1 + x'_2)\cos\varphi_2}{U_2}\right] \times 3440'$$

$$= \delta_0 + \delta_1 \qquad (8\text{-}10)$$

式中　δ_0、δ_1——空载相位差和负载相位差。

2. 影响误差的因素

影响误差的因素有两方面。在电压互感器结构方面，一、二次绕组的阻抗 Z_1、Z_2 和励磁电流 I_0 增大时，误差相应增大，反之则减小；在运行方面，二次侧负荷电流 I_2 增大时，误差增大，二次侧负荷功率因数 $\cos\varphi_2$ 过大或过小，除影响电压误差外，还会使相位差增大。

为了减小电压互感器的误差，在结构方面，应采用导磁率高的冷轧硅钢片，使磁阻减

小；减小绕组的电阻和漏磁；在运行方面，应根据准确度的要求，把二次侧负荷及其功率因数以及一次电压的变动限制在相应的范围内。

与电流互感器相似，f_u能引起所有测量仪表和继电器产生误差，δ_u只对功率型测量仪表和继电器及反映相位的保护装置有影响。

三、电压互感器的准确级和额定容量

1. 准确级

电压互感器的准确级是以它的电压误差和相位差来表征的。准确级是指在规定的一次电压和二次侧负荷变化范围内，当二次侧负荷功率因数为额定值时误差的最大限值。我国电压互感器的准确级和误差限值见表 8-4，其中 3P、6P 级为保护级。

表 8-4　　　　　　　　　　　　　电压互感器的准确级和误差限值

准确级	误差限值		一次电压变化范围	二次侧负荷、功率因数、频率变化范围
	电压误差(%)	相位差(′)		
0.2	±0.2	±10		
0.5	±0.2	±20	$(0.8\sim1.2)U_{N1}$	$(0.25\sim1)S_{N2}$
1	±1.0	±40		$\cos\varphi_2=0.8$
3	±3.0	不规定		$f=f_N$
3P	±3.0	±120	$(0.05\sim1)U_{N1}$	
6P	±6.0	±240		

2. 额定容量

电压互感器的误差与二次侧负荷的大小有关，因此，电压互感器对每一准确级都规定了相应的额定容量，即二次侧负荷超过某准确级的额定容量时准确级便下降。规定最高准确级对应的额定容量为电压互感器的额定容量。例如，某电压互感器，0.5 级时为 80VA，1 级时为 120VA，3 级时为 300VA，最大容量为 500VA，则其额定容量为 80VA。电压互感器按照在最高工作电压下长期工作的允许发热条件还规定了最大容量。只有供给对误差无严格要求的仪表和继电器，或信号灯、分闸线圈等负荷时，才允许将电压互感器用于最大容量。

四、电压互感器的类型、型号和结构

1. 电压互感器的类型

电压互感器通常按以下几种方法分类：

(1) 按用途可分为测量用和保护用。

(2) 按装设地点可分为户内式和户外式。

(3) 按相数可分为单相式和三相式。只有 20kV 以下才制成三相式电压互感器。

(4) 按绕组数可分为双绕组、三绕组或四绕组。

(5) 按绝缘介质可分为干式、浇注绝缘、油浸式和气体绝缘。干式电压互感器多用在 500V 及以下低电压等级，浇注绝缘电压互感器多用于 35kV 及以下电压等级，油浸式电压互感器主要用于 220kV 及以下电压等级，气体绝缘电压互感器主要用在 110kV 以上电压等级。

(6) 按电压变换原理可分为电磁式、电容式和光电式。电磁式互感器多用在 220kV 及以下电压等级，电容式互感器主要用在 110~500kV 电压等级，光电式互感器目前还在研制阶段。

2. 电压互感器的型号

电压互感器型号的组成方法和电流互感器相同。产品型号均以汉语拼音字母表示，字母的代表意义及排列顺序见表 8-5，特殊使用环境代号与电流互感器相同。例如，JDZ6-10 表示：第 6 次改型设计的浇注绝缘单相电压互感器，额定电压为 10kV。

表 8-5　　　　　　　　　　　　　　　电压互感器字母的代表意义及排列顺序

序号	分　类	代表字母	字　母
1	用途	电压互感器	J
2	相数	单相	D
		三相	S
3	线圈外绝缘介质	变压器油	—
		空气（干式）	G
		浇注成型固体	Z
		气体	Q
4	结构特征及用途	带剩余（零序）绕组	X
		三柱带补偿绕组	B
		五柱三绕组	W
		串级式带剩余（零序）绕组	C
		有测量和保护分开的二次绕组	F
5	油保护方式	带金属膨胀器	—
		不带金属膨胀器	N

3. 电压互感器的结构

电压互感器的结构与变压器有很多相同之处，例如，线圈、铁芯等结构都是变压器中最简单的结构形式。以下仅介绍部分电压互感器的特点。

（1）浇注式电压互感器。浇注绝缘有其独特的电气性能和机械性能，防火防潮，寿命长且制造简单，该类结构广泛应用于 35kV 及以下电压等级。图 8-17 所示为 JDZ-10 型浇注式电压互感器的结构。该型电压互感器为半封闭式结构，一、二次绕组同心绕在一起（二次绕组在内侧），连同一、二次侧引出线，用环氧树脂混合胶浇注成浇注体。铁芯采用优质硅钢片卷成 C 形或叠装成日字形，露在空气中。浇注体下面涂有半导体漆，并与金属底板及铁芯相连以改善电场的不均匀性。

（2）油浸式电压互感器。油浸式电压互感器按其结构可分为普通式和串级式。普通式电压互感器就是二次绕组与一次绕组完全相互耦合，与普通变压器一样。3～35kV 电压互感器多采用普通式。串级

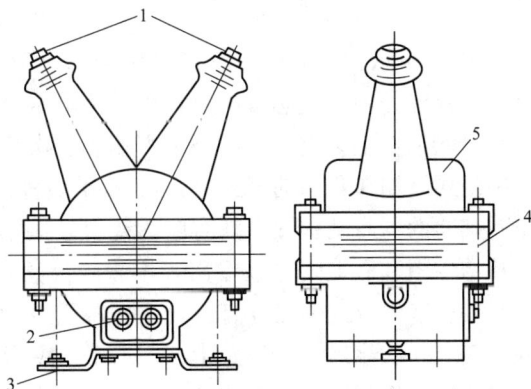

图 8-17　JDZ-10 型浇注式单相电压互感器的结构

1—一次绕组引出端；2—二次绕组引出端；
3—接地螺栓；4—铁芯；5—浇注体

式电压互感器就是一次绕组分成匝数接近相等的几个绕组，然后串联起来。110kV 及以上电压互感器普遍制成串级式结构，其特点是铁芯和绕组采用分级绝缘，可简化绝缘结构，减小重量和体积。

图 8-18 所示为 JDJ-10 型单相户内油浸式电压互感器的结构图。电压互感器的器身固定在油箱盖上并浸在油箱内。一、二次绕组的引出线分别经固定在箱盖上的高、低压瓷套管引出。

图 8-19 所示为 JSJW-10 型油浸式三相五柱电压互感器的原理图和外形图。铁芯的中间三柱分别套入三相绕组，两边柱作为单相接地时零序磁通的通路。一、二次绕组均为 YN 接线，辅助二次绕组为开口三角形接线。

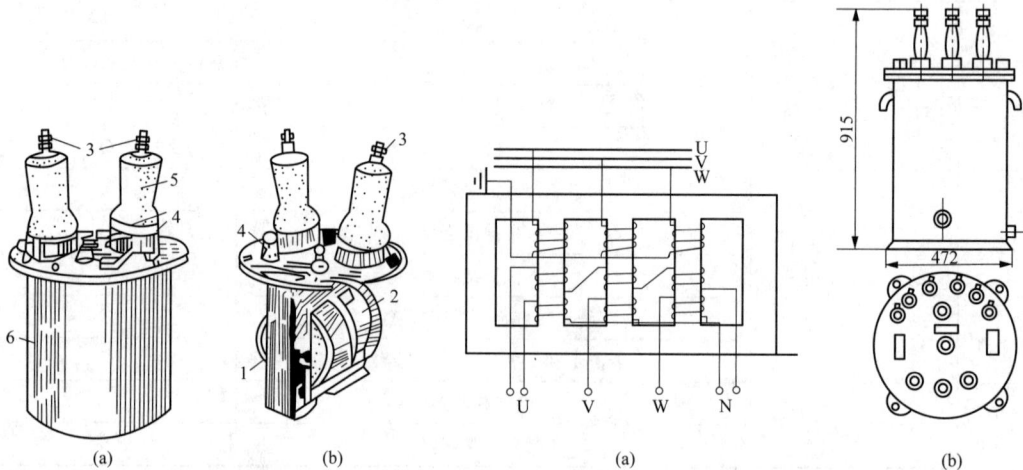

图 8-18 JDJ-10 型单相户内油浸式电压
互感器的结构图
(a) 外形；(b) 器身与箱盖组装
1—铁芯；2—一次绕组；3—一次绕组引出端；
4—二次绕组引出端及低压套管；5—高压套管；
6—油箱

图 8-19 JSJW-10 型油浸式三相五柱电压
互感器的原理图及外形图
(a) 原理图；(b) 外形图

图 8-20 所示为 JCC1-110 型单相串级式电压互感器结构图。电压互感器的铁芯和绕组装在充油的瓷外壳内，铁芯带电位，用支撑电木板固定在底座上。储油柜工作时带电，一次绕组首端自储油柜上引出。一次绕组末端和二次绕组出线端自底座引出。

串级式结构在我国油浸式高压互感器中普遍采用，图 8-21 所示为 110~220kV 串级式电压互感器的器身结构图，其对应的绕组连接原理图如图 8-22 所示。

从结构图和原理图可以看出，串级式互感器的铁芯采用双柱式，110kV 互感器为一个铁芯，一次绕组分成两级（有两个一次绕组）；220kV 互感器为两个铁芯，一次绕组分成四级（有四个一次绕组）。不论 110kV 或 220kV 互感器，只有最下面一个绕组带有二次绕组。

110kV 串级式电压互感器的工作原理如图 8-23 所示。图 8-23 (a) 为原理图，其一次绕组分为串联的 Ⅰ、Ⅱ 两段，每段匝数完全相同，分别绕在□字形铁芯的上、下柱上。基本二次绕组和辅助二次绕组只和一次绕组的第 Ⅱ 段绕在同一铁芯的下柱上，有直接磁的耦合。当一次绕组所加电压变化时，二次绕组两端的电压也随之变化。

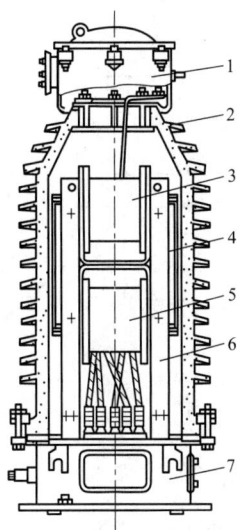

图 8-20　JCC1-110 型单相串级式电压
互感器结构图

1—储油柜；2—瓷外套；
3—上柱绕组；4—铁芯；5—下柱绕组；
6—支撑电木板；7—底座

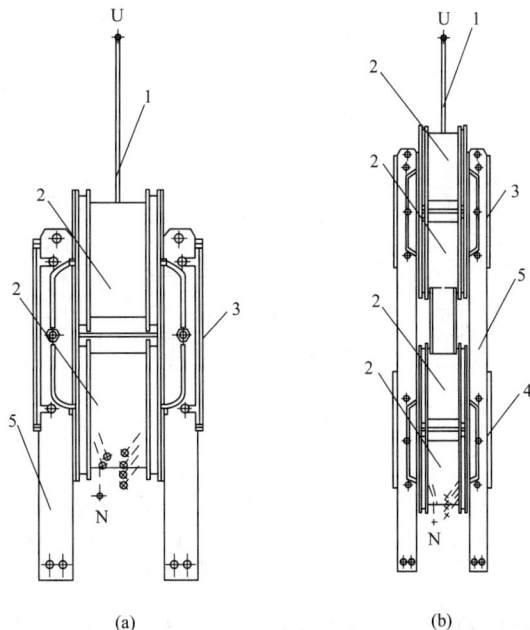

图 8-21　110～220kV 串级式电压互感器的器身结构图

（a）110kV 电压互感器；（b）220kV 电压互感器

1—引线；2—绕组；3—上铁芯；4—下铁芯；5—绝缘支架

　　二次绕组开路时，铁芯各柱中的磁通 Φ_1 相等，一次绕组各段上电压相等。在图 8-23（a）所示情况下，如一次绕组两端子间电压为 U，由于一次绕组两段的中间连线与铁芯相连，则铁芯对一次绕组首端 11 和末端 12 的电压均为 1/2U。而普通结构的电压互感器必须按全电压 U 设计绝缘。

　　当二次绕组接入仪表后，如图 8-23（b）所示，二次绕组中的电流 I_2 产生与一次绕组的磁通 Φ_1 方向相反的去磁磁通 Φ_2。由于二次绕组有漏磁通存在，使通过铁芯上柱的 Φ_2 比下柱小，则铁芯上柱的合成磁通大，下柱的合成磁通小，一次绕组Ⅰ、Ⅱ段的感抗不等，分布的电压也不均匀，测量结果产生较大误差。为了避免这种现象，在铁芯的上、下柱上加装平衡绕组，两平衡绕组的匝数相等、绕向相反，如图 8-23（b）所示。当铁芯中出现磁通 Φ_2 时，由于铁芯上、下柱的合成磁通大小不等，在上、下柱平衡绕组中分别产生的感应电势 e_1 和 e_2 也不相等，此时 $e_1 > e_2$，在 $e_1 - e_2$ 作用下平衡绕组中产生平衡电流

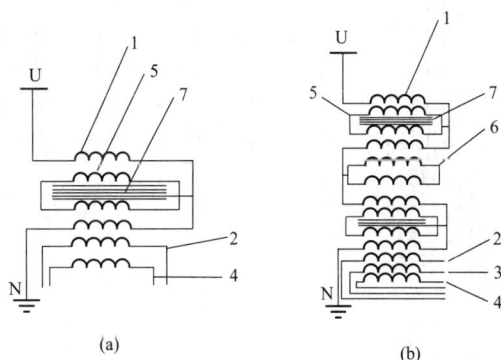

图 8-22　110～220kV 串级式电压互感器的绕组
连接原理图

（a）110kV 电压互感器；（b）220kV 电压互感器

1—一次绕组；2、3—二次绕组；4—辅助二次绕组；
5—平衡绕组；6—连耦绕组；7—铁芯

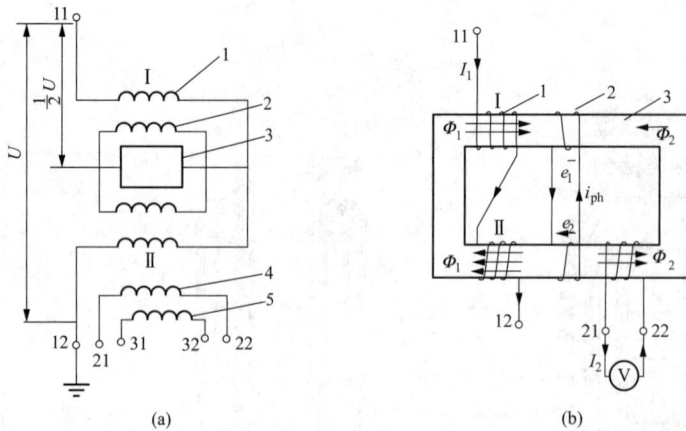

图 8-23　110kV 串级式电压互感器的工作原理

（a）原理图；（b）平衡绕组作用原理图

1——次绕组；2—平衡绕组；3—铁芯；4—二次绕组；5—辅助二次绕组

i_{ph}，平衡电流 i_{ph} 在铁芯上柱中产生去磁磁通，在铁芯下柱中产生助磁磁通，从而使铁芯上、下柱中的合成磁通大致相等，一次绕组Ⅰ、Ⅱ段上的电压分布均匀。

220kV 串级式电压互感器为两个口字形铁芯，一次绕组分为四级，分别绕在两个铁芯的上、下柱上。各铁芯有平衡绕组。为了使两个铁芯的磁通大致相等，在两铁芯间加装连耦绕组，以保证测量的准确性。

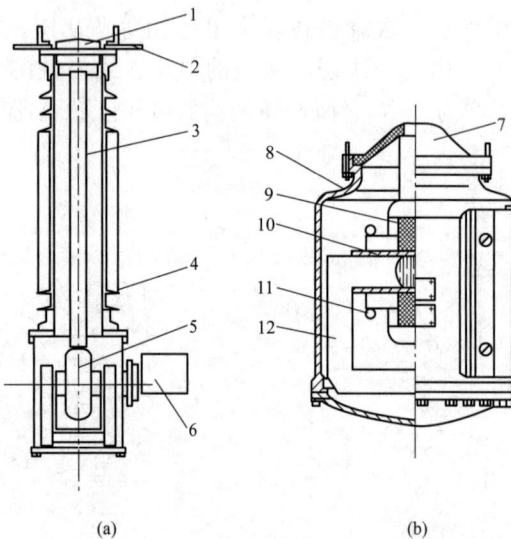

图 8-24　SF₆ 电压互感器结构示意图

（a）独立式电压互感器；（b）GIS 配套式电压互感器

1—防爆片；2——次出线端子；3—高压引线；4—瓷套；
5—器身；6—二次出线；7—盆式绝缘子；8—外壳；
9——次绕组；10—二次绕组；11—电屏；12—铁芯

串级式电压互感器比普通结构的电压互感器体积小、重量轻、成本低，但准确度较低，广泛应用在 110kV 及以上系统中。

（3）SF₆ 气体绝缘电压互感器。SF₆ 气体绝缘电压互感器有两种结构形式：一种是为 GIS 配套使用的组合式，另一种为独立式。与前者相比，后者主要增加了高压引出线部分，包括一次绕组高压引出线、高压瓷套及其夹持件等。图 8-24 所示为 SF₆ 电压互感器结构示意图。

SF₆ 电压互感器的器身由一次绕组、二次绕组、辅助二次绕组和铁芯组成。低压绕组为层式结构，一次绕组为宝塔形。绕组层绝缘采用聚酯薄膜。一次绕组除在出线端有静电屏外，在超高压产品中，一次绕组的中部还设有中间屏蔽电极。铁芯内侧设有屏蔽电极以改善绕组与铁芯间的电场。独立式 SF₆ 电压互感器需有充气阀、吸附剂、防爆片、压力表、气体密度继电器等，以保证其安全运行。

五、电容式电压互感器

随着电力系统电压等级的增高，电磁式电压互感器的体积和重量越来越大，成本也随之增加。电容式电压互感器与电磁式电压互感器相比，具有结构简单、重量轻、体积小、成本低的优点，且电压越高效果越明显，电容式电压互感器的运行维护也较方便，因此广泛用于110～500kV 中性点直接接地系统中。

电容式电压互感器实质上是一个电容分压器，由若干个相同的电容器串联组成，接在高压相线与地之间，如图 8-25 所示。为了分析方便起见，将电容器分成主电容 C_1 和分压电容 C_2 两部分。当一次侧相对地电压为 U_1 时，用静电电压表测量 C_2 上的电压 U_{C2} 为

$$U_{C2} = \frac{C_1}{C_1 + C_2} U_1 = K U_1$$

式中 　K——分压比。

若改变 C_1 和 C_2 的比值，可以得到不同的分压比。由于 U_{C2} 与 U_1 成正比，故测量 U_{C2} 后即可得到 U_1。但是，当 C_2 两端接入普通电压表和其他负荷时，所测得的 U'_{C2} 将小于上述电容分压值 U_{C2}，而且，在分压回路中流过的负荷电流越大，实际测得的 U'_{C2} 越小，测量误差也越大。这种误差是由电容器的内阻抗所引起的，为了减小内阻抗，在 a、b 回路中加入电抗 L，当 $\omega L = \dfrac{1}{\omega(C_1 + C_2)}$ 时，内阻抗为零，输出电压 U_{C2} 即与负荷无关，故电抗 L 称为补偿电抗。当然，实际上内阻抗不可能为零，因而负荷变化时，还会产生测量误差。为了减少分压器的输出电流，从而减少误差，将测量仪表经中间变压器 TV 与分压器相连。

图 8-26 所示为电容式电压互感器原理接线图。电网电压 U_1 加在电容串上，按一定分压比从分压电容 C_2 上抽取中间电压 U_{C2}，再经串联补偿电抗 L 将 U_{C2} 接到电磁式中间变压器 TV 的一次绕组上，中间变压器 TV 实际是一台电磁式电压互感器，它有两个二次绕组，基本二次绕组的电压为 $100/\sqrt{3}$V，辅助二次绕组的电压为 100V，供测量仪表和继电器使用。阻尼电阻 r_d 用来消除可能产生的铁磁谐振过电压，P_1 为放电间隙，当分压电容 C_2 上出现异常过电压时，P_1 先击穿，以保护补偿电抗器、分压电容器和中间变压器。补偿电容 C_h 可以

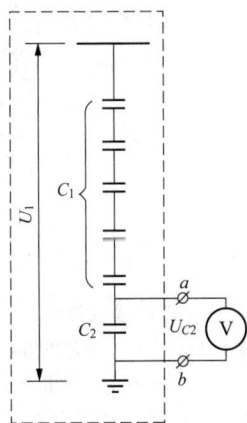

图 8-25　电容式电压互感器分压原理　　　　图 8-26　电容式电压互感器原理接线图

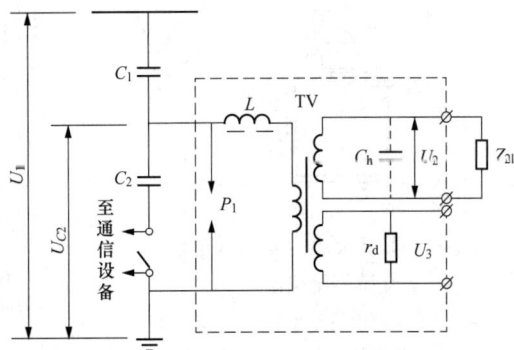

补偿中间变压器的励磁电流和负荷电流中的电感分量，提高二次侧负荷的功率因数，从而减小测量误差。

图 8-27 所示为 TYD-220 型电容式电压互感器结构图。电容式电压互感器的主要缺点是输出容量较小，影响误差的因素较多，误差特性比电磁式电压互感器差些。

六、电压互感器的接线方式

电压互感器在三相系统中要测量的电压有线电压、相电压、相对地电压和单相接地时出现的零序电压。为了测量这些电压，电压互感器有各种不同的接线方式，常用接线方式如图 8-28 所示。

图 8-28(a)所示为一台单相电压互感器的接线，可测量 35kV 及以下系统的线电压，或110kV 及以上中性点直接接地系统的相对地电压。

图 8-28(b)所示为两台单相电压互感器接成 V-V 形接线，它能测量线电压，但不能测量相对地电压。这种接线方式广泛用于 3～20kV 中性点非直接接地系统。

图 8-28(c)所示为一台三相五柱式电压互感器(YN，yn，d0)的接线，其一次绕组和基本二次绕组接成星形，且中性点接地，辅助二次绕组接成开口三角形，因此，三相五柱式电压互感器可测量线电压和相对地电压，还可以作为中性点非直接接地系统中对地的绝缘监察以及实现单相接地的继电保护，这种接线广泛用于 6～10kV 屋内配电装置中。

图 8-28(d)所示为三台单相三绕组电压互感器(YN，yn，d0)的接线，在

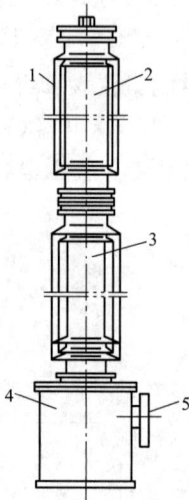

图 8-27 TYD-220 型电容式电压
互感器结构图

1—磁套；2—上节电容分压器；3—下节电容
分压器；4—电磁单元装置；5—二次出线盒

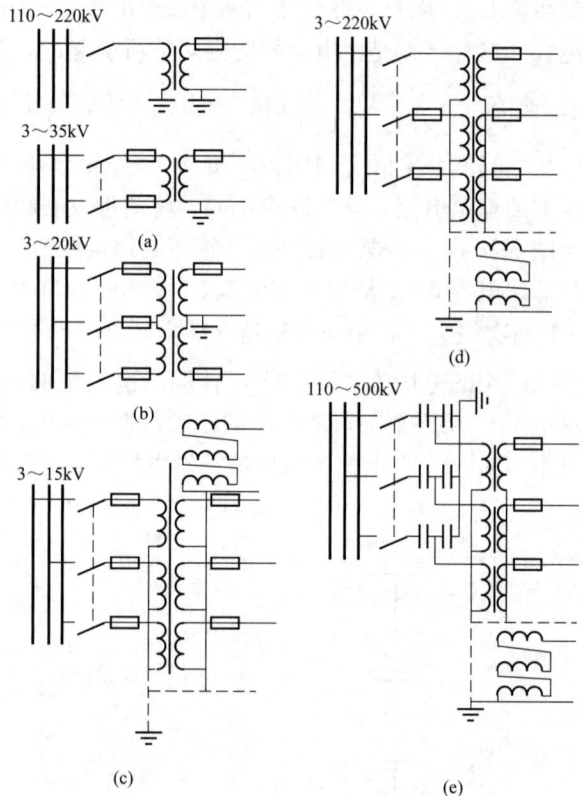

图 8-28 电压互感器常用接线方式

(a) 一台单相电压互感器的接线；(b) 两台单相电压
互感器接成 V-V 形接线；(c) 一台三相五柱式电压互感器
(YN，yn，d0) 的接线；(d) 三台单相三绕组电压互感器接线；
(e) 电容式电压互感器 (YN，yn，d0) 的接线

中性点非直接接地系统中采用三只单相 JDZJ 型电压互感器，情况与三相五柱式电压互感器相同，只是在单相接地系统中，各相零序磁通以各自的电压互感器铁芯构成回路。在110kV 及以上中性点直接接地系统中也广泛采用这种接线，只是一次侧不装熔断器。基本二次绕组可供测量线电压和相对地电压(相电压)，辅助二次绕组接成开口三角形，供单相接地保护用。

图 8-28(e)所示为电容式电压互感器(YN，yn，d0)的接线，主要用于 110kV 及以上电网中。

一般 3～35kV 电压互感器经隔离开关和熔断器接入高压电网；在 110kV 及以上配电装置中，考虑到互感器及配电装置可靠性较高，且高压熔断器制造比较困难，价格昂贵，因此，电压互感器只经隔离开关与电网接连；在 380/220V 低压配电装置中，电压互感器可以直接经熔断器与电网连接，而不用隔离开关。

小 结

互感器是向测量仪表和继电器供电的重要设备，可分为电流互感器和电压互感器。目前，大多采用电磁式互感器，它们的基本工作原理与电力变压器相同。

电流互感器是将大电流变为小电流，一次绕组匝数少，串接在一次电路中，二次绕组供电给仪表和继电器的电流线圈。正常工作时电流互感器二次侧相当于短接。运行中二次侧不允许开路，因为开路时会在二次侧出现很高的电压，危及设备和人身安全。

电压互感器是将高电压变为低电压，一次绕组匝数多，并接于一次电路中，二次绕组供电给仪表和继电器的电压线圈。正常工作时电压互感器二次侧相当于开路。

由于有励磁电流等因素影响，互感器二次侧测得的电流或电压，与一次电路中的实际值大小和相位均不相同，因此测量中存在着误差。误差用准确级来表明。互感器的额定二次阻抗或额定容量，是一个很重要的概念。互感器根据测量的要求不同，可组成各种接线。

电流互感器和电压互感器的结构类型较多，一般 35kV 以下的多制成户内浇注绝缘式，35kV 及以上的多制成户外油浸绝缘式。

思考题和习题

8-1 电流互感器和电压互感器的作用是什么？它们在一次电路中如何连接？

8-2 电流互感器和电压互感器的基本工作原理，与电力变压器有什么相同的方面和不同的方面？

8-3 为什么电流互感器的二次电路在运行中不允许开路？电压互感器的二次电路在运行中不允许短路？

8-4 为什么互感器会有测量误差？有几种误差？测量误差如何表示？测量误差都与什么因素有关？

8-5 什么是电流互感器的额定二次阻抗？什么是电压互感器的额定容量和最大容量？运行中应注意什么？

8-6 试画出电流互感器常用的接线图。

8-7 试画出电压互感器常用的接线图。

8-8 在三相五柱式电压互感器的接线中,一次侧和二次侧中性点为什么都需要接地?不接地可以吗?

8-9 简述电容式电压互感器的工作原理。

第九章　电气主接线

发电厂和变电站中的一次设备，按一定的要求和顺序连接成的电路，称为电气主接线，也称主电路，又称一次接线。它把各电源送来的电能汇集起来，并分配给各用户，表明各种一次设备的数量和作用、设备间的连接方式以及与电力系统的连接情况。电气主接线影响着配电装置的布置，以及二次接线、继电保护及自动装置的配置等。因此，电气主接线是发电厂和变电所电气部分的主体，对发电厂和变电所以及电力系统的安全、可靠、经济运行起着重要作用。本章从对主接线的基本要求开始，介绍主接线的基本形式、特点、适用范围以及不同发电厂和变电所电气主接线的特点。

第一节　概　　述

一、电气主接线基本要求

现代电力系统是一个巨大的严密的整体，各类发电厂和变电站分工完成整个电力系统的发电、变电和配电任务。主接线的好坏不仅影响发电厂、变电站和电力系统本身，而且也影响工农业生产和人民生活。因此，发电厂和变电站的主接线必须满足下列要求。

1. 可靠性

发、供电的安全可靠，是电力生产的第一要求，主接线必须首先给予满足。因为电能的发、送、用必须在同一时刻进行，电力系统中任何一个环节故障，都将影响整体。事故停电不仅使电力部门造成损失，而且会造成国民经济的重大损失。例如，炼钢厂停电 30min，钢水就要凝固；电解铝厂停电超过 15min，电解槽就要损坏。此外在一些部门，停电还会带来人身伤亡。重要发电厂和变电站发生事故时，在严重情况下可能会导致全系统事故。因此主接线如不能保证安全可靠地工作，发电厂和变电站就很难完成生产和输送数量和质量符合要求的电能。

主接线的可靠性并不是绝对的。同样形式的接线对于某些发电厂和变电站来说是可靠的，但对于另一些发电厂和变电站就不一定满足可靠性的要求。所以，在分析主接线的可靠性时不能脱离发电厂、变电站在系统中的地位、作用及用户的负荷性质等。

衡量主接线的可靠性可从以下几个方面分析：

（1）断路器检修时是否影响供电。

（2）设备和线路故障或检修时，停电线路数目的多少和停电时间的长短，以及能否保证对重要用户的供电。

（3）有没有使发电厂和变电站全部停止工作的可能性等。

现在，不仅可以定性分析电气主接线的可靠性，而且可以对电气主接线进行定量的可靠性计算。

2. 灵活性

主接线的灵活性主要体现在正常运行或故障情况下都能迅速改变接线方式，具体情况如下。

(1) 调度灵活、操作方便。应根据系统正常运行的需要，方便、灵活地切除或投入线路、变压器或无功补偿装置等，使电力系统处于最经济、最安全的运行状态。

(2) 检修灵活。应能方便地停运线路、变压器、开关设备等，进行安全检修或更换。复杂的接线不仅不便于操作，往往还会造成运行人员误操作而发生事故。但接线过于简单，既不能满足运行方式的需要，又会给运行造成不便，或造成不必要的停电。

(3) 扩建灵活。一般发电厂和变电站都是分期建设的，从初期接线到最终接线的形成，中间要经过多次扩建。主接线设计要考虑接线过渡过程中停电范围最小，停电时间最短，一次、二次设备接线的改动最少，设备的搬迁最少或不进行设备搬迁。

(4) 事故处理灵活。变电站内部或系统发生故障后，能迅速地隔离故障部分，尽快恢复供电，保障电网的安全稳定。

3. 经济性

主接线在保证安全可靠、操作方便的基础上，尽可能地减少与接线方式有关的投资，使发电厂和变电所尽快发挥经济效益。

(1) 投资省。采用简单的接线方式，少用设备，节省设备上的投资。在投产初期回路数较少时，更有条件采用设备用量较少的简化接线，另外，也可以适当限制短路电流，以便选择轻型电器。

(2) 年运行费用小。年运行费用包括电能损耗费、折旧费及大、小修费用等。应合理地选择设备形式和额定参数，结合工程情况恰到好处，避免以大代小、以高代低。

(3) 占地面积小。在选择接线方式时，要考虑设备布置的占地面积大小，力求减少占地，节省配电装置征地的费用。

二、电气主接线的作用及基本类型

1. 电气主接线的作用

电气主接线是整个发电厂和变电站电气部分的主干，它将各个电源点送来的电能汇集并分配给广大的电力用户。

电气主接线方案的确定，对发电厂变电站电气设备的选择，配电装置的布置，二次接线、继电保护及自动装置的配置，运行的安全性、可靠性、灵活性、经济性等都有着重大的影响，也直接关系到电力系统的安全、稳定和经济运行。

电气主接线是电气运行人员进行各种操作和事故处理的重要依据之一。在发电厂、变电站的主控制室内，通常设有电气主接线的模拟图，以表明主接线的实际运行状况。运行时，模拟图中各种电气设备所显示的工作状态与实际运行状态相一致。每次操作完成后，模拟图上的有关部分相应地更改成与操作后的运行情况相符合的状态，以便运行人员随时了解设备的运行状态。

2. 电气主接线的基本类型

母线是电气主接线和配电装置最重要的设备之一。同一电压等级配电装置中的进出线回路数较多时，通常需要设置母线，以便进行电能的汇集和分配。所以，典型的电气主接线可分为有汇流母线和无汇流母线两大类。有汇流母线的电气主接线包括单母线、双母线和一个半断路器接线；无汇流母线的电气主接线主要包括桥形、多角形和单元等接线。

第二节　单母线接线

一、不分段的单母线接线

图 9-1 所示为单母线接线。发电厂和变电站接线的基本回路是引出线（简称出线）和电源（也称进线）。其中供电电源在发电厂是发电机或变压器，在变电所是变压器或高压进线。母线 WB 是引出线和电源间的中间环节，它把每一引出线和每一电源纵向连接起来，使每一引出线都能从每一电源得到电能。各出线在母线上的布置应尽可能使负荷均衡分配于母线上，以减小母线中的功率传输。所以，母线的作用是汇集和分配电能，故母线又称汇流排。

每一电源和出线回路都装有断路器 QF，在正常运行情况下接通或断开电路，故障情况下自动切断故障电流。为了检修断路器，断路器两侧装有隔离开关 QS，靠近母线侧的称为母线隔离开关 QS1，出线回路中靠近线路侧的称为线路隔离开关 QS2。当用户侧没有其他电源，且线路较短时，线路隔离开关 QS2 可以不装，但如果线路较长，为防止雷电产生的过电压或用户侧加接临时电源，危及设备或检修人员的安全，也可装设。当电源回路中只要断路器断开，电源不可能再送电时，断路器与电源之间也可以不装设隔离开关。

接地开关 QE 在检修线路时闭合，以代替

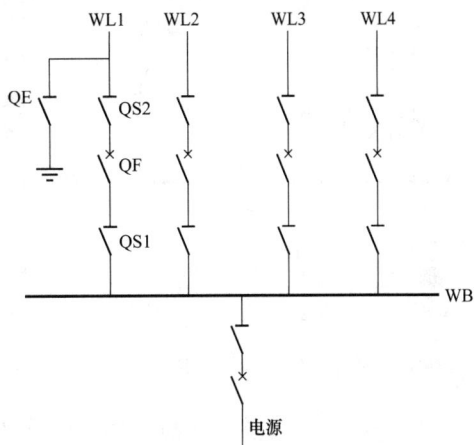

图 9-1　单母线接线

安全接地线的作用。当电压在 110kV 及以上时，断路器两侧的隔离开关或线路隔离开关的线路侧均应配置接地开关。此外，对 35kV 及以上的母线，在每段母线上应设置 1～2 组接地开关或接地器，以保证电器和母线检修时的安全。

根据断路器和隔离开关的性能，电路的操作顺序如下：接通电路时应先合断路器两侧的隔离开关，再合断路器，当对线路 WL1 送电时，应先合上母线隔离开关 QS1，再合上线路隔离开关 QS2，然后再合上断路器 QF；切断电路时，应先断开断路器 QF，再依次断开隔离开关 QS2、QS1。该操作顺序必须严格遵守，否则将造成误操作而发生事故。为了防止误操作，除严格按照操作规程实行操作票制度外，还应在断路器与隔离开关之间加装闭锁装置。

单母线接线的优点是简单清晰，设备少，投资小，运行操作方便且有利于扩建，但可靠性和灵活性较差。主要缺点如下：

（1）当母线或任一母线隔离开关检修或发生短路故障时，各回路必须在检修和短路事故消除之前的全部时间内停止工作。

（2）任一回路断路器检修，回路要停止供电。

因此，单母线接线一般只用在出线 6～220kV 系统中只有一台发电机或一台主变压器，且出线回路数又不多的中、小型发电厂和变电站。具体适用范围如下：

（1）6～10kV 配电装置，出线回路数不超过 5 回。

(2) 35～63kV 配电装置，出线回路数不超过 3 回。

(3) 110～220kV 配电装置，出线回路数不超过 2 回。

为了克服母线或母线隔离开关检修或故障全部停电的缺点，提高供电可靠性，可以采取将母线分段的措施。

二、单母线分段接线

单母线分段接线如图 9-2 所示，根据电源的容量和数目，用分段断路器将母线分为几段，一般为 2～3 段。单母线分段后，可提高供电的可靠性和灵活性。

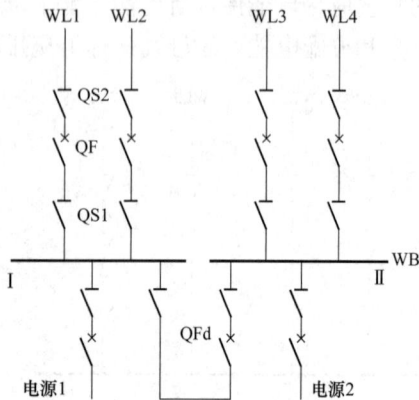

图 9-2　单母线分段接线

在正常运行时，分段断路器 QFd 可以接通也可以断开运行。重要用户可以从不同段上引出双回线路，由两个电源供电。当任一段母线发生短路故障时，在继电保护的作用下，分段断路器和接在故障段上的电源回路的断路器自动分闸，将故障段隔离，保证非故障段母线继续工作。为了防止因电源断开而引起停电，分段断路器除装设继电保护装置外，还应装设备用电源自动投入装置，即任一电源故障，电源回路断路器自动断开，分段断路器都可以自动投入，保证给全部出线供电。分段断路器断开运行时还可以起到限制短路电流的作用。

单母线分段接线的优、缺点如下：

(1) 母线发生故障，仅故障段母线停止工作，非故障段母线可以继续工作，缩小了母线故障的影响范围。

(2) 双回路供电的重要用户，可将双回路接在不同分段上，保证对重要用户的供电。

(3) 任一段母线或母线隔离开关检修，只停该段，其他段可继续供电，缩小了停电范围。

(4) 当一段母线故障或检修时，虽然缩小了停电范围，但仍有停电问题。

(5) 任一出线的断路器检修时，该回路必须停止工作。

(6) 扩建时，需向两端均衡扩建。

单母线分段接线广泛应用于中、小容量发电厂和变电所的 6～110kV 配电装置。但是，由于这种接线对重要用户必须采用双回路供电，大大增加了出线数目，使整个母线系统可靠性受到限制。所以，在重要负荷的出线回路数较多、供电容量较大时，一般不采用，具体使用范围如下：

(1) 6～10kV 配电装置，出线回路数为 6 回及以上时，每段所接容量不宜超过 25MW。

(2) 35～63kV 配电装置，出线回路数不宜超过 8 回。

(3) 110～220kV 配电装置，出线回路数不宜超过 4 回。

第三节　双 母 线 接 线

一、一般双母线接线

图 9-3 所示为双母线接线。双母线接线中有两组母线，并且可以互为备用。每一电源和

每一出线回路都经一台断路器和两组母线隔离开关分别与两组母线连接,这是与单母线接线的根本区别。两组母线之间通过母线联络断路器 QFc 连接,有两组母线后,使运行的可靠性和灵活性大为提高。其特点如下。

(1)供电可靠性高。检修任一母线时,通过两组母线的隔离开关倒换操作,可使电源和出线继续工作,不会中断对用户的供电;任一母线故障后,能迅速恢复供电。如需检修工作母线,可将所有回路转移到备用母线上工作,此种操作称为倒母线。具体步骤如下:首先,检查备用母线是否完好,能否使用。为此,先接通母联断路器 QFc 两侧的隔离开关,然后接通母联断路器 QFc。如备用母线存在短路故障,在继电保护作用下,母联断路器 QFc 立即分闸;如备用母线是完好的,则母联断路器 QFc 接通后不再分闸。然后依次将备用母线侧的隔离开关合上,将工作母线侧的隔离开关断开。因两组母线此时电位相等,所以隔离开关可以分、合而不会产生电弧。最后,断开母联断路器及两侧的隔离开关,所有回路即在备用母线上工作,原工作母线即可检修。由操作过程可见,任一回路均未停止工作。

检修任一母线隔离开关时,只需断开这一回路。例如,需检修图 9-3 所示接线中的母线隔离开关 1QS。首先,断开电源 1 回路中的断路器 QF,将电源 2 和全部出线转移到第 II 组母线上工作,倒母线的操作步骤同上,然后断开母联断路器 QFc 及其两侧的隔离开关,第 I 组母线即不带电压,原来 2QS 为断开位置,此时 1QS 即完全脱离电压,便可检修。

(2)运行方式灵活。母联断路器可以断开运行,一组母线工作,一组母线备用,此时运行情况相当于单母线接线。此外母联断路器也可以闭合运行,双母线同时工作。一部分电源和出线在第 I 组母线上工作,另一部分电源和出线在第 II 组母线上工作,两组母线的功率分配均匀,此时运行情况相当于单

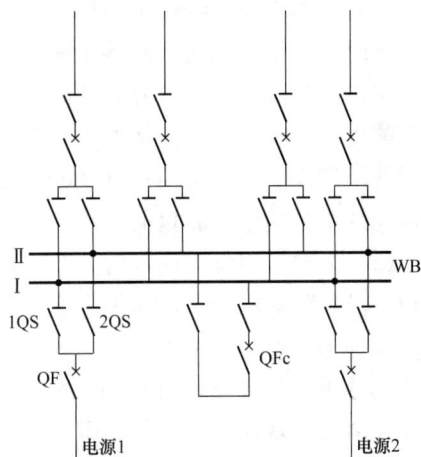

图 9-3 双母线接线

母线分段接线;当一组母线故障时,只是部分电源和出线短时停电,然后迅速将这部分电源和出线转移到另一组母线上工作。

根据系统调度的需要,双母线接线还可以完成一些特殊功能。例如:用母联断路器与系统并列或解列;当某个回路需要独立工作或进行试验时,可将该回路单独接到备用母线上运行;当线路需要利用短路方式融冰时,也可腾出一组母线作为融冰母线,不致影响其他回路工作;当任一断路器因故障而拒绝动作(如触头熔焊、机构失灵等)或不允许操作(如严重漏气)时,可将该回路单独接到一组母线上,然后用母联断路器代替该断路器将其回路断开。

(3)便于扩建。双母线接线可以任意向两侧延伸扩建,不影响两组母线的电源和负荷均匀分配,扩建施工时不会引起原有回路停电。

以上均为双母线接线与单母线分段接线相比时的优点。但与单母线分段接线比较,双母线的设备增多,配电装置布置复杂,投资和占地面积增大;而且,当母线故障或检修时,隔离开关作为倒换操作电器使用,容易发生误操作;检修任一回路断路器时,该回路仍停电;

当一组母线故障时仍短时停电；双母线存在全停的可能，如母联断路器故障或一组母线检修而另一组母线故障。

双母线接线目前在我国得到广泛应用。适用范围如下：

（1）6～10kV 配电装置，当短路电流较大、出线需带电抗器时。

（2）35～63kV 配电装置，当出线回路数超过 8 回或连接的电源较多、负荷较大时。

（3）110～220kV 配电装置，当出线回路数为 5 回及以上或该配电装置在系统中居重要地位、出线回路数为 4 回及以上时。

二、双母线分段接线

为了缩小母线故障的影响范围，可将双母线中的一组分段或两组都分段。

1. 双母三分段接线

双母三分段接线如图 9-4 所示。它是用分段断路器 QFd 将一般双母线中的一组母线分为两段，该接线有两种运行方式。

（1）上面一组母线作为备用母线，下面两段分别经一台母联断路器与备用母线相连。正常运行时，电源、线路分别接于两个分段上，分段断路器合上，两台母联断路器均断开，相当于单母线分段运行。这种方式具有单母线分段接线和双母线接线的特点，比双母线接线有更高的可靠性和灵活性。例如，当工作母线的任一段检修或故障时，可以把该段回路全部倒换到备用母线上，仍可通过母联断路器维持两部分并列运行，这时，如果再发生母线故障也只影响约 1/2 的电源和负荷。

（2）上面一组母线也作为一个工作母线，电源和负荷均分在三个分段上运行，母联断路器和分段断路器均合上，这种方式在一段母线故障时，停电范围约为 1/3。

2. 双母线四分段接线

双母四分段接线如图 9-5 所示。它是用分段断路器将双母线中的两组母线各分为两段，并设置两台母联断路器。正常运行时，电源和线路均分在四段母线上，母联断路器和分段断路器均合上，四段母线同时运行。当任一段母线故障时，只有 1/4 的电源和负荷停电；当任一母联断路器或分段断路器故障时，只有 1/2 的电源和负荷停电。

双母分段接线具有很高的可靠性和灵活性，但投资较大。这种接线方式广泛应用于发电

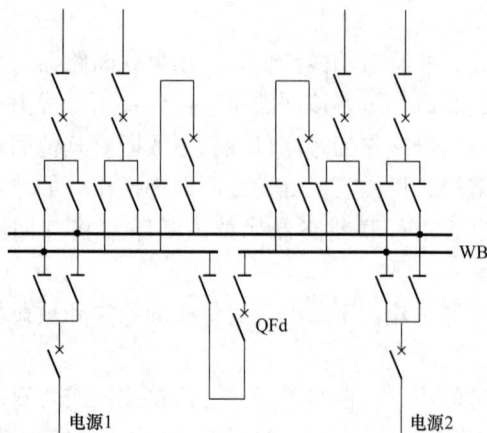

图 9-4　双母三分段接线　　　　　图 9-5　双母四分段接线

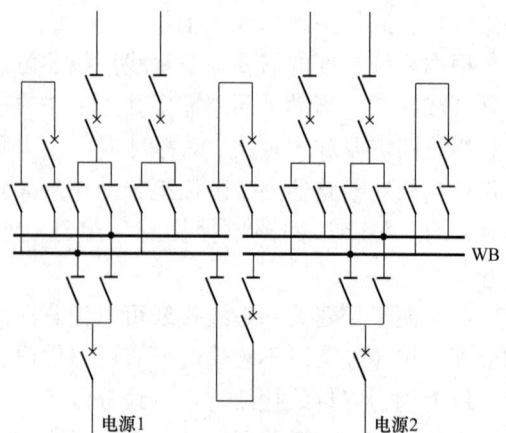

厂的发电机电压配电装置。在 220～500kV 大容量配电装置中也可采用这种接线方式。

第四节 一个半断路器接线

图 9-6 所示为一个半断路器接线。每一回路经一台断路器接至一组母线，两回路间设一联络断路器，形成一"串"。两个回路共用 3 台断路器，故又称 3/2 接线。正常运行时，所有断路器都是接通的，形成多环状供电，因此具有很高的可靠性和灵活性。

1. 一个半断路器接线的特点

（1）可靠性高。

1）任一组母线或任一台断路器检修时，各回路仍按原接线方式运行，不需要切换任何回路，避免了利用隔离开关进行大量倒闸操作。

2）母线故障时，只是与故障母线相连的断路器自动分闸，任何回路不会停电。

3）在两组母线同时故障或一组母线检修、一组母线故障的情况下，功率仍能继续输送。

4）除了联络断路器内部故障时（同串中的两侧断路器将自动跳闸）与其相连的两回路短时停电外，联络断路器外部故障或其他任何断路器故障最多停一个回路。

（2）运行调度灵活、检修方便。正常运行时两组母线和所有断路器均投入工作，从而形成多环形供电，操作程序简单，只需操作断路器，而不需操作隔离开关；避免了将隔离开关当作操作电器时的倒闸操作；检修母线时，回路不需要切换。

（3）所用设备多，占地面积大，投资大，二次回路接线和继电保护较复杂。

2. 选用一个半断路器接线需注意事项

（1）一个半断路器接线各回路之间联系比较紧密，各回路之间可通过中间断路器（联络断路器）、母线断路器沟通。如在系统发生故障时，为保障系统的稳定安全运行，要将系统分成几个互不连接的部分，在接线上不容易实现。而双母线分段接线可通过母联或分段断路器，方便地实现系统接线的分割。当回路数较多时，根据系统运行的需要，可在母线上装设分段断路器，消除上述的欠缺。

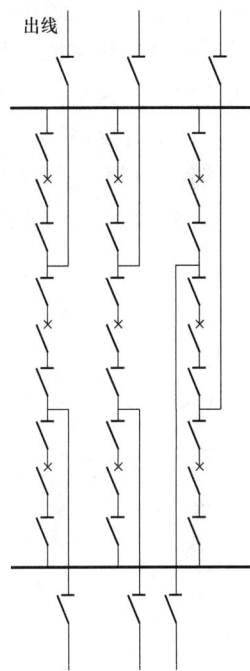

图 9-6 一个半断路器接线

（2）采用一个半断路器的回路数一般为 6～10 回，即 3～5 串较为经济、合理。当少于 3 串时，在引出线的回路上要加隔离开关，因此增加了配电装置的占地面积。当回路数增加时（如超过 12 回），配电装置的造价要高于双母线分段接线的造价。

（3）为了进一步提高一个半断路器接线的可靠性、防止同名回路（双回路或两台变压器）同时停电，可按下述原则成串配置。

1）将电源回路和负荷回路配在同一串中。

2）同名的两个回路不应配在同一串中。

3）对于特别重要的同名回路，可考虑分别交替接入不同侧母线，即"交替布置"。这种布置可避免当一串中的中间断路器检修并发生同名回路串的母线侧断路器故障时，将配置在同侧母线的同名回路断开。由于这种同名回路同时停电的概率甚小，而且一串常需占两个间隔，增加了构架和引线的复杂性，扩大了占地面积。因此，在我国仅限于特别重要的同名回路。如发电厂的初期仅两个串时，才采用这种交替布置，进出线应装设隔离开关。

3. 适用范围

一个半断路器接线广泛应用于大型发电厂和变电所的超高压配电装置，特别重要的高压配电装置也可采用。

第五节　无汇流母线的接线

当发电厂变电所的母线发生故障时，与故障母线相连接的所有回路都将被迫退出运行。为了避免发生这种因为母线故障造成大面积停电的严重后果，于是，出现了无汇流母线的主接线的形式。常见的有桥形接线、多角形接线和单元接线。

一、桥形接线

当仅有两台变压器和两条线路时，采用桥形接线，如图 9-7 所示。桥形接线仅有 3 台断路器 QF1、QF2 和 QF3，数量最少。根据桥断路器 QF3 的位置，可分为内桥接线和外桥接线。

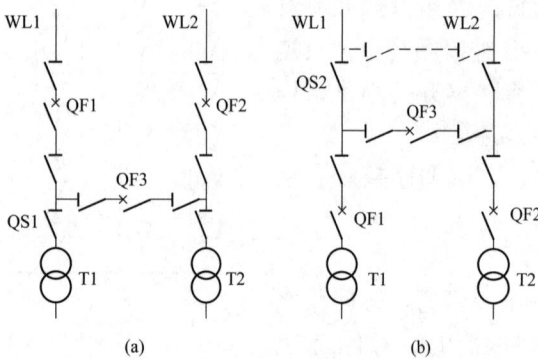

图 9-7　桥形接线
(a) 内桥接线；(b) 外桥接线

1. 内桥接线

内桥接线如图 9-7（a）所示，桥断路器 QF3 接在变压器侧，断路器 QF1 和 QF2 接在引出线上。主要运行特点是：线路投入和切除时操作方便，变压器操作比较复杂。当线路故障时，仅故障线路侧的断路器自动分闸，其余三条回路可继续工作。但当变压器 T1 故障时，则需要 QF1 和 QF2 自动分闸，没有故障线路 WL1 供电受影响。将隔离开关 QS1 断开，再接通 QF1 和 QF3，方可恢复 WL1 供电。正常运行情况也是如此，当需要切除变压器 T1 时，首先断开 QF1 和 QF3 以及变压器低压侧的断路器，然后断开隔离开关 QS1，再接通 QF1 和 QF3，恢复线路 WL1 供电。因此，内桥接线一般仅适用于线路较长、变压器不需要经常切换操作的情况。

2. 外桥接线

外桥接线是桥断路器 QF3 接在线路侧，QF1 和 QF2 接在变压器回路中，如图 9-7（b）所示。其运行特点与内桥接线相反，线路投入和切除时操作复杂，变压器的操作简单。例如，当线路 WL1 故障时，断路器 QF1 和 QF3 自动分闸，然后断开隔离开关 QS2，再合上 QF1 和 QF3 后恢复供电。变压器故障时仅变压器两侧的断路器自动分闸即可。因此，外桥接线一般适用于线路较短、变压器需要经常切换操作的情况。当系统中有穿越功率通过发电厂和变电所高压侧时，或当两回线接入环形电网时，也可采用外桥接线。因为这时穿越功率仅通过一台桥断路器。此时如采用内桥接线，穿越功率需通过 3 台断路器，其中任一台断路器故障或检修时，将影响系统穿越功率的通过或迫使环形电网开环运行。采用外桥接线时，为避免在检修桥断路器时使环形电网开环，可在桥断路器外侧加一跨条，如图 9-7（b）所示。

　　桥形接线简单，使用设备少，建造费用低，并易于发展成为单母线接线或双母线接线。发电厂和变电所在建设初期，负荷小、出线少时，可先采用桥形接线，预留位置。当负荷增大，出线数目增多时，再发展成为单母线分段或双母线接线。

　　桥形接线一般仅用于中、小容量发电厂和变电所的 35～110kV 配电装置。

　　二、多角形接线

　　多角形接线相当于将单母线用断路器按电源和引出线数目分段，然后连接成环形的接线。目前比较常用的有三角形接线和四角形接线，如图 9-8 所示。多角形接线中，断路器数与回路数相等，且每一回路与两台断路器相连接，检修任一台断路器时不致中断供电，隔离开关仅用于检修操作，故这种接线有较高的可靠性和灵活性，且运行操作方便，容易实现自动控制。但在检修断路器时，接线须开环运行。多角形接线在闭环和开环运行状态时，各设备通过的电流差别很大，使设备选择困难，继电保护复杂化。此外，多角形接线不便于扩建。因此，这种接线多用于最终容量已确定的 110kV 及以上的配电装置且不宜超过六角形，如水电厂及无扩建要求的变电所等。

　　三、单元接线

　　发电机和主变压器直接连成一个单元，再经断路器接至高压系统，发电机出口处除厂用分支不再装设母线，这种接线形式称为发电机-变压器单元接线，如图 9-9 所示。

　　1. 发电机-双绕组变压器单元接线

　　图 9-9（a）所示为发电机-双绕组变压器单元接线。其中，变压器可以是一台三相双绕

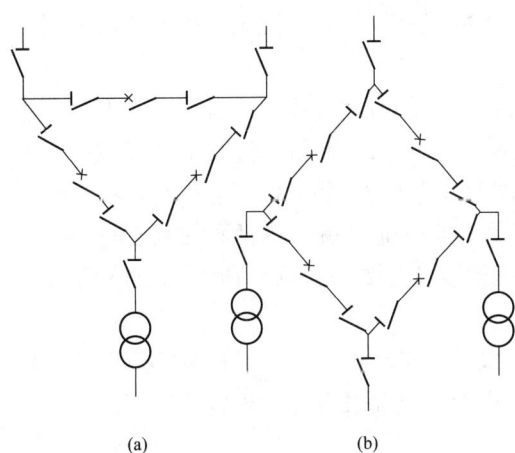

图 9-8　多角形接线

（a）三角形接线；（b）四角形接线

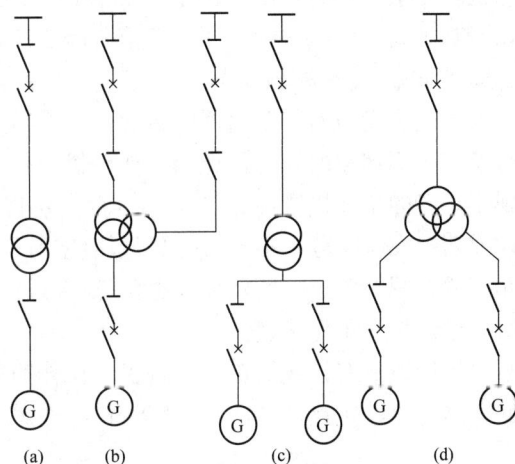

图 9-9　单元接线

（a）发电机-双绕组变压器单元接线；（b）发电机-三绕组变压器单元接线；（c）发电机-变压器扩大单元接线；（d）发电机-分裂绕组变压器扩大单元接线

组变压器或 3 台单相双绕组变压器。发电机和变压器容量配套，两者不可能单独运行，所以，发电机出口一般不装断路器，只在变压器的高压侧装断路器，断路器与变压器之间不必装隔离开关。但为了便于发电机单独试验及在发电机停止工作时由系统供给厂用电，发电机出口可装设一组隔离开关。对 200MW 及以上机组，若采用封闭母线可不装隔离开关（封闭母线可靠性很高，而大电流隔离开关发热问题较突出），但应装有可拆的连接片。发电机出口也有装断路器的，其主要目的是在机组启动时可从主变压器低压侧获得厂用电，在机组解、并列时减少主变压器高压侧断路器的操作次数。

发电机-双绕组变压器单元接线方式在大、中、小型机组中均有采用，尤其是在大型机组中广泛应用。然而，运行经验表明，它存在如下技术问题：

（1）当主变压器或厂用变压器发生故障时，除了跳主变压器高压侧断路器外，还需跳发电机的灭磁开关。由于大型发电机的时间常数较大，即使灭磁开关跳开后一段时间内，通过发电机-变压器组的故障电流仍很大；若灭磁开关拒跳，则后果更为严重。

（2）当发电机定子绕组故障时，若变压器高压侧断路器失灵拒跳，则只能启动母差保护或发远方跳闸信号使线路对侧断路器跳闸；若远方跳闸信号失灵，则只能由对侧后备保护来切除故障，这样故障切除时间大大延长，会造成发电机、主变压器严重损坏。

（3）当发电机事故跳闸时，将失去厂用工作电源，当备用电源切换不成功时，机组将面临厂用电中断的威胁。

2. 发电机-三绕组变压器单元接线

图 9-9（b）所示为发电机-三绕组变压器（或自耦变压器）单元接线。考虑到在电厂启动时获得厂用电，以及在发电机停止工作时仍能保持高、中压侧电网之间的联系，在发电机出口处需装设断路器；为了在检修高、中压侧断路器时隔离带电部分，其断路器两侧均应装设隔离开关。

当机组容量为 200MW 及以上时，可能选择不到合适的断路器，且采用封闭母线后安装工艺也较复杂；同时，由于制造上的原因，三绕组变压器的中压侧不留分接头，只作死抽头，不利于高、中压侧的调压和负荷分配。所以，大容量机组一般不宜采用这种接线方式。

3. 发电机-变压器扩大单元接线

为了减少变压器和断路器的台数，以及节省配电装置的占地面积，或者由于大型变压器暂时没有相应容量的发电机配套，或单机容量偏小，而发电厂与系统的连接电压又较高，考虑到用一般的单元接线在经济上不合算，可以将两台发电机并联后再接至一台双绕组变压器，或两台发电机分别接至有分裂低压绕组的变压器的两个低压侧，这两种接线都称为扩大单元接线。图 9-9（c）所示为发电机-变压器扩大单元接线，图 9-9（d）所示为发电机-分裂绕组变压器扩大单元接线。

单元接线具有接线简单、设备少、操作简便、没有发电机电压母线、可减小发电机出口侧的短路电流等优点，目前在大容量机组的水力、火力和核能发电厂中得到广泛应用。

第六节　发电厂电气主接线举例

发电厂的电气主接线与发电厂的类型、容量、地理位置，以及发电厂在电力系统中的地位、作用，用户的性质及出线数目的多少，发电厂和系统的连接方式，给用户供电的电压等因素有关。因此，需根据发电厂的具体情况，综合考虑各种因素，经过技术经济比较后确定。下面举例介绍几种发电厂电气主接线的特点。

一、火力发电厂电气主接线

1. 中小型火力发电厂的电气主接线

目前我国的中小型发电厂，一般指单机容量在 300MW 以下、总容量在 1000MW 以下的发电厂。这类发电厂一般靠近城市或工业负荷中心，电能大部分都用发电机电压直接馈送给地方用户，只将剩余的电能以升高电压送往系统。

发电机电压侧的接线，根据发电机容量及出线多少，可采用单母线分段、双母线或双母线分段接线。为了限制短路电流，可在母线分段回路中或引出线上安装电抗器。升高电压侧应根据情况具体分析，采用适当的接线。图 9-10 所示为某中型火力发电厂电气主接线，该厂有 4 台 25MW 机组和一台 135MW 机组，110kV 出线有 7 回，35kV 出线有 6 回，10kV 机端负荷有 20 回。

该厂近区负荷比较大，因此生产的电能大部分通过 10kV 馈线供给发电厂附近用户。规

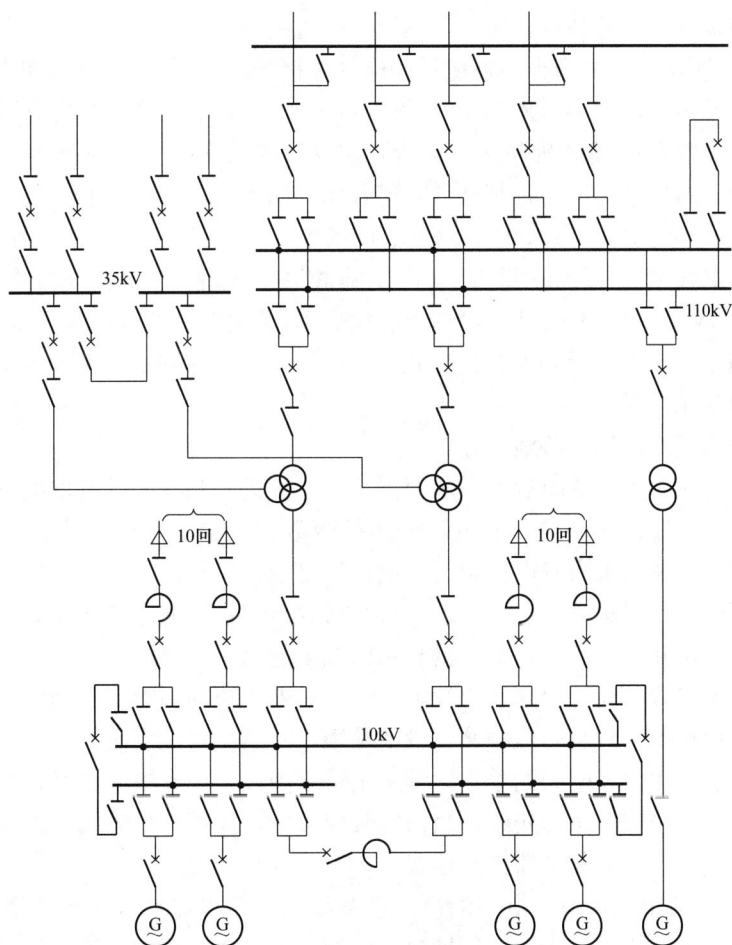

图 9-10 某中型火力发电厂电气主接线

110kV 再增加 3 回出线，即由 4 回改为 7 回；35kV 两段母线各加 1 回出线，即由 4 回改为 6 回

程规定，当容量为 25MW 及以上时应采用双母线接线，考虑 10kV 出线回路很多，因此发电机母线增设分段断路器，即实际形成三段结构可以保证对重要负荷供电可靠性和运行灵活性等要求。为了限制短路电流，装有母线分段电抗器，正常工作时分段断路器接通，各母线分段上的负荷应分配均衡。

该厂升高电压有两种等级（35kV 和 110kV），故采用两台三绕组变压器，把 10、35kV 及 110kV 三种电压的母线相互连接起来，以提高供电的可靠性和灵活性。在正常运行时，发电机除供电给附近用户外，通过两台三绕组变压器向 35kV 中距离负荷供电，然后将剩余功率送入 110kV 电网。另一台机组直接接于 110kV 母线。110kV 采用双母线带旁路母线，设专用旁路断路器的接线形式。正常运行时，双母线同时工作，并列运行；35kV 侧采用单母线分段接线。

2. 大型火力发电厂的电气主接线

大型发电厂一般指单机容量在 200MW 以上、总容量在 1000MW 以上的发电厂。

大型火力发电厂一般都建在煤炭生产基地附近，距负荷中心较远，全部电能用 220kV 及以上的高压或超高压线路输送至远方，故又称为区域性电厂。大型火力发电厂在系统中占有重要地位，担负着系统的基本负荷，其运行情况对系统影响较大。

图 9-11（a）所示为某大型火力发电厂的电气主接线（简图）。发电机和变压器采用最简单、最可靠的单元接线，直接接入 220kV 和 500kV 配电装置。220kV 侧采用带旁路母线的双母线接线，并设置专用旁路断路器。500kV 配电装置采用一个半断路器接线，自耦变压器作为两级电压间的联络变压器，其低压绕组兼作厂用电的启动/备用电源。

图 9-11（b）所示为另一某大型火力发电厂的电气主接线（较详细），配置了互感器和避雷器。该厂的电气主接线图与图 9-11（a）大致相同，联络变压器由 3 台单相变压器组成，每台容量为 167MVA。低压侧 35kV 经高压厂用启动/备用变压器降压为 6.3kV 供两段备用电源。500kV 侧采用一个半断路器接线方式，220kV 侧采用带旁路母线的双母线接线方式。发电机侧均采用单元接线。

二、水力发电厂的电气主接线

水力发电厂建在水力资源附近，一般距负荷中心较远，基本上没有发电机电压负荷，几乎全部电能用升高电压送入系统。发电厂的装机台数和容量是根据水能利用条件一次确定的，不考虑发展和扩建。水力发电厂附近一般地形复杂，为了缩小占地面积，电气主接线尽可能简单，使配电装置布置紧凑。水轮发电机组启动迅速，灵活方便，因此水力发电厂常被用作系统的事故备用和检修备用。对于具有水库调节的水力发电厂，通常在洪水期承担系统基荷，枯水期多带尖峰负荷。很多水力发电厂还担负着系统的调频、调相任务。因此，水电厂的负荷曲线变化较大，机组开停频繁，设备利用小时数相对火力发电厂要小。

根据以上特点，水力发电厂的主接线常采用单元接线、扩大单元接线；当进出线回路不多时，宜采用桥形接线和多角形接线；当回路数较多时，根据电压等级、传输容量、重要程度，可采用双母线或一个半断路器接线形式。

图 9-12 所示为某中型水力发电厂的电气主接线。由于没有发电机电压负荷，发电机与变压器采用扩大单元接线。水力发电厂扩建的可能性小，其高压侧采用四角形接线，隔离开关只用于检修时隔离电压，故容易实现自动化。大型水力发电厂的电气主接线与大型火力发电厂的电气主接线基本相同。

(a)

(b)

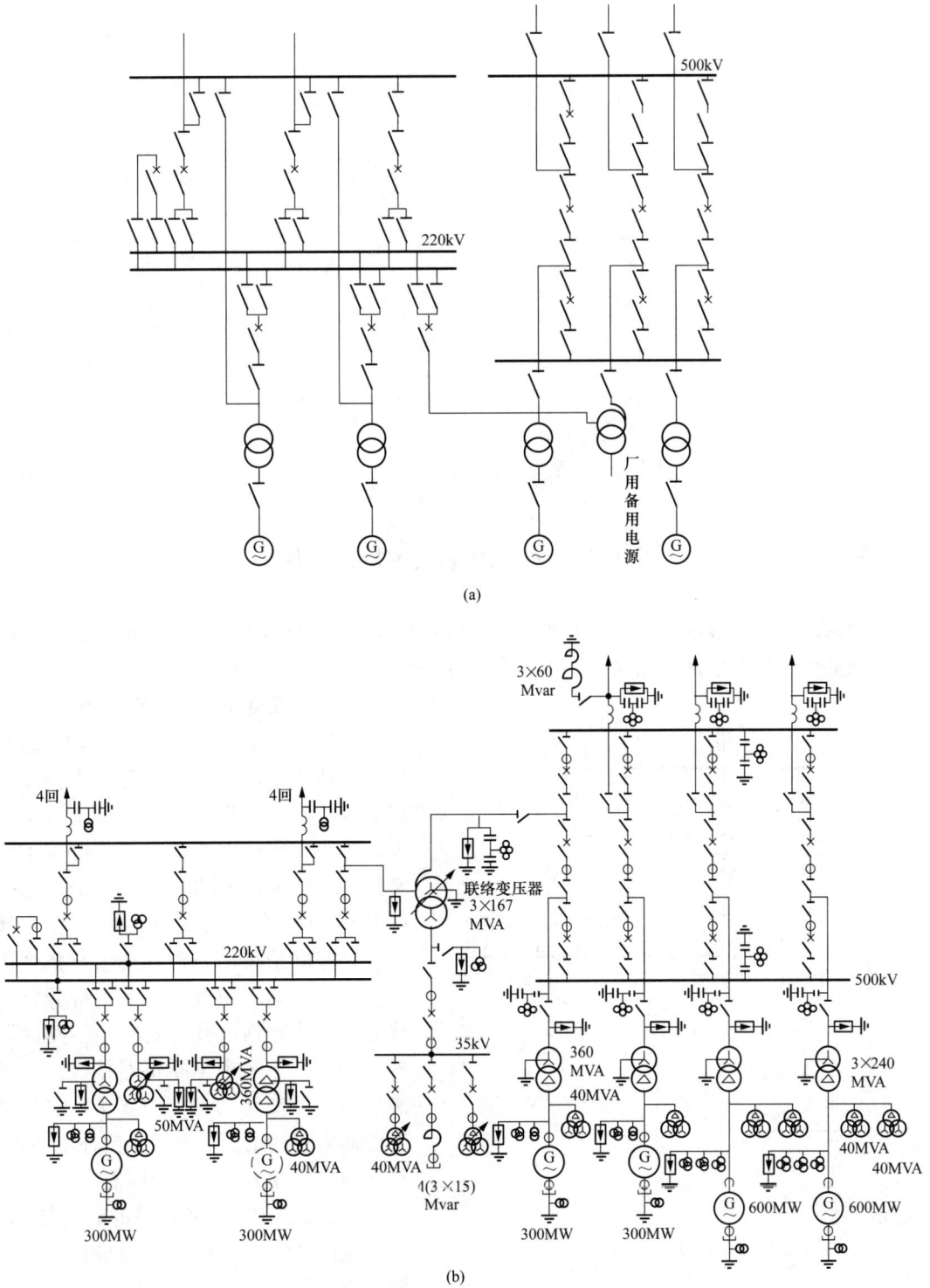

图 9-11　大型火力发电厂的电气主接线

(a) 某大型火力发电厂的电气主接线（简图）；(b) 另一某大型火力发电厂的电气主接线（较详细）

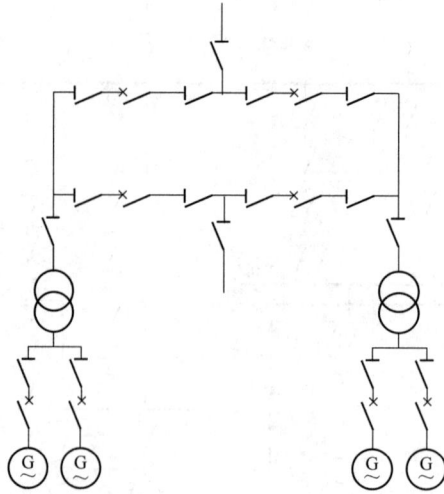

图 9-12　某中型水力发电厂的电气主接线

第七节　变电站电气主接线举例

　　变电站电气主接线的选择，主要决定于变电站在电力系统中的地位、作用、负荷性质、出线数目的多少以及电网的结构等。下面介绍几种变电站的电气主接线。

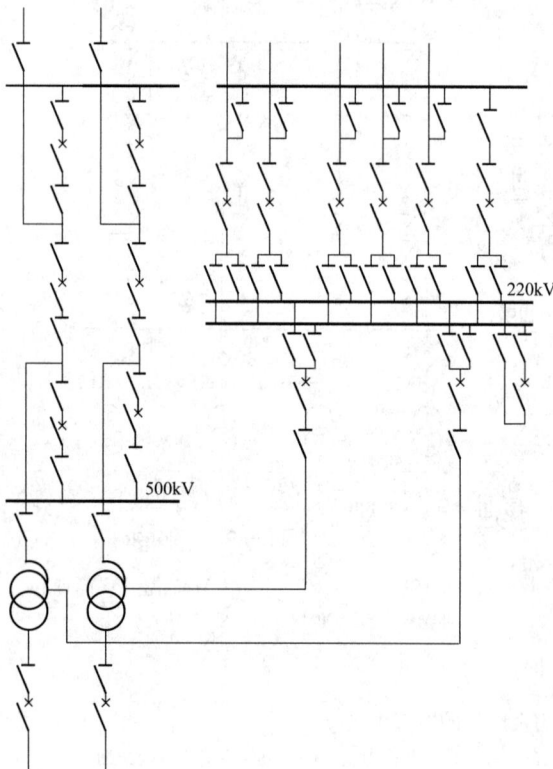

图 9-13　枢纽变电所的电气主接线

一、枢纽变电站的电气主接线

　　枢纽变电站在电力系统中占有重要地位，它往往是电力系统中几个大型发电厂的联络点。一般为 500kV 或 330kV 的电压等级，出线多为电力系统的主干线和给较大区域供电的 220～500kV 线路。图 9-13 所示为枢纽变电站的电气主接线。该变电站采用两台三绕组自耦变压器。220kV 侧出线较多，采用带旁路母线的双母线接线，并设置专用旁路断路器。500kV 为一个半断路器接线。为了满足系统补偿无功负荷的要求，在自耦变压器第三绕组侧，连接无功补偿装置，另外还接有变电站自用变压器。

二、地区和终端变电站的电气主接线

　　地区和终端变电站的容量较小，一般是给某负荷点供电。图 9-14 (a) 所示为地区变电站的电气主接线。该变电站装有两台变压器，高压侧有两回电源线路，采用内桥接线。低压侧采用单母线

分段接线。图 9-14（b）所示为终端变电站的电气主接线。该变电站只有一台变压器，高压侧用高压熔断器保护，低压侧采用单母线接线。当变电站的低压侧没有其他电源时，在变压器与低压母线之间可不装设隔离开关和断路器。

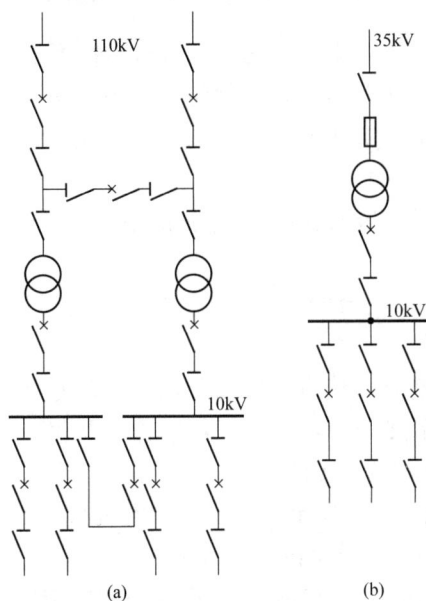

图 9-14　地区和终端变电站的电气主接线
（a）地区变电站的电气主接线；（b）终端变电站的电气主接线

小　结

　　发电厂和变电站中的一次设备，按一定要求和顺序连接成的电路，称为电气主接线。它是发电厂和变电站电气部分的主体，影响着配电装置的结构和二次接线的选择，也影响着发电厂和变电站的安全可靠和经济运行。

　　电气主接线应满足安全可靠、接线简单、操作灵活、运行检修方便、投资及年运行费用小、易于发展和扩建等基本要求。

　　电气主接线的基本类型可分为两类：①有汇流母线，包括单母线、双母线、一个半断路器接线等；②无汇流母线，包括桥形、多角形和单元接线等。为了提高供电的可靠性和灵活性，常采用一些辅助措施，如将母线用断路器分段，可缩小母线故障范围。这些基本接线，各有优点和缺点，也各有相应的适用范围。

　　发电厂和变电站中采用哪种类型的主接线，要根据具体情况，综合分析各方面的因素，经过经济技术比较，按照国家有关规定，再结合各种基本接线的使用条件最后确定。

　　设计发电厂和变电站时，正确合理地选择电气主接线，对发电厂和变电站的安全经济运行十分重要，但是在运行时还要对电气主接线正确操作，才能保证发电厂和变电站安全经济运行。实践证明，许多恶性事故的发生，是由错误操作造成的。为保证主接线的正确操作，必须熟悉各种接线的性能以及各种电气设备的作用，遵守操作规程，加强实践锻炼，尤其在事故处理中更为重要。

思考题和习题

9-1　对电气主接线有哪些基本要求？为什么说可靠性不是绝对的？

9-2　有汇流母线接线和无汇流母线接线都包括哪些基本接线形式？

9-3　给用户送电和停电时线路的操作步骤是什么？为什么必须这样操作？不这样操作会发生什么问题？

9-4　在图 9-2 所示的单母线分段接线中，分段断路器 QFd 接通运行时，需检修电源 1 的母线隔离开关，如何操作？

9-5　在图 9-3 所示的双母线接线中，如出线的断路器运行中由于触头熔焊不能断开，如何处理？

9-6　一个半断路器接线有什么优点？交叉配置为什么更能提高供电可靠性？

9-7　在图 9-7 所示的桥形接线中，当变压器需停电检修时，内桥和外桥接线各如何操作？内桥和外桥接线的应用范围是什么？

9-8　为什么发电机-双绕组变压器单元接线中发电机与变压器之间可不装断路器，而发电机-三绕组变压器单元接线中要装断路器？

9-9　某 110kV 系统的变电站，装有两台 20MVA 的主变压器，110kV 侧有穿越功率通过，变电所 110kV 有两回出线，低压为 10kV，出线为 12 回。变电所采用何种主接线？画出主接线图并说明。

9-10　试改正图 9-15 所示发电厂部分电气主接线图中的错误。

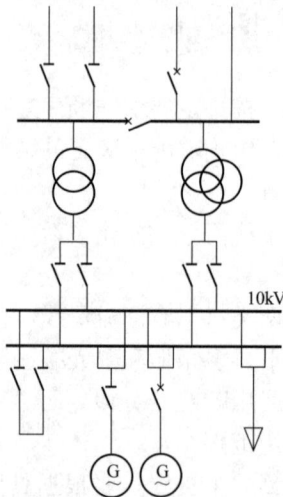

图 9-15　题 9-10 图

第十章　发电厂和变电站的自用电

发电厂和变电站的自用电，是指发电厂和变电站在生产、运行过程中自身的用电；在发电厂中称为厂用电，在变电站中称为站用电。给自用电供电的电源、接线和设备必须可靠，以保证发电厂和变电站的正常运行。自用电的耗电量要尽可能少，以提高发电厂和变电站运行的经济性。所以，自用电是影响发电厂和变电站可靠、经济运行的重要方面。各类发电厂和变电站自用电的重要程度不同，其自用电接线也不同。本章重点介绍火电厂的厂用电及其接线情况。

第一节　发电厂的厂用电

一、厂用电和厂用电率

在火电厂和水电厂的生产过程中，都需要许多机械为主要设备和辅助设备服务，以保证发电厂的正常生产，这些机械称为厂用机械。厂用机械除极少数外（如汽动给水泵），都用电动机拖动。所有厂用电动机的用电以及全厂其他方面，如运行操作、试验、修配、照明等的用电，统称为厂用电或自用电。为了维持发电厂的正常运行，必须保证厂用电的可靠性。

在一定时间内，如一月或一年内，厂用电的耗电量占发电厂总发电量的百分数，称为发电厂的厂用电率，用 K_{cy} 表示

$$K_{cy} = \frac{A_{cy}}{A_{fc}} \times 100\%$$

式中　K_{cy}——厂用电率，%；

　　　A_{cy}——厂用电的用电量，kWh；

　　　A_{fc}——发电厂的发电量，kWh。

厂用电率是发电厂的主要经济指标之一，降低厂用电率可以降低发电厂的发电成本，同时相应地增大了对系统的供电量。因此，运行中要"少用多发"，提高发电厂的经济效益。发电厂的厂用电率与发电厂的类型、自动化程度等有关。一般凝汽式火电厂的厂用电率为 4%～8%，热电厂的厂用电率为 8%～10%，水电厂的厂用电率为 0.2%～2%。

二、火电厂的主要用电负荷

（1）输煤部分：煤场抓煤机、链斗运煤机、输煤皮带、碎煤机、筛煤机等。

（2）锅炉部分：磨煤机、给粉机、引风机、送风机、排粉机、空气预热器等。

（3）汽机部分：凝结水泵、循环水泵、给水泵、工业水泵、输水泵等。

（4）除灰部分：冲灰水泵、灰浆泵、碎渣机、电气除尘器等。

（5）电气部分：变压器冷却风机、变压器强油水冷电源、蓄电池充电及浮充电装置、备用励磁电源、硅整流装置、控制电源等。

（6）其他公用部分：化学水处理设备、中央修配厂、废水处理设备、油处理设备、起重机、试验室、照明等。

三、水电厂的主要用电负荷

（1）机组自用电部分：压油装置油泵、机组调速和轴承润滑系统用油泵、水内冷系统水泵、水轮机顶盖排水泵、漏油泵、主变压器冷却设备等。

（2）全厂公用电部分：厂房吊车、快速闸门启闭设备、闸门室吊车、尾水闸门吊车、蓄电池组和浮充电装置、空气压缩机、中央修配厂、滤油机、全厂照明等。

四、厂用电负荷的分类

厂用电负荷根据其用电设备在生产中的作用，以及中断供电时对设备、人身造成的危害程度，按其重要性一般分为四类。

（1）Ⅰ类负荷。凡短时（包括手动切换恢复供电所需的时间）停电，可能影响人身和设备安全，使主设备生产停顿或发电量大量下降的负荷都属于Ⅰ类负荷，如火电厂的给水泵、凝结水泵、循环水泵、引风机、送风机、给粉机、主变压器的强油水冷电源等以及水电厂的水轮发电机组的调速和润滑油泵、空气压缩机等。对于Ⅰ类负荷，应有两个独立电源的母线供电，当一个电源失去后，另一个电源应立即自动投入。对Ⅰ类厂用电动机应保证自启动。

（2）Ⅱ类负荷。允许短时停电（几秒至几分钟），停电时间过长可能损坏设备或引起生产混乱的负荷都属于Ⅱ类负荷，如火电厂的工业水泵、疏水泵、灰浆泵、输煤机械和化学水处理设备等以及水电厂的大部分厂用电负荷。对于Ⅱ类负荷，应由两个独立电源供电的母线供电，一般允许采用手动切换。

（3）Ⅲ类负荷。长时间停电不会直接影响生产的负荷都属于Ⅲ类负荷，如中央修配厂、试验室、油处理室等的用电设备。对于Ⅲ类负荷，一般由一个电源供电。

（4）事故保安负荷。在事故停机过程中及停机后的一段时间内，仍应保证供电，否则可能引起主要设备损坏、重要的自动控制失灵或危及人身安全的负荷称为事故保安负荷。如汽轮机的盘车电动机、发电机组的直流润滑油泵等。根据对电源的不同要求，事故保安负荷又分为以下 3 种：

1）直流保安负荷，由蓄电池组供电，如发电机的直流润滑油泵、事故照明等。

2）交流不停电保安负荷，一般由接于蓄电池组的逆变装置供电，如实时控制用计算机。

3）允许短时停电的交流保安负荷，如 200MW 机组的盘车电动机。厂用电中断时，必须保证给事故保安负荷供电，大容量机组应设置事故保安负荷电源。

发电厂的类型不同，厂用电的重要程度也不相同，一般来说，水电厂的厂用电不如火电厂重要。不同的技术条件对厂用电的供电也提出不同的要求，如超高压高温蒸汽的火电厂、采用新型冷却方式的大容量发电机组。采用计算机控制及全盘自动化和远动化时，对厂用电的供电质量和可靠性有更严格的要求。

为了保证厂用电的可靠性和经济性，一方面要正确地选择厂用电电源、电压、供电的接线方式、厂用电动机和继电保护等，另一方面在运行中必须正确使用和科学管理。

第二节　发电厂的厂用电接线

一、厂用供电电压的确定

发电厂的厂用电负荷主要是电动机和照明。给厂用负荷供电的电压主要决定于厂用负荷的电压、供电网络、发电机组的容量和额定电压等因素。

目前生产的电动机，电压为 380V 时，额定功率在 200kW 以下；3～6kV 时，最小额定功率分别为 75kW 和 200kW；1000kW 及以上的电动机，电压一般为 6kV 或 10kV。同功率的电动机，一般当电压高时，尺寸和重量大，价格高，效率低，功率因数也低。但从供电网络方面来看，电压高时可以减小供电电缆的截面，减少变压器和线路等元件的电能损耗，使年运行费用减小。所以，发电厂中厂用电动机的功率范围很大，可从几千瓦到几兆瓦。发电机组容量越大，所需厂用电动机的功率也越大，因此，选用一种电压等级的电动机，往往不能满足要求。

经过综合比较，为了给厂用电动机和照明供电，厂用电供电电压一般选用高压和低压两级。我国有关规程规定，火电厂可采用 3、6、10kV 作为高压厂用电的电压。当发电机单机容量为 60MW 及以下、发电机电压为 10.5kV 时，可采用 3kV；容量为 100～300MW 的机组，宜采用 6kV；容量为 300MW 以上的机组，当技术经济合理时，也可采用两种高压厂用电电压。

火电厂低压厂用电电压，动力宜采用 380V，照明采用 220V。200MW 及以上的机组，主厂房内的低压厂用电系统应采用动力与照明分开供电的方式。其他可采用动力和照明共用的 380/220V 网络供电。

低压厂用电系统中性点宜采用高电阻接地方式，以三相三线制供电；也可采用动力和照明网络共用的中性点直接接地方式。

当厂用电压为 6kV 时，200kW 以上的电动机宜用 6kV，200kW 以下宜用 380V。当厂用电压为 3kV 时，100kW 以上的电动机宜用 3kV，100kW 以下宜用 380V。

对于水电厂，由于水轮发电机组辅助设备使用的电动机功率不大，一般只用 380/220V 一级电压，采用动力和照明共用的三相四线制系统供电。但坝区和水利枢纽，距厂区较远，且有些大型机械需要另设专用变压器，可由 6～10kV 供电。

当发电机额定电压与厂用高压一致时，可由发电机出口或发电机电压母线直接引线取得厂用高压。为了限制短路电流，引线上可加装电抗器。当发电机额定电压高于厂用高压时，则用高压厂用降压变压器，简称高厂变，取得厂用高压。380/220V 厂用低压，则用低压厂用降压变压器取得。

二、厂用母线接线方式

发电厂的厂用电系统，通常采用单母线接线。在火电厂中，因为锅炉的辅助设备多、容量大，所以高压厂用母线都按锅炉台数分段。凡属同一台锅炉的厂用电动机，都接在同一段母线上。与锅炉同组的汽轮机的厂用电动机，一般也接在该段母线上。但当每台汽轮机组有两台循环水泵和两台凝结水泵时，因其中一台纯属备用，允许分别接在不同分段上。锅炉容量在 400～1000t/h，每台锅炉应由两段母线供电，并将相同两套辅助设备的电动机分别接在两段母线上。锅炉容量为 1000t/h 以上时，每一种高压厂用的母线应为两段。

厂用母线按锅炉分段的优点：

（1）一段母线故障时，仅影响一台锅炉运行。

（2）锅炉的辅助机械可与锅炉同时检修。

（3）因各段母线分开运行，故可限制厂用电路内的短路电流。

低压厂用母线，当锅炉容量在 230t/h 及以下时，一般也按机炉数对应分段，并用隔离开关将母线分为两段；锅炉容量在 400t/h 及以上时，每台锅炉一般由两段母线供电，两段母线可由同一台变压器供电。锅炉容量为 1000t/h 时，每段母线可由一台变压器供电。

当公用负荷较多、容量又较大时，如果采用集中供电方式合理，可设置公用母线段，但应保证重要公用负荷的供电可靠性。

厂用接线为单母线接线时，高压采用成套配电装置，低压采用配电盘，这样不仅工作可靠，运行维护也比较方便。

三、厂用供电电源及其引接方式

发电厂的厂用电电源必须供电可靠，除有正常工作电源外，应设有备用电源或启动电源。对机组容量在 200MW 及以上的发电厂，还应设置交流事故保安电源，以满足厂用电系统在各种工作状态下的要求。

1. 工作电源及其引接方式

工作电源是保证各段厂用母线正常工作的电源。它不但要保证供电的可靠性，而且要满足该段厂用负荷功率和电压的要求。由于发电厂都接入电力系统运行，所以厂用高压工作电源广泛采用发电机电压回路引接的方式。这种引接方式的优点是，在发电机组全部停止运行时，仍能从电力系统取得厂用电源，并且操作简单，费用较低。

厂用高压工作电源从发电机回路引接的方式，与发电厂主接线的情况有关。具体情况如下：

（1）当有发电机电压母线时，由各段母线引接，如图 10-1（a）、（b）所示。

（2）当发电机和主变压器采用单元接线时，厂用工作电源可从主变压器低压侧引接，如图 10-1（c）所示。

（3）当发电机和主变压器采用扩大单元接线时，厂用工作电源可从发电机出口或主变压器低压侧引接，如图 10-1（d）中的实线或虚线所示。

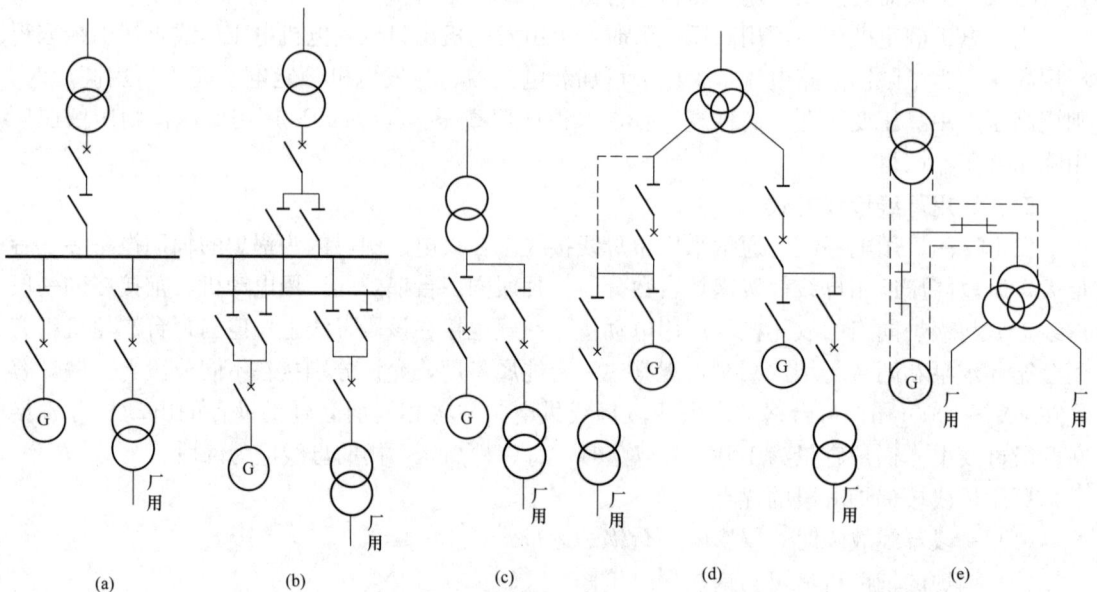

图 10-1　厂用工作电源的引接方式

（a）、（b）从发电机电压母线引接；（c）从主变压器低压侧引接；（d）从发电机出口或
主变压器低压侧引接；（e）大容量机组厂用工作电源的引接

　　厂用工作电源分支上一般应装设断路器，但机组容量较大时，由于断路器的开断能力不足，往往选不到合适的断路器。此时，可用负荷开关或用断路器只断开负荷电流，不断开短路电流来代替，也可用隔离开关或可拆连接片代替，但此时工作电源回路故障时需停机。对于容量为 200MW 及以上的发电机组，当厂用分支采用分相封闭母线时，因故障机会较少，可不装断路器，但应有可拆连接点，以便于检修或试验，如图 10-1（e）所示。

　　厂用低压工作电源由厂用高压母线段引接到厂用低压变压器取得。小容量发电厂，也可从发电机电压母线或发电机出口直接引接到厂用低压变压器取得。

　　2. 备用电源或启动电源及其引接方式

　　备用电源是指在事故情况下失去工作电源时，保证给厂用电供电的电源。因此要求备用电源供电应可靠，并有足够大的容量。

　　启动电源是指在厂用工作电源完全消失的情况下，保证使机组快速启动时向必需的辅助设备供电的电源。因此，启动电源实质上是一个备用电源，不过对供电的可靠性要求更高。目前我国仅在 200MW 及以上大容量机组的发电厂中，为了机组的安全和厂用电的可靠，才设置厂用启动电源，并兼作厂用备用电源。125MW 及以下机组的厂用备用电源兼作启动电源。

　　高压厂用备用电源或启动电源，可采用下列引接方式：

　　（1）当有发电机电压母线时，由该母线引接 1 个备用电源。

　　（2）当无发电机电压母线时，由升高电源母线中电源可靠的最低一级电压母线或由联络变压器的低压绕组引接，并能保证在全厂停电的情况下，从外部电力系统取得足够的电源。

　　（3）当技术经济合理时，可由外部电网引接专用线路供给。

　　低压厂用备用电源，一般从高压厂用母线的不同分段上引接，经专门的厂用低压备用变压器获得厂用低压备用电源，但应尽量避免同低压厂用工作变压器接在同一段高压厂用母线上。

　　火电厂中一般均装设专门的备用电源，称为明备用。此类备用电源在正常情况下不工作或只带少量的公用负荷，而当某一工作电源失去时，它就能自动投入并完全代替。但在小型火电厂和水电厂中也有不另设专用备用电源，而由两个厂用工作电源相互作为备用，称为暗备用。图 10-2 所示为厂用备用电源的引接方式。

　　在火力发电厂中，高、低压备用电源的数量与发电厂装机台数、单机容量、主接线形式及控制方式等因素有关，一般按表 10-1 原则配置。

表 10-1　　　　　　　　　　发电厂备用厂用变压器台数配置原则

电厂类型	厂用高压变压器	厂用低压变压器
100MW 及以下机组	6 台以下设 1 台备用 6 台及以上设 2 台备用	8 台以下设 1 台备用 8 台及以上设 2 台备用
100～125MW 机组	5 台以下设 1 台备用 5 台及以上设 2 台备用	8 台以下设 1 台备用 8 台及以上设 2 台备用
200～300MW 机组	每 2 台设 1 台备用	200MW 机组，每 2 台设 1 台备用 300MW 机组，每台设 1 台备用
600MW 机组	每 2 台设 1 台或 2 台备用	每台设 1 台备用

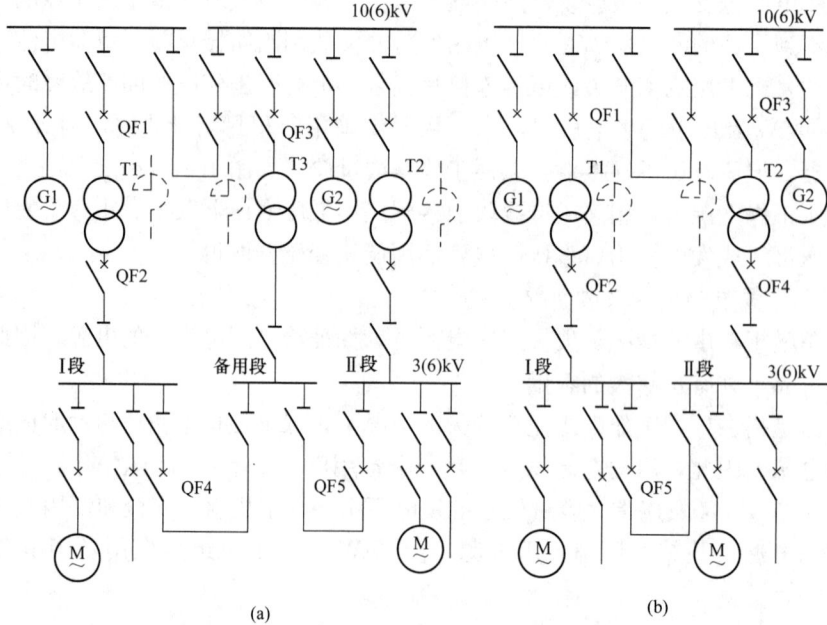

图 10-2　厂用备用电源的引接方式
（a）明备用；（b）暗备用

当工作电源断开或厂用电压降低时，厂用母线上电动机的转速即下降，甚至停止运行。但由于惯性原因，转速下降有一惰行过程，电动机不会立即停转。若失去电压后，电动机不与厂用母线断开，经过很短时间，一般在 0.5～1.5s，厂用电压又恢复或备用电源自动投入，此时电动机还在惰行过程中，电动机便会自动启动恢复到稳定运行状态，这一过程称为电动机的自启动。自启动过程中会出现两方面的问题：一是因为同时参加自启动的电动机数目多，很大的启动电流在厂用变压器和线路等元件中引起电压降，使厂用母线电压大大降低，危及厂用电系统的稳定运行；二是厂用母线电压降低，使电动机启动过程时间增长，电动机绕组发热，影响电动机的寿命和安全。

电动机的转矩与外加电压的二次方成正比。自启动时厂用母线电压越低，越不利于电动机自启动。当自启动时厂用高压母线电压低于额定电压的 60%～70%，低压母线电压低于额定电压的 55%～60% 时，便不能保证电动机自启动。同时，参加自启动电动机总的启动电流越大，厂用变压器的阻抗越大，厂用母线电压就越低。为了保证使Ⅰ类厂用负荷重要电动机能自启动，一般采用的方法是限制同时参加自启动电动机的台数，即对不重要电动机加装低电压保护装置，首先断开，不参加自启动；对重要电动机，加装低电压保护和自动重合闸装置，分批自启动，这样便改善了重要电动机的自启动条件。

3. 交流事故保安电源及其引接方式

对 200MW 及以上的发电机组，当厂用电源完全消失时，为确保在事故状态下能安全停机，应设置交流事故保安电源，并能自动投入，保证事故保安负荷用电。交流事故保安电源宜采用快速启动的柴油发电机组，或由外部引来可靠的交流电源，此外，还应设置交流不停电电源。交流不停电电源，宜采用接于直流母线上的电动发电机组或静态逆变装置。图10-3为交流事故保安电源接线示意图。

四、发电厂厂用电接线举例

发电厂的厂用电接线，主要决定于发电厂的类型、容量以及发电厂在系统中的地位。下面举例说明几种发电厂厂用电接线。

1. 小容量火力发电厂的厂用电接线

图 10-4 所示为小容量火力发电厂的厂用电接线。该厂装二机三炉，其中一台锅炉备用。因机组的容量不大，大功率的厂用电动机数量很少，所以没有高压厂用母线。大功率的厂用电动机 M 直接由发电机电压母线供电。小功率的厂用电动机及照明由 380/220V 电压母线供电。380/220V 低压厂用母线，按锅炉台数分为三段，每段母线由一台厂用工作变压器 T1 或 T2、T3 供电，接自发电机电压母线。专设一台厂用备用变压器 T4，采用明备用方式。

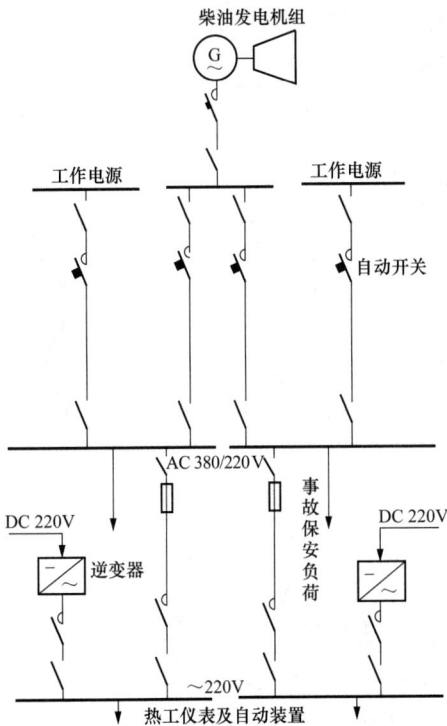

图 10-3 交流事故保安电源的引接方式

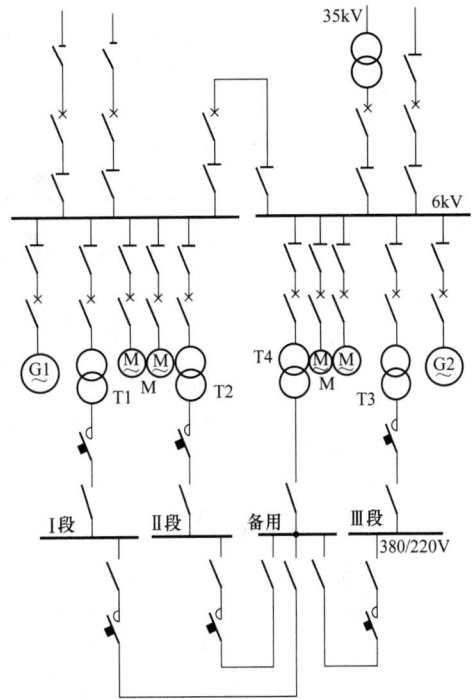

图 10-4 小容量火电厂的厂用电接线

2. 中型热电厂的厂用电接线

图 10-5 所示为中型热电厂的厂用电接线。该厂装二机三炉。发电机额定电压为 10.5kV，发电机电压侧为工作母线分段的双母线接线。高压厂用母线按锅炉台数分为三段，每段各由一台厂用工作变压器供电，工作变压器自发电机电压母线引接，专设一台高压厂用备用变压器 T6，采用明备用方式。为了提高可靠性，正常工作时将主变压器 T2 和高压厂用备用变压器 T6 都接在备用母线上，母联断路器 QFc 接通，这样可使高压厂用备用变压器与系统联系更加紧密。

低压厂用母线按机组台数分为两段，各由 T7、T8 供电，每段母线用断路器分为两个半段。T9 为低压厂用备用变压器。

厂用电动机的供电方式有两种：个别供电和成组供电。5.5kW 及以上的 I 类厂用负荷

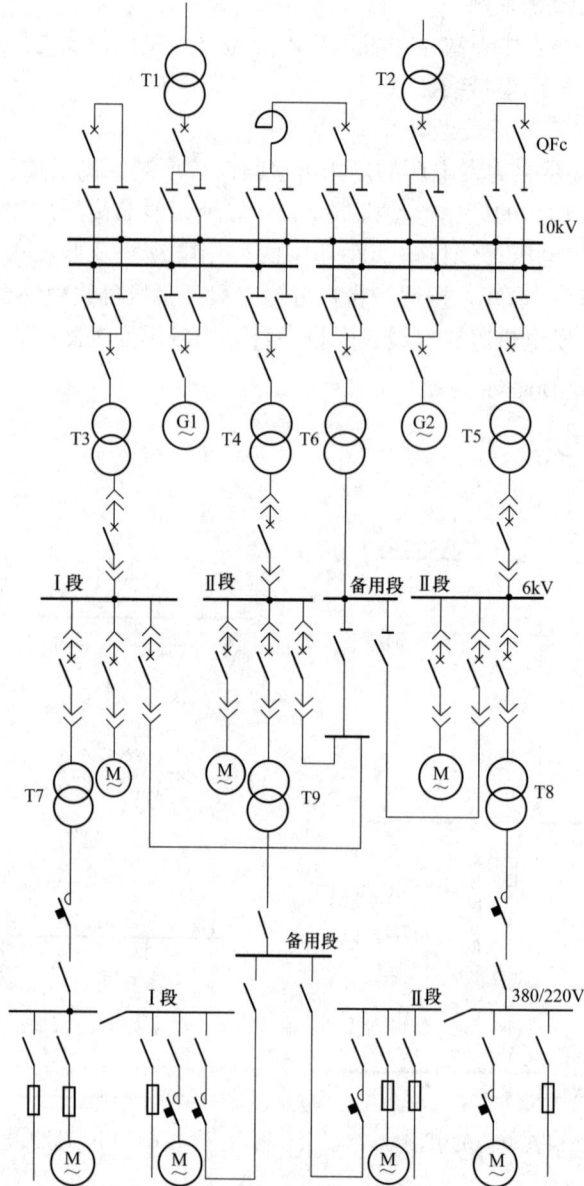

图 10-5　中型热电厂的厂用电接线

的电动机，以及 45kW 以上的 Ⅱ、Ⅲ 类厂用负荷重要机械的电动机采用个别供电方式，如图 10-5 中厂用母线上所接电动机；小功率的厂用电动机，或距厂用配电装置较远的车间，如中央水泵房，采用成组供电的方式，即用线路自厂用母线送至车间专用盘，由车间专用盘再引至各电动机。

3. 大机组区域火电厂的厂用电接线

图 10-6 所示为大机组区域火电厂的厂用电接线。发电机与主变压器采用单元接线，高压厂用工作变压器 T3 和 T5 自主变压器低压侧引接。发电机与主变压器之间以及厂用分支均采用分相封闭母线。为了限制短路电流，高压厂用工作变压器采用低压分裂绕组变压器。

高压厂用启动/备用变压器 T4 为厂用启动变压器兼作备用变压器，引自 220kV 母线。因为工作时必须从系统取得电源，所以采用有载调压的低压分裂绕组变压器。在启动/备用变压器代替工作变压器工作时，为了避免厂用电停电，启动/备用变压器和工作变压器有短时间并联工作，为了补偿升高电压侧与发电机电压侧之间电压的相位差，当工作变压器为 Yyy12 接线时，启动/备用变压器应为 YNdd11 接线。

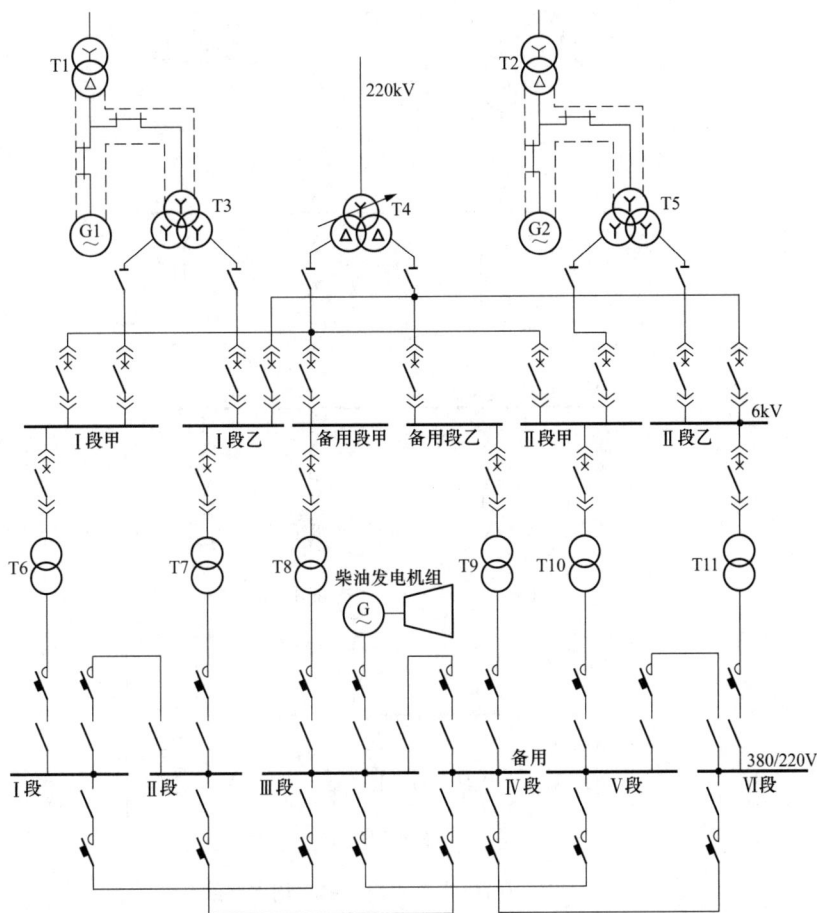

图 10-6　大机组区域火电厂的厂用电接线

　　6kV 厂用高压母线，每台锅炉分为两段，启动/备用变压器低压绕组分别接到备用甲、乙两段上，在这两段上还接有公用负荷，故又称为公用段。6kV 高压母线上接有 6 台厂用低压变压器。380/220V 厂用低压母线，每台机组分为两段。在Ⅲ段母线上连接交流事故保安电源快速启动的柴油发电机组，以保证在厂用电源中断时主机能安全地停下来。

　　4. 大型水电厂的厂用电接线

　　大型水电厂的机组容量大，机组厂用负荷和全厂性公用负荷分别由不同的变压器供电，如图 10-7 所示。每台机组的厂用负荷分别由变压器 T5、T6、T7 和 T8 用电压 380/220V 供电，变压器由发电机出口引接。备用电源由全厂性公用厂用配电装置的低压母线上引接。全厂性公用厂用电系统采用单母线分段接线，由两台变压器 T9、T10 分别为 6kV 供电，采用暗备用方式工作，两台变压器分别由发电机-变压器单元接线的变压器低压侧引接。为了提

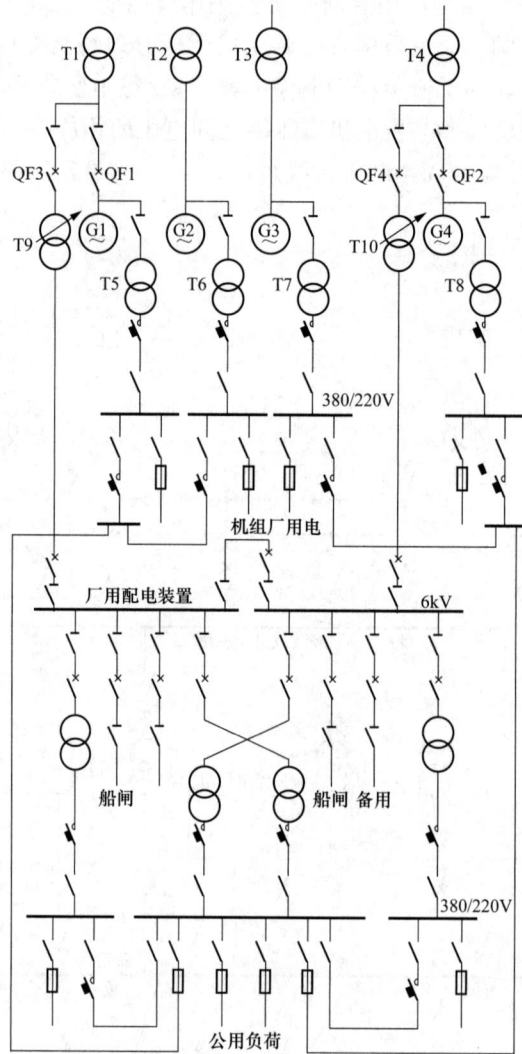

图 10-7　大型水电厂的厂用电接线

高供电可靠性，在厂用变压器回路中装设断路器 QF3 和 QF4，在发电机回路中装设断路器 QF1 和 QF2，这样即使在全部发电机停止工作时，也可由系统供给厂用电。

中小型水电厂的厂用负荷较少，重要机械不多，一般全厂厂用电母线只分两段，电压为 380/220V。

第三节　变电站的站用电

一、站用电负荷

变电站站用负荷的用电称为站用电。站用电负荷很少，主要负荷如下：

（1）主变压器冷却系统、强迫油循环油泵电动机、冷却器风扇电动机、水冷变压器的水循环系统电动机。

（2）变电站的消防系统，包括消防水泵、变压器水喷雾系统的水泵电动机。

（3）变电站采暖、通风、空调系统的电源。在采暖地区变电站的电锅炉、电暖气等电采暖设备；各户内配电装置室，电抗器室、蓄电池室的通风机；主控室、继电保护小室、值班人员休息室的空调。

（4）变电站给排水系统的水泵电动机。

（5）变电站的户内外照明。

（6）电器设备控制箱的加热、通风、去湿。

（7）蓄电池充电。

（8）变电站的检修、试验电源。

（9）生活用电。

二、站用电负荷分类

按站用电负荷的重要性，可分为三类。

（1）Ⅰ类负荷。Ⅰ类负荷指短时停电可能影响人身或设备安全，使生产运行停顿或主变压器减载的负荷。在站用电负荷中属于此类负荷的有主变压器冷却系统、变电站的消防系统、计算机监控系统、微机保护、系统通信、系统远动装置等。一般220～500kV变电站都设有不间断交流电源系统（UPS系统）。计算机监控系统、微机保护、系统通信、系统远动装置所需的交流负荷，都由UPS系统供电。

（2）Ⅱ类负荷。Ⅱ类负荷指允许短时停电，但停电时间过长，有可能影响正常生产运行的负荷。在站用电负荷中属于此类负荷的有蓄电池充电、断路器和隔离开关的操作及加热电源、给排水系统的水泵电动机、事故通风机、变压器带电滤油装置等。

（3）Ⅲ类负荷。Ⅲ类负荷指长时间停电不会直接影响生产运行的负荷。在站用电负荷中属于此类负荷的有采暖、通风、空调的电源，检修、试验电源，正常照明和生活用电。

从上述负荷分类不难看出，在站用电负荷中Ⅰ类负荷占的比率较小。但是对于220～500kV变电站，由于在系统中的地位和作用非常重要，总体上认为变电站的所用交流属于Ⅰ类负荷，在任何情况下不允许停电，必须有两路以上电源供电。但在具体的负荷供电回路设计上，要根据其重要性的不同而采用不同的供电方案。

三、站用电源

变电站站用电源的引接方式如下：

（1）当变电站内有较低电压母线时，一般均从较低电压母线上引接1～2台站用变压器，如图10-8（a）、（b）、（c）所示。这种引接方式具有经济性和可靠性较高的优点。

（2）当有可靠的6～35kV电源联络线，将一台站用变压器接于联络线断路器外侧，更能保证站用电的不间断供电，如图10-8（d）所示，这种引接方式对采用交流操作的变电站及取消蓄电池而采用硅整流或复式整流装置取得直流电源的变电所尤为必要。

（3）由主变压器第三绕组引接，如图10-8（e）中的1号站用变压器。站用变压器的高压侧要选用断流容量大的开关设备，否则要加装限流电抗器。图中的2号站用变压器及调相机的启动变压器由站外电源引接。

四、站用电接线

变电站站用电一般采用380/220V中性点直接接地的三相四线制，系统中性点直接接地。380V作为动力电源供各种电动机，220V主要供照明和加热。

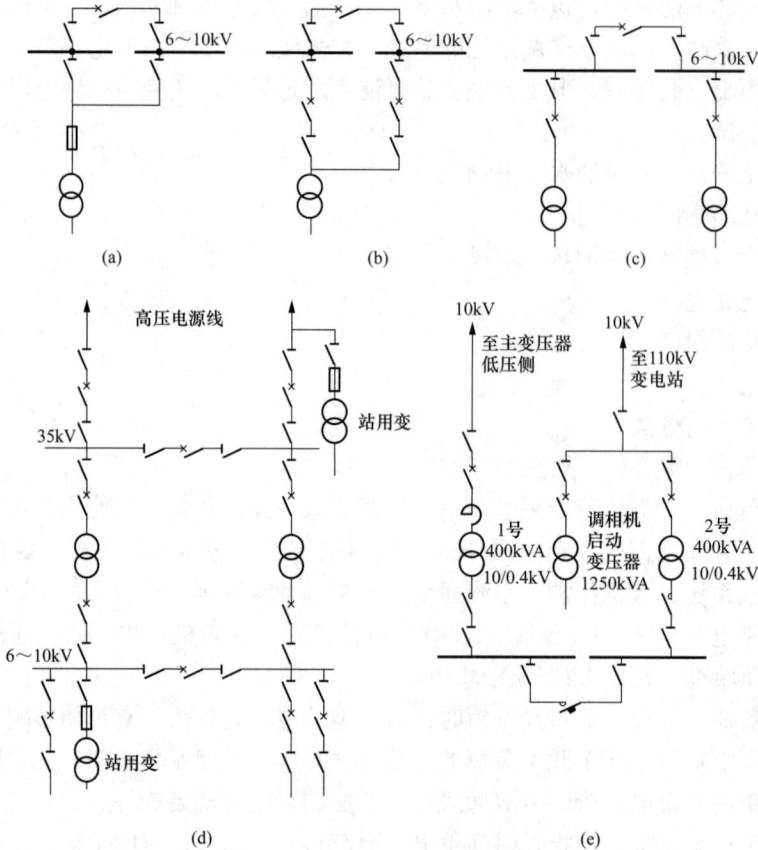

图 10-8　站用变压器的引接方式

(a)、(b) 一台站用变压器从两段低压母线上引接；(c) 两台站用变压器分别从两段低压母线上引接；
(d) 一台站用变压器从低压母线上引接，另一台从联络线的断路器外侧引接；(e) 一台站用变压器
从主变压器低压侧引接，另一台及调相机启动变压器从站外电源引接

1. 中小型变电站

一般采用 20kVA 所用变压器即能满足要求。站用电接线很简单，一般用一台站用变压器。

2. 大型变电站

所用电较多，一般装设两台或三台站用变压器。380/220V 侧通常采用分为两段的单母线接线。每台站用变压器接一段母线，两段母线之间设分段断路器正常分裂运行。

（1）当只有两台站用变压器时，每台站用变压器各接一段工作母线，两台变压器互为备用，当任一台站用变压器故障退出运行时，可合上分段断路器，由一台变压器供电给两段工作母线。分段断路器通常采用手动合闸方式。对于无人值班变电站，可通过自动装置或远方遥控合闸。

（2）当有三台站用变压器时，其中一台接站外电源作为专用备用变压器，站用电工作母线也分成两段，每一段接一台工作变压器，备用变压器低压侧分别经断路器接到两段母线上。备用变压器接到工作母线上的断路器正常断开。当任一台工作变压器退出运行时，专用备用变压器能自动地接入工作母线段。

（3）无论两台站用变压器还是有专用备用变压器的三台站用变压器，380/220V 站用母线都宜采用分裂运行方式，主要原因如下：

1）分裂运行可限制故障范围。当发生故障或越级跳闸时，只能使一段母线停电，重要负荷都从两段母线上提供双回路电源。不影响对重要负荷的供电，供电的可靠性较高。

2）有利于降低 380/220V 侧短路电流，利于选择轻型电器。

3）有效地避免站用电全停电事故。如两段母线并联运行，一段母线短路或馈线故障越级跳闸，可引起两段母线全停电。

五、站用电接线举例

1. 装有两台站用变压器的 220kV 变电站站用电接线

装有两台站用变压器的 220kV 变电站站用电接线如图 10-9 所示，380/220V 低压站用电系统采用单母线分段接线，分别由两台从主变压器低压侧（10kV）引接的低压站用工作变压器供电，图中画出了电流互感器的配置及二次绕组的用途。

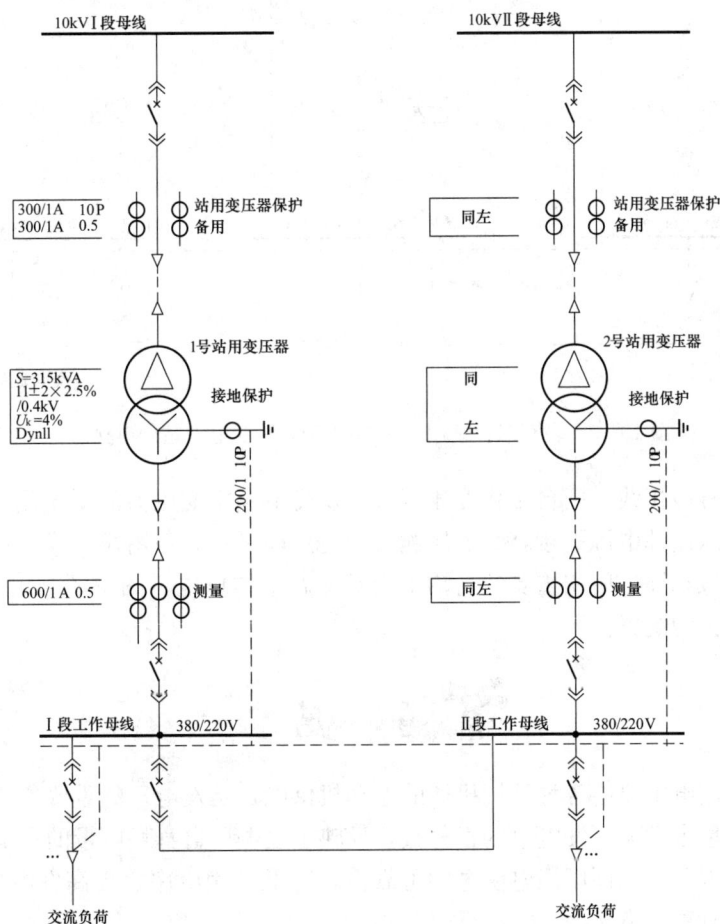

图 10-9　装有两台站用变压器的 220kV 变电站站用电接线

2. 装有三台站用变压器的 500kV 变电站站用电接线

装有三台站用变压器的 500kV 变电站站用电接线如图 10-10 所示。380/220V 侧站用电

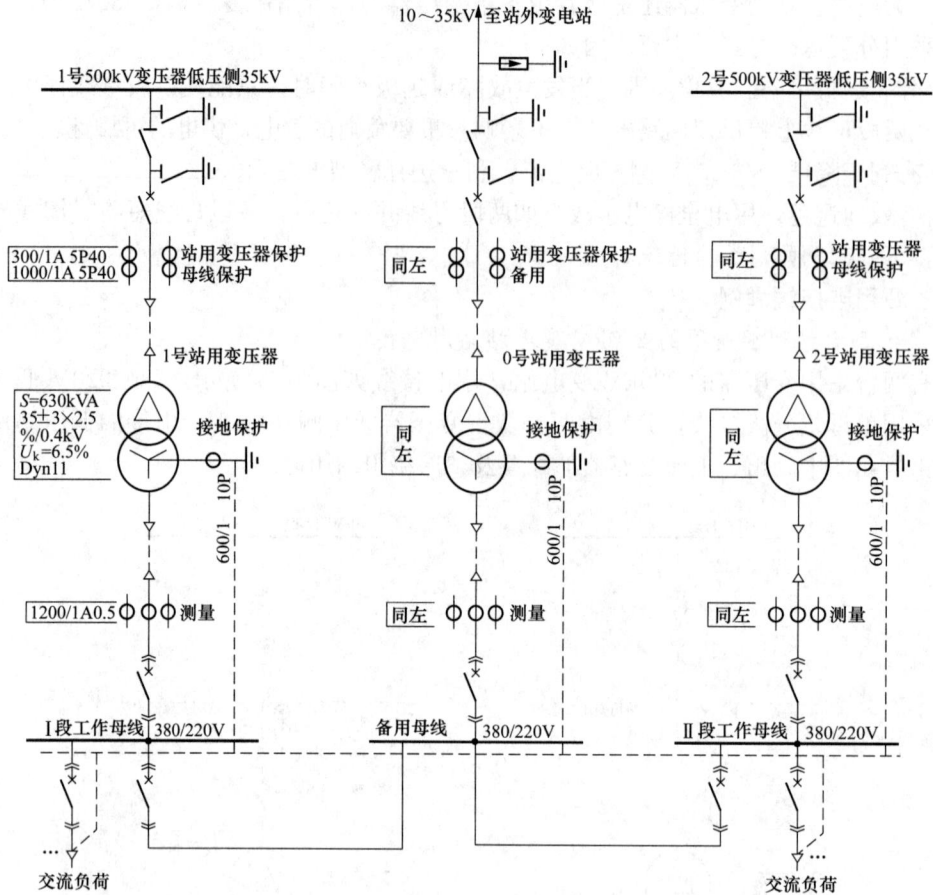

图 10-10　装有三台站用变压器的 500kV 变电站站用电接线

接线采用单母线分段接线。两台工作变压器分别从变电站主变压器的低压侧（35kV）引接，一台备用变压器从站外电源引接，其低压侧接至备用段母线，备用段母线分别通过分段断路器与两工作母线段相连，所用重要负荷均采用双回路电源供电。图中还画出了电流互感器、避雷器及接地开关的配置。

小　结

　　发电厂的厂用电主要给各种厂用机械的电动机供电，是发电厂的重要负荷之一。厂用电率是厂用电耗电量占发电厂发电量的百分数，反映了发电厂自身耗电量的多少，是发电厂的经济指标之一。因此，保证厂用电供电的可靠性，降低厂用电率，提高发电厂的经济效益，对发电厂生产具有重要意义。

　　厂用电负荷按重要性可分为Ⅰ、Ⅱ、Ⅲ类负荷和事故保安负荷共四类。为了保证厂用电供电的可靠性，厂用电源必须可靠。目前厂用电源一般引自发电厂本身。除正常工作时的厂用工作电源外，还有发生事故时的厂用备用电源和启动电源。对 200MW 及以上的机组，还专门设置交流事故保安电源。厂用备用电源、启动电源和事故保安电源，可根据具体情况，互相兼用。

　　火电厂的厂用电供电电压有高压和低压两级，一般为 6kV 和 380/220V，高压厂用母线采用按锅炉台数分段的单母线接线。低压厂用母线也采用分段的单母线接线。在中型热电厂中，高压厂用电源接自发电机电压母线；区域火电厂中，厂用工作电源接自发电机-变压器单元接线的主变压器低压侧，启动/备用变压器接自与系统有可靠连接的低一级电压母线上，或联络变压器的第三绕组上。

　　水电厂的厂用电和变电站的站用电，因厂用负荷较小，一般均用 380/220V 电压供电，多采用单母线接线。对大型水电厂和枢纽变电站，可将单母线按机组台数或变压器台数分段。大型水电厂的坝区水利枢纽用电，可由 6～10kV 专用变压器供电。

　　在厂用电的运行中，要保证正确操作，节省厂用电量，尤其在事故情况下要力争不使厂用电中断供电，当中断供电时应尽快恢复。

思考题和习题

　　10-1　什么叫厂用电？火电厂和水电厂有哪些主要厂用负荷？

　　10-2　何谓厂用电率？降低厂用电率有什么重要意义？

　　10-3　厂用电负荷按重要性分为几类？如何保证它们的供电？

　　10-4　发电厂的厂用电供电电压如何确定？主要考虑哪些因素？一般采用哪两级电压？

　　10-5　试分析 380/220V 厂用电系统中，中性点直接接地和中性点不接地的优缺点。

　　10-6　火电厂厂用电接线，为何采用按锅炉台数分段的单母线接线？能保证供电的可靠性吗？

　　10-7　什么叫厂用电工作电源、备用电源、启动电源和交流事故保安电源？它们的作用是什么？

　　10-8　厂用工作电源和备用电源的引接方式有哪些？

　　10-9　何谓电动机自启动？电动机自启动时会出现什么问题？如何保证重要电动机的自启动？

　　10-10　分析中型热电厂、区域火电厂、大型水电厂厂用接线的特点。

　　10-11　如图 10-5 所示中型热电厂的厂用电接线中，当 10kV Ⅱ 段母线发生短路时，应该有哪些断路器自动分闸？如何处理此事故？

　　10-12　当发电厂全部厂用电源消失时如何处理？试结合图 10-5 和图 10-6 所示接线进行分析。

　　10-13　为了提高厂用电供电的可靠性，在厂用电接线中都采取了什么措施？

第十一章　电气设备选择及短路电流限制

电气装置中的电气设备和载流导体，在正常运行和短路时，都必须可靠地工作。为了保证电气装置的可靠性和经济性，必须正确地选择电气设备和载流导体，同时运行人员必须了解电气设备和载流导体的选择条件，以便保证它们在允许条件下可靠地工作。本章从短路电流的效应开始，介绍电气设备和载流导体的一般选择条件及具体条件。

第一节　短路电流的效应

当电气设备和载流导体在短时间内通过短路电流时，会同时产生电动力和发热两种效应。这样，一方面使电气设备和载流导体受到很大的电动力作用，另一方面使它们的温度急剧升高，可能使电气设备及其绝缘损坏。为了正确进行电气设备和载流导体的选择，必须对短路电流的电动力和发热进行计算。

一、短路电流电动力效应

短路电流的电动力效应，是指在短路电流通过三相导体时，因为各相导体都处在邻相电流所产生的磁场中，导体将受到巨大的电动力的作用。尤其当通过短路冲击电流时，电动力可达到很大数值。如果导体的机械强度不够，导体将变形或损坏。因此，电气设备和载流导体必须具有足够的机械强度，能承受短路时电动力的作用。一般将电气设备和载流导体能够承受短路电流电动力作用的能力，称为电动稳定度，简称动稳定。

当任意截面的两根平行导体中分别通过电流 i_1 和 i_2 时，考虑到导体截面的尺寸和形状的影响，导体间相互作用电动力的大小，可按下式计算：

$$F = 2K_x i_1 i_2 \frac{l}{a} \times 10^{-7} \tag{11-1}$$

式中　i_1、i_2——两根平行导体中电流的瞬时值，A；

　　　　l——平行导体的长度，m；

　　　　a——导体轴线间距离，m；

　　　K_x——形状系数；

　　　F——电动力，N。

电动力的方向与两电流的方向有关，电流同向时，电动力相吸引使 a 减小；电流反向时，电动力相排斥使 a 增大。两平行导体间的电动力如图 11-1 所示。电动力实际是沿导体长度均匀分布的，图中 F 是作用于长度中点的合力。

形状系数 K_x 与导体截面形状、尺寸及相互间距离有关。对于矩形截面的导体，如截面宽度为

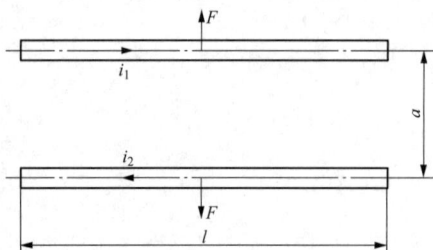

图 11-1　两平行导体间的电动力

h，厚度为 b，则对于不同的厚度与宽度的比值 $m = \dfrac{b}{h}$，形状系数 K_x 随 $\dfrac{a-b}{b+h}$ 而不同，变化曲线如图 11-2 所示。由图中可见，当 $m<1$ 时，$K_x<1$；当 $\dfrac{a-b}{b+h}$ 增大，即导体间的净距增大时，K_x 趋近于 1；当导体间的净距足够大，即当 $\dfrac{a-b}{b+h} \geqslant 2$ 时，$K_x=1$，这相当于电流集中在导体的轴线上，导体的截面形状对电动力无影响。

对于圆形截面导体，形状系数 $K_x = 1$。

两相短路时，故障两相导体中短路电流大小相等、方向相反。当导体平行布置时，故障相两导体间的电动力为排斥力，则通过短路冲击电流 i_{ch} 时电动力的最大值为

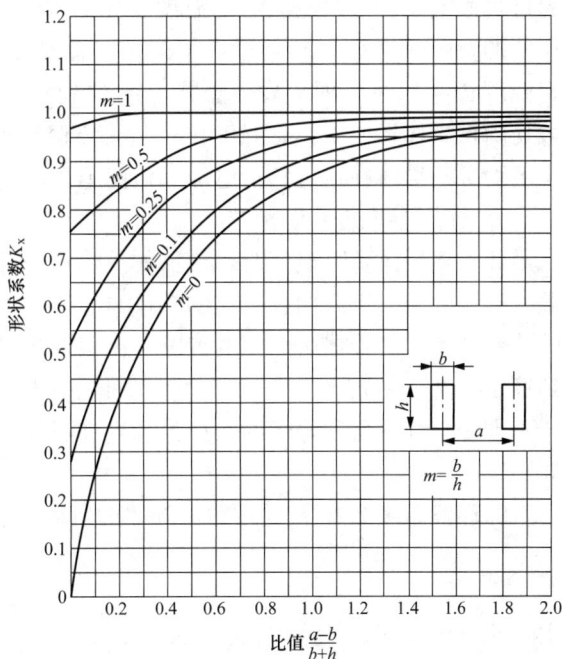

图 11-2 矩形截面导体的形状系数曲线

$$F^{(2)} = 2K_x \left[i_{ch}^{(2)} \right]^2 \frac{l}{a} 10^{-7} \tag{11-2}$$

三相短路时，如三相导体平行布置在同一平面内，中间相所受的电动力最大，其值为

$$F^{(3)} = 1.73 K_x \left[i_{ch}^{(3)} \right]^2 \frac{l}{a} 10^{-7} \tag{11-3}$$

将 $i_{ch}^{(2)} = \dfrac{\sqrt{3}}{2} i_{ch}^{(3)} = 0.866 \times i_{ch}^{(3)}$，代入式（11-2）可得

$$F^{(2)} = 2K_x \left[0.866 i_{ch}^{(3)} \right]^2 \frac{l}{a} 10^{-7} = 1.5 K_x \left[i_{ch}^{(3)} \right]^2 \frac{l}{a} 10^{-7}$$

可见 $F^{(3)} > F^{(2)}$。因此，在选择电气设备和载流导体时，应采用三相短路电流进行动稳定校验。

二、短路电流热效应

电流通过电气设备和载流导体时，由于电阻损耗、涡流和磁滞损耗等转变为热能，使电气设备和载流导体的温度升高。当发热温度超过一定值后，就会引起导体机械强度的下降，绝缘材料的绝缘强度降低，导体连接部分的接触状况恶化，从而使电气设备的使用年限缩短，甚至损坏。因此，对电气设备和载流导体都规定有最高允许温度。在正常和短路两种工作状态下，由于电流的大小及通过的时间长短不同，发热情况也不同，图 11-3 所示为导体

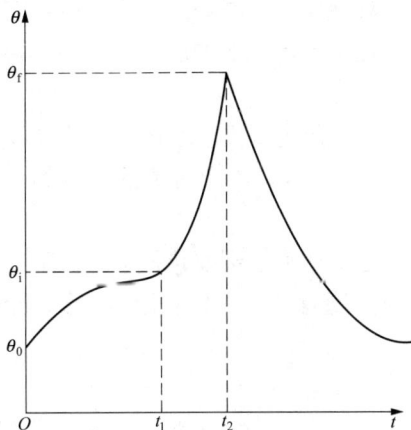

图 11-3 导体中通过负荷电流和短路电流时的温度变化情况

中通过负荷电流和短路电流时的温度变化情况。设周围环境实际温度为 θ_0，导体在未投入工作前的温度即为 θ_0。导体投入工作后，通过的负荷电流为 I_{fh}，温度逐渐上升，最后达到稳定温度 θ_i。如在 t_1 时刻发生短路，导体温度很快自 θ_i 升高到 θ_f（最高温度）；在 t_2 时刻短路被切除，导体退出工作，温度自 θ_f 逐渐下降到 θ_0。

下面分析导体在通过负荷电流和短路电流时的发热情况。

1. 长期负荷电流的发热

导体长期通过负荷电流时，导体的发热量一部分被导体自身吸收，使温度升高；另一部分散入周围介质。散入周围介质的热量与导体周围介质的温度差有关，温度差越大，导体传出的热量越多。当导体中产生的热量与传出的热量相等时，即达到热平衡状态，导体温度便达到稳定值 θ_i。温度差（$\theta_i - \theta_0$）与导体长期通过的电流的二次方成正比。如果此稳定温度 θ_i 不大于电气设备和导体的长期最高允许温度，电气设备和载流导体在正常工作时将不会损坏。

实际环境温度为 θ_0，通过载流导体的负荷电流为 I_{fh} 时，稳定温度 θ_i 可按下式计算：

$$\theta_i = \theta_0 + (\theta_{al} - \theta_0)\left(\frac{I_{fh}}{I_{al}}\right)^2 \tag{11-4}$$

式中　θ_{al}——长期最高允许温度，℃；

　　　I_{al}——按 θ_0 时校正后的长期允许电流（见本章第二节），A；

　　　I_{fh}——导体长期通过的负荷电流，A。

目前我国生产的各种电气设备，除熔断器、消弧线圈和避雷器外，基准环境温度为 40℃，长期最高允许温度可按 80℃ 考虑。一般裸导体，如矩形母线、管形母线等，基准环境温度为 25℃，长期最高允许温度为 70℃，计及日照时长期最高允许温度为 80℃，导体接触面有镀锡层可提高到 85℃。各类电力电缆为 50～90℃。

2. 短路电流的发热

短路电流通过导体的时间很短，该段时间为自短路开始到短路切除为止，如图 11-3 中从 t_1 到 t_2，这段时间等于继电保护动作时间与断路器的全分闸时间之和。在这样短的时间内，导体产生的热量来不及向四周散出，全部用于使导体自身的温度升高，如图 11-3 中由 θ_i 升高到 θ_f。如果短路时的最高温度，超过电气设备和载流导体的短时最高允许温度，它们将被损坏。一般把电气设备和载流导体在短路时，能承受短路电流发热的能力，称为热稳定度，简称热稳定。

载流导体的短时最高允许温度：铝及铝锰合金为 200℃；铜为 300℃；6～10kV 油浸纸绝缘电缆铝芯为 200℃，铜芯为 230℃。对于高压电气设备，一般只给出有关热稳定的参数（允许热效应见本章第二节），而不给出最高允许温度。

（1）短路电流的发热计算。短路电流的发热过程，可近似认为全部发热量被导体吸收使自身温度升高。在发热过程中，导体的电阻不是常数而与温度有关。在任意温度 θ℃ 时导体的电阻为

$$R_\theta = \rho_0(1 + \alpha\theta)\frac{l}{S}$$

式中　ρ_0——0℃时导体的电阻率，Ω/m；

　　　α——ρ_0 的温度系数，1/℃；

S——导体截面积，m^2；

l——导体长度，m。

设在任意时刻 t 的短路全电流的瞬时值为 i_{kt}，则在 dt 时间内的发热量为

$$dQ = i_{kt}^2 \rho_0 (1 + \alpha\theta) \frac{l}{S} dt \quad (J)$$

在 dt 时间内全部发热量 dQ，如被导体吸收后温度升高 $d\theta℃$，在此过程中导体比热容也不是常数而与温度有关，则 dt 时间内导体吸收的热量为

$$dQ = c_0 (1 + \beta\theta) \gamma S l \, d\theta \quad (J)$$

式中　c_0——0℃时导体的比热容，J/（kg・℃）；

β—— c_0 的温度系数，1/℃；

γ——导体材料的密度，kg/m^2。

由于发热量等于吸热量，所以

$$i_{kt}^2 \rho_0 (1 + \alpha\theta) \frac{l}{S} dt = c_0 (1 + \beta\theta) \gamma S l \, d\theta$$

$$\frac{i_{kt}^2}{S^2} dt = \frac{c_0 \gamma}{\rho_0} \frac{1 + \beta\theta}{1 + \alpha\theta} d\theta$$

假如令短路开始时刻为 0，短路切除时刻为 t，与上述时刻相对应的导体温度为 θ_f 和 θ_i，上式两边积分得

$$\frac{1}{S^2} \int_0^t i_{kt}^2 \, dt = \frac{c_0 \gamma}{\rho_0} \int_{\theta_i}^{\theta_f} \frac{1 + \beta\theta}{1 + \alpha\theta} d\theta \tag{11-5}$$

$$= \frac{c_0 \gamma}{\rho_0} \left[\frac{\alpha - \beta}{\alpha^2} \ln(1 + \alpha\theta_f) + \frac{\beta}{\alpha} \theta_f \right] - \frac{c_0 \gamma}{\rho_0} \left[\frac{\alpha - \beta}{\alpha^2} \ln(1 + \alpha\theta_i) + \frac{\beta}{\alpha} \theta_i \right]$$

令

$$A_f = \frac{c_0 \gamma}{\rho_0} \left[\frac{\alpha - \beta}{\alpha^2} \ln(1 + \alpha\theta_f) + \frac{\beta}{\alpha} \theta_f \right]$$

$$A_i = \frac{c_0 \gamma}{\rho_0} \left[\frac{\alpha - \beta}{\alpha^2} \ln(1 + \alpha\theta_i) + \frac{\beta}{\alpha} \theta_i \right]$$

其中 A_f 和 A_i 的形式完全相同，写成一般的形式就是

$$A = \frac{c_0 \gamma}{\rho_0} \left[\frac{\alpha - \beta}{\alpha^2} \ln(1 + \alpha\theta) + \frac{\beta}{\alpha} \theta \right]$$

A_f 和 A_i 的单位为 $J/(\Omega \cdot m^4)$。

式（11-5）可改写为下列形式

$$\frac{1}{S^2} \int_0^t i_{kt}^2 \, dt = A_f - A_i \tag{11-6}$$

式中　$\int_0^t i_{kt}^2 \, dt$——与短路电流的发热量成正比，称为短路电流的热效应，用 Q_k 表示，即

$$Q_k = \int_0^t i_{kt}^2 \, dt \tag{11-7}$$

由式（11-6）可得

$$A_f = \frac{1}{S^2} Q_k + A_i \tag{11-8}$$

根据式（11-8），只要求出 Q_k 和由短路前工作温度 θ_i 相对应的 A_i，便可求出与短路时

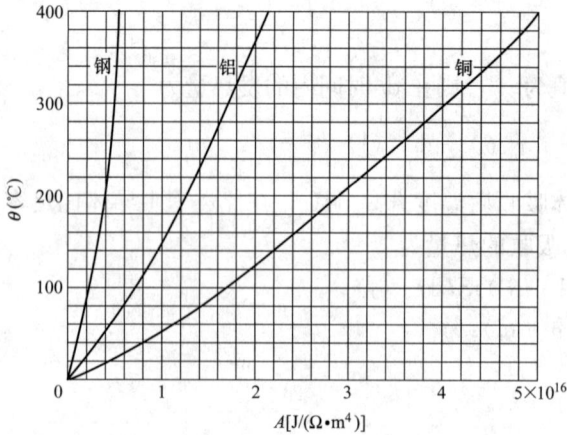

图 11-4　$\theta = f(A)$ 曲线

最高温度 θ_f 相对应的 A_f。实用中对不同材料已做成 $\theta = f(A)$ 曲线，如图 11-4 所示。利用此曲线便可求出短路时导体的最高温度 θ_k。

（2）短路电流热效应 Q_k 的计算。由式（11-7）可知，短路电流热效应为

$$Q_k = \int_0^t i_{kt}^2 \mathrm{d}t$$

$$= \int_0^t (i_{zt} + i_{fzt})^2 \mathrm{d}t$$

可近似认为

$$Q_k = Q_z + Q_{fz}$$

即认为短路电流的热效应 Q_k 等于周期分量热效应 Q_z 和非周期分量热效应 Q_{fz} 之和。

关于热效应的计算，我国以往曾采用苏联的假设时间法。这种方法是假想当导体通过不变的短路稳态电流时，在假想时间内所产生的热量等于导体在短路过程中实际产生的热量。这种方法已不适合我国目前电力系统情况，计算结果误差较大。最近我国提出一种实用计算法，已推广使用，下面介绍热效应的实用计算法。

1）周期分量热效应 $Q_z = \int_0^t i_{kt}^2 \mathrm{d}t$。在求 Q_z 时，实用计算法以近似积分法为基础，利用辛普森公式求得较佳的结果。周期分量热效应 Q_z 按下式计算

$$Q_z = \frac{I''^2 + 10 I_{k\frac{t}{2}}^2 + I_{kt}^2}{12} \cdot t \tag{11-9}$$

式中　Q_z——短路电流周期分量热效应，$(\mathrm{kA})^2 \cdot \mathrm{s}$；

　　　I''——短路电流周期分量有效值的初始值，kA；

　　　$I_{k\frac{t}{2}}$——$\frac{t}{2}$ s 时短路电流周期分量有效值，kA；

　　　I_{kt}——t s 时短路电流周期分量有效值，kA；

　　　t——短路电流持续时间，s。

当有多支路向短路点供给短路电流时，I''、$I_{k\frac{t}{2}}$、I_{kt} 分别为各支路短路电流之和，然后利用式（11-9）求得 Q_z。不能先求出各支路的周期分量热效应然后相加。

表 11-1　　　　　　　　　　　　　　　　非周期分量等效时间

短　路　点	T (s)	
	$T \leqslant 0.1$	$T \geqslant 0.1$
发电机出口及母线	0.15	0.2
发电机升高电压母线及出线发电机电压出线电抗器后	0.08	0.1
变电所各级电压母线及出线	0.05	

2）非周期分量热效应。按下式计算：

$$Q_{fz} = \frac{T}{\omega} \left(1 - \mathrm{e}^{-\frac{2\omega t}{T_a}}\right) I''^2$$

$$= TI''^2 \qquad\qquad (11\text{-}10)$$

式中　Q_{fz}——短路电流非周期分量热效应，$(kA)^2 \cdot s$；

　　　T_a——非周期分量衰减时间常数；

　　　T——等效时间，s。为了简化计算，可按表 11-1 查得。

当多支路向短路点供给短路电流时，在用式（11-10）计算时，I'' 为各支路短路电流之和。

如果短路持续时间 $t > 1s$，导体的发热量由周期分量热效应决定。在此情况下，可以不计非周期分量热效应的影响，此时 $Q_d = Q_z$。

【例 11-1】 系统中某降压变电所铝母线上发生三相短路，母线规格为 80mm×10mm，在正常最大负荷时，母线的温度 $\theta_i = 60\ ℃$。短路电流持续时间 $t = 1.6s$。短路电流：$I'' = 46.9kA$，$I''_{0.8} = 44.5kA$，$I''_{1.6} = 42.3kA$。求短路点短路电流的热效应和最高温度。

解　由于 $t > 1s$，可忽略非周期分量的影响，按式（11-9）计算，则

$$Q_k \approx Q_z = \frac{I''^2 + 10\ I_{k\frac{t}{2}}^2 + I_{kt}^2}{12} \cdot t = \frac{46.9^2 + 10 \times 44.5^2 + 42.3^2}{12} \times 1.6$$

$$\approx 3172.19 [(kA)^2 \cdot s]$$

已知 $\theta_i = 60\ ℃$，在图 11-4 中查得

$$A_i = 0.45 \times 10^{16} [J/(\Omega \cdot m^4)]$$

按式（11-8）计算

$$A_f = \frac{1}{S^2} Q_k + A_i = \frac{3172.19 \times 10^6}{(0.08 \times 0.01)^2} + 0.45 \times 10^{16}$$

$$\approx 0.95 \times 10^{16} [J/(\Omega \cdot m^4)]$$

由 $A_f = 0.95 \times 10^{16} J/(\Omega \cdot m^4)$，从图 11-4 查得 $\theta_f = 140℃ < 200℃$（铝导体最高允许温度），故满足热稳定。

第二节　电气设备的一般选择条件

各种电气设备和载流导体，由于它们的用途和工作条件不同，所以每种电气设备和载流导体选择时都有具体的选择条件。但是不论何种电气设备和载流导体，对它们的基本要求都相同，即必须在正常运行和短路时能可靠地工作。为此，各种电气设备的选择又有一般条件，即按正常工作条件进行选择，按短路状态校验其动稳定和热稳定。

一、按正常工作条件选择

1. 额定电压

所选电气设备和电缆的最高允许工作电压，不得低于装设回路的最高运行电压。一般电气设备和电缆的最高工作电压：当额定电压在 220kV 及以下时，为 $1.15U_N$；当额定电压为 330～500kV 时，为 $1.1U_N$。而实际电网运行时的最高运行电压，一般不超过电网额定电压 U_{NS} 的 1.1 倍。因此，一般可按电气设备和电缆的额定电压 U_N 不低于装设地点的电网额定电压 U_{NS} 的条件选择，即

$$U_N \geqslant U_{NS} \qquad\qquad (11\text{-}11)$$

裸导体承受电压的能力由绝缘子及安全净距保证，无额定电压选择问题。

　　电气设备安装地点的海拔对绝缘介质强度有影响。随着海拔的增加，空气密度和湿度相对减少，使空气间隙和外绝缘的放电特性下降，设备外绝缘强度将随着海拔的升高而降低，导致设备允许的最高工作电压下降。当海拔在 1000～4000m 时，一般按海拔每增加 100m，最高工作电压下降 1‰予以修正。当最高工作电压不能满足要求时，应选用高原型产品或外绝缘提高一级的产品。对现有 110kV 及以下的设备，由于其外绝缘有较大余度，可在海拔 2000m 以下使用。

　　2. 额定电流

　　当实际环境条件不同于额定环境条件时，电气设备或载流导体的额定电流 I_N 应作修正，经综合修正后的长期允许电流 I_{al} 不得低于装设回路的最大持续工作电流 I_{max}，即应满足条件

$$I_{al} = KI_N \geqslant I_{max} \tag{11-12}$$

式中　K——综合校正系数；

　　　　I_{max}——电气设备所在回路的最大持续工作电流。

　　当仅计及环境温度影响时，对于裸导体和电缆：$K = \sqrt{\dfrac{\theta_{al} - \theta}{\theta_{al} - 25}}$。对于电器：当 $40℃ \leqslant \theta \leqslant 60℃$ 时，$K = 1 - (\theta - 40) \times 0.018$；当 $0℃ \leqslant \theta \leqslant 40℃$ 时，$K = 1 + (40 - \theta) \times 0.005$；当 $\theta < 0℃$ 时，$K = 1.2$。

　　计算回路的最大持续工作电流 I_{max} 时，应考虑该回路在各种运行方式下的持续工作电流，选用其最大者。可按表 11-2 的原则计算。

表 11-2　　　　　　　　　　　　　　　　回路最大持续工作电流

回路名称	I_{max}	说　明
发电机、调相机回路	1.05 倍发电机、调相机额定电流	当发电机冷却气体温度低于额定值时，允许每低 1℃电流增加 0.5%
变压器回路	1. 1.05 倍变压器额定电流 2. （1.3～2.0）倍变压器额定电流	变压器通常允许正常或事故过负荷，必要时按（1.3～2.0）倍计算
母线联络回路、主母线	母线上最大一台发电机或变压器的 I_{max}	
母线分段回路	1. 发电厂为最大一台发电机额定电流的 50%～80% 2. 变压器应满足用户的一级负荷和大部分二级负荷	考虑电源元件事故跳闸后仍能保证该段母线负荷
旁路回路	需旁路的回路的最大额定电流	
出线	1. 单回路：线路最大负荷电流	包括线损和事故时转移过来的负荷
	2. 双回路：（1.2～2）倍一回线的正常最大负荷电流	包括线损和事故时转移过来的负荷
	3. 环形与一个半断路器接线：两个相邻回路正常负荷电流	考虑断路器事故或检修时，一个回路加另一最大回路负荷电流的可能
	4. 桥形接线：最大元件的负荷电流	桥回路尚需考虑系统穿越功率
电动机回路	电动机的额定电流	

二、按短路状态校验

1. 热稳定校验

当短路电流通过被选择的电气设备和载流导体时，其热效应不应超过允许值，即应满足下列条件

$$Q_k \leqslant Q_{al} \tag{11-13}$$

或

$$Q_k \leqslant I_t^2 t \tag{11-14}$$

式中 Q_k——短路电流的热效应；

Q_{al}——电气设备和载流导体允许的热效应；

I_t——设备给定的在 t 内允许的热稳定电流（有效值）。

短路电流持续时间 t，应为继电保护动作时间 t_{pr} 与断路器全分闸时间 t_{ab} 之和，即

$$t = t_{pr} + t_{ab} \tag{11-15}$$

式中 t_{ab}——断路器固有分闸时间与灭弧时间之和。

校验裸导体及 $3 \sim 6kV$ 厂用馈线电缆的短路热稳定时，短路持续时间一般采用主保护动作时间加断路器全分闸时间。若主保护有死区，则采用能对该死区起作用的后备保护动作时间，并采用在该死区短路时的短路电流。

校验电气设备及电缆（$3 \sim 6kV$ 厂用馈线除外）热稳定时，其短路持续时间，一般采用后备保护动作时间加断路器全分闸时间。

2. 动稳定校验

被选择的电气设备和载流导体，通过可能最大的短路电流值时，不应因短路电流的电动力效应而造成变形或损坏，即应该满足条件

$$i_{sh} \leqslant i_{es} \tag{11-16}$$

或

$$I_{sh} \leqslant I_{es} \tag{11-17}$$

式中 i_{sh}、I_{sh}——三相短路冲击电流的幅值和有效值；

i_{es}、I_{es}——设备允许通过的动稳定电流（极限电流）峰值和有效值。

用熔断器保护的电气设备和载流导体，可不校验热稳定；除用有限流作用的熔断器保护外，它们仍应校验动稳定；电缆不校验动稳定；用熔断器保护的电压互感器回路，可不校验动、热稳定。

三、短路校验时短路电流的计算条件

校验电气设备和载流导体的短路动稳定和热稳定时，所用短路电流的电源容量应按具体工程的设计规划容量计算，并应考虑电力系统的远景发展规划（宜为该期工程建成后 $5 \sim 10$ 年）；计算用电路应按可能发生最大短路电流的正常接线方式，而不应按仅在切换过程中可能并列运行的接线方式；短路种类一般按三相短路校验；若发电机出口的两相短路或中性点直接接地系统、自耦变压器等回路中的单相、两相接地短路较三相短路更严重，应按严重情况校验。

计算短路电流的短路计算点的选择，应使所选择的电气设备和载流导体，通过可能最大的短路电流。现以图 11-5 为例说明选择短路计算点的方法。

（1）发电机回路的 QF1（QF2 类似）。当 K4 短路时，流过 QF1 的电流为 G1 供给的短路电流；当 K1 短路时，流过 QF1 的电流为 G2 供给的短路电流及系统经 T1 和 T2 供给的

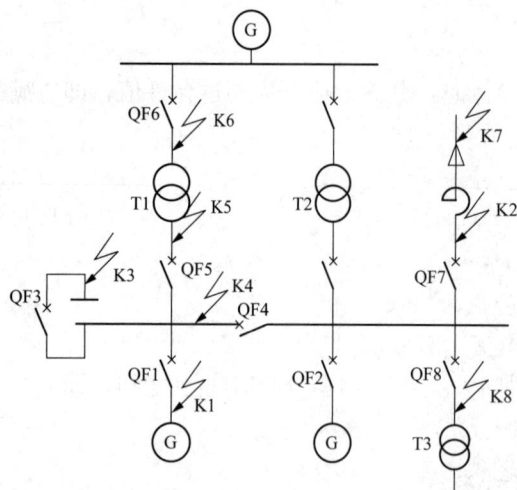

图 11-5　短路计算点选择的示意图

短路电流之和。若两台发电机的容量相等，则后者大于前者，故应选 K1 为 QF1 的短路计算点。

（2）母联断路器 QF3。当用 QF3 向备用母线充电时，如备用母线有故障，即 K3 点短路，这时流过 QF3 的电流为 G1、G2 及系统供给的全部短路电流，情况最严重。故选 K3 为 QF3 的短路计算点。同样，在校验发电机电压母线的动、热稳定时也应选 K3 为短路计算点。

（3）分段断路器 QF4。应选 K4 为短路计算点，并假设 T1 切除，这时流过 QF4 的电流为 G2 供给的短路电流及系统经 T2 供给的短路电流之和。如果不切除 T1，系统供给的短路电流有部分经 T1 分流，而不经 QF4，情况没有前一种严重。

（4）变压器回路断路器 QF5 和 QF6。考虑原则与 QF4 相似。对低压侧 QF5，应选 K5，并假设 QF6 断开，流过 QF5 的电流为 G1、G2 供给的短路电流及系统 T2 供给的短路电流之和；对高压侧断路器 QF6，应选 K6，并假设 QF5 断开，流过 QF6 的电流为 G1、G2 经 T2 供给的短路电流及系统直接供给的短路电流之和。

（5）带电抗器的出线回路断路器 QF7。显然，K2 短路时比 K7 短路时流过 QF7 的电流大。但运行经验证明，干式电抗器的工作可靠性高，且断路器和电抗器之间的连线很短，K2 发生短路的可能性很小，因此，选择 K7 为 QF7 的短路计算点，这样出线可选用轻型断路器。

（6）厂用变压器回路断路器 QF8。一般 QF8 至厂用变压器之间的连线为较长电缆，存在短路可能性，因此，选 K8 为短路计算点。

第三节　母线和电力电缆的选择

一、敞露母线的选择

敞露母线一般是指配电装置中的汇流母线和电气设备之间连接用的裸导体。硬母线又分为敞露式和封闭式两类。目前在大容量机组的发电机与变压器之间的连接、厂用分支的连接，都采用封闭母线。下面介绍敞露母线的选择。

1. 母线材料和截面形状的选择

目前母线材料广泛采用铝材，因为铝电阻率较低，有一定的机械强度，质量轻，价格较低，我国铝的储量丰富。铜虽有较好的性能，但价格贵，我国储量不多，所以只有在一些特殊情况下才用铜材，如工作电流较大，位置特别狭窄，环境对铝有严重腐蚀而对铜腐蚀较轻等。

硬母线的截面形状一般有矩形、槽形和管形。矩形母线散热条件好，有一定的机械强度，便于固定和连接，但集肤效应较大，所以单条矩形母线截面最大不超过 $1250mm^2$。当工作电流大于最大单条矩形母线的允许电流时，每相可用 2～4 条矩形母线并列使用，但由于邻近效应的影响，多条矩形母线的允许电流并不随条数成比例增加。矩形母线一般只用于电压在 35kV 及以下、电流在 4000A 及以下的配电装置中。槽形母线的机械强度较好，集肤效应较小，在 4000～8000A 时，一般选用槽形母线。管形母线集肤效应小，机械强度高，管内可用水或风冷却，因此可用于 8000A 以上的大电流母线。此外，圆形母线表面光滑，电晕放电电压高，因此 110kV 及以上配电装置中多用管形母线。

　　矩形母线在支柱绝缘子上的放置方式有两种，如图 11-6（a）所示为母线竖放；图 11-6（b）所示为母线平放。三相母线的布置方式有图 11-6（a）、（b）所示的水平布置和图 11-6（c）所示的垂直布置。母线在支柱绝缘子上的放置方式和三相母线的布置方式，影响母线的散热和机械强度。母线竖放比平放散热条件好，允许工作电流大。水平布置母线竖放时，机械强度较平放小，散热条件好。垂直布置母线竖放时，散热和机械强度都较好，但增加了配电装置的高度。

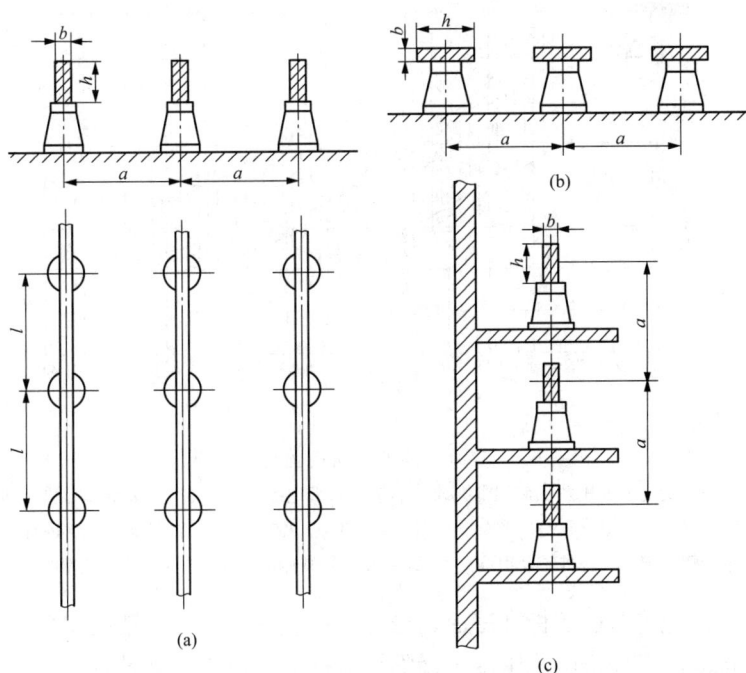

图 11-6　三相矩形母线的布置方式
（a）、（b）水平布置；（c）垂直布置

　　2. 母线截面的选择

　　除配电装置汇流母线的截面按长期允许电流选择外，长度大于 20m 的导体截面应按经济电流密度选择。

　　（1）按长期工作电流选择时，所选母线截面的长期允许电流应大于装设回路中最大持续工作电流，即

$$I_{al} \geqslant I_{max} \tag{11-18}$$
$$I_{al} = KI_N$$

式中　　I_N ——基准环境条件下的长期允许电流；

K——综合校正系数。

对于屋内的矩形、槽形、管形母线和不计日照的屋外软导线，仅考虑温度的影响，校正系数 K 值可按式（11-12）中的说明计算，也可查附表 3。

对于屋外导体，K 值尚考虑海拔、日照等影响。

（2）按经济电流密度选择载流导体的截面，可使年计算费用最小。不同载流导体的经济电流曲线如图 11-7 所示。根据最大负荷年利用小时数 T，可由图中相应曲线查得经济电流密度，按下式计算出母线经济截面：

$$S_j = \frac{I_{max}}{J} \tag{11-19}$$

式中　S_j——经济截面，mm^2；

　　　J——经济电流密度，A/mm^2；

　　I_{max}——正常工作时最大持续工作电流，A。

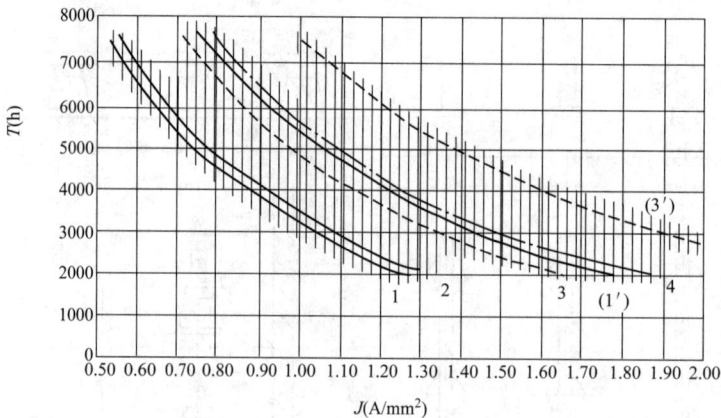

图 11-7　载流导体的经济电流密度曲线

1、($1'$)—变电所所用及工矿用电缆线路的铝(铜)纸绝缘铅包、铝包、塑料护套及各种铠装电流；2—铝矩形、槽形及组合导线；3、($3'$)—火电厂厂用的铝(铜)纸绝缘铅包、铝包、塑料护套及各种铠装电缆；4—35～220kV 线路的 LGJ、LGJQ 型钢芯铝绞线

应尽量选择接近经济截面的标准截面，当无合适规格时，导体截面积允许按小于经济截面的相邻下一挡选取。按经济电流密度选择的导体截面，还必须满足式（11-18）的要求。

3. 电晕电压校验

110kV 及以上母线，应进行电晕电压校验。因为电晕放电将引起电晕损耗、通信干扰以及金属腐蚀等不利现象，进行电晕电压校验时，应满足电晕临界电压大于母线安装处的最高工作电压。

4. 热稳定校验

由式（11-6）可知

$$\frac{1}{S^2}\int_0^t i^2_{kt}\,dt = A_f - A_i$$

则

$$S_{min} = \sqrt{\frac{Q_k}{A_f - A_i}} = \frac{\sqrt{Q_k}}{C}$$

式中，A_f 由母线短时最高允许温度决定，A_i 由母线在短路前通过额定负荷时的工作温度决定。取 $\sqrt{A_f - A_i} = C$，C 称为热稳定系数，则由 $\dfrac{\sqrt{Q_k}}{C}$ 所决定的母线截面为热稳定最小允许截面 S_{min}。

所选择母线截面，热稳定校验应满足的条件为

$$S \geqslant \frac{\sqrt{Q_k}}{C} \tag{11-20}$$

式中　S——所选择的母线截面，mm^2；

　　　Q_k——短路电流热效应，$(kA)^2 \cdot s$；

　　　C——热稳定系数。

在不同的工作温度下，对于不同母线材料，C 值可取表 11-3 所列数值。

表 11-3　　　　　　　　不同工作温度下的 C 值　　　　　　　　（℃）

工作温度	40	45	50	55	60	65	70	75	80	85	90
硬铝及铝锰合金	99	97	95	93	91	89	87	85	83	81	79
硬铜	186	183	181	176	176	174	171	169	166	164	161

当热稳定校验不满足要求时可选较大截面的母线。

5. 动稳定校验

敞露母线都安装在支柱绝缘子上，母线可以自由伸缩。当短路冲击电流通过时，电动力将使母线产生弯曲应力。因此，对硬母线进行动稳定校验时，应按弯曲情况计算机械强度。下面仅介绍矩形母线的动稳定校验。

(1) 每相单条母线的应力计算。当三相母线布置在同一平面内时（图 11-6），三相短路时中间相母线上所受的电动力最大。母线受力的情况，通常假定为负荷均匀分布、自由支撑在绝缘子上的多跨梁。在此情况下，作用于母线上的最大弯矩，可按下列公式计算。

当跨距数等于 2 时：

$$M = \frac{F^{(3)} l^2}{8} \tag{11-21}$$

当跨距数大于 2 时：

$$M = \frac{F^{(3)} l^2}{10} \tag{11-22}$$

式中　M——最大弯矩，$N \cdot m$；

　　　$F^{(3)}$——三相短路时中间相母线上的最大电动力，可不考虑形状系数，N；

　　　l——绝缘子之间的距离，m。

母线材料的计算应力，按下式计算：

$$\sigma_{js} = \frac{M}{W} \tag{11-23}$$

式中　σ_{js}——计算应力，Pa；

　　　W——母线截面的抗弯矩（也称截面系数），m^3。

抗弯矩 W 的计算：当三相母线水平布置，母线竖放时，如图 11-6（a）所示，$W = \dfrac{b^2 h}{6}$；

当母线平放时，如图 11-6（b）所示，$W = \dfrac{bh^2}{6}$。当母线垂直布置时，如图 11-6（c）所示，其抗弯矩与图 11-6（b）相同。

所得计算应力应满足条件：

$$\sigma_{js} \leqslant [\sigma] \tag{11-24}$$

式中　$[\sigma]$——母线材料的最大允许应力，Pa，其中硬铝为 70×10^6 Pa，硬铜为 140×10^6 Pa。

当计算应力超过最大允许应力时，所选母线便不能满足动稳定要求。这时，可增大母线截面及减小跨距，设计中，常根据母线材料的最大允许应力，确定绝缘子间的最大允许跨距 l_{max}。

根据式（11-3），母线单位长度上的电动力为

$$f = 1.73 \left[i_{sh}^{(3)} \right]^2 \frac{l}{a} 10^{-7}$$

在最大允许跨距 l_{max} 下的弯矩为

$$M_{max} = \frac{f l_{max}^2}{10}$$

当母线计算应力等于最大允许应力时

$$[\sigma] = \frac{M_{max}}{W} = \frac{f l_{max}^2}{10W} \tag{11-25}$$

在设计中，应取 $l \leqslant l_{max}$，否则不能满足要求。在母线水平布置时，一般取母线跨距不超过 1.5～2m，等于配电装置间隔的宽度。

（2）每相多条母线的应力计算。当每相有多条母线时，每一条母线都在相间和条间两个力的作用下发生弯曲。每条母线的弯曲应力，由相间作用应力 σ_x 和同一相内条间作用力 σ_t 合成，即

$$\sigma_{js} = \sigma_x + \sigma_t \tag{11-26}$$

下面介绍每相有两条母线时的应力计算。

由于同一相内母线条间距离很小，所以条间应力 σ_t 很大。为了减小条间应力 σ_t，同一相各条母线间每隔 $l_t = 0.3 \sim 0.5$m 装设衬垫，如图 11-8 所示。衬垫数目不宜过多，过多时将使母线散热不良以及安装复杂。

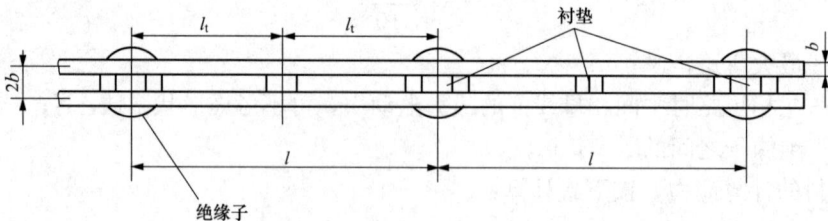

图 11-8　一相有两条母线时衬垫的装设

相间应力 σ_x 的计算与单条母线相同，只是由于有衬垫存在，使母线的抗弯矩增大。当母线按图 11-6（b）、（c）所示方式布置时，$W_x = 0.33bh^2$；当母线按图 11-6（a）所示方式布置时，$W_x = 1.44b^2h$。

相间作用力为

$$\sigma_x = \frac{M_x}{W_x} \tag{11-27}$$

相间作用的最大弯矩 M_x 的计算公式与单条母线相同。条间应力 σ_t 的计算应考虑短路冲击电流在各条母线中的分配和母线形状系数。当两条母线中心距离等于一条母线宽度的 2 倍时，即 $a=2b$，通常又认为两条母线中的电流相等，则单位长度上条间的作用力为

$$f_t = 2K_x \left[0.5 i_{sh}^{(3)}\right]^2 \frac{1}{2b} 10^{-7} = 2.5 K_x \left[i_{sh}^{(3)}\right]^2 \frac{1}{b} 10^{-8} \quad (\text{N/m}) \tag{11-28}$$

在条间作用力的作用下，为了防止同相内两条母线互相接触，衬垫间的最大允许跨距——临界跨距可由下式决定：

$$l_j = \lambda b \sqrt[4]{\frac{h}{f_t}} \quad (\text{m}) \tag{11-29}$$

式中　b、h——母线截面的尺寸，m；

　　　　λ——系数，两条铜母线为 1744，两条铝母线为 1003。

在条间作用力 f_t 作用下，母线所受弯矩按两端固定的均匀负荷量计算。条间最大弯矩为

$$M_t = \frac{1}{12} f_t l_t^2 \quad (\text{N·m}) \tag{11-30}$$

式中　l_t——衬垫间跨距，应小于或等于临界跨距，m。

此时的抗弯矩为

$$W = \frac{b^2 h}{6} \quad (\text{m}^3) \tag{11-31}$$

所以条间应力为

$$\sigma_t = \frac{M_t}{W_t} \quad (\text{Pa}) \tag{11-32}$$

应满足条件

$$\sigma_{js} = \sigma_x + \sigma_t \leqslant [\sigma]$$

当由于条间应力 σ_t 太大而不能满足上述条件时，可取条间允许应力 $\sigma_{tal} = [\sigma] - \sigma_x$，然后按 σ_{tal} 衬垫间的最大允许跨距 l_{tmax}。

由式（11-30）和式（11-32）可以写出

$$\frac{f_t l_{tmax}^2}{12} = W_t \sigma_{tal}$$

所以

$$l_{tmax} = \sqrt{\frac{12\sigma_{tal} W_t}{f_t}} \quad (\text{m}) \tag{11-33}$$

实际上，相间作用力和条间作用力并不同时达到最大值，因此上述机械强度计算是有余度的。

【例 11-2】已知某降压变电所主电路如图 11-9 所示。10kV 母线三相短路电流 $I'' = I_{zt} = 20\text{kA}$，母线

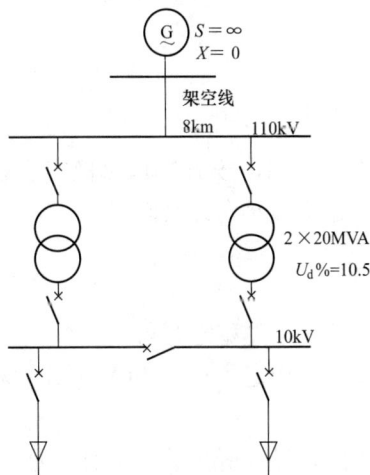

图 11-9　例 11-2 电路图

继电保护动作时间 $t_{\mathrm{pr}}=1\mathrm{s}$ ，断路器全分闸时间 $t_{\mathrm{ab}}=0.1\mathrm{s}$ 。10kV 配电装置为屋内配电装置，室内最高温度为 40℃，三相母线水平布置，母线在绝缘子上平放，相间距离为 0.25m，绝缘子跨距为 1.2m。试选择 10kV 汇流母线。

解 选用矩形截面铝母线。

（1）按长期允许电流选择母线截面。由主接线分析可知，母线最大持续工作电流不超过一台主变压器的最大持续工作电流，故母线最大持续工作电流为

$$I_{\max}=\frac{1.05\times20}{\sqrt{3}\times10.5}\times10^3\approx1154.73(\mathrm{A})$$

在产品目录中选用每相一条 80mm×8mm 的矩形铝母线。在基准环境温度为 25℃、母线平放时，基准条件下的长期允许电流 $I_{\mathrm{N}}=1249\mathrm{A}$ 。查表附表 3，室温为 40℃时，校正系数 $K=0.81$ ，故长期允许电流为

$$I_{\mathrm{al}}=0.81\times1249=1011.69（\mathrm{A}）<1154.73（\mathrm{A}）$$

所以 80mm×8mm 母线不适用，重选 100mm×8mm 母线，$I_{\mathrm{N}}=1547\mathrm{A}$ ，长期允许电流为

$$I_{\mathrm{al}}=0.81\times1547=1253.07(\mathrm{A})>1154.73(\mathrm{A})$$

故可选用 100mm×8mm 矩形截面铝母线。

（2）热稳定校验。计算热稳定最小允许截面面积为

$$S_{\min}=\frac{\sqrt{Q_{\mathrm{k}}}}{C}$$

短路持续时间为

$$t=t_{\mathrm{pr}}+t_{\mathrm{ab}}=1+0.1=1.1(\mathrm{s})$$

因 $t>1\mathrm{s}$ ，可不考虑非周期分量热效应，所以短路电流热效应可按式（11-9）计算。由于电力系统为无限大容量电源，故短路电流热效应为

$$Q_{\mathrm{k}}=I_{\mathrm{zt}}^2t=20000^2\times1.1=440\times10^6(\mathrm{A}^2\cdot\mathrm{s})$$

按式（11-4）计算母线短路前通过最大持续工作电流时的工作温度为

$$\theta_{\mathrm{i}}=\theta_0+(\theta_{\mathrm{al}}-\theta_0)\left(\frac{I_{\max}}{I_{\mathrm{al}}}\right)^2$$

$$=40+(70-40)\times\left(\frac{1154.73}{1253.07}\right)^2$$

$$\approx65.48(℃)$$

查表 11-3，按 70℃取热稳定系数 $C=89$ 。

热稳定最小允许截面为

$$S_{\min}=\frac{\sqrt{440\times10^6}}{89}\approx235.69(\mathrm{mm}^2)$$

故能满足热稳定要求

（3）动稳定校验。10kV 母线三相短路电流时短路冲击电流为

$$i_{\mathrm{sh}}^2=2.55\times20=51(\mathrm{kA})$$

中间相母线所受最大电动力为

$$F^{(3)}=1.73\left[i_{\mathrm{sh}}^{(3)}\right]^2\frac{l}{a}10^{-7}=1.73\times(51\times10^3)^2\times\frac{1.2}{0.25}\times10^{-7}\approx2159.87(\mathrm{N})$$

最大弯矩为

$$M = \frac{F^{(3)}l^2}{10} = \frac{2159.87 \times 1.2^2}{10} \approx 311.02(\text{N} \cdot \text{m})$$

母线截面抗弯矩为

$$W = \frac{bh^2}{6} = \frac{0.008 \times 0.1^2}{6} \approx 1.33 \times 10^{-5}(\text{m}^2)$$

母线的计算应力为

$$\sigma_{js} = \frac{M}{W} = \frac{311.02}{1.33 \times 10^{-5}} \approx 23.85 \times 10^6(\text{Pa})$$

由式（11-24）可知，硬铝的最大允许应力为

$$[\sigma] = 70 \times 10^6 \text{Pa} > 23.85 \times 10^6 \text{Pa}$$

满足动稳定要求，故选用 100mm×8mm 矩形铝母线。

二、封闭母线的选择

大容量机组在发电机和变压器之间的连接母线中，正常工作时要通过上万安培的大电流。这样，大电流母线不仅有本身的发热问题，而且会在周围产生强大的磁场，使周围钢构件中产生巨大的涡流和磁滞损耗，从而使钢构件温度升高。另外，大机组的短路电流更大，由此而产生的巨大电动力使一般母线和绝缘子的机械强度很难满足要求。而且大容量机组故障后对系统将产生严重影响。敞露式母线容易受污秽、气候和外物的影响而造成短路。所以，对于容量为 200MW 及以上的机组，发电机和变压器之间的连接线以及厂用电源、电压互感器等分支线，均采用全连式分相封闭母线。

分相封闭母线的每相母线有一单独的金属保护外壳，基本消除了相间故障的可能性，其结构示意图如图 11-10 所示。载流导体一般用铝质圆管形结构，以减小集肤效应，且有较高的机械强度。载流导体由支柱绝缘子支持并固定在保护外壳上。支柱绝缘子与外壳之间通过一弹性板连接，以保持具有一定的弹性。载流导体的支持方式有四种，国内设计的封闭母线几乎都采用三绝缘子方案，三个绝缘子在空间彼此相差 120℃。绝缘子只受压力，工作可靠。这时可不进行绝缘子抗弯计算。保护外壳一般采用 5～8mm 厚的铝板制成圆管形，为了便于检修维护母线接头或绝缘子，在外壳上设置检修与观察孔。对于封闭母线的外壳和载流导体，它们与电气设备的连接处都应设置可拆卸的伸缩接头。当直线段长度在 20m 左右时，一般设置焊接的伸缩接头，以保证封闭母线的伸缩。

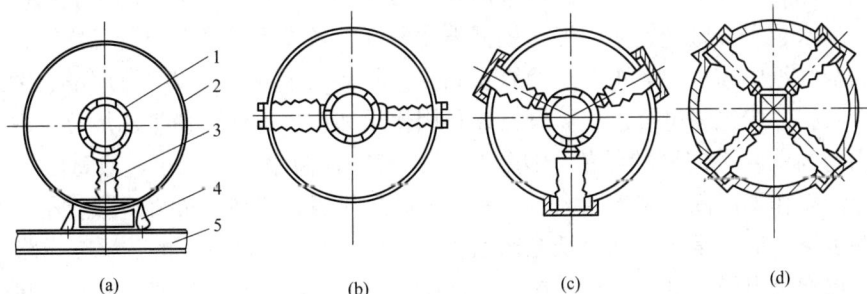

图 11-10 分相封闭母线结构示意图

（a）单个绝缘子支持；（b）两个绝缘子支持；（c）三个绝缘子支持；（d）四个绝缘子支持

1—母线；2—外壳；3—绝缘子；4—支座；5—三相支持槽钢

全连式分相封闭母线的特点是，沿母线长度方向上的外壳在同一相内从头到尾全部连通；在封闭母线的各个终端，将三相外壳用铝板制成的短路板互相连接在一起，使三相外壳在电气上成一闭合回路。当载流导体通过电流时，便在外壳上感应出与载流导体大小相等、方向相反的环流，使壳外磁场几乎为零，载流导体间的短路电动力也大大减小，附近钢构件发热几乎完全消失，外壳起到了较好的屏蔽作用。为了安全，外壳采用多点接地，在短路板处应设置可靠的接地点。

200～300MW 的机组全连式分相封闭母线，一般采用自冷式的空气冷却方式；300MW以上的机组，可采用强迫风冷或强迫水冷的冷却方式。

容量为 200～600MW 发电机的全连式分相封闭母线，一般采用制造部门的定型产品。制造厂可提供有关封闭母线的额定电压、额定电流、动稳定和热稳定等参数，因此，可按电气设备选择的一般条件进行校验。当选用非定型产品时，应进行载流导体和外壳的发热、应力等方面的计算和校验。

三、电力电缆的选择

电力电缆是传输和分配电能的一种特殊载流导体，主要用于发电机、电力变压器、配电装置之间的连接，电动机与自用电源的连接，以及输电线路。电缆的各相导体之间及导体对地之间均有绝缘层可靠绝缘，外面依次加有密封护套、外护层，将全部绝缘导体一并加以保护和封闭。电缆的结构极为紧凑，占用空间远比母线要小且走向布置灵活方便，运行可靠性高。

1. 结构类型的选择

首先根据用途、敷设方式和使用条件选择。电缆作为载流导体，目前应用十分广泛，可以直接埋入地下以及敷设在电缆沟或电缆隧道当中，也可以敷设在水中或海底，还可以在空气中敷设。

其次根据结构类型选择。电缆芯线有铜芯和铝芯，其芯线一般由多股导线绞合而成，国内工程一般选择铝芯。

电缆的绝缘材料有很多种类型，而且对电缆的结构和性能影响最大，故电力电缆主要按绝缘方式分类并命名。

(1) 油浸纸绝缘电缆。其主绝缘用经过处理的纸浸透电缆油制成，具有绝缘性能好、耐热能力强、承受电压高、使用寿命长等优点。其适用于 35kV 及以下的输配电线路。

(2) 聚氯乙烯绝缘电缆。其主绝缘采用聚氯乙烯，内护套大多也采用聚氯乙烯，具有电气性能好、耐水、耐酸碱盐、防腐蚀、机械强度较好、敷设不受高差限制等优点，并可逐步取代常规的绝缘纸电缆；缺点主要是绝缘易老化。其适用于 6kV 及以下的输配电线路。

(3) 交联聚乙烯绝缘电缆。交联聚乙烯利用化学和物理方法，使聚乙烯分子由直链状线型分子结构变为三度空间网状结构。这种电缆具有结构简单、外径小、质量轻、耐热性能好、芯线允许工作温度高、载流量大、可制成较高电压级、机械性能好、敷设不受高差限制等优点，并可逐步取代常规的油浸纸绝缘电缆。其适用于 1～110kV 的输配电线路。

(4) 橡皮绝缘电缆。其主绝缘是橡皮，性质柔软、弯曲方便；缺点是耐压强度不高、遇油变质、绝缘易老化、易受机械损伤等。其适用于 6kV 及以下的输配电线路，且多用于厂矿车间的动力干线和移动式装置。

(5) 高压冲油电缆。其主要特点是铅套内有油道。油道由缆芯导线或扁铜线绕制成的螺旋管构成。在单芯电缆中，油道直接放在线芯的中央；在三芯电缆中，油道则放在芯与芯之间的填充物处。冲油电缆的纸绝缘是用黏度很低的变压器油浸渍的，油道中也充满这种油。在连接盒和终端盒处装有压力油箱，以保证油道始终充满油，并保持恒定的油压。当电缆温度下降，油的体积收缩，油道中的油不足时，由油箱补充；反之，当电缆温度上升，油的体积膨胀时，油道中多余的油流回油箱内。由于油的绝缘性能相当高，故其适用于 110～330kV 及以下的变、配电装置至高压架空线及城市输电系统之间的连接线。

2. 额定电压的选择

额定电压应满足

$$U_N \geqslant U_{NS} \tag{11-34}$$

式中　U_N、U_{NS}——电缆及其所在电网的额定电压，kV。

3. 截面的选择

电力电缆截面 S 的选择原则和方法与裸母线基本相同。对长度超过 20m 且最大负荷利用小时数大于 5000h 的电缆按经济电流密度选择经济截面；反之，按长期允许电流选择。电缆的长期允许电流应根据环境温度和敷设条件等进行校正。

环境温度不同时，长期允许电流的校正系数见附表 7。

长期允许电流按敷设条件进行校正的校正系数见附表 8 和附表 9。

所选电缆芯线截面校正后的长期允许电流，应不小于装设电路的长期最大工作电流。

在大容量电路中，可能选用大截面电缆或多条电缆，这需要从技术可靠性和经济合理性等方面给予综合考虑决定。

4. 热稳定校验

电缆截面积 S 应满足下列条件：

$$S \geqslant \frac{\sqrt{Q_k}}{C} \times 10^2 (\text{mm}^2)$$

热稳定系数 C 按下式计算：

$$C = \frac{1}{\eta} \sqrt{\frac{4.2Q}{K\rho_{20}\alpha} \ln \frac{1+\alpha(\theta_f - 20)}{1+\alpha(\theta_i - 20)}} \times 10^{-2} \tag{11-35}$$

式中　η——计及电缆芯线充填物热容量随温度变化以及绝缘物散热影响的校正系数，对于 3～10kV 回路取 0.93，对于 35kV 及以上回路取 1.0；

　　　Q——电缆芯单位体积的热容量，J/(cm³·℃)，铝芯取 0.59[J/(cm³·℃)]，铜芯取 0.81J/(cm³·℃)；

　　　K——电缆芯在 20℃时的集肤效应系数，$S \leqslant 100$mm² 的三芯电缆，$K=1$，$S=120～240$mm² 的三芯电缆，$K=1.005～1.035$；

　　　ρ_{20}——电缆芯在 20℃时的电阻率，Ω·cm，铝芯取 3.10×10^{-6}Ω·cm，铜芯取 1.84×0^{-6}Ω·cm；

　　　α——电缆芯在 20℃时的电阻温度系数，(1/℃)，铝芯为 4.03×10^{-3}/℃，铜芯为 3.93×10^{-3}/℃；

　　　θ_i——短路前电缆的工作温度，℃；

　　　θ_f——短路时电缆的最高允许温度，℃。对 10kV 以下普通黏性浸渍绝缘及交联聚乙烯绝缘电缆，铝芯为 200℃，铜芯为 250℃，有中间接头的电缆短路时的最高允许温度，锡焊头为 120℃，压接接头为 150℃。

5. 按电压损失校验电缆截面

对供电距离较远、容量较大的电缆线路，应校验其电压损失 $\Delta U\%$，对于三相交流电路，一般应满足

$$\Delta U\% \leqslant 5\%$$

而

$$\Delta U\% = 0.173 I_{max} L (r\cos\varphi + x\sin\varphi)/U_{NS} \tag{11-36}$$

式中　I_{max}——电缆线路最大持续工作电流，A；

　　　　L——线路长度，km；

　　　　r、x——电缆单位长度的电阻和电抗，Ω；

　　　　$\cos\varphi$——功率因数；

　　　　U_{NS}——电缆线路额定线电压，kV。

一般线路的电压损失 $\Delta U\%$ 应不大于 5%。

【例 11-3】 如图 11-9 所示接线中，某用户由 10kV 双回电缆线路供电，双回电缆分别接于变电站 10kV 母线不同分段上。正常工作时双回路同时投入。一条电缆故障时，另一条电缆能供全部负荷。用户的最大负荷 $P=3000$kW，$\cos\varphi=0.9$，最大负荷利用小时数 $T=3500$h。每条电缆长度 $l=2$km。距变电站 500m 处有第一个压接中间接头，该接头处短路时 $I_z=15$kA。电缆采用直埋地下敷设方式，并列 2 条，电缆间净距为 200mm，土壤温度 $\theta=20$℃，土壤热阻系数为 80℃·cm/W，线路后备保护动作时间 $t_{pr}=1.2$s，断路器全分闸时间 $t_{ab}=0.15$s。选择该出线电缆。

解　根据题意，选用 10kV 铝芯、铅包、钢带铠装的 ZLL12 型三芯油浸纸绝缘电力电缆。下面选择电缆截面及校验。因最大负荷利用小时数小于 5000h，故不按经济电流密度选择截面。

(1) 按长期允许电流选择电缆截面。

考虑到一条电缆故障时负荷的转移，则每条电缆的最大持续工作电流为

$$I_{max} = \frac{1.05 \times 3000}{\sqrt{3} \times 0.9 \times 10.5} \approx 192.46(\text{A})$$

由产品目录查得，每回路选用一条三芯电缆，每芯的截面为 $S=120$mm²。电缆直埋时的基准环境温度 $\theta_0=25$℃，长期最高允许温度 $\theta_{al}=60$℃，额定长期允许电流 $I_{al}=205$A。

当土壤温度为 20℃时，由附表 7 查得校正系数为 1.07。电缆直埋地下、二根并列、电缆间净距为 20mm 时，查附表 9 得校正系数为 0.9。经过校正后 $S=120$mm²，电缆的长期允许电流为

$$I_{al}=1.07 \times 0.9 \times 205 \approx 197.42 \text{ (A) } > 192.46 \text{ (A)}$$

(2) 热稳定校验。

对于中间接头的电缆，应按第一个中间接头处短路进行热稳定校验。短路时最高允许温度按 150℃ 计。

短路持续时间为

$$t = t_{pr} + t_{ab} = 1.2 + 0.15 = 1.35(\text{s})$$

周期分量热效应按式 (11-9) 计算为

$$Q_k = I_z^2 t = (15 \times 10^3)^2 \times 1.35 = 303.75 \times 10^6 (\text{A}^2 \cdot \text{s})$$

因为 $t > 1\text{s}$，则短路电流热效应为

$$Q_k = Q_z = 303.75 \times 10^6 (\text{A}^2 \cdot \text{s})$$

电缆短路前的工作温度，取 $\theta_i = \theta_{al} = 60\,℃$。

按式（11-35）计算可得热稳定系数 $C = 73 \times 10^2$。

热稳定最小允许截面为

$$S_{min} = \frac{\sqrt{Q_k}}{C} \times 10^2 = \frac{\sqrt{303.75 \times 10^6}}{73 \times 10^2} \times 10^2 \approx 238.75 (\text{mm}^2)$$

故所选 120mm^2 的电缆不能满足热稳定的要求。根据热稳定最小允许截面重选电缆截面为 240mm^2，长期允许电流为 320A，定能满足最大持续工作电流的要求，热稳定也可满足要求，故不再进行校验。

（3）按电压损失校验截面。

$$\Delta U\% = \frac{\sqrt{3} I_{max} d}{U_e \times 10^3 \times s} \cos\varphi \times 100 = \frac{\sqrt{3} \times 192.46 \times 0.035 \times 2000}{10500 \times 240} \times 0.9 \times 100$$

$$\approx 0.83\% < 5\%$$

结果表明，每回路选择一根 ZLL12-10-3×240 型电缆，能满足要求。

第四节　支柱绝缘子和穿墙套管的选择

支柱绝缘子按额定电压的类型选择，并按短路校验动稳定；穿墙套管按额定电压、额定电流和类型选择，并按短路校验热、动稳定。

一、选择支柱绝缘子和穿墙套管的种类和形式

选择支柱绝缘子和穿墙套管时应按装置的地点（屋内、屋外）、环境条件等选择。

支柱绝缘子有户内和户外两种，户内支柱绝缘子分内胶装、外胶装、联合胶装三个系列，主要用于 3～35kV 屋内配电装置；户外支柱绝缘子分针式和棒式两种，主要用于 6kV 及以上屋外配电装置。外胶装式支柱绝缘子的金属附件胶装在瓷件的外表面，使绝缘子的有效高度减少，电气性能降低，或在一定的有效高度下使绝缘子的总高度增加，尺寸、质量增大，但机械强度较高。这类产品已逐步淘汰。内胶装式支柱绝缘子的金属附件胶装在瓷件的孔内，相应地增加了绝缘距离，提高了电气性能，在有效高度相同的情况下，其总高度约比外胶装式低 40%；同时，由于所用的金属配件和胶合剂的质量减少，其总质量比外胶装式减少 50%。所以，内胶装式支柱绝缘子具有体积小、质量轻、电气性能好等优点，但机械强度较低。联合胶装式支柱绝缘子上部的金属附件采用内胶装，下部的金属附件采用外胶装，而且一般属实心不可击穿结构，为多菱形。它兼有内、外胶装式支柱绝缘子的优点，尺寸小，泄漏距离大，电气性能好，机械强度高，适用于潮湿和湿热带地区。户外针式绝缘子主要由绝缘瓷件、铸铁帽和法兰盘装脚组成，属空心可击穿结构，较笨重，易老化。户外棒式绝缘子为实心不可击穿结构，一般不会沿瓷件内部放电，运行中不必担心瓷体被击穿，与同级电压的针式绝缘子相比，具有尺寸小、质量轻、便于制造和维护等优点，因此，它将逐步取代针式绝缘子。

套管绝缘子用于母线在屋内穿过墙壁或天花板，以及从屋内向屋外引出，或用于使有封

闭外壳的电器（如断路器、变压器等）的载流部分引出壳外，也称穿墙套管。穿墙套管按安装地点可分为户内和户外两种，一般适用于 6～35kV 配电装置。户内穿墙套管主要用于在屋内穿过墙壁或天花板。户外穿墙套管主要用于将配电装置中的屋内载流导体与屋外载流导体连接，以及屋外电器的载流导体由壳内向壳外引出。其两端的绝缘瓷套分别按户内、户外两种要求设计，户外部分有较大的表面和较大的尺寸。

二、按额定电压选择支柱绝缘子和穿墙套管

支柱绝缘子和穿墙套管的额定电压应满足下式要求，即

$$U_N \geqslant U_{NS}$$

式中　U_N、U_{NS}——支柱绝缘子（或穿墙套管）及其所在电网的额定电压，kV。

发电厂和变电所的 3～20kV 屋外支柱绝缘子和套管，当有冰雪或污秽时，宜选用高一级额定电压的产品。

三、按最大持续工作电流选择穿墙套管

由于支柱绝缘子内不通过电流，不必按最大持续工作电流选择和热稳定校验，同样母线型穿墙套管本身不带导体，也不必按持续工作电流选择和校验热稳定，只需保证套管型式与母线条的形状和尺寸配合及校验动稳定。

穿墙套管的最大持续工作电流应满足下式要求，即

$$I_{al} = KI_N \geqslant I_{max}(A)$$

式中　K——温度修正系数，当环境温度 40℃≤θ≤60℃时，用 $K = \sqrt{\dfrac{\theta_{al}-\theta}{\theta_{al}-40}}$ 计算，导体的

θ_{al} 取 85℃，即 $K = 0.149\sqrt{85-\theta}$；在环境温度 θ<40℃及符合套管长期最高允许发热温度的情况下，允许其长期过负荷，但不应大于 1.2I_N。

I_N、I_{max}——穿墙套管的额定电流及其所在回路的最大持续工作电流，A。

四、校验穿墙套管热稳定

穿墙套管的热稳定应满足式(11-14)，即

$$I_t^2 t \geqslant Q_k \quad [(kA)^2 \cdot s]$$

式中　I_t——允许通过穿墙套管的热稳定电流，A；

　　　t——允许通过穿墙套管的热稳定时间，s。

五、校验支柱绝缘子和穿墙套管动稳定

支柱绝缘子和穿墙套管的动稳定应满足

$$F_c \leqslant 0.6F_d(N)$$

式中　F_c——三相短路时，作用于绝缘子帽或穿墙套管端部的计算作用力，N；

　　　F_d——绝缘子或穿墙套管的机械破坏负荷，查附表10，N；

　　　0.6——绝缘子或穿墙套管的潜在强度系数。

1. 计算三相短路时绝缘子(或套管)所受的电动力 F_{max}

布置在同一平面内的三相导体发

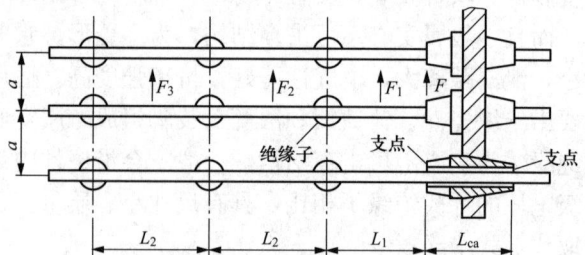

图 11-11　绝缘子和穿墙套管所受的电动力

生三相短路时，任一支柱绝缘子（或套管）所受的电动力，为该绝缘子（或套管）相邻导体上电动力的平均值（即左右两跨各有一半力作用在绝缘子或套管上）。如图 11-11 中所示绝缘子所受的力 $F_{\max}$ 为

$$F_{\max} = \frac{F_1 + F_2}{2} = 1.73 \times 10^{-7} \frac{L_1 + L_2}{2a} i_{\mathrm{sh}}^2 = 1.73 \times 10^{-7} \frac{L_c}{a} i_{\mathrm{sh}}^2 \qquad (11\text{-}37)$$

式中　L_c——绝缘子计算跨距，$L_c = (L_1 + L_2)/2$，L_1、L_2 为与绝缘子相邻的跨距，m。

2. 计算支柱绝缘子的 F_c

当三相导体水平布置时，$F_{\max}$ 作用在导体截面的水平心线上，与绝缘子轴线垂直，绝缘子可能被弯曲而破坏，如图 11-12 所示。由于支柱绝缘子的机械破坏负荷 F_d 是按作用在绝缘子帽上给定的，所以必须求出短路时作用在绝缘子帽上的计算作用力 F_c，根据力矩平衡得

$$F_c = F_{\max} H_1 / H \text{(N)} \qquad (11\text{-}38)$$

而

$$H_1 = H + b' + h/2$$

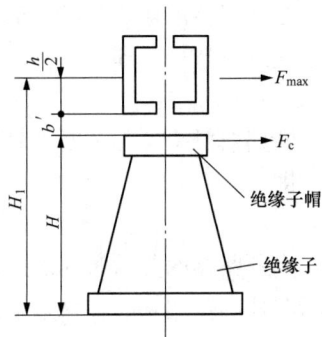

图 11-12　绝缘子受力示意图

式中　H_1——绝缘子底部到导体水平中心线的高度，mm；

　　　H——绝缘子的高度，mm；

　　　b'——导体支持器下片厚度，mm，一般竖放矩形导体 $b' = 18\mathrm{mm}$，平放矩形导体及槽形导体 $b' = 12\mathrm{mm}$；

　　　h——母线总高度，mm。

当三相导体垂直布置时，$F_{\max}$ 与绝缘子轴线重合，绝缘子受压，有

$$F_c = F_{\max} \text{(N)}$$

对于屋内 35kV 及以上水平布置的支柱绝缘子，在进行上述机械计算时，应考虑导体和绝缘子的自重及短路电动力的复合作用，屋外支柱绝缘子尚应计及风力和冰雪的附加作用，对于悬式绝缘子，不需校验动稳定。

3. 计算穿墙套管的 F_c（三相导体水平或垂直布置相同）

按式（11-37）计算穿墙套管的 F_c，即

$$F_c = F_{\max} = 1.73 \times 10^{-7} \frac{L_c}{a} i_{\mathrm{sh}}^2 \text{(N)} \qquad (11\text{-}39)$$

式中　L_c——穿墙套管的计算跨距，$L_c = (L_1 + L_{\mathrm{ca}})/2$，$L_{\mathrm{ca}}$ 为穿墙套管的长度，m。

第五节　高压断路器和隔离开关的选择

一、高压断路器的选择

高压断路器应按下列条件选择和校验：

（1）选择高压断路器的类型。根据环境条件、使用技术条件及各种断路器的不同特点进行选择。由于真空断路器、SF$_6$ 断路器在技术性能和运行维护方面有明显优势，目前在系统中应用十分广泛，10kV 及以下一般选用真空断路器，35kV 及以上多选用 SF$_6$ 断路器。

（2）根据安装地点选择户外式或户内式。

(3) 断路器的额定电压不小于装设电路所在电网的额定电压。

(4) 断路器经校正后的额定电流不小于通过断路器的最大持续工作电流。

(5) 校验断路器的断流能力。一般可按断路器的额定开断电流 I_{Nbr}，大于或等于断路器触头分离瞬间实际开断的短路电流周期分量有效值 I_{zk} 来选择，即应满足条件

$$I_{Nbr} \geqslant I_{zk} \tag{11-40}$$

式中 I_{zk}——断路器触头分离瞬间实际开断的短路电流周期分量有效值。

当断路器的额定开断电流较系统的短路电流大很多时，为了简化计算，也可用次暂态短路电流进行选择，即

$$I_{Nbr} \geqslant I'' \tag{11-41}$$

断路器触头实际开断计算时间 t_k，等于主保护动作时间 t_{pr} 与断路器固有分闸时间 t_{in} 之和，即

$$t_k = t_{pr} + t_{in} \tag{11-42}$$

当断路器的开断时间 $t_k < 0.1s$ 时，由于电力系统中大容量机组的出现及快速保护和高速断路器的使用，故在靠近电源处的短路点，如发电机回路、高压厂用支路、发电机电压母线、发电厂升高电压母线等处，短路电流中非周期分量所占比例较大。因此，在校验断流能力、计算被开断的短路电流时，应计及非周期分量的影响。

(6) 按短路关合电流选择。应满足的条件是断路器的额定关合电流 i_{Ncl} 应不小于短路冲击电流 i_{sh}，即

$$i_{Ncl} \geqslant i_{sh} \tag{11-43}$$

(7) 动稳定校验。应满足的条件是短路冲击电流 i_{sh} 应不大于断路器的电动稳定电流（峰值）。断路器的电动稳定电流一般在产品目录中给出的是极限通过电流（峰值）i_{es}，即

$$i_{es} \geqslant i_{sh} \tag{11-44}$$

(8) 热稳定校验。应满足的条件是短路热效应 Q_k 应不大于断路器在 t 时间内的允许热效应，即

$$I_t^2 t \geqslant Q_k \tag{11-45}$$

式中 I_t——断路器 ts 内的允许热稳定电流，A。

(9) 根据对断路器操作控制的要求，选择与断路器配用的操动机构。

二、隔离开关的选择

隔离开关按下列条件进行选择和校验：

(1) 根据配电装置布置的特点，选择隔离开关的类型。

(2) 根据安装地点选用户内式或户外式。

(3) 隔离开关的额定电压应大于装设处电路所在电网的额定电压。

(4) 隔离开关经校正后的额定电流应大于装设电路的最大持续工作电流。

(5) 动稳定校验应满足的条件为

$$i_{es} \geqslant i_{sh}$$

(6) 热稳定校验应满足的条件为

$$I_t^2 t \geqslant Q_k$$

（7）根据对隔离开关操作控制的要求，选择配用的操动机构。隔离开关一般采用手动操动机构。户内8000A以上隔离开关、户外220kV高位布置的隔离开关和330kV隔离开关，宜采用电动操动机构。当有压缩空气系统时，也可采用气动操动机构。

【例11-4】 如图11-13所示发电厂主电路图，两台发电机容量为25MW，两台主变压器额定容量为20MVA。试选择发电机G2回路中的断路器和隔离开关。主保护动作时间 $t_{pr1}=0.05s$，后备保护动作时间为 $t_{pr2}=4s$，实际环境温度 $\theta_0=40℃$。

解　发电机回路的最大持续工作电流为

$$I_{max}=\frac{1.05\times25}{\sqrt{3}\times10.5\times0.8}\times10^3\approx1804.3(A)$$

发电机回路的断路器和隔离开关安装在屋内配电装置中，故选用户内式。由产品目录查得，断路器和隔离开关选择结果见表11-4。

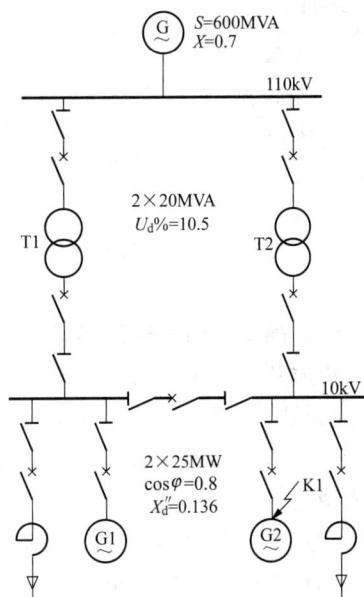

图11-13　例11-4电路图

ZN22-10型断路器的固有分闸时间 $t_{in}=0.065s$，全分闸时间为 $t_{ab}=0.1s$，$t_a=0.035s$。断路器触头刚分开时，实际开断时间为

$$t_k=t_{pr1}+t_{in}=0.05+0.065=0.115(s)$$

热稳定校验时的短路持续时间为

$$t_{ab}=t_{in}+t_a=0.065+0.035=0.1(s)$$

$$t_k=t_{pr2}+t_{ab}=4+0.1=4.1(s)$$

为了校验所选发电机电路中的断路器和隔离开关，计算 d_1 点短路电流，其结果见表11-5。

由短路电流计算结果可见，三相短路电流大于两相短路电流，故按三相短路进行热稳定校验。

周期分量热效应计算，认为 $t>4s$ 后的短路电流周期分量稳定不变，把 I_4 看作稳态短路电流，则

$$Q_z=\frac{28.61^2+10\times19.798^2+19.312^2}{12}\times4+0.1\times19.312^2\approx1740.989[(kA)^2\cdot s]$$

非周期分量热效应不计。短路电流的热效应为

$$Q_k=Q_z=1740.989[(kA)^2\cdot s]$$

表 11-4　　　　　　　　　　断路器和隔离开关的选择结果

计算数据		额定参数		
		ZN22-10/2000-40		GN2-10/2000-85
U	10kV	U_N	10kV	10kV
I_{max}	1804.3A	I_N	2000A	2000A
I_{zk}	24.47kA	I_{Nbr}	40kA	—
i_{sh}	76.96kA	i_{Ncl}	100kA	—
Q_k	1740.989[（kA）²·s]	I_d^2t	$40^2\times4=6400[(kA)^2\cdot s]$	$51^2\times5=13005[(kA)^2\cdot s]$
i_{sh}	76.96kA	i_{es}	100kA	85kA

表 11-5　　　　　　　　　　　**短路计算结果**

短路电流（kA）	I''	$I_{0.1}$	I_2	I_4	i_{ch}
三相短路	28.61	24.47	19.798	19.312	76.96
两相短路	24.78		19.743	18.654	—

第六节　高压负荷开关和高压熔断器的选择

一、高压负荷开关的选择

负荷开关的选择与高压断路器类似，但由于其主要用来接通和断开正常工作电流，而不能开断短路电流，所以不校验短路开断能力。

（1）种类和形式的选择。应根据环境条件、使用技术条件及各种负荷开关的不同特点进行选择。

（2）负荷开关的额定电压应大于装设处电路的额定电压。

（3）负荷开关的额定电流应大于装设电路的最大持续工作电流。

（4）动稳定校验应满足的条件为

$$i_{es} \geqslant i_{sh}$$

（5）热稳定校验应满足的条件为

$$I_t^2 t \geqslant Q_k$$

二、高压熔断器的选择

高压熔断器按下列条件进行选择和校验：

（1）根据装置地点选用户内式或户外式。

（2）按额定电压选择。对于一般高压熔断器，其额定电压必须大于或等于电网的额定电压。对于有限流作用的熔断器（如充填石英砂的熔断器），只能用在等于其额定电压的电网中，因为这类熔断器在熔体熔断时，电路会产生 $2\sim2.5$ 倍的过电压，如用在低于其额定电压的电网中，过电压值可能更高，以致损害电网中的电气设备。

（3）按额定电流选择，包括熔管和熔体额定电流的选择。

1）熔管的额定电流 I_{Ng}，应大于或等于熔体的额定电流 I_{Nt}，以保证熔断器不致损坏，即

$$I_{Ng} \geqslant I_{Nt} \tag{11-46}$$

2）选择熔体额定电流 I_{et} 时，应避免电路中出现短时过电流而发生误熔断的现象。

对于保护 35kV 及以下电力变压器的熔断器，其熔体额定电流可按下式选择：

$$I_{Nt} \geqslant KI_{max} \tag{11-47}$$

式中　I_{max}——变压器回路最大持续工作电流，A；

　　　K——可靠系数，当不考虑电动机自启动时，可取 $K=1.1\sim1.3$，当考虑电动机自启动时，可取 $K=1.5\sim2.0$。

对于保护电力电容器的高压熔断器，为防止电路中由于电网电压升高及电容器投入断开时产生的充、放电涌流而误动作，熔体的额定电流可按下式选择：

$$I_{Nt} \geqslant KI_{Nc} \tag{11-48}$$

式中　　I_{Nc}——电力电容器回路的额定电流，A；

　　　　K——可靠系数，取 $K=1.5\sim2.0$。

（4）熔断器开断电流的校验。对于有限流作用的熔断器，因熔体在短路冲击电流出现之前已熔断，其开断电流 I_{Nbr} 可按下式校验：

$$I_{Nbr} \geqslant I''$$ (11-49)

对于没有限流作用的跌落式高压熔断器，其断流容量应分别按上、下限值校验，而且开断电流应以短路全电流校验。

（5）熔断器选择性校验。选择熔断器的熔体时，还应保证前后两级熔断器之间、熔断器与电源侧继电保护之间以及熔断器与负荷侧继电保护之间动作的选择性。在保证选择性的前提下，当保护范围内短路时，能在最短时间内熔断。各种型号熔断器的熔体熔断时间可从制造厂提供的安秒特性曲线上查得。

对于保护电压互感器用的高压熔断器，只按额定电压及断流容量进行选择。

第七节　互　感　器　的　选　择

一、电流互感器的选择

电流互感器按下列条件进行选择及校验。

（1）根据安装地点（户内、户外）、安装使用条件（穿墙式、支持式、母线式）等选择电流互感器的形式。6～20kV 屋内配电装置，可选用瓷绝缘结构或树脂浇注绝缘结构的电流互感器；35kV 及以上配电装置，一般选用油浸瓷箱式绝缘结构的电流互感器，有条件时应选用套管式电流互感器。

（2）按一次电路的电压和电流选择电流互感器的一次额定电压和一次额定电流时，必须满足下列条件：

$$U_{N1} \geqslant U_{NS}$$ (11-50)

$$I_{al} = KI_{N1} \geqslant I_{max}$$ (11-51)

式中　　U_{NS}——电流互感器所在电网的额定电压；

　　U_{N1}、I_{N1}——电流互感器的一次额定电压和一次额定电流；

　　　　K——温度修正系数；

　　　I_{max}——装设所选电流互感器的一次回路的最大持续工作电流。

为了保证供给测量仪表的准确度，电流互感器的一次正常工作电流值应尽量接近其一次额定电流。

电流互感器的二次额定电流，一般选用5A，在弱电系统中选用1A。

（3）根据二次侧负荷的要求，选择电流互感器的准确度级。

电流互感器的准确度级不得低于所供测量仪表的准确度级，以保证测量的准确度。

例如，用于测量精确度要求较高的大容量发电机、变压器、系统干线和500kV电压级的电流互感器，宜用0.2级。用于重要回路如发电机、调相机、变压器、厂用线路及出线等的电流互感器，应为0.5级。供运行监视和控制盘上的电流表、功率表、电度表等仪表的电流互感器，一般采用1级。当仪表只供估计电气参数时，电流互感器可用3级。当用于继电保护时，应根据继电保护的要求选用"D"、"B"和"J"级（或新型号P级和TPY级）。

（4）根据选定的准确度级，校验电流互感器的二次侧负荷，并选择二次连接导线截面。

电流互感器在一定的准确度级下工作时，规定有相应的额定二次侧负荷，即在此准确度级下允许的二次侧负荷最大值。当实际二次侧负荷超过此值时，准确度级将降低。因此，为保证电流互感器能在选定的准确度级下工作，二次侧所接的负荷必须小于或等于选定准确度级下的额定二次侧负荷，即

$$Z_{N2} \geqslant Z_{21} \tag{11-52}$$

式中　Z_{N2}——选定准确度级下的额定二次侧负荷，Ω；

　　　Z_{21}——电流互感器的二次侧负荷，Ω。

决定二次侧负荷时，须先画出电流互感器二次侧的测量仪表和继电器的电路图。一般测量仪表和继电器电流线圈及其连接导线的电抗很小，可以忽略不计，只计及线圈及连线的电阻，则二次侧负荷等于

$$Z_{21} = \Sigma R_{dl} + R_d + R_c \tag{11-53}$$

式中　ΣR_{dl}——测量仪表和继电器电流线圈的串联总电阻；

　　　R_d——连接导线的电阻；

　　　R_c——各接头的接触电阻总和，一般取 0.1Ω。

如已知各测量仪表和继电器电流线圈所消耗功率的伏安值，可近似计算各电流线圈的串联总电阻，忽略线圈的电抗，则

$$\Sigma R_{dl} = \frac{\Sigma S_{dl}}{I_{N2}^2}$$

电流互感器二次连接导线的截面，可按如下方法确定。取 $Z_{21} = Z_{N2}$，代入式（11-53），则连接导线的电阻为

$$R_d = Z_{N2} - \Sigma R_{dl} - R_c$$

选择连接导线的截面为

$$S \geqslant \frac{\rho L_c}{R_d} = \frac{\rho L_c}{Z_{N2} - \Sigma R_{dl} - R_c} \tag{11-54}$$

式中　S——连接导线的截面面积，mm^2；

　　　ρ——连接导线的电阻率，$\Omega \cdot mm^2/m$，铜为 $1.75 \times 10^{-2}\Omega \cdot mm^2/m$，铝为 $2.83 \times 10^{-2}\Omega \cdot mm^2/m$；

　　　L_c——连接导线的计算长度，m。

连接导线的计算长度 L_c，决定于从电流互感器到测量仪表（或继电器）之间的实际连接距离 l 和电流互感器的接线方式。当采用单相接线时，$L_c = 2l$；当采用星形接线时，由于中线内电流很小，则 $L_c = l$；当两只电流互感器接成不完全星形时，因为公共导线内的电流为 $-\dot{I}_v$，与 U 相电流的相位差为 $60°$，按电压方程可得 $L_c = \sqrt{3}l$。

发电厂和变电所中应采用铜芯控制电缆，根据机械强度要求，求得的连接导线截面不应小于 $1.5mm^2$。

（5）热稳定校验。电流互感器的热稳定能力用热稳定倍数 K_t 表示。热稳定倍数 K_t 等于 1s 内允许通过的热稳定电流与一次额定电流 I_{N1} 之比。所以热稳定应满足的条件为

$$(K_t I_{N1})^2 \cdot t \geqslant Q_k \tag{11-55}$$

式中　K_t——ts 的热稳定倍数，$t=1s$；

Q_k ——短路电流的热效应。

（6）动稳定校验。电流互感器的动稳定能力用动稳定倍数 K_{es} 表示。K_{es} 等于内部允许通过极限电流的峰值与一次额定电流最大值之比，所以满足的条件为

$$(K_{es} \cdot \sqrt{2} I_{N1}) \geqslant i_{sh}^{(3)} \tag{11-56}$$

此外，对于瓷绝缘结构的电流互感器，还应校验互感器绝缘瓷套端部受到的相间电动力。因此，对于瓷绝缘结构的电流互感器，应校验瓷套管的机械强度，应满足的条件为

$$F_{al} \geqslant 0.5 \times 1.73 \times 10^{-7} \left[i_{sh}^{(3)} \right]^2 \frac{l}{a} \tag{11-57}$$

式中　F_{al} ——电流互感器瓷帽端部的允许作用力，N；

　　　l ——电流互感器瓷帽到最近的支持绝缘子之间的距离，m。

系数 0.5 表示作用在电流互感器瓷帽的力，仅为该跨距所受电动力的 1/2。

对于瓷绝缘的母线型电流互感器（如 LMC 型），其端部作用力可按式（11-37）计算。

【例 11-5】选择图 11-9 所示变电所 10kV 出线上的电流互感器。出线最大工作电流 $I_{max} = 192.46\text{A}$ ，$I'' = I_{zt} = 20\text{kA}$ ，出线后备保护动作时间 $t_{pr} = 1.2\text{s}$ ，断路器全分闸时间 $t_{ab} = 0.1\text{s}$ ，电流互感器回路电路图如图 11-14 所示。测量仪表和继电器装在屋内配电装置中，电流互感器到仪表的连线距离 $l_1 = 5\text{m}$ 。

解　（1）选择电流互感器的型号。

根据题意，选择户内用环氧树脂浇注绝缘结构电流互感器，由产品目录中查得型号为 LFZD2-10 型。其额

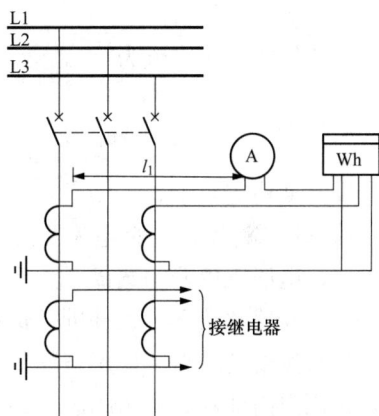

图 11-14　电流互感器回路电路图

定参数为 $U_N = 10\text{kV}$ ，$I_{N1} = 200\text{A}$ ，$I_{N2} = 5\text{A}$ 。供测量用铁芯准确度为 0.5 级，额定二次侧负荷 $Z_{N2} = 0.8\Omega$ 。1s 热稳定倍数 $K_t = 120$ ；动稳定倍数 $K_{es} = 210$ 。

（2）选择 0.5 级侧的二次连接导线的截面。

统计电流互感器供测量仪表的各项二次侧负荷，见表 11-6。

表 11-6　　　　　　　　　　电流互感器各项二次侧负荷　　　　　　　　　　（VA）

仪表名称	U 相		W 相	
	电流线圈数	消耗功率	电流线圈数	消耗功率
电流表（1T1-A）	1	3	—	—
电能表（DS1）	1	0.5	1	0.5
总　计	2	3.5	1	0.5

可见 U 相负荷最大，U 相所接各仪表电流线圈的总电阻为

$$\Sigma R_{dl} = \frac{3.5}{5^2} = 0.14(\Omega)$$

二次导线采用铜导线。电流互感器为不完全星形接线，连接导线的计算长度 $L_c = \sqrt{3} l$ ，故导线截面面积为

$$S \geqslant \frac{\rho L_c}{Z_{N2} - \sum R_{dl} - R_c} = \frac{1.75 \times 10^{-2} \times \sqrt{3} \times 5}{0.8 - 0.14 - 0.1} \approx 0.27 (\text{mm}^2)$$

根据机械强度要求，选择二次连接导线截面面积为 1.5mm^2。

（3）热稳定校验。

短路持续时间为

$$t = t_{pr} + t_{ab} = 1.2 + 0.1 = 1.3(\text{s})$$

由于 $t > 1\text{s}$ 不计非周期分量热效应，故短路电流热效应为

$$Q_k = (I'')^2 t = (20 \times 10^3)^2 \times 1.3 = 520 \times 10^6 (\text{A}^2 \cdot \text{s})$$

$$(K_t I_{N1})^2 \times 1 = (120 \times 200)^2 = 576 \times 10^6 (\text{A}^2 \cdot \text{s}) > 520 \times 10^6 (\text{A}^2 \cdot \text{s})$$

满足热稳定要求。

（4）动稳定校验。

三相短路冲击电流为

$$i_{sh}^{(3)} = 2.55 \times 20 = 51(\text{kA})$$

$$K_{es} \sqrt{2} I_{N1} = 210 \times \sqrt{2} \times 0.2 \approx 59.4(\text{kA}) > 51(\text{kA})$$

满足动稳定要求。

故选用 LFZD2-10 型电流互感器。

二、电压互感器的选择

电压互感器按下列条件进行选择和校验。

（1）按安装地点和使用条件等选择电压互感器的类型。一般在 $6 \sim 20\text{kV}$ 屋内配电装置中，选用户内油浸式或树脂浇注绝缘的电磁式电压互感器；35kV 配电装置宜选用电磁式电压互感器；110kV 及以上配电装置中，如果容量和准确度级满足要求，宜选用电容式电压互感器。

再根据电压互感器的用途，确定电压互感器接线。选择单相或三相、一个二次绕组或两个二次绕组的电压互感器。

（2）按一次回路电压选择。电压互感器的一次额定电压 U_{N1}，应大于或等于所接电网的额定电压 U_{NW}。但电网电压 U_W 的变动范围应满足下列条件：

$$1.1 U_{N1} > U_W > 0.9 U_{N1}$$

（3）按二次回路电压选择。电压互感器二次绕组额定电压可按表 11-7 选择。

表 11-7　　　　　　　　电压互感器二次绕组额定电压选择

接线方式	电网电压（kV）	形式	基本二次绕组电压（V）	辅助二次绕组电压（V）
Yy	$3 \sim 35$	单相式	100	无此绕组
YNynd	110J～500J	单相式	$100/\sqrt{3}$	100
	$3 \sim 60$	单相式	$100/\sqrt{3}$	100/3
	$3 \sim 15$	三相五柱式	100	100/3（每相）

注　J 是指中性点直接接地系统。

（4）按容量和准确度级选择。电压互感器准确度级的选择原则，可参照电流互感器准确度级。选定准确度级之后，在此准确度级下的额定二次容量 S_{N2}，应不小于互感器的二次侧

负荷 S_2 ，即

$$S_{N2} \geqslant S_2 \tag{11-58}$$

最好使 S_{N2} 与 S_2 相近，因为 S_2 超过 S_{N2} 或比 S_{N2} 小得过多时，都会使准确度级降低。互感器二次侧负荷可按下式计算

$$S_2 = \sqrt{(\sum S\cos\varphi)^2 + (\sum S\sin\varphi)^2} = \sqrt{(\sum P)^2 + (\sum Q)^2} \tag{11-59}$$

式中　S、P、Q——仪表和继电器电压线圈消耗的视在功率、有功功率、无功功率；

　　　　$\cos\varphi$——仪表和继电器电压线圈的功率因数。

统计电压互感器二次侧负荷时，首先应根据仪表和继电器的要求，确定电压互感器的接线方式，并尽可能将负荷均匀分布在各相上。然后计算各相负荷的大小，取最大一相负荷，与这一相互感器的额定二次容量比较。在计算电压互感器一相负荷时，要注意互感器和负荷的接线方式。当互感器和负荷接线方式不一致时，可按下列公式计算。

如图 11-15（a）所示，已知每相负荷的总伏安数和功率因数，电压互感器每相二次绕组所供功率如下：

U 相　有功功率　　　　　$P_U = \dfrac{1}{\sqrt{3}}S_{UV}\cos(\varphi_{UV} - 30°)$

无功功率　　　　　　　　$Q_U = \dfrac{1}{\sqrt{3}}S_{UV}\sin(\varphi_{UV} - 30°)$

V 相　　有功功率　　$P_V = \dfrac{1}{\sqrt{3}}[S_{UV}\cos(\varphi_{UV} + 30°) + S_{VW}\cos(\varphi_{VW} - 30°)]$

无功功率　　$Q_V = \dfrac{1}{\sqrt{3}}[S_{UV}\sin(\varphi_{UV} + 30°) + S_{VW}\sin(\varphi_{VW} - 30°)]$

W 相　　有功功率　　　　$P_W = \dfrac{1}{\sqrt{3}}S_{VW}\cos(\varphi_{VW} + 30°)$

无功功率　　　　　　　　$Q_W = \dfrac{1}{\sqrt{3}}S_{VW}\sin(\varphi_{VW} + 30°)$

如图 11-15（b）所示，已知每相负荷总伏安数为 S，总功率因数为 $\cos\varphi$，电压互感器每相二次绕组所供功率如下：

UV 相　有功功率　　　　$P_{UV} = \sqrt{3}S\cos(\varphi + 30°)$

无功功率　　　　　　　　$Q_{UV} = \sqrt{3}S\sin(\varphi + 30°)$

VW 相　有功功率　　　　$P_{VW} = \sqrt{3}S\cos(\varphi - 30°)$

无功功率　　　　　　　　$Q_{VW} = \sqrt{3}S\sin(\varphi - 30°)$

电压互感器不进行动稳定和热稳定校验。

【例 11-6】选择如图 11-15 所示发电厂电路中，接在 10kV 母线上的供测量用电压互感器及其高压侧熔断器。已知 10kV 母线三相短路电流 $I'' = 43.46\text{kA}$，10kV 母线接有出线 8 回、厂用工作变压器 2 台、主变压器 2 台。母线电压互感器所供测量仪表有有功电能表 12 只、无功电能表 8 只、有功功率表 4 只、无功功率表 2 只、母线电压表 1 只、频率表 1 只、绝缘监察用电压表 3 只。

解　（1）选择电压互感器的形式。

因为 10kV 母线电压互感器，除题已知条件所有仪表外，还用来做 10kV 交流电网的绝

缘监察，故选用户内式、三只单相 JDZJ1-10 型浇注式电压互感器（也可选用一只 JSJW-10 型三相五柱式电压互感器）。三只单相电压互感器接成 YNynd（开口三角形）接线，每只互感器的一、二次电压比为 $\frac{10}{\sqrt{3}} / \frac{0.1}{\sqrt{3}} / \frac{0.1}{3}$ kV。

（2）准确度级和额定二次容量的选择。

因电压互感器需供电能表，故选择准确度级为 1 级，相应的二次容量为

$$S_{N2} = 80VA$$

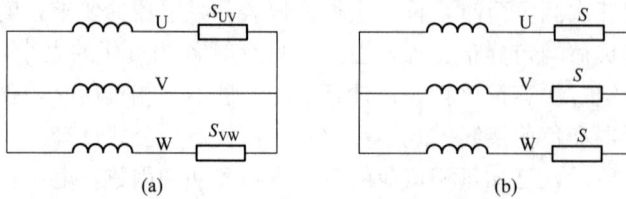

图 11-15　计算电压互感器二次侧负荷时的电路图

(a) 三相绕组两相负荷；(b) 二相绕组三相负荷

测量仪表与电压互感器基本二次绕组连接的电路图如图 11-16 所示，图中未画出开口三角形绕组。电压互感器各相负荷统计（不完全星形负荷部分）见表 11-8。

表 11-8　　　　　　　　电压互感器各相负荷统计（不完全星形负荷部分）

仪表名称及型号	每个线圈消耗功率（VA）	仪表电压线圈		仪表数目	UV 相		VW 相	
		$\cos\varphi$	$\sin\varphi$		P_{UV}	Q_{UV}	P_{VW}	Q_{VW}
有功功率表 46D1-W	0.6	1		4	2.4		2.4	
无功功率表 46D1-var	0.5	1		2	1		1	
有功电能表 DS1	1.5	0.38	0.925	12	6.84	16.65	6.84	16.65
无功电能表 DX1	1.5	0.38	0.925	8	4.56	11.1	4.56	11.1
频率表 16L1-Hz	0.5	1		1	0.5			
电压表 16L1-V	0.2	1		1			0.2	
总　　　计					15.3	27.75	15	27.75

由表 11-8 可以求出不完全星形负荷为

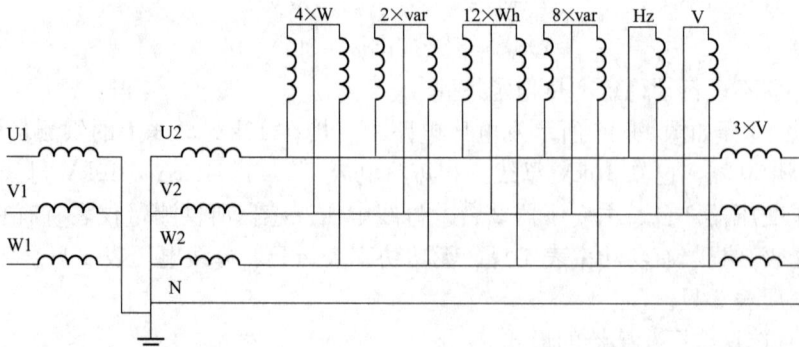

图 11-16　测量仪表与电压互感器基本二次绕组连接的电路图

$$S_{UV} = \sqrt{P_{UV}^2 + Q_{UV}^2} = \sqrt{15.3^2 + 27.75^2} \approx 31.69(VA)$$

$$S_{VW} = \sqrt{P_{VW}^2 + Q_{VW}^2} = \sqrt{15^2 + 27.75^2} \approx 31.54(VA)$$

$$\cos\varphi_{UV} = \frac{P_{UV}}{S_{UV}} = \frac{15.3}{31.69} \approx 0.48$$

$$\varphi_{UV} = 61.3°$$

$$\cos\varphi_{VW} = \frac{P_{VW}}{S_{VW}} = \frac{15}{31.54} \approx 0.476$$

$$\varphi_{VW} = 61.6°$$

每相尚应加入一只绝缘监察电压表 V，$P_0 = 0.2$，$Q_0 = 0$，故 U 相负荷为

$$P_U = \frac{1}{\sqrt{3}}S_{UV}\cos(\varphi_{UV} - 30°) + P_0 = \frac{1}{\sqrt{3}} \times 31.69 \times \cos(61.3° - 30°) + 0.2$$

$$\approx 15.8(W)$$

$$Q_U = \frac{1}{\sqrt{3}}S_{UV}\sin(\varphi_{UV} - 30°) = \frac{1}{\sqrt{3}} \times 31.69 \times \sin(61.3° - 30°)$$

$$\approx 9.5(var)$$

V 相负荷为

$$P_V = \frac{1}{\sqrt{3}}[S_{UV}\cos(\varphi_{UV} + 30°) + S_{VW}\cos(\varphi_{VW} - 30°)] + P_0$$

$$= \frac{1}{\sqrt{3}} \times [31.69 \times \cos(61.3° + 30°) + 31.45 \times \cos(61.6° - 30°)] + 0.2$$

$$\approx 15.29(W)$$

$$Q_V = \frac{1}{\sqrt{3}}[S_{UV}\sin(\varphi_{UV} + 30°) + S_{VW}\sin(\varphi_{VW} - 30°)]$$

$$= \frac{1}{\sqrt{3}} \times [31.69 \times \sin(61.3° + 30°) + 31.45 \times \sin(61.6° - 30°)]$$

$$\approx 27.83(W)$$

显然 V 相负荷最大，故只需用 V 相负荷进行校验。

$$S_V = \sqrt{P_V^2 + Q_V^2} = \sqrt{15.29^2 + 27.83^2} \approx 31.75(VA) < 80(VA)$$

因此，选用三只 JDZJ1-10 型浇注式电压互感器满足要求。

（3）保护电压互感器的高压熔断器的选择。

此高压熔断器只需按额定电压和开断电流选择。选择专供保护电压互感器用的高压熔断器，型号为 RN2-10 型，额定电压为 10kV。其最大开断电流为 50kA，大于 10kV 母线短路电流 $I'' = 43.46kA$，故所选熔断器满足要求。

第八节　短路电流的限制及电抗器的选择

在大容量电力系统和发电厂中，短路电流可能达到很大的数值，从而使选择发电厂和变电站的电气设备以及载流导体截面时，不能按正常工作条件确定，必须按短路的动稳定和热稳定条件确定。这样，会使发电厂和变电站以及由这些发电厂和变电站供电的电网投资增

大。在某种情况下，短路电流可能大到目前生产的电气设备和电缆无法选择。因此，必须采取限制短路电流的措施，使短路电流减小，从而能选用价格便宜的轻型电气设备和截面较小的母线和电缆。

限制短路电流的方法，一般是增大短路回路的阻抗。目前在电力系统中使用较多的措施有以下几种：变压器或供电线路分列运行；采用低压分裂绕组变压器；在电路中装设电抗器等。下面分别介绍这些措施。

一、变压器或供电线路分列运行

在降压变电站中，如图 11-17（a）所示，将变压器低压侧母线分段断路器断开运行。这样，在变压器低压侧电网中短路时，如低压母线上 d 点短路，短路电流值要比变压器并联运行时小得多，可以起到限制短路电流的作用。

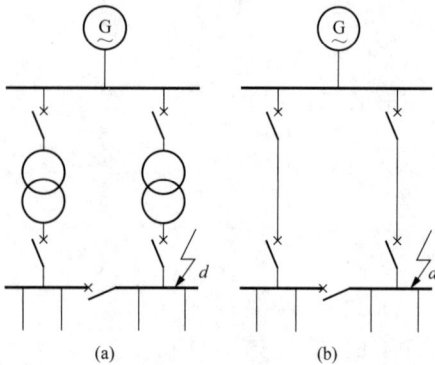

图 11-17　变压器或供电线路分列运行时的电路图
（a）变压器分列运行；（b）供电线路分列运行

但当两台变压器分列运行时，由于低压侧两段母线上的负荷不同，可使变压器中的电能损耗比并联运行时增大，但此损耗一般来说增大不多，从限制短路电流的经济效益来看，变压器分开运行还是较好的。因此，只要技术条件允许，降压变电所都可采用变压器分列运行的措施，以限制短路电流。

由两条平行线路供电的大容量电气装置如图 11-17（b）所示，显然在这种情况下母线分段断路器断开，两条线路分列运行，可使 d 点的短路电流比并联运行时小得多。因此，为了限制短路电流，在两条平行线路供电的终端降压变电站中，也可采用供电线路分列运行方式。

当变压器和供电线路分列运行时，为了提高供电可靠性，母线分段断路器需装设备用电源自动投入装置。

因为这种限制短路电流的方法增加投资不多，只要技术条件允许，一般应优先考虑采用。

二、低压分裂绕组变压器应用

低压分裂绕组变压器是一种多绕组变压器。目前我国常用的是有两种电压、在低压侧有两个绕组（分裂绕组）的分裂变压器，而且在电气上彼此不连接、容量相同（一般为额定容量的 $50\%\sim60\%$）、阻抗相等。其等值电路与三绕组变压器相似，如图 11-18 所示。通常两个低压分裂绕组容量相同，一般为变压器额定容量的 50%；阻抗相等，$X_1=X_2$。

当低压分裂绕组并联时，高压和低压绕组间的电抗为 X_C，则

$$X_C = X_3 + 0.5X_1 \tag{11-60}$$

当一个分裂绕组断开时，如绕组 2 断开，高压和低压绕组间的电抗为 X_B，则

$$X_B = X_3 + X_1 \tag{11-61}$$

当高压绕组断开时，两个低压分裂绕组间的电抗为 X_F，则

$$X_F = 2X_1 \tag{11-62}$$

$$\frac{X_{\text{F}}}{X_{\text{C}}} = K_{\text{F}}$$

K_{F} 称为分裂系数。低压分裂绕组变压器可以按不同的 K_{F} 制造。最有利的条件是 $K_{\text{F}} = 4$，即 $X_{\text{F}} = 4X_{\text{C}}$，在此情况下，根据以上格式推导可得

$$X_3 = 0，X_1 = X_2 = 2X_{\text{C}}$$

如 110kV 普通双绕组变压器的电抗为 10.5%，低压分裂绕组变压器的电抗 X_c 也为 10.5%，则低压分裂绕组变压器低压绕组的电抗为 $2 \times 10.5\% = 21\%$，两分裂绕组之间的电抗为 $4 \times 10.5\% = 42\%$。可见，由于采用了低压分裂绕组变压器，与普通变压器相比，在同容量同百分电抗时，低压侧短路电流减少了一半。

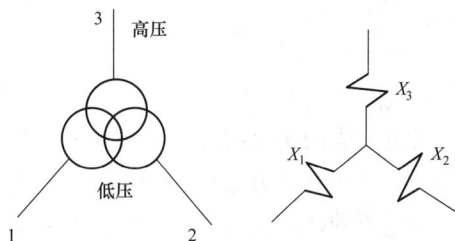

图 11-18　低压分裂绕组变压器等值电路图

目前，我国低压分裂绕组变压器大多用作单机容量在 200MW 及以上机组的厂用变压器。这样，当某一段厂用母线短路时，既可以限制系统所供短路电流，又可以限制接在另一段厂用母线上的大容量电动机向短路点供给的反馈电流。此外，对电动机自启动条件也有所改善。

三、限流电抗器应用

1. 电抗器的结构和工作原理

电抗器是电阻很小的电感线圈，线圈各匝之间彼此绝缘，整个线圈与接地部分绝缘。电抗器串联在电路中限制短路电流。在 6～10kV 配电装置中，一般采用空气冷却的干式电抗器。现在我国广泛采用水泥电抗器，这种电抗器结构简单，价格比较便宜，可靠性高；主要缺点是尺寸大、笨重。

图 11-19 为水泥电抗器外形图。绕组是用纱包纸绝缘的多芯铜导线或铝导线制成。在专门的支架上浇注成水泥支柱，再放入真空干燥，干燥后涂漆。因水泥的吸潮性很大，涂漆后可以预防水分浸入水泥中。

电抗器没有铁芯，故其电抗 X_{L} 恒定不变。如果有铁芯，电抗将随通过电流的大小而变化，当短路电流通过电抗器时，将使铁芯饱和而电抗减小。假如在铁芯饱和情况下，电抗器的电抗能足够限制短路电流，则在正常负荷时，电抗将很大，使电抗器的电压损失很大，另外，铁芯产生的涡流、磁滞损耗也使电抗器发热。

电抗器三个绕组可以水平或垂直装设。垂直装设时，如图 11-19 所示，各绕组用水泥支柱固定，绕组间用支柱绝缘子 4 绝缘，整个电抗器与地之间用支柱绝缘子 3 绝缘。中间一相绕组的绕向应与上、下两相绕组的绕向相反，这是为了当通过短路冲击电流时，使相邻两相绕组之间最大电动力的作用是互相吸引，而不是互相排斥，使相邻绕组之间的支柱绝缘子受到的最大电动力是压力，而不是拉力，因为支柱绝缘子的抗压能力大于抗拉能力。

目前我国主要生产 NKL 型铝绕组水泥电抗器，额定电压有

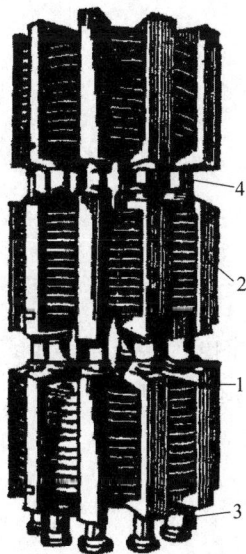

图 11-19　水泥电抗
器外形图

1—绕组；2—水泥支柱；
3、4—支柱绝缘子

6kV 和 10kV 两种。

电抗器根据其结构和性能,可分为普通电抗器(一般简称电抗器)和分裂电抗器两种。

2. 普通电抗器的参数及应用

电抗器主要参数有额定电压 U_{NL}、额定电流 I_{NL} 和百分电抗 $X_{\mathrm{L}}\%$。电抗器的电抗按下式计算:

$$X_{\mathrm{L}} = \frac{X_{\mathrm{L}}\%}{100}\frac{U_{\mathrm{NL}}}{\sqrt{3}I_{\mathrm{NL}}}(\Omega) \tag{11-63}$$

可见,当两个电抗器额定电压和额定电流相同时,$X_{\mathrm{L}}\%$ 越大,则 X_{L} 越大。当两个电抗器的额定电压和百分电抗相同时,额定电流越小,则 X_{L} 越大。电抗器的电抗 X_{L} 越大,限制短路电流的作用就越大,但当正常负荷电流通过时,电压损失也越大。

图 11-20(a)所示为装有电抗器的电路,在正常工作时,电抗器的电压损失等于电抗器前后的相电压算术差,即

$$\Delta U_{\mathrm{x}} = U_{1\mathrm{x}} - U_{2\mathrm{x}} \tag{11-64}$$

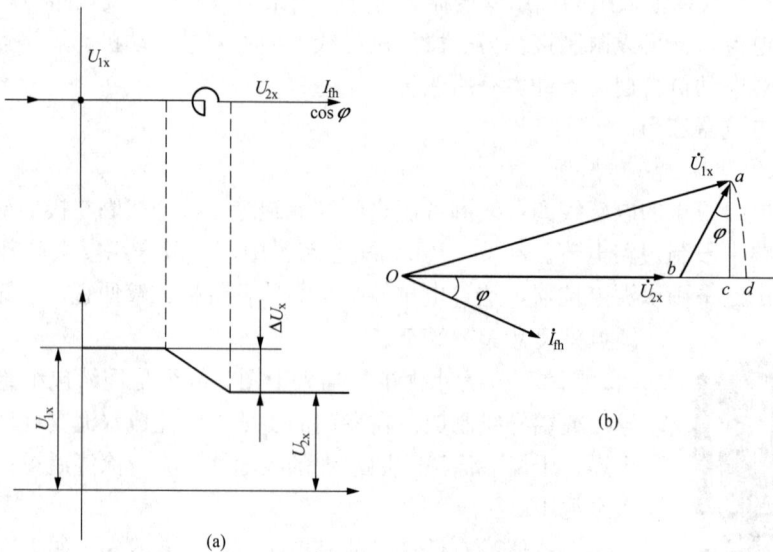

图 11-20　装有电抗器的电路正常工作情况
(a) 电压损失;(b) 相量图

图 11-20(b)为负荷电流 I_{fh} 通过电抗器时的相量图。作图时,假定电抗器电阻等于零,电压损失应为线段 $\overline{bd}$,考虑到线段 $\overline{cd}$ 很短,故近似取线段 $\overline{bc}$ 为电压损失,则

$$\Delta U_{\mathrm{x}} = \overline{bc} = \overline{ab}\sin\varphi = I_{\mathrm{fh}}X_{\mathrm{L}}\sin\varphi$$

将式(11-63)X_{L} 代入上式,整理后可得

$$\Delta U\% = X_{\mathrm{L}}\% \frac{I_{\mathrm{fh}}}{I_{\mathrm{NL}}}\sin\varphi \tag{11-65}$$

$\Delta U\%$ 为电抗器通过负荷电流 I_{fh} 时的电压损失对额定电压的百分数,一般要求小于 5%。

正常工作时,电抗器中的功率损耗通常不大,为通过电抗器功率的 0.15%~0.4%。

在电抗器后,当电路中发生短路时,电抗器可以限制短路电流,同时由于电抗器有较大

的电压降，可以维持母线有较高的剩余电压，这使其他未故障用户受到的影响较小。

当在电抗器后发生三相短路时，母线剩余电压的百分数为

$$U_{sy}\% = \frac{\sqrt{3}I''X_L}{U_{NL}} \times 100\% = X_L\% \frac{I''}{I_{NL}} \quad (11\text{-}66)$$

一般要求线路电抗器能维持母线剩余电压为 $60\%\sim70\%$。

在发电厂中，普通电抗器一般装设在 $6\sim10\mathrm{kV}$ 母线分段之间（称为母线分段电抗器）和电缆出线中（称为出线电抗器），图 11-21 所示为发电厂主接线中电抗器装设的位置。

母线分段电抗器对短路电流限制的效果不是很大，因为发电厂中各发电机向短路点供给的短路电流，并不是都受到分段电抗器的限制。如图 11-21 所示接线中，当 d_1 和 d_2 点短路时，仅有一台发电机所供短路电流受到母线分段电抗器的限制。同时，因为分段电抗器的额定电流较大，而电抗值并不很大，但百分电抗又不能很大，因为在正常工作时，由于各段母线的负荷不平衡，在分段电抗器中有电流通过，分段电抗器中的电压损失将造成各段母线间的电压差别。分段电抗器的百分电抗一般为 $8\%\sim10\%$，最大不超过 12%。但分段电抗器在电气主接线中的数目较少（仅一组或二组），使发电厂增加投资不多，所以在发电机数目不多的中等容量发电厂中，当需要限制短路电流并能满足要求时，才应用分段电抗器。

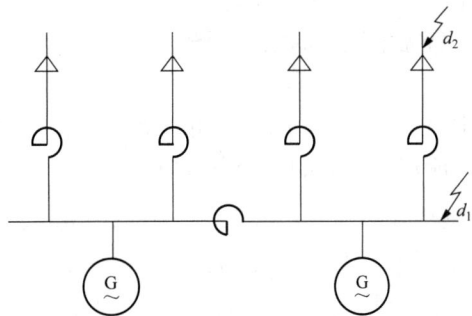

图 11-21　发电厂主接线中电抗器装设的位置

出线电抗器主要是限制电抗器后电网中短路时的短路电流，如图 11-21 所示电路中 d_2 点短路，可以限制发电厂所有发电机供给的短路电流。但是在发电厂内部短路时，如图 11-21 所示电路中 d_1 点短路，出线电抗器起不到限制短路电流的作用。因装设出线电抗器时，使投资增大很多，年运行费用增加，故一般只在其他限制短路电流的方法不能达到要求时，才采用出线电抗器。

根据限制短路电流的要求，在发电厂可以只装母线分段电抗器，或只装出线电抗器，也可以两者同时装设。在变电所中一般不用分段电抗器，因为限制短路电流的作用很小。

为了限制短路电流和维持较高的母线剩余电压，要求电抗器的百分电抗尽可能大些，但这样会使正常工作时引起较大的电压损失，为解决这一矛盾，可采用分裂电抗器代替普通电抗器。

四、普通电抗器的选择

1. 按额定电压和额定电流选择

$$U_{NL} \geqslant U_{NS}$$

$$I_{al} = KI_N \geqslant I_{max}$$

式中　U_{NL} 和 I_N ——电抗器的额定电压和额定电流；

　　　U_{NS} ——装设电抗器电网的额定电压；

　　　K ——温度修正系数；

　　　I_{max} ——装设电抗器电路的最大持续工作电流。

　　选择发电厂母线分段电抗器时，I_{max} 一般取最大一台发电机额定电流的 $50\%\sim 80\%$；选择变电所母线分段电抗器时，I_{max} 应按满足用户的一级负荷和大部分二级负荷的条件计算。

　　2. 百分电抗的选择

　　(1) 电抗器的百分电抗，按将短路电流限制到一定要求的数值来选择，应使 $6\sim 10kV$ 配电网中能选用轻型断路器，使选择的电缆截面不致过大。对于中小型发电厂，一般可按 $6\sim 10kV$ 出线短路电流不超过 $20kV$ 来考虑。

　　设将短路电流限制到所要求的值（如轻型断路器的额定开断电流），令它等于电抗器后三相短路时的次暂态电流 $I''^{(3)}$，则电源至短路点总电抗的标幺值 $X_{*\Sigma}$ 为

$$X_{*\Sigma} = \frac{I_B}{I''^{(3)}} \qquad (11\text{-}67)$$

式中　I_B——基准电流。

　　所需电抗器的电抗标幺值为

$$X_{*L} = X_{*\Sigma} - X'_{*\Sigma}$$

式中　$X'_{*\Sigma}$——电源至电抗器前的总电抗标幺值（不含电抗器）。

　　所选电抗器的百分电抗应大于

$$X_L\% = X_{*L} \frac{I_{NL}U_B}{I_B U_{NL}} \times 100\% \qquad (11\text{-}68)$$

或

$$X_L\% = \left(\frac{I_B}{I''^{(2)}} - X'_{*\Sigma}\right) X_{*L} \frac{I_{NL}U_B}{I_B U_{NL}} \times 100\% \qquad (11\text{-}69)$$

式中　U_B——基准电压。

　　(2) 电压损失校验，应满足条件为

$$\Delta U\% = X_L\% \frac{I_{fh}}{I_{NL}} \sin\varphi \leqslant 5\% \qquad (11\text{-}70)$$

式中　$X_L\%$——选出的电抗器的百分电抗。

　　(3) 短路时母线剩余电压校验，应满足条件为

$$U_{sy}\% = X_L\% \frac{I''^{(3)}}{I_{NL}} \geqslant 60\% \sim 70\% \qquad (11\text{-}71)$$

　　对于母线分段电抗器、带几条出线的电抗器以及具有无时限继电保护的出线电抗器，不必校验短路时的母线剩余电压。

　　3. 校验动稳定

$$i_{es} \geqslant i_{sh} \qquad (11\text{-}72)$$

式中　i_{es}——电抗器的动稳定电流。

　　4. 校验热稳定

$$I_t^2 t \geqslant Q_k \qquad (11\text{-}73)$$

式中　Q_k——短路电流热效应；

　　　　I_t——ts 的热稳定电流。

　　【例 11-7】选择图 11-13 所示发电厂主接线中 10kV 出线电抗器。已知出线的最大持续工作电流 $I_{max} = 440A$，$\cos\varphi = 0.8$。要求出线应能装设 ZN5-10 II 型真空断路器，额定开断电流 $I_{Nbr} = 16kA$。线路后备保护动作时间 $t_{pr} = 1.1s$，断路器全分闸时间 $t_{ab} = 0.1s$。

　　解　(1) 根据题意，选择普通铝绕组水泥电抗器，额定电压 $U_{NL} = 10kA$，额定电流 I_{NL}

$= 500\mathrm{A}$。

（2）选择电抗器的百分电抗。根据图 11-12 所示电路计算短路电流。取 $S_\mathrm{B} = 100\mathrm{MVA}$，$U_\mathrm{B} = 10.5\mathrm{kV}$，则 $I_\mathrm{B} = 5.5\mathrm{kA}$。

设出线电抗器后三相短路电流 $I''^{(3)}$ 等于 ZN5-10 Ⅱ 型少油断路器的额定开断电流 I_Nbr，则电源至短路点的总电抗标幺值为

$$X_{*\Sigma} = \frac{I_\mathrm{B}}{I_\mathrm{Nbr}} = \frac{5.5}{16} = 0.344$$

根据图 11-12 接线计算可得，电源至电抗器前的总电抗器标幺值 $X'_{*\Sigma} = 0.138$。

所需电抗器电抗的标幺值为

$$X_{*\mathrm{L}} = X_{*\Sigma} - X'_{*\Sigma} = 0.344 - 0.138 = 0.206$$

所选电抗器的百分电抗应大于

$$X_\mathrm{L}\% = X_{*\mathrm{L}} \frac{I_\mathrm{NL} U_\mathrm{B}}{I_\mathrm{B} U_\mathrm{NL}} \times 100\% = 0.206 \times \frac{0.5 \times 10.5}{5.5 \times 10} \times 100\% \approx 1.97\%$$

由产品目录中初选 NKL-10-500-3 型电抗器，经动稳定校验不能满足要求。故重选 NKL-10-500-4 型电抗器，$X_\mathrm{L}\% = 4\%$，$i_\mathrm{es} = 31.9\mathrm{kA}$，1s 热稳定电流 $I_t = 27\mathrm{kA}$。

计算电抗器后短路电流，因计算电抗大于 3，短路电流周期分量稳定不变，$I_z = 9.872\mathrm{kA}$。

（3）校验电压损失：

$$\Delta U\% = X_\mathrm{L}\% \frac{I_\mathrm{fh}}{I_\mathrm{NL}} \sin\varphi = 4\% \times \frac{440}{500} \times 0.6 = 2.112\% < 5\%$$

（4）校验短路后母线剩余电压：

$$U_\mathrm{sy}\% = X_\mathrm{L}\% \frac{I_z}{I_\mathrm{NL}} = 4\% \times \frac{9.872}{0.5} = 78.976\% > 70\%$$

（5）校验动稳定：

$$i_\mathrm{sh} = 2.55 I_z = 2.55 \times 9.872 \approx 25.174(\mathrm{kA}) < 31.9(\mathrm{kA})$$

（6）校验热稳定，因

$$t = t_\mathrm{pr} + t_\mathrm{ab} = 1.1 + 0.1 = 1.2(\mathrm{s})$$

大于 1s，可不计非周期分量热效应，故短路电流热效应为

$$Q_\mathrm{k} = I_z^2 t \approx 9.872^2 \times 1.2 \approx 116.948[(\mathrm{kA})^2 \cdot \mathrm{s}] < 27^2 \times 1 = 729[(\mathrm{kA})^2 \cdot \mathrm{s}]$$

故选择 NKL-10-500-4 型电抗器能满足要求。

第九节　电力电容器的选择

电力电容器分为串联电容器和并联电容器，它们主要用来改善电力系统的电压质量和提高输电线路的输电能力，是电力系统的重要设备。电网中多采用并联电容器。

一、电容器基本原理

1. 电容

电容是电容器最基本的参数，它取决于电容器的几何尺寸及介质的介电系数。电力电容器通常用铝箔作为极板，为使每对极板的两个侧面都起电容作用，采用卷绕式平扁形元件，如图 11-22 所示。在这种结构中，由于极板双面起作用，其电容值约等于该元件展开成平面长条时的 2 倍。在其他电器绝缘结构中，介质主要对具有不同电位的导体起绝缘及固定的作用，而在电容器中还要求介质中多储藏能量。

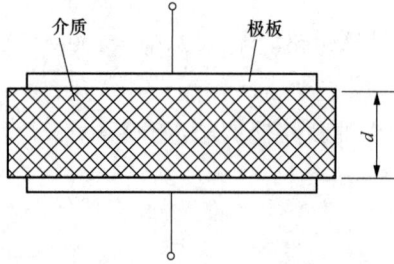

图 11-22　平板电容器原理图

2. 容量

电容器的无功容量 Q 决定于电容量 C 和施加在电容器上的电压和频率。电容器的无功容量 Q 为

$$Q = 2\pi fCU^2 \times 10^{-3} \quad (\text{kvar}) \tag{11-74}$$

式中　f——电网频率，Hz。

　　　　C——电容器电容量，F。

　　　　U——电容器的外加电压，kV。

由式（11-74）可知，接入电网后的电容器实际容量与电压的二次方和频率成正比，而电容器的额定容量是将额定电压作为电容器的外加电压计算得到的，当运行电压降低时，电容器的无功容量随之下降。

3. 电容器损耗功率

电容器在交流电压作用下，其损耗功率为

$$P = 2\pi fCU^2 \times 10^{-3}\tan\delta \quad (\text{W}) \tag{11-75}$$

式中　$\tan\delta$——电容器损耗角的正切值。

4. 利用并联电容器实现电压和无功功率调整的原理

为了避免无功功率的大量流动而引起电网中功率损耗的增加，一般无功功率补偿往往安装在负荷中心，即除了要求整个系统无功功率平衡外，在各局部地区，尽量达到无功功率平衡，因此各电压等级的变电所，通常都安装有无功功率补偿电容器。

图 11-23 所示为并联电容器应用原理图。由于容性电流 $\dot{I}_c$ 相位超前电压 90°，可抵消一部分相位滞后于电压 90°的感性电流 $\dot{I}_x$，使电流由 $\dot{I}_1$ 减小为 $\dot{I}_2$，相角由 φ_1 减小到 φ_2，从而使功率因数从 $\cos\varphi_1$ 提高到 $\cos\varphi_2$。

由图 11-23 可求得提高功率因数所需的电容器容量为

$$Q_c = P\left(\sqrt{\frac{1}{\cos^2\varphi_1} - 1} - \sqrt{\frac{1}{\cos^2\varphi_2} - 1}\right)(\text{kvar}) \tag{11-76}$$

并联电容器后节省的视在功率为

$$S = P\left(\frac{1}{\cos\varphi_1} - \frac{1}{\cos\varphi_2}\right)(\text{kVA}) \tag{11-77}$$

式中　P——负荷功率，kW。

根据负荷大小，合理控制投入无功功率补偿容量，使变电所与系统交换无功功率最小，就可使高压网络的电压损耗和功率损耗降为最小。安装于负荷中心的并联补偿电容器不仅能改善电压质量，而且能降低网损，提高电能输送效率。

二、并联电容器装置

并联电容器装置由并联电容器和相应的一次设备及二次设备组成。其主要作用是提高电力系统的功率因数，降低电网损耗，改善系统电能质量，保持系统

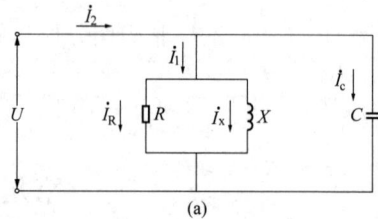

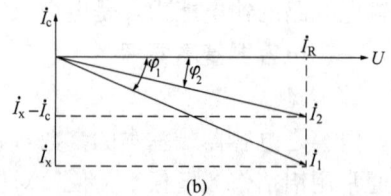

图 11-23　并联电容器应用原理图

（a）电路图；（b）相量图

无功功率平衡。

1. 并联电容器装置的组成部分

（1）投切装置：包括断路器、隔离开关等。

（2）主功能装置：包括并联电容器、串联电抗器、过电压保护装置、放电装置、单台电容器保护熔断器、氧化锌避雷器、接地开关、构架等。

（3）控制、测量、保护装置：包括各类电压、电流变比设备，以及测量仪表、继电器保护和自动控制装置等。

2. 装置中各元件的作用

（1）并联电容器：产生相位超前于电网电压的无功电流，提高电网功率因数。

（2）串联电抗器：抑制合闸涌流，抑制电网谐波。

（3）放电装置：泄放电容器的储能，提供继电保护信号。

（4）氧化锌避雷器及过电压保护装置：抑制操作过电压。

（5）单台电容器保护熔断器：为无内熔丝电容器的极间短路提供快速保护。

（6）接地开关：用于检修时的安全接地。

（7）导体、支柱绝缘子、构架等：构成装置的承重体系、电流回路。

（8）其他（如电流互感器等）：作为电容器组内部故障保护的信号检测单元。

3. 并联电容器型号的含义

并联电容器型号的含义如下：

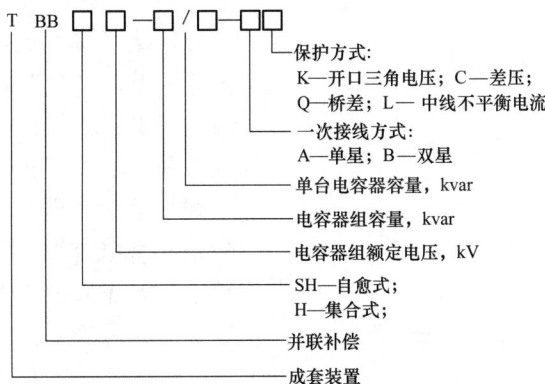

```
T BB □ □ — □ / □ — □ □
```
保护方式：
K—开口三角电压；C—差压；
Q—桥差；L— 中线不平衡电流
一次接线方式：
A—单星；B—双星
单台电容器容量，kvar
电容器组容量，kvar
电容器组额定电压，kV
SH—自愈式；
H—集合式；
并联补偿
成套装置

并联电容器型号规定如下：

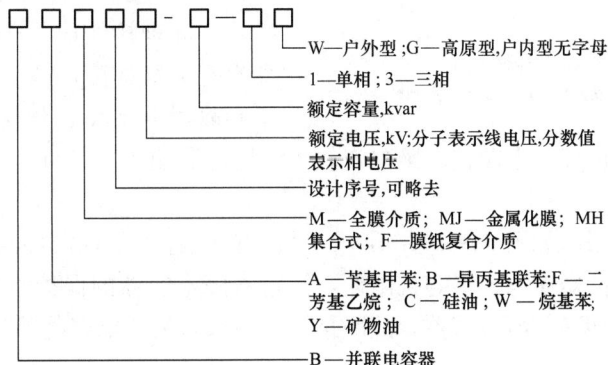

```
□ □ □ □ □ - □ - □ □
```
W—户外型；G—高原型，户内型无字母
1—单相；3—三相
额定容量,kvar
额定电压,kV;分子表示线电压，分数值
表示相电压
设计序号,可略去
M—全膜介质；MJ—金属化膜；MH
集合式；F—膜纸复合介质
A—苄基甲苯;B—异丙基联苯;F—二芳基乙烷；C—硅油；W—烷基苯；Y—矿物油
B—并联电容器

4. 外壳及标牌上部分符号的意义

外壳及标牌上部分符号的意义如图 11-24 所示。

电阻符号　　　内部熔丝符号　　　接支架符号　　　接地符号

图 11-24　外壳及标牌上部分符号的意义

三、并联电容器接线

1. 接线类型及特点

目前在系统运行中的并联电容器组接线有两种，即星形接线和三角形接线。电力企业变电所采用星形接线居多，工矿企业变电所则多采用三角形接线。

(1) 三角形接线的特点。并联电容器采用三角形接线可以滤过 3 倍次谐波电流，利于消除电网中 3 倍次谐波电流的影响；但当电容器组发生全击穿短路时，故障点的电流不仅有故障相健全电容器的放电涌流，还有其他两相电容器的放电涌流和系统短路电流。故障电流的能量往往超过电容器油箱能耐受的爆裂能量，因而经常会造成电容器的油箱爆裂，扩大事故。

(2) 星形接线的特点。当电容器发生全击穿短路时，故障电流受到健全相容抗的限制，来自系统的工频短路电流将大大降低，最大不超过电容器额定电流的 3 倍，并没有其他两相电容器的放电涌流，只有故障相健全电容器的放电电流。故障电流能量小，因而故障不容易造成电容器的油箱爆裂。在电容器质量相同的情况下，星形接线的电容器组可靠性较高。

2. 电容器内部接线

(1) 先并联后串联。如图 11-25（a）所示，此种接线应优先选用，当一台电容器出现击穿故障，故障电流由来自系统的工频故障电流和健全电容器的放电电流组

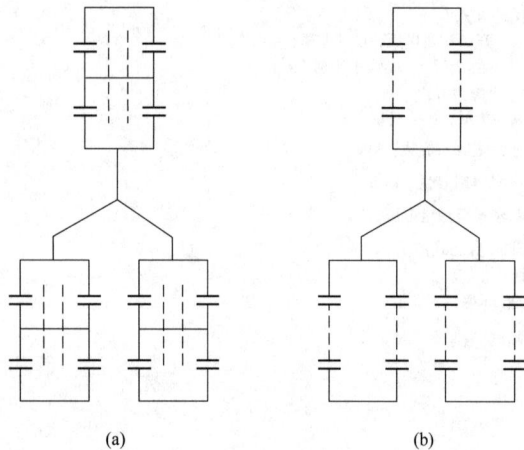

图 11-25　电容器内部接线示意图
(a) 先并联后串联；(b) 先串联后并联

成。流过故障电容器的保护熔断器故障电流较大，熔断器能快速熔断，切除故障电容器，健全电容器可继续运行。

(2) 先串联后并联。如图 11-25(b)所示，当一台电容器出现击穿故障时，故障电流因受与故障电容器串联的健全电容器容抗限制，流过故障电容器的保护熔断器故障电流较小，熔断器不能快速熔断切除故障电容器，故障持续时间长，健全电容器可能因长时间过电压而损坏，扩大事故。

3. 并联电容器接线

图 11-26 所示为并联电容器组的典型接线。

并联电容器组的接线与电容器的额定电压、容量，以及单台电容器的容量、所连接系统的中性点接地方式等因素有关。

220～500kV 变电所并联电容器组常用的接线方式：

（1）中性点不接地的单星形接线。

（2）中性点接地的单星形接线。

（3）中性点不接地的双星形接线。

（4）中性点接地的双星形接线。

6～66kV 为非直接接地系统，电容器组采用星形接线时中性点不接地。

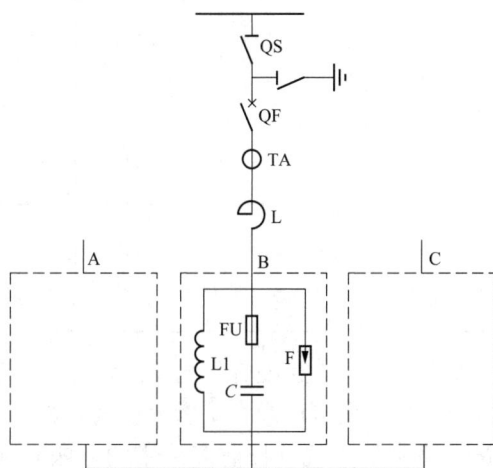

图 11-26　并联电容器组的典型接线

小　结

为保证发电厂和变电所的电气设备在正常和短路状态下能可靠地工作，对电气设备必须进行正确选择。各种电气设备的选择条件分为两大类：一类是根据正常工作和短路时的要求，各种电气设备必须满足的一般条件，也是基本条件；另一类是根据各种设备的特点要求，分别满足的特殊条件。

选择电气设备的一般条件包括：按正常工作条件选择及按短路条件校验动稳定和热稳定。

各种电气设备由于在电路中的作用、性能等不同，所以在选择时又有些特殊条件。例如，断路器要接通和断开电路，所以要按开断电流和关合电流选择；互感器要供电给测量仪表，为保证测量的准确性，必须要按准确度级和相应的额定容量进行选择；电抗器和较长的电缆线路，必须要校验电压损失等。

电气设备主要选择项目汇总表如表 11-9 所示。

表 11-9　　　　　　　　　　　　电气设备主要选择项目汇总表

设备名称	一 般 选 择 项 目				特 殊 选 择 项 目
	额定电压	额定电流	热稳定	动稳定	
敞露母线	一般采用 $U_N \geqslant U_{NW}$	$KI_N \geqslant I_{max}$	$S_{min} = \dfrac{\sqrt{Q_k}}{C}$	$\sigma_{js} \leqslant [\sigma]$	110kV 及以上母线应校验电晕电压
电缆					$\Delta U\% \leqslant 5\%$
普通电抗器			$I_t^2 t \geqslant Q_k$	$i_{es} \geqslant i_{sh}$	$X_L\% \geqslant \left(\dfrac{I_B}{I''} - X'_{*\Sigma} \right) \dfrac{I_{NL}U_B}{I_B U_{NL}} \times 100\%$ $\Delta U\% \leqslant 5\%$ $U_{sy} \geqslant 60\%$
断路器					$I_{Nbr} \geqslant I_{zk}$, $i_{Ncl} \geqslant i_{sh}$
隔离开关					
电流互感器			$(K_t I_{N1})2 \cdot t \geqslant Q_k$	$K_{es}\sqrt{2}I_{N1} \geqslant i_{sh}$	$S \geqslant \dfrac{L_c}{Z_{N2} - \sum R_{dl} - R_c}$ 瓷绝缘式 $F_{al} \geqslant F_c$
穿墙套管			$I_t^2 t \geqslant Q_d$	$F_c \leqslant 0.6F_d$	
支柱绝缘子					
高压熔断器		$I_N \geqslant I_{max}$			有限流作用者 $I_{Nbr} \geqslant I''$
电压互感器					$S_{N2} \geqslant S_2$

随着单机容量的增大、发电厂和电力系统容量的不断增加，系统中短路电流可能达到很大数值，以致选择电气设备困难，使发电厂和系统增大投资。为此，必须采取措施限制短路电流，一般方法是增大短路回路中的阻抗。目前多采用的方法有变压器或供电线路分列运行、采用低压分裂绕组变压器和限流电抗器。

思考题和习题

11-1　短路电流通过电气设备和载流导体时，有什么效应？这些效应有什么危害？

11-2　在导体中通过短路电流时，为何要计算三相短路时的最大电动力？哪相最大？如何计算？

11-3　载流导体长期发热和短路时，发热各有何特点？为什么要规定发热的允许稳定？长期发热与短路发热的允许温度是否相同？为什么？

11-4　载流导体的长期允许电流是根据什么确定的？

11-5　短路电流热效应如何计算？它与短时发热最高温度有什么关系？

11-6　什么是选择电气设备的一般条件？包括哪些内容？短路计算点如何确定？

11-7　什么是经济电流密度？哪些载流导体的截面按经济电流密度选择？为什么必须按长期允许电流进行校验？

11-8　为什么配电装置中的汇流母线不按经济电流密度选择截面？

11-9　高压断路器、电流互感器、电压互感器、出线电抗器都按什么项目进行选择？

11-10　为什么 110kV 及以上电压互感器辅助二次绕组额定电压选为 100V，而 6～

35kV 的辅助二次绕组额定电压选为 $\dfrac{100}{3}$ V？

11-11　为什么要限制短路电流？限制短路电流有哪些方法？

11-12　出线电抗器和分段电抗器限制短路电流的作用有何不同？

11-13　试分析确定图 11-27 所示电路中，选择各断路器时的短路计算点。

11-14　某 10kV 屋内配电装置矩形母线，其最大持续工作电流为 334A，流过母线的最大短路电流：$I''^{(3)} = 28\text{kA}$、$I^{(3)}_{0.8^{(3)}} = 17\text{kA}$、$I^{(3)}_{1.6^{(3)}} = 12\text{kA}$。继电保护动作时间是 1.5s，断路器全分闸时间是 0.1s。母线平放在绝缘子上，三相母线水平布置，相间距离 0.25m，绝缘子之间的跨距是 1.2m，周围环境温度为 30℃。试选择铝母线截面。

11-15　如图 11-27 所示，已知变电所 10kV 出线最大持续工作电流为 510A，通过断路器的短路电流由无限大容量系统供给，周期分量有效值为 $I^{(3)}_{z^{(3)}} = 11.3\text{kA}$，主保护动作时间为 0.05s，断路器固有分闸时间为 0.05s，全分闸时间为 0.1s，屋内空气温度为 40℃。选择出线断路器和隔离开关。

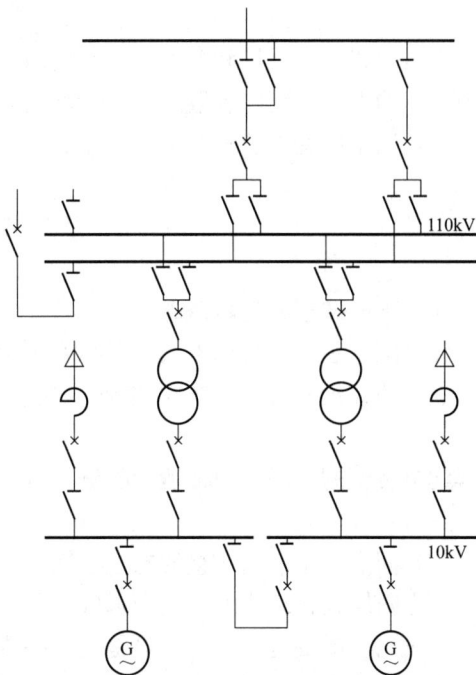

图 11-27　题 11-8 及题 11-15 电路图

11-16　在图 11-28 所示电路中，欲将出线 d 点三相短路时次暂态短路电流限制到 20kA 以下。短路电流作用时间为 2s，出线最大持续工作电流为 320A，功率因数为 0.8。选择出线电抗器。

11-17　试考虑图 11-28 所示电路中，10kV 和 110kV 母线电压互感器的选择有哪些不同？

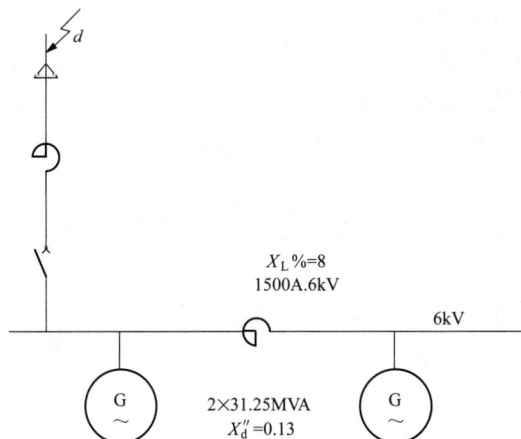

图 11-28　题 11-16 及题 11-17 电路图

第十二章 配 电 装 置

配电装置是发电厂和变电站的重要组成部分。配电装置的类型很多，并且随着工农业和电力技术的发展，配电装置的布置情况也在不断更新。本章主要介绍我国常见的一些典型配电装置，以了解配电装置的特点和布置中的主要问题。

第一节 概 述

一、配电装置的基本概念

（1）配电装置：根据电气主接线的接线方式，由开关设备、母线装置、保护和测量电器、必要的辅助设备等构成，按照一定技术要求建造而成的特殊电工建筑物，称为配电装置。

配电装置的作用：正常运行时进行电能的传输和再分配，故障情况下迅速切除故障部分恢复运行。

（2）间隔：指一个完整的电气连接，其大体上对应主接线图中的接线单元，以主设备为主，加上附属设备组成的一整套电气设备（包括 QF、QS、TA、TV、端子箱等）。

在发电厂或变电站内，间隔是配电装置中最小的组成部分，根据不同设备的连接所发挥的功能不同有主变压器间隔、母线设备间隔、母联间隔、出线间隔等。

（3）层：指设备布置位置的层次。配电装置有单层、两层、三层布置。

（4）列：一个间隔断路器的排列次序。配电装置有单列式布置、双列式布置、三列式布置。双列式布置是指该配电装置纵向布置两组断路器及附属设备。

（5）通道：为便于设备的操作、检修和搬运，配电装置在布置时设置了维护通道（用来维护和搬运各种电器的通道）、操作通道［设有断路器(或隔离开关)的操动机构、就地控制屏］、防爆通道(和防爆小室相通)。

二、配电装置的类型及其特点

配电装置按电气设备装置地点的不同，可分为屋内和屋外配电装置；按其组装的方式又可分为电气设备在现场组装的装配式配电装置，以及在工厂预先将开关电器、互感器等安装在柜（屏）中，然后成套运至安装地点的成套配电装置两种。

1. 屋内配电装置的特点

（1）由于允许安全净距小，且可以分层布置，故占地面积较小。

（2）维修、操作、巡视在室内进行，比较方便，且不受气候影响。

（3）外界污秽空气对电气设备影响很小，维护工作可以减轻。

（4）需建造房屋建筑，投资较大。但 35kV 及以下电压等级可采用价格较低的户内设备，减少一些设备投资。

2. 屋外配电装置的特点

（1）土建工程量和费用较少，建设周期短。

（2）扩建较方便。

（3）相邻设备之间的距离较大，便于带电作业。

（4）占地面积大。

（5）设备露天运行，受外界污秽影响较大，使得设备运行条件较差，所以须加强绝缘。

（6）外界气候变化对设备维护和操作有较大影响。

3. 成套配电装置

成套配电装置一般布置在屋内，其特点是结构紧凑，占地面积小，建造周期短，运行可靠，维护方便，便于扩建和搬迁，但耗用钢材较多，造价较高。

配电装置形式的选择，应考虑所在地区的地理情况和环境条件，因地制宜、节约用地，并结合运行及检修要求，通过技术经济比较确定。

在发电厂和变电站中，一般 35kV 及以下的配电装置采用屋内型，110kV 以上的采用屋外型。但是 110～220kV 配电装置在严重污秽地区，如海边、化工厂区或大城市中心，当技术经济合理时，也可采用屋内配电装置。目前我国生产的 3～35kV 各种成套配电装置在发电厂和变电站中已普遍应用，110～500kV SF₆ 全封闭组合电器也得到了广泛应用。

三、配电装置的基本要求

无论选用哪种形式的配电装置，都应满足如下基本要求：

（1）配电装置的设计和建造，应认真贯彻国家的技术经济政策和有关规程的要求，因地制宜，特别应注意节约用地，争取不占或少占良田。

（2）保证运行安全和工作可靠，按照系统和自然条件，对设备进行合理选型。布置应力求整齐、清晰。在运行中必须满足对设备和人身的安全距离，并应有防火、防爆措施。

（3）巡视、操作和检修设备安全方便。

（4）在保证上述条件要求下，布置紧凑，力求节约材料、减少投资。

（5）考虑施工、安装和扩建（水电厂考虑过渡）的方便。

四、配电装置的安全净距

配电装置的整个结构尺寸，是综合考虑设备外形尺寸、运行维护、检修、搬运的安全距离、电气绝缘距离等因素决定的。各种间隔距离中最基本的是空气中的最小安全距离，即 DL/T 5352—2006《高压配电装置设计技术规程》中所规定的 A_1 和 A_2 的值（A 值通过计算和试验确定），它们表明带电部分至接地部分之间及不同相的带电部分之间的最小安全净距。保持这一距离时，无论正常或过电压的情况下，都不致发生空气绝缘的电击穿。其余部分的尺寸都是在 A_1 和 A_2 值的基础上，加上运行维护、设备搬运和检修工具活动范围、施工误差等尺寸而确定的。《高压配电装置设计技术规程》规定的屋内、屋外配电装置的安全净距见表 12-1 和表 12-2。

设计配电装置，选择带电导体之间和导体对接地结构架的距离时，应考虑减少相间短路的可能性及电动力、软绞线在短路电动力、风摆、温度等因素作用下使相间及对地距离减少，以及减少大电流导体附近的铁磁物质的发热。35kV 以上要考虑减少电晕损失、带电检修因素等。工程上所采用的各种实际距离通常要大于表 12-1、表 12-2 的数据。

屋内、屋外配电装置安全净距校验图分别如图 12-1 和图 12-2 所示。

表 12-1　　　　　　　　　　屋内配电装置的安全净距　　　　　　　　　　（mm）

符号	适用范围	额定电压（kV）								
		3	6	10	20	35	60	110J	110	220J
A_1	1. 带电部分至接地部分之间； 2. 网状和板状遮栏向上延伸线 2.3m 处，与遮栏上方带电部分之间	75	100	125	180	300	550	850	950	1800
A_2	1. 不同相的带电部分之间； 2. 断路器和隔离开关的断口两侧带电部分之间	75	100	125	180	300	550	900	1000	2000
B_1	1. 栅状遮栏至带电部分之间； 2. 交叉的不同时停电检修的无遮栏带电部分之间	825	850	875	930	1050	1300	1600	1700	2550
B_2	网状遮栏至带电部分之间	175	200	225	280	400	650	950	1050	1900
C	无遮栏裸导体至地（楼）面之间	2375	2400	2425	2480	2600	2850	3150	3250	4100
D	平行的不同时停电检修的无遮栏裸导体之间	1875	1900	1925	1980	2100	2350	2650	2750	3600
E	通向屋外的出线套管至屋外通道的路面	4000	4000	4000	4000	4000	4500	5000	5000	5500

注　J 系统指中性点直接接地系统。

表 12-2　　　　　　　　　　屋外配电装置的安全净距　　　　　　　　　　（mm）

符号	适用范围	额定电压（kV）								
		3～10	20	35	60	110J	110	220J	330J	500J
A_1	1. 带电部分至接地部分之间； 2. 网状和板状遮栏向上延伸线 2.5m 处，与遮栏上方带电部分之间	200	300	400	650	900	1000	1800	2500	3800

续表

符号	适 用 范 围	额 定 电 压 （kV）								
		3～10	20	35	60	110J	110	220J	330J	500J
A_2	1. 不同相的带电部分之间； 2. 断路器和隔离开关的断口两侧引线带电部分之间	200	300	400	650	1000	1100	2000	2800	4300
B_1	1. 设备运输时，其外廓至无遮栏带电部分之间； 2. 交叉的不同时停电检修的无遮栏带电部分之间； 3. 栅状遮栏至绝缘体和带电部分之间； 4. 带电作业时的带电部分至接地部分之间	950	1050	1150	1400	1650	1750	2550	3250	4550
B_2	网状遮栏至带电部分之间	300	400	500	750	1000	1100	1900	2600	3900
C	1. 无遮栏裸导体至地（楼）面之间； 2. 无遮栏裸导体至建筑物、构筑物顶部之间	2700	2800	2900	3100	3400	3500	4300	5000	7500
D	1. 平行的不同时停电检修的无遮栏裸导体之间； 2. 带电部分与建筑物、构筑物的边沿部分之间	2200	2300	2400	2600	2900	3000	3800	4500	5800

注 J系统指中性点直接接地系统。

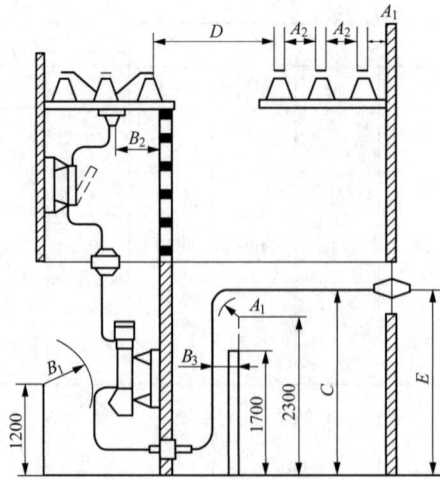

图 12-1　屋内配电装置安全净距校验图

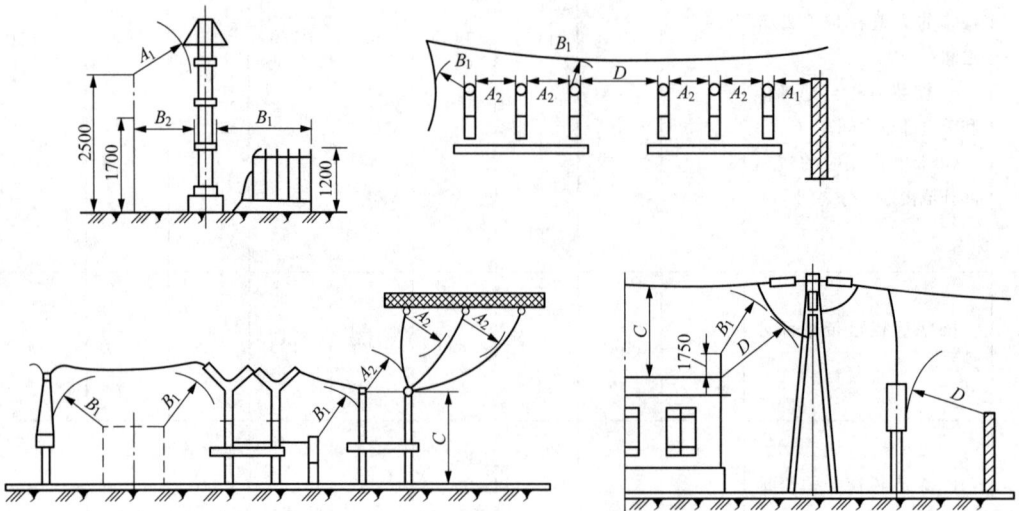

图 12-2　屋外配电装置安全净距校验图

第二节　屋 内 配 电 装 置

一、屋内配电装置概述

1. 屋内配电装置的类型及其特点

屋内配电装置的结构形式，不仅与电气主接线形式、电压等级和采用的电气设备型式等有着密切关系，还与施工、检修条件、运行经验和习惯有关。随着新设备和新技术的采用，以及运行、检修经验的不断丰富，配电装置的结构和形式将会不断发展、更新。

屋内配电装置按其布置形式的不同，可分为单层式和二层式。

发电厂 6~10kV 屋内配电装置因采用真空断路器，其体积较小，所以配电装置结构形式主要与有无出线电抗器有关。目前,无出线电抗器的配电装置多为单层式,该方式是将所有电气设备布置在一层建筑中,其占地面积大,通常采用成套开关柜,以减少占地面积,主要用在中小容量的发电厂中和发电厂的厂用配电装置中。有出线电抗器的配电装置多为二层式,二层式是将母线、母线隔离开关等较轻设备放在第二层,将电抗器、断路器等较重设备布置在底层,与单层式相比占地面积小,但造价较高。

35kV 屋内配电装置多采用二层式,110kV 屋内配电装置有单层式和二层式两种。

2. 配电装置图

为了表示整个配电装置的结构,以及其中设备的布置和安装情况,通常用平面图、断面图和配置图三种图说明。平面图是按比例画出房屋及其间隔、走廊和出口等处的平面布置轮廓。平面图上的间隔只是为了确定间隔数及其排列位置,并不画出其中所装设备。断面图是表明配电装置某间隔所取断面中,各设备的相互连接及其具体布置的结构图,断面图按比例画出。配置图是一种示意图,按一定方式根据实际情况表示配电装置的房屋走廊、间隔以及设备在各间隔内布置的轮廓。它不需按比例画出,故不表明具体设备的安装情况。配置图主要便于了解整个配电装置设备的内容和布置,以便统计采用的主要设备。

二、屋内配电装置的布置原则

屋内配电装置,多采用成套配电装置,即由制造厂成套供应的高压开关柜。高压开关柜大多是一个柜构成一个回路,少数由两个柜构成一个回路,所以一个柜就是一个间隔。制造厂生产的各种开关柜,如架空出线柜、电缆出线柜、进线柜、电压互感器柜、计量柜等,使用时可按设计的电气主接线方案,选用各种功能的开关柜,组合起来构成整个配电装置。

高压开关柜在配电装置室内可以双列布置和单列布置,也可以靠墙布置和独立布置。

1. 配电装置的通道和出口

配电装置的布置应便于设备操作、检修和搬运,故要求设维护通道、操作通道和防爆通道。凡用来维护和搬运设备的通道称为维护通道。通道内设有断路器、隔离开关的操动机构或就地控制屏的通道称为操作通道。仅与防爆小间相通的通道称为防爆通道。

屋内配电装置内各种通道的最小宽度:维护通道 0.8~1m,操作通道 1.5~2.0m,防爆通道 1.2m。

为保证工作人员安全和工作方便,屋内配电装置设有不同数目的出口。长度小于 7m 的配电装置设一个出口,长度大于 7m 的配电装置设两个出口,长度大于 60m 时再增加一个出口,配电装置门应向外开,并装弹簧锁。

2. 配电装置室的采光和通风

配电装置室可以开窗采光和通风,但应采取防止雨雪、风沙、污秽和小动物进入室内的措施。配电装置室应按事故排烟要求,装设足够的事故通风装置。

三、屋内配电装置实例

图 12-3 为采用 XGN□-12(Z)型高压开关柜的配电装置布置图。图 12-4 为采用 XGN□-12(Z)型高压开关柜的配电装置配置图。电气主接线为单母线分段接线,共有 2 条进线、6 条出线,每段母线上装有一组电压互感器和避雷器。高压开关柜为单列独立式布置。

XGN□-12(Z)型开关柜的前面是操作通道,开关柜出线侧为维护通道,开关柜的后面用金属网门与维护通道隔开,防止工作人员误入间隔造成事故。

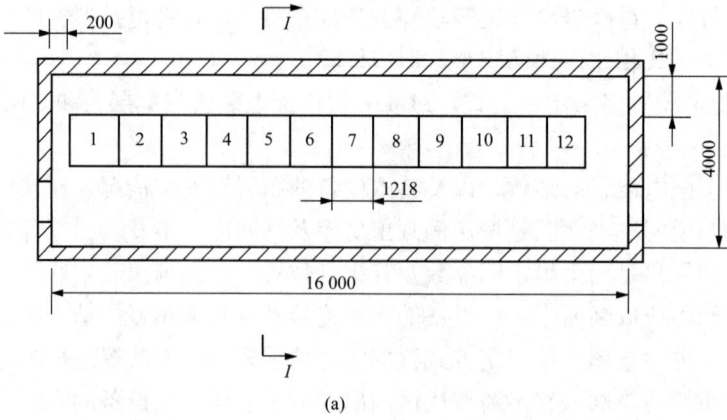

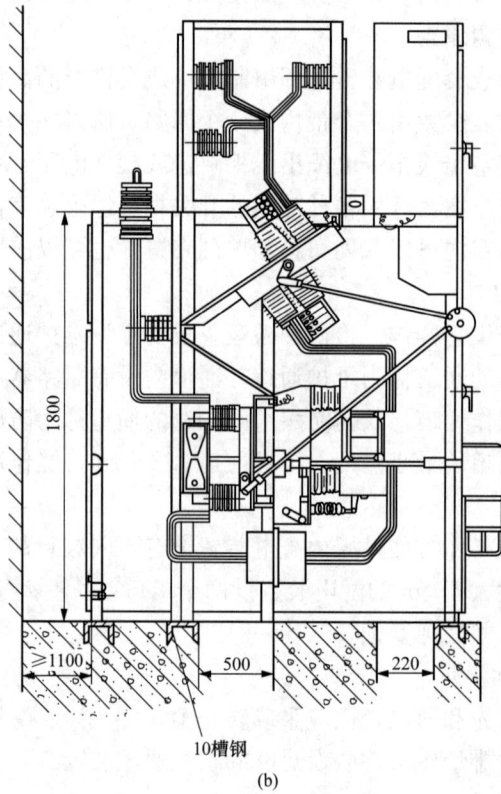

图 12-3　采用 XGN□-12（Z）型高压开关柜的配电装置布置图

（a）平面图；（b）断面图

间隔序号	1	2	3	4	5	6	7	8	9	10	11	12
间隔名称	1号线路	1号进线	2号线路	电压互感器	3号线路	母线	分段	4号线路	2号进线	5号线路	电压互感器	6号线路
操作通道												
母线及母线隔离开关												
断路器 熔断器 电压互感器 电流互感器												
出线隔离开关 避雷器 电缆终端头												
维护通道												

（左侧：终端通道　右侧：终端通道）

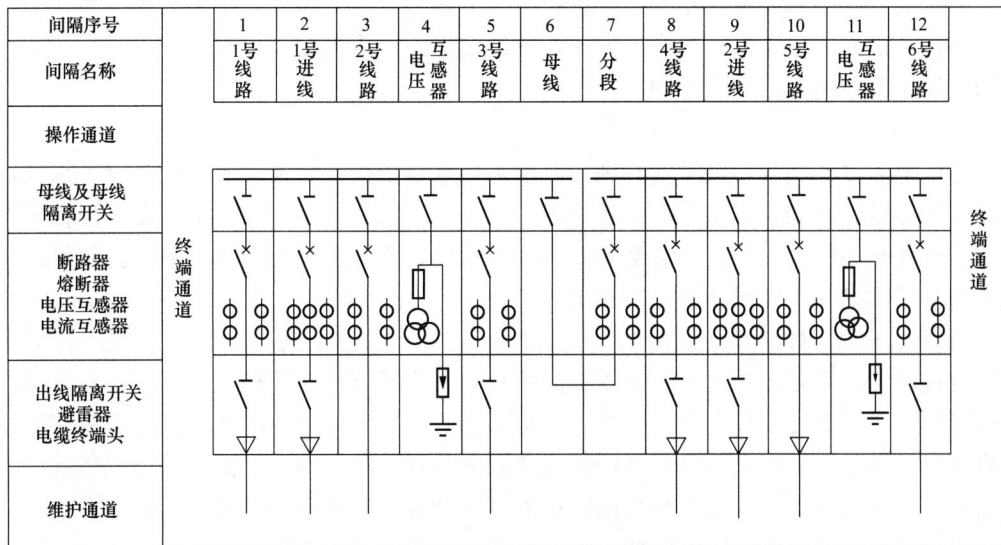

图 12-4　采用 XGN□-12（Z）型高压开关柜的配电装置配置图

第三节　屋外配电装置

一、屋外配电装置的概念

将电气设备安装在露天场地基础、支架或构架上的配电装置称为屋外配电装置。其一般多用于110kV 及以上电压等级的配电装置。

二、屋外配电装置的特点

土建工作量和费用较小，建设周期短；扩建比较方便；相邻设备之间距离较大，便于带电作业；占地面积大；受外界环境影响，设备运行条件较差，需加强绝缘；不良气候对设备维修和操作有影响。

三、屋外配电装置的类型及其特点

根据电气设备和母线布置的高度和重叠情况，屋外配电装置可分为中型、半高型和高型三种。中型配电装置又分为普通中型和分相中型两种。

中型配电装置是把所有电气设备都安装在地面的基础上，或安装在设备支架上，以保持带电部分与地之间必要的高度，这样使各种电气设备基本处在同一水平面内。母线布置在比电气设备较高的水平面内，母线和各种电气设备均不上、下重叠布置。所以，中型配电装置在施工、运行和检修方面都比较方便，而且可靠，但占地面积较大。中型屋外配电装置是我国采用较多的一种类型，但由于占地面积大，110～220kV 一般只在地震烈度较高的地区或土地贫瘠地区才可采用普通中型屋外配电装置，其余可采用分相中型布置；330～500kV 均采用分相中型屋外配电装置。

高型和半高型配电装置，是将母线布置抬高，母线和电气设备布置在几个不同高度的水平面上，并且上、下重叠。高型屋外配电装置，是将两组母线上、下重叠，两组母线隔离开关也上、下重叠布置。半高型屋外配电装置，只是抬高母线，两组母线并不上、下重叠布置，仅将母线与断路器、电流互感器等设备上、下重叠布置。所以，高型和半高型较中型可大量节省占地面积，但操作、检修不方便，抗震能力差，采用较少。

四、屋外配电装置的布置原则

1. 母线及构架

屋外配电装置的母线有软母线和硬母线两种。软母线多采用钢芯铝绞线或分裂导线，三相母线水平布置，用悬式绝缘子串悬挂在母线构架上，软母线可用较大的档距，但档距增大之后，将增加导线的弧垂，且为保证导线的对地距离，必须使构架增高。另外，软母线需考虑风吹时导线的摆动，所以相间距离较大。

硬母线常用的有管形和分裂管形。目前我国 110kV 及以上配电装置中，多用管形硬母线，用支柱绝缘子安装在支架上。硬母线的弧垂小，不需要高大的构架；母线不会摇摆，相间距离可缩小；与剪刀式隔离开关配合，可以节省占地面积。管形母线直径大，表面光滑，可提高电晕临界电压。但管形母线易产生微风共振和存在端部效应，抗震能力也较差。

屋外配电装置的构架，可由型钢或钢筋混凝土制成。钢构架经久耐用，机械强度好，便于固定设备，抗震能力强，运输方便，维护简单。钢筋混凝土环形杆可以在工厂成批生产，并可分段制造，运输和安装也还方便，但固定设备时不方便。目前我国在 220kV 及以下的配电装置中，多用由钢筋混凝土环形杆和镀锌钢梁组成的构架。在大跨距 500kV 配电装置中，多用由钢板焊成的板箱式构架和钢管混凝土柱，此类构架钢材使用少，机械强度也比较高。

2. 电力变压器的布置

电力变压器是屋外配电装置中体积最大、含油量最多的设备，布置时应特别注意防火安全。变压器的基础一般为双梁形，上面铺以铁轨，轨距与变压器的滚轮中心距相等。为了防止变压器事故时燃油流散，对于单个油箱的油量超过 1000kg 的变压器，在变压器下面应设置储油池，其尺寸应比设备外廓大 1m。为了迅速灭火，储油池内一般铺设厚度不小于 0.25m 的卵石层。容量在 90MVA 以上的变压器，有条件时宜设置水喷雾灭火装置。

电力变压器与建筑物的距离不应小于 1.25m。当变压器油重超过 2500kg 时，两台变压器之间的防火净距不应小于以下数值：35kV 为 5m，110kV 为 6m，220kV 及以上为 10m。如布置有困难，应设置防火墙，防火墙高度不低于变压器储油柜高度，长度大于储油池两侧各 1m。

3. 电器设备的布置

断路器、隔离开关、互感器和避雷器等设备，在屋外配电装置中有低位和高位两种布置方式。一般均采用高位布置，即安装在约 2m 高的混凝土基础上。

4. 其他

屋外配电装置中的电缆沟，有横向和纵向两种布置。横向一般布置在断路器和隔离开关之间。纵向为主干电缆沟。电缆数目较多时，纵向电缆沟一般可分为两路。

为了运输设备和消防，大中型变电站内一般应铺设宽 3m 的环形道路。此外，屋外配电装置中应设置 0.8～1m 宽的巡视小道，以便运行人员巡视电气设备。

发电厂和大型变电站的屋外配电装置，其周围宜围以高度不低于 1.5m 的围栏，以防止外人任意进入。

五、屋外配电装置实例

1. 中型配电装置

中型配电装置按照隔离开关的布置方式，分为普通中型和分相中型两种。

（1）普通中型配电装置。图 12-5 所示为普通中型配电装置，除避雷器外，所有电器都布置在 2～2.5m 高的基础上。主母线及旁路母线的边相距隔离开关较远，故在引下线设支持绝缘子 15。本方案将两组主母线、电压互感器和专用旁路断路器合并在一间隔内以节约占地面积。搬运设备的环形道路，设在断路器和母线架之间，检修和搬运设备比较方便，道路还可兼作断路器的检修场地。采用钢筋混凝土环形杆三角钢梁，母线构架 17 与中央门形架 13 合并，使结构简化。

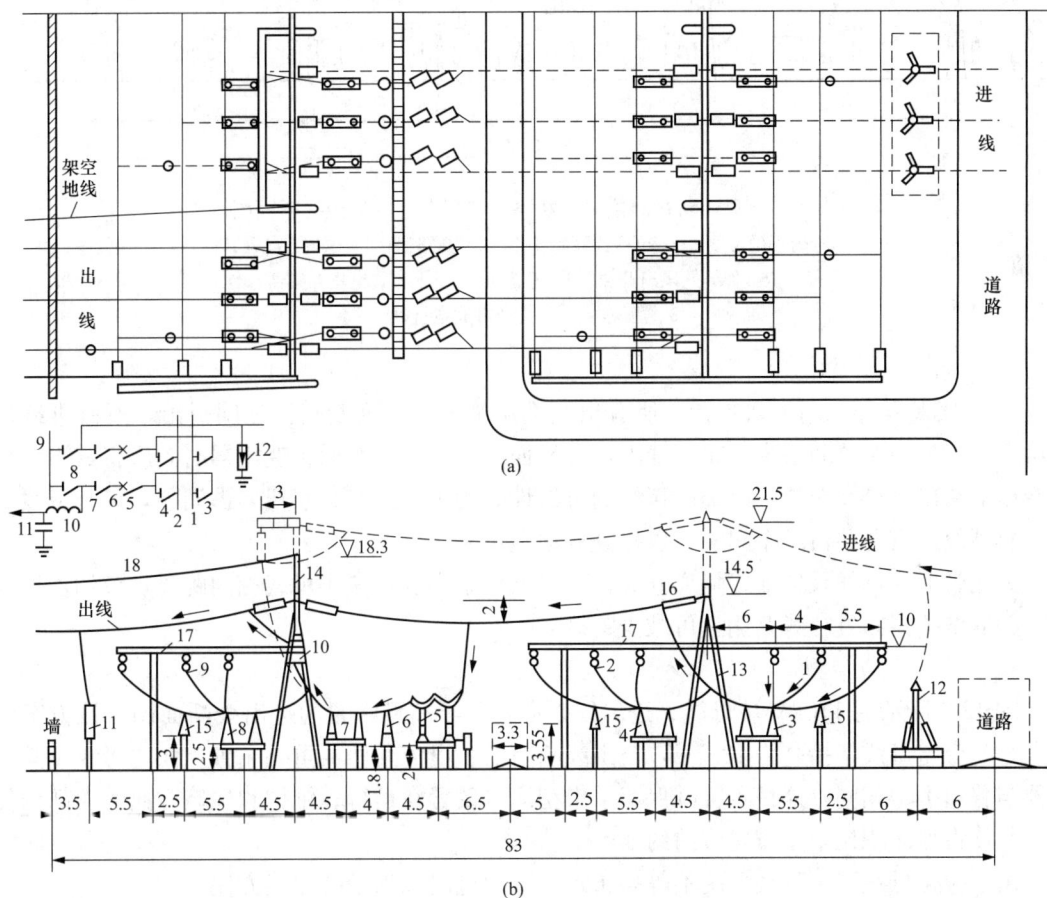

图 12-5　220kV 双母线进出线带旁路、合并母线架、断路器单列布置的中型配电装置（单位：m）

(a) 平面图；(b) 断面图

1、2、9—母线Ⅰ、Ⅱ和旁路母线；3、4、7、8—隔离开关；5—断路器；
6—电流互感器；10—阻波器；11—耦合电容器；12—避雷器；13—中央
门形架；14—出线门形架；15—支持绝缘子；16—悬式绝缘子；17—母线
构架；18—架空地线

普通中型配电装置的优点：布置比较清晰，不易误操作，运行可靠，施工和维修较方便，构架高度较低，造价低。经过多年的实践，已积累了丰富的经验。但其最大的缺点是占地面积较大。

（2）分相中型配电装置。将隔离开关分相直接布置在母线的正下方，这种方式就是分相布置，如图 12-6 所示。

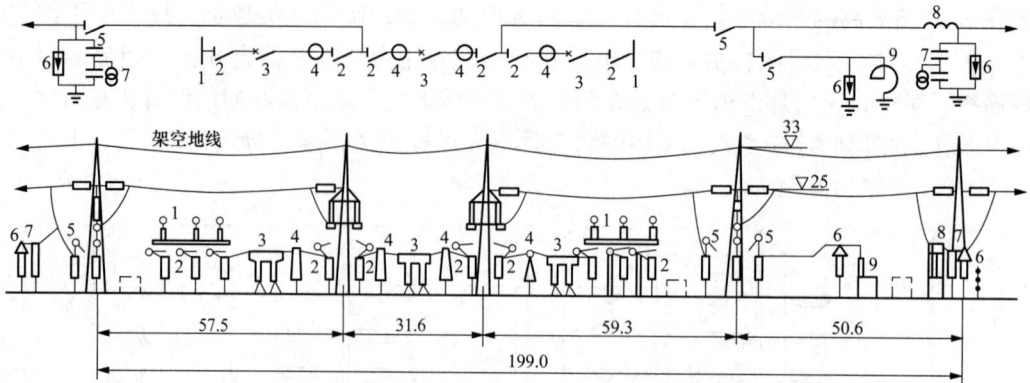

图 12-6　500kV、一个半断路器接线、断路器三列布置的进出线断面图（单位：m）

1—管形硬母线；2—单柱式隔离开关；3—断路器；4—电流互感器；
5—双柱伸缩式隔离开关；6—避雷器；7—电容式电压互感器；
8—阻波器；9—高压并联电抗器

本方案断路器采用三列布置，所有出线都从第一、二列断路器之间引出，所有进线均从第二、三列断路器间引出，布置清晰，占地面积小。当只有两台变压器时，应将其中一台主变压器与出线交叉布置，以提高接线的可靠性。为了不使交叉引线多占间隔，可与母线电压互感器及避雷器共占两个间隔，以提高场地利用率。

采用管形硬母线及伸缩式隔离开关，可降低构架高度，减小母线相间距离，节约占地面积。并联电抗器布置在线路侧，可减少跨线。

2. 半高型配电装置

图 12-7 所示为 110kV 单母线、进出线带旁路、半高型布置的进出线断面图。该方案的特点是将旁路母线架抬高为 12.5m，与出线断路器、电流互感器重叠布置，而主母线及其他电器与普通中型相同，这种布置既保留了中型配电装置在运行、维护和检修方面的大部分优点，又使占地面积比中型布置节约约 30%。

由于旁路母线与主母线采用不等高布置，实现进出线均带旁路很方便。

3. 高型配电装置

图 12-8 为 220kV 三框架断路器双列布置的高型配电装置断面图。配电装置利用三个高型框架合并而成，中间框架为两组母线和两组母线隔离开关上、下重叠布置。两侧两个框架的上层布置旁路母线及旁路隔离开关；下层布置进出线断路器、电流互感器和隔离开关。这样可以两侧出线，更能充分利用空间位置，使占地面积压缩到仅为普通中型配电装置的 50%，控制电缆、绝缘子串和母线的消耗量也较中型配电装置少。但是，使用钢材较中型配电装置多，操作和设备检修条件较差，尤其是上层设备的检修较困难。

半高型和高型配电装置在我国已逐步淘汰。

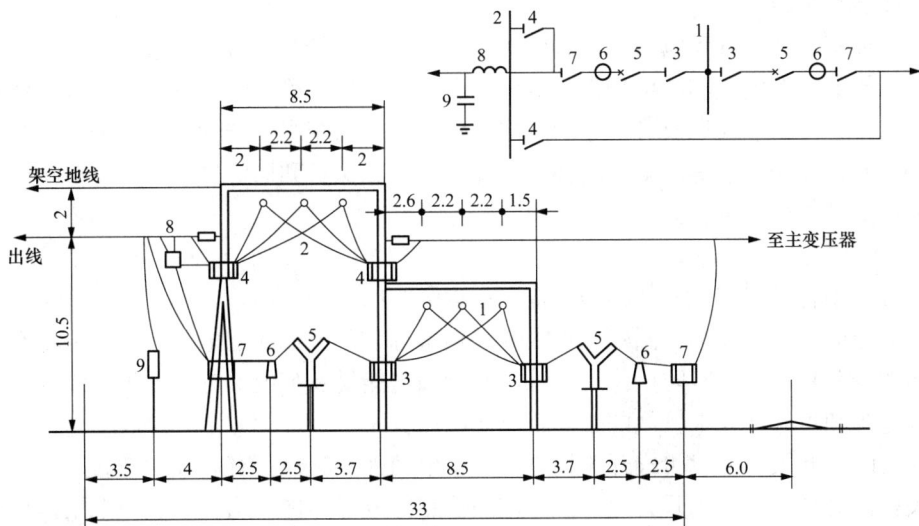

图 12-7 110kV 单母线、进出线带旁路、半高型布置的进出线断面图（单位：m）

1—主母线；2—旁路母线；3、4、7—隔离开关；5—断路器；

6—电流互感器；8—阻波器；9—耦合电容器

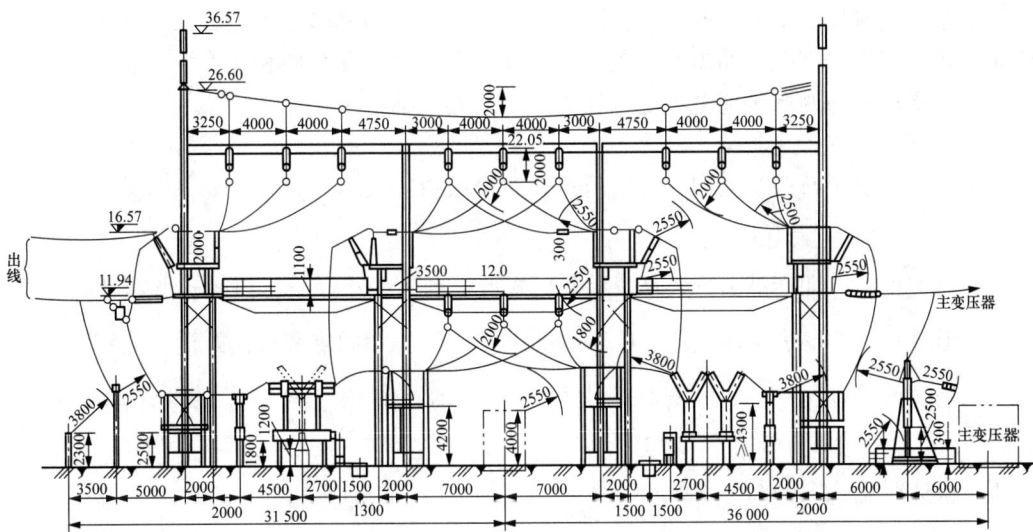

图 12-8 220kV 三框架断路器双列布置的高型配
电装置断面图（双母线带旁路母线接线）

第四节 成 套 配 电 装 置

成套配电装置是制造厂成套供应的设备，可分为低压开关柜、高压开关柜和 GIS 配电装置封闭组合电器等几种。设计配电装置时，可以根据主接线要求选择开关柜或元件，便可组成相应的配电装置。

一、低压开关柜

由一个或多个低压开关电器和相应的控制、保护、测量、信号、调节装置，以及所有内部电气、机械的相互连接和结构部件组成的成套配电装置，称为低压开关柜。其广泛用于发电厂、变电站、工矿企业以及各类电力用户的低压配电系统中，作为动力、照明、配电和电动机控制中心、无功补偿等的电能转换、分配、控制、保护和监测之用，主要应用于 1000V以下的屋内成套配电装置。

1. 低压开关柜的类型

低压开关柜种类繁多，按其结构特征和用途分为以下三类：

（1）固定面板式开关柜。固定面板式开关柜常称为开关板或配电屏。它是一种有面板遮栏的开启式开关柜，正面有防护作用，背面和侧面仍能触及带电部分，防护等级低，只能用于对供电连续和可靠性要求较低的工矿企业变电站。

（2）封闭式开关柜。封闭式开关柜是指除安装面外，其他所有侧面都被封闭起来的一种低压开关柜。这种开关柜的开关、保护和监测控制等电气元件，均安装在一个用钢材或绝缘材料制成的封闭外壳内，可靠墙或离墙安装。柜内每条回路之间可以不加隔离措施，也可以采用接地的金属板或绝缘板进行隔离。

（3）抽出式开关柜。抽出式开关柜采用钢板制成封闭外壳，进出线回路的电器元件都安装在可抽出的抽屉中，构成能完成某一类供电任务的功能单元。功能单元与母线或电缆之间，用接地的金属板或塑料制成的隔板隔开，形成母线、功能单元和电缆三个区域，每个功能单元中间也有隔离措施。抽出式开关柜有较高的可靠性、安全性和互换性，它们适合于对供电可靠性要求较高的低压配电系统，作为集中控制的配电中心。

2. 低压开关柜的型号

我国新系列低压开关柜全型号由 6 位拼音字母或数字表示，其含义如下：

$\boxed{1}$　$\boxed{2}$　$\boxed{3}$　$\boxed{4}$—$\boxed{5}$—$\boxed{6}$

$\boxed{1}$—分类代号，即产品名称，P 表示开启式低压开关柜；G 表示封闭式低压开关柜。

$\boxed{2}$—形式特征，G 表示固定式；C 表示抽出式；H 表示固定和抽出式混合安装。

$\boxed{3}$—用途代号，L（或 D）表示动力用，K 表示控制用；这一位也可作为统一设计标志。

$\boxed{4}$—设计序号。

$\boxed{5}$—主电路方案编号。

$\boxed{6}$—辅助电路方案编号。

3. 低压开关柜的主要技术参数

低压开关柜的主要技术参数有以下几项：

（1）额定电压。包括主电路和辅助电路的额定电压。主电路的额定电压又分为额定工作电压和额定绝缘电压。额定工作电压表示开关设备所在电网的最高电压；额定绝缘电压是指在规定条件下，用来度量电器及其部件不同电位部分的绝缘强度、电气间隙和爬电距离的标准电压值。

（2）额定频率。一般为 50Hz；对于出口产品，有些国家的电源频率为 60Hz。

（3）额定电流。额定电流分为两种，一种是水平母线额定电流，这是指低压开关柜中受电母线的工作电流，最小的几百安，最大的可达 5000～7000A；另一种为垂直母线额定电流。抽屉单元额定电流一般较小，较大的有 400、630A 等。

（4）额定短路开断电流。额定短路开断电流是指低压开关柜中，开关电器分断短路电流的能力，取决于低压开关柜所配的开关电器。

（5）母线额定峰值耐受电流和额定短时耐受电流。表示母线的动、热稳定性能。

（6）防护等级。防护等级是指外壳防止外界固体异物进入壳内触及带电部分或运动部件，以及防止水进入壳内的防护能力。一般应达到 IP30，要求高的有 IP40、IP50 等。

4. 低压开关柜的基本结构

固定式低压配电装置主要为离墙安装，有 BSL-1、BSL-10 型和 BSL-15 型。图 12-9 所示为 BSL-1 型低压开关柜，用角钢焊成钢梁，正面用薄钢板作面板。在面板上部装有测量仪表，中部有刀开关的操作手柄，屏面下部为门，内装有继电器、二次端子和电能表。母线布置在屏顶，其他低压电器安装在屏后。

固定式低压开关柜结构简单、价廉，可以两面维护，检修方便，在发电厂和变电站中作低压厂（站）用配电装置。

抽屉式低压开关柜为密封式结构，由薄钢板和角钢焊接而成。主要低压设备均装在抽屉内或手车上，回路故障时可拉出检修，换上备用抽屉或手车，能迅速恢复供电。图 12-10 所示为 BFC-15 型抽屉式低压开关柜，柜顶部为主母线室，下部为电缆头和零线母线室，中部为抽屉室，每个抽屉内装设一个电路的设备。中部右侧为二次线和端子排室，柜前后都有门。柜前门上装设二次仪表、控制按钮和自动开关的操作手柄。抽屉内有电气连锁，防止误操作。

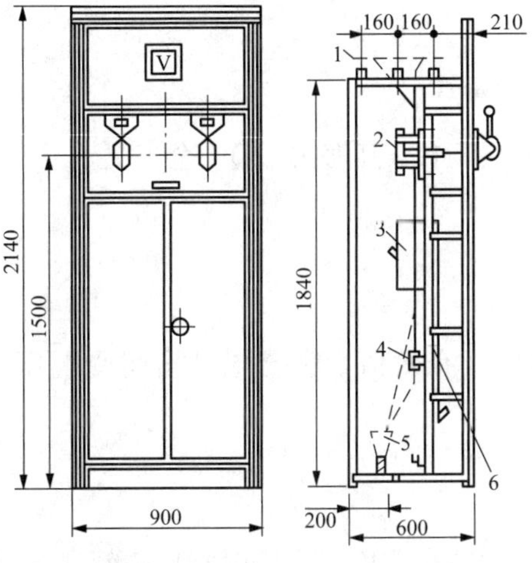

图 12-9 BSL-1 型低压开关柜

1—母线；2—刀开关；3—自动空气开关；
4—电流互感器；5—电缆头；6—继电器盘

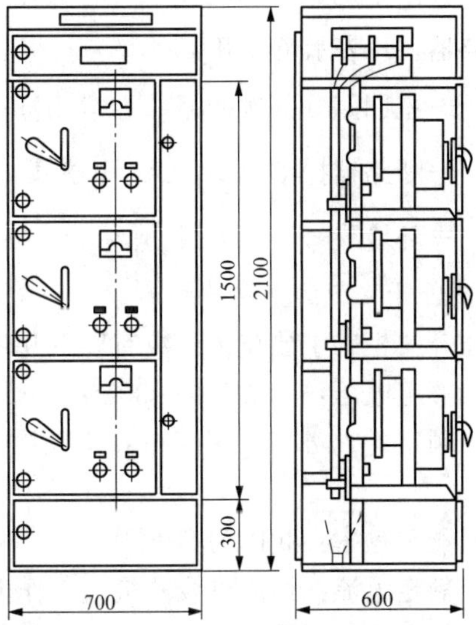

图 12-10 BFC-15 型抽屉式低压开关柜

抽屉式低压开关柜密封性较好、可靠性高、体积小、布置紧凑，但价格较贵，目前主要用在大机组的厂用电以及灰尘较多的车间。

二、高压开关柜

高压开关柜是指由高压断路器、负荷开关、接触器、高压熔断器、隔离开关、接地开关、互感器和站用电变压器，以及控制、测量、保护、调节装置、内部连接件、辅件、外壳和支持件等组成的成套配电装置。这种装置的内部空间以空气或复合绝缘材料为介质，用于接受和分配电能。

1. 高压开关柜的类型

高压开关柜的种类较多，结构差异较大，主要用于 3～35kV 电压级。其按柜内主要电器元件固定的特点分为：

（1）固定式：柜内所有电气元件都是固定安装的，结构简单，价格较低。

（2）移开式：又叫手车式，柜内主要电气元件（如断路器、电压互感器、避雷器等）安装在可移开的小车上，小车中的电器与柜内电路通过插入式触头连接。

2. 高压开关柜的型号

我国新系列高压开关柜全型号用下列格式表示，其含义如下：

$$\boxed{1} \ \boxed{2} \ \boxed{3} \ \boxed{4}—\boxed{5}—\boxed{6} \ \boxed{7} \ \boxed{8}$$

$\boxed{1}$——高压开关柜，K—铠装式，J—间隔式，X—箱式；

$\boxed{2}$——型式特征，G—固定式，Y—移开式；

$\boxed{3}$——安装场所，N—户内式，W—户外式；

$\boxed{4}$——设计序号（由 1～3 位数字或字母组成）；

$\boxed{5}$——额定电压（单位 kV），有的在这一位后的括号中说明主开关的类型，如 Z 表示真空断路器，F 表示负荷开关；

$\boxed{6}$——主回路（一次线路）方案编号；

$\boxed{7}$——断路器操动机构，D—电磁式，T—弹簧式；

$\boxed{8}$——环境代号，TH—湿热带，TA—干热带，G—高海拔，Q—全工况。

3. 高压开关柜的主要技术参数

高压开关柜的主要技术参数有以下几项：

（1）额定电压：一般为 3～35kV。

（2）额定绝缘水平：用 1min 工频耐受电压（有效值）和雷电冲击耐受电压（峰值）表示。

（3）额定频率：我国为 50Hz。

（4）额定电流：柜内母线的最大工作电流。

（5）额定短时耐受电流：柜内母线及主回路的热稳定度，应同时指出"额定短路持续时间"，通常为 4s。

（6）额定峰值耐受电流：柜内母线及主回路的动稳定度。

（7）防护等级。

4. 高压开关柜的基本结构

目前我国生产的 $3\sim35kV$ 高压开关柜，可分为固定式和手车式两种，主要为屋内用。

图 12-11 所示为 GG-1A（F_2）型固定式高压开关柜（单母线电缆出线柜）。开关柜总体为框架式结构。正面有门和操作防护板，左侧有防护板与邻柜相隔。中间隔板将柜内分为上、下两部分，上部是断路器室，下部是隔离开关、电缆室。电流互感器安装在中间隔板上。柜顶由隔板与断路器隔开，隔板上部装有母线和母线隔离开关。开关柜骨架为角钢焊成，操作板、隔板和门等均为薄钢板。

开关柜的正面右上方是断路器室的大门，下方是隔离开关室的大门。正面左上方是带门的继电器室，室内安装继电器和电能表。门上安装有仪表、信号灯和控制开关等二次元件。继电器下面是端子室和操作板，操作板上有隔离开关和断路器的操动机构。这种开关柜有较好的机械式五种防止误操作的闭锁装置，以及完整的接地系统，是在 GG-1A 型高压开关柜基础上发展的新产品。

图 12-12 所示为 GC-2 型全封闭手车式高压开关柜，整个柜由固定本体和断路器手车两部分组成。

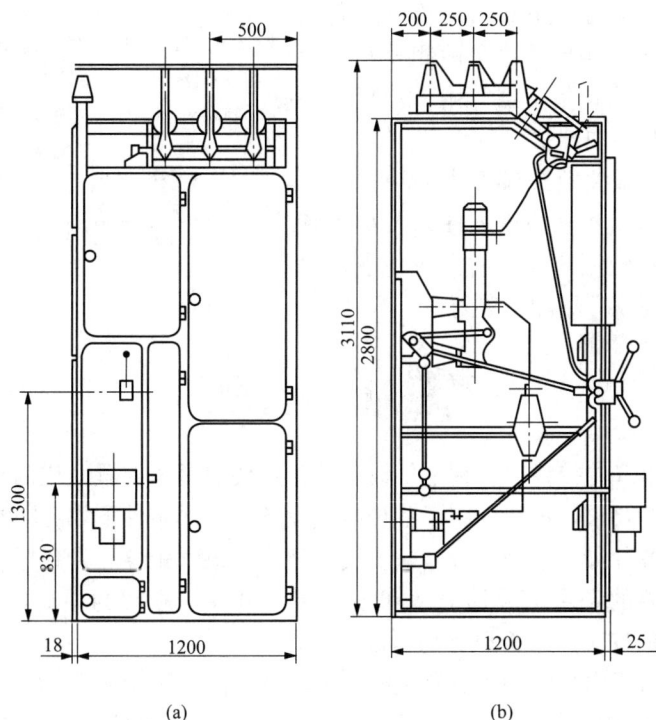

(a)　　　　　　　　　　(b)

图 12-11　GG-1A（F_2）型固定式高压开关柜
(a) 正面图；(b) 侧面图

固定本体用薄钢板或绝缘板分隔成母线室、继电器室、手车室和出线室四个互相隔离的小室，柜顶前部的盒内敷设着 15 根小母线和接线座。主母线位于开关柜的后上部，室内装有母线和母线侧的隔离静触头。出线室位于开关柜的后下部，室内装有出线侧的隔离静触头、电流互感器、引出电缆头等。开关柜的正面有上、下两扇门，上门装设仪表、控制表。下门内为手车室，门上装有模拟线路，手车室地板上敷设轨道。

断路器手车上装有断路器及操动机构。手车正面上部为推进机构，用脚踩手车下连锁踏板，手车室后隔板的帘即自动提起，然后插入手柄，转动蜗杆，即可使手车在柜内前进或后退。手车正面下部为断路器的操动机构。当手车在工作位置时，断路器通过隔离插头与母线及出线接通。检修时，将手车拉出柜外，隔离触头分开，手车室后隔板的帘板自动关闭，起安全隔离作用。手车与柜体相连的二次线采用插头连接，当断路器离开工作位置后，其一次隔离触头断开，而二次线仍可接通，以便调试断路器。手车推进机构与断路器操动机构之间有安全连锁装置，以防止误操作。手车两侧及底部设有接地通道、定位销和位置指示器等附件。柜门外有观察窗，运行时可观察内部情况。

由于手车式高压开关柜具有密封性能好、防尘、运行可靠、维护工作量小、检修方便以及小车有良好的互换性、可以缩短用户停电时间等优点，故广泛应用于发电厂的高压厂用配电装置。

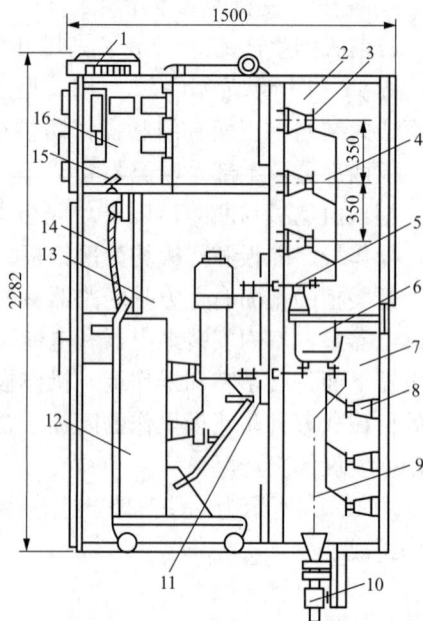

图 12-12　GC-2 型全封闭手车式高压开关柜

1—小母线室；2—主母线室；3—母线；4—引下线；
5—静触头；6—电流互感器；7—出线室；8—绝缘子；
9—电缆；10—零序电流互感器；11—自动帘板；
12—断路器手车；13—手车室；14—二次电缆；
15—端子排；16—继电器室

小　结

配电装置是将电气主接线中各种电气设备按一定要求具体布置而成的建筑物。为了满足运行、安装和检修的要求，本章介绍了各种电气设备在不同条件下如何布置的一般知识。

配电装置中的各种尺寸，是综合考虑了设备外形、电气距离、设备搬运和检修等因素而确定的。其中最重要的是带电导体对地和不同相带电导体之间的距离，即安全净距 A_1 和 A_2，其他部分中间的安全净距都以此为基础确定。

配电装置可分为屋内、屋外和成套配电装置。屋内配电装置主要用于 35kV 及以下电压等级，在特殊情况下 110～220kV 也可采用屋内配电装置。屋外配电装置主要用于 110kV 以上电压等级。成套配电装置目前主要用于屋内。

屋内配电装置主要是单层式和双层式。屋外配电装置有中型、高型和半高型。成套配电装置有低压开关柜、高压开关柜、GIS 配电装置等。常用的配电装置工程图主要有平面图、配置图和断面图。各种类型的配电装置，都是随着电力工业的发展，不断进行改革而发展起来的。配电装置的选用应根据具体情况具体分析后确定。配电装置的结构绝不是一成不变的，它将随着电力技术的发展而发展，并日趋合理。

思考题和习题

12-1　配电装置有哪几种类型？各有什么优缺点？应用在什么条件下？

12-2　配电装置应满足哪些基本要求？

12-3　试分析图 12-2 所示的配置图，说明各间隔的排列是否合理。

12-4　屋外中型、高型和半高型配电装置各有什么特点？应用在什么情况下？

12-5　试分析 6～10kV 双层屋内配电装置的特点。

第十三章 接 地 装 置

发电厂和变电站中的接地按用途来分有四种：工作接地、保护接地、防雷接地和防静电接地。所谓工作接地，是为了保证电力系统正常运行时电气装置中所设的接地，又称系统接地，如中性点直接接地或经其他装置接地。所谓保护接地，是为了保护人身和设备安全，将电气设备正常不带电而由于绝缘损坏有可能带电的金属外壳或配电装置的金属构架部分进行接地。而防雷接地，则是为了避雷针、避雷线和避雷器等雷电保护装置向大地泄放雷电流而设的接地。防静电接地，是为了防止静电对易燃、易爆物，如易燃油、天然气储罐和管道等的危险作用而设的接地。无论哪种接地，都是通过接地装置实现的。

有关工作接地的内容在第二章已经详述，本章仅对保护接地、防雷接地及接地电阻等有关问题作扼要介绍。

第一节 保护接地的基本概念

一、人体触电

人体触电一般是指由于人体触及带电体，造成电流对人体的伤害。

1. 触电对人体的伤害形式

电流对人体有两种类型的伤害：电伤和电击。电伤是指由于电流的热效应等对人体外部造成的伤害，如电弧灼伤、电弧光的辐射及烧伤、电烙印等。电击是指触电时电流通过人体，对人体内部器官造成的伤害。当电流作用于人体的神经中枢、心脏和肺部等器官时，会破坏它们的正常功能，可能使人发生抽搐、痉挛、失去知觉，乃至危及人的生命。也可能使呼吸器官和血液循环器官的活动停止或大大减弱，而形成假死。此时，若不及时进行人工呼吸和医疗救护，人将不能复生。严重的电伤和电击，都有致命的危险，其中电击的危险性最大，一般触电死亡事故大多由电击造成。

2. 影响触电伤害程度的因素

人体触电时所受伤害的程度，与通过人体电流的大小、电流作用于人体的时间、电流通过人体的路径、电流频率、电压高低及人体的状况（人体电阻、身心健康状况）等多种因素有关。在各种因素中，通过人体电流的大小和电流作用于人体的时间是主要因素。

通过人体的电流，交流为 $50\sim60Hz$、$10mA$，直流为 $50mA$ 时，一般人手仍能脱离电源，无生命危险，故可把交流 $50\sim60Hz$、$10mA$ 及直流 $50mA$ 确定为人体的安全电流值。当通过人体的电流低于这个数值时，人体通常是不会受到伤害的。但是，电流通过人体的持续时间越长，越容易引起心室颤动，危险性就越大。研究表明：工频（$50\sim60Hz$）电流最危险，小于或大于 $50\sim60Hz$ 的电流危险性降低。当工频电流达到 $30\sim50mA$ 时，会出现心脏跳动不规则、昏迷、血压升高、强烈痉挛等，对人有致命危险。最危险的途径是从左手到胸部（心脏）到脚，较危险的途径是从手到手。

通过人体的电流大小与人体电阻及作用于人体的电压等因素有关。人体电阻有很大的变动范围，可从几百欧姆到上万欧姆，它与接触电压、皮肤表面状况、接触面积、电流途径、性别年龄和人的体质等因素有关。当皮肤表面破损或潮湿时，人体电阻的最小值可达 800Ω 以下。因此，在最恶劣的情况下，人所接触的电压只要达到 $0.05 \times 800 = 40$（V）时，就有致命危险。根据我国的具体条件和环境，规定安全电压为 42、36、24、12V 及 6V 五个等级。

3. 触电的几种形式

人体触电的基本形式可分为直接触电（单相触电、两相触电）和间接触电（跨步电压触电、接触电压触电）两种。

直接触电指人体直接接触及过于靠近电气设备及线路等带电体而发生的触电现象。要防止这种情况发生，可以对带电设备加设遮栏，以保证一定的安全距离；教育人们切实遵守电气安全工作规程和有关规定等。间接触电指人体接触到平时不处在电压下，但由于绝缘损坏而呈现电压的设备金属外壳或构架而发生的触电现象。为防止这类触电事故的发生，应将电气设备的金属外壳或构架实施保护接地；在中性点接地的三相四线制 380/220V 电网中，采用保护接零。

二、保护接地

1. 接地和接地装置

所谓接地，就是将电力系统中电气设备、设施应该接地的部分，经接地装置与大地进行良好的电气连接。埋入地下与大地直接接触的金属导体，称为接地体。接地体有人工接地体和自然接地体两类。前者专为接地的目的而设置，包括垂直埋入地中的钢管、角钢、槽钢，水平敷设的圆钢、扁钢、铜带等。而后者主要用于别的目的，但也兼起接地体的作用，例如，钢筋混凝土基础、电缆的金属外皮、轨道、各种地下金属管道等都属于自然接地体。连接接地体与电气装置中必须接地部分的金属导体，称为接地线。接地装置由接地体和接地线两部分组成。由垂直和水平接地体组成的供发电厂、变电所使用的兼有泄放电流和均压作用的较大型水平网状接地装置，称为接地网。

2. 保护接地的作用

说明保护接地作用的示意图如图 13-1 所示。图中电机的中性点不接地，正常工作时外壳不带电。当一相对外壳的绝缘损坏时，外壳即处在一定的电压下，该电压数值接近于相电压，若人体接触到带电的电动机外壳，就会发生单相触电，如图 13-1（a）所示。

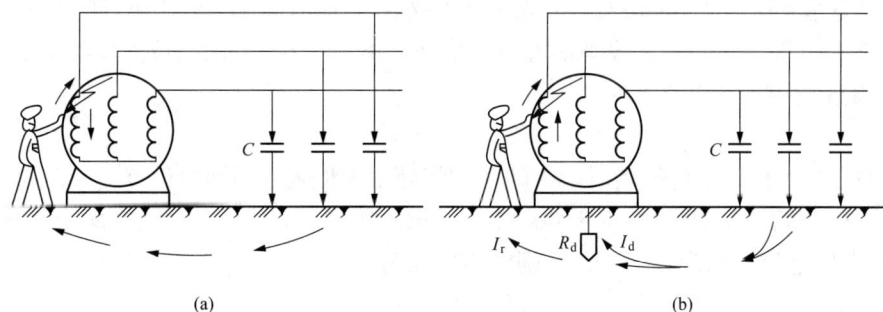

(a)　　　　　　　　　　　　(b)

图 13-1　说明保护接地作用的示意图

（a）无保护接地；（b）有保护接地

当装设有保护接地时，如图 13-1（b）所示，人体接触绝缘损坏的电机外壳时，接地电流将同时沿人体和接地体两条通路流过，即人体电阻 R_r 和接地体电阻 R_d 并联，此时流过人体的电流 I_r 为

$$I_r = \frac{R_d}{R_d + R_r} \cdot I_d$$

式中　I_d——单相接地电流。

由公式可以看出，接地体的电阻 R_d 越小，通过人体的电流 I_r 就越小。通常 $R_d \ll R_r$，所以 $I_r \ll I_d$。因此，只要控制接地装置的接地电阻值，就能使通过人体的电流小于安全电流，从而保证人身安全。

在中性点不接地的低压电网中，保护接地可以有效地防止或减轻人身触电的危险，但在中性点直接接地的电网中情况则有所不同。如果电动机外壳带电，则接地短路电流将同时沿着接地体和人体与电网中性线电阻 R_g 形成两条通路，而一般中性线电阻要求很小（小于 4Ω），此时，通过人体的电流将达几十安培，加在人体的电压也达上百伏，对人均是很危险的，且故障电流在多数情况下不足以使电路中的过流保护装置动作。因此，在中性点直接接地的低压电网中，电气设备不采用保护接地是危险的。采用了保护接地，仅能减轻触电的危险程度，但不能完全保证人身安全。

保护接地只适用于中性点不接地的低压电网中。

3. 接触电压和跨步电压

图 13-2 为地中电流由单一接地体流出时的散流情况。当一相绝缘损坏形成导体碰壳时，接地电流通过地中的接地体向四周散流。如果土壤的电阻率在各个方向相同，则电流在各个方向的分布是均匀的，如图 13-2 中接地体周围箭头所示，可近似认为电流沿一个半球体向大地散流。因半球体的表面积与半径的二次方成正比，所以其表面积随着远离接地体而迅速增大，与之相对应的土壤电阻迅速减小，电流通过大地时所产生的电压降迅速减小。因此，电流通过接地体流入大地时，接地体的电位 U_{id} 最高，随着离开接地体的距离增加，电位逐渐下降。至离接地体 15～20m 处，土壤电阻已小到可以忽略不计，该点电位降至零，这才是电工上通常说的"地"。接地体周围大地表面的电位分布情况如图 13-2 曲线所示，这时大地表面将形成以接地体为圆心的同心圆等电位分布区。

当人站在设备附近地面，用手触及设备外壳时，人的手和脚将具有不同的电位。人站在地面上离设备水平距离为 0.8m 处与手触到设备外壳离地面高 1.8m 处两点间的电位差，称为接触电压。如图 13-2 所示，设地面离设备水平距离为 0.8m 处的电位为 U，设备外壳的电位为 U_{id}，则上述接触电压为

$$U_{ic} = U_{id} - U$$

当人在分布电位区域内行走时，人的两脚将处于大地表面不同电位点上，两脚之间所承受的电压，称为跨步电压。一般步距约为 0.8m，如图 13-2 所示，设地面上水平距离为 0.8m 的两点处电位分别为 U_1 和 U_2，则跨步电压为

$$U_{kb} = U_1 - U_2$$

人体所承受的接触电压和跨步电压，与所接触两点间的电位差值以及脚对地面接触电阻的大小有关。上述电压都可能达到很高数值使通过人体的电流超过危险值，为了保证工作人员的安全，在接地装置设计和施工时，应使这两个电压在允许值以下。

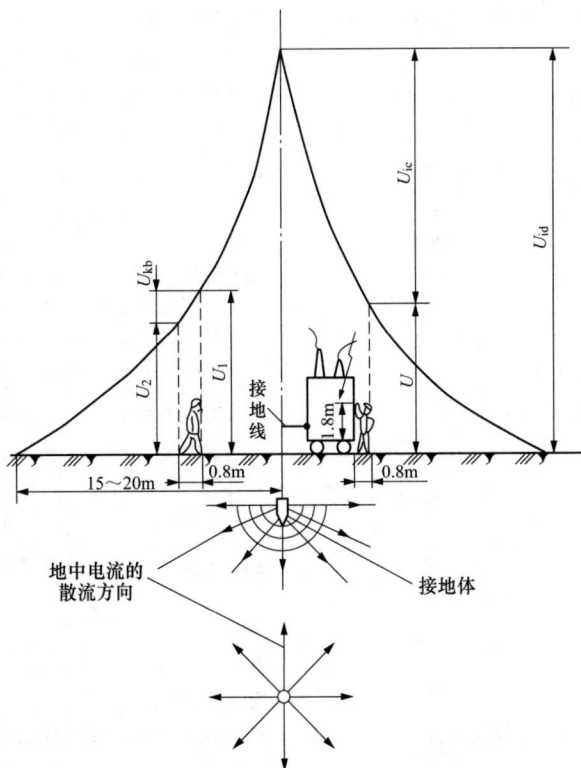

图 13-2　地中电流由单一接地体流出时的散流情况

三、低压系统保护措施

在中性点直接接地的 380/220V 三相四线制低压系统中，与低压系统电源中性点连接用来传输电能的导线，称为中性线，用 N 表示。为保证人身安全，防止触电，用导线将系统电源接地点、用电设备的金属外壳等部分连接起来的保护措施，称为保护接零，这种系统称为 TN 系统。用作电气连接的导线称为保护线，用 PE 表示。

当用电设备较少、分散，采用保护接零有困难，且土壤电阻率较低时，可采用低压保护接地。

1. 低压系统接地的形式

(1) TN 系统有 3 种形式：TN-C 系统，该系统的中性线 N 与保护线 PE 是合一的，用 PEN 表示，如图 13-3（a）所示；TN-S 系统，该系统的中性线 N 与保护线 PE 是分开的，如图 13-3（b）所示；TN-C-S 系统，该系统中有一部分中性线 N 与保护线 PE 是合一的，而另一部分是分开的，如图 13-3（c）所示。

保护接零系统要求在供电线路上装设熔断器或空气自动开关，在图 13-3（a）表示出，当用电设备一相绝缘损坏而碰壳时，将形成单相短路，使熔断器或空气自动开关以最短的时间自动断开电路，以消除触电危险。同时，由于电路的电阻远小于人体电阻，在电路未断开之前的短时间内，短路电流几乎全部通过接零电路，而通过人体的电流接近于零。

(2) TT 系统：TT 系统电源有一个直接接地点，电气设备的外露导电部分接至电气上与系统电源接地点无关的接地装置，如图 13-3（d）所示。

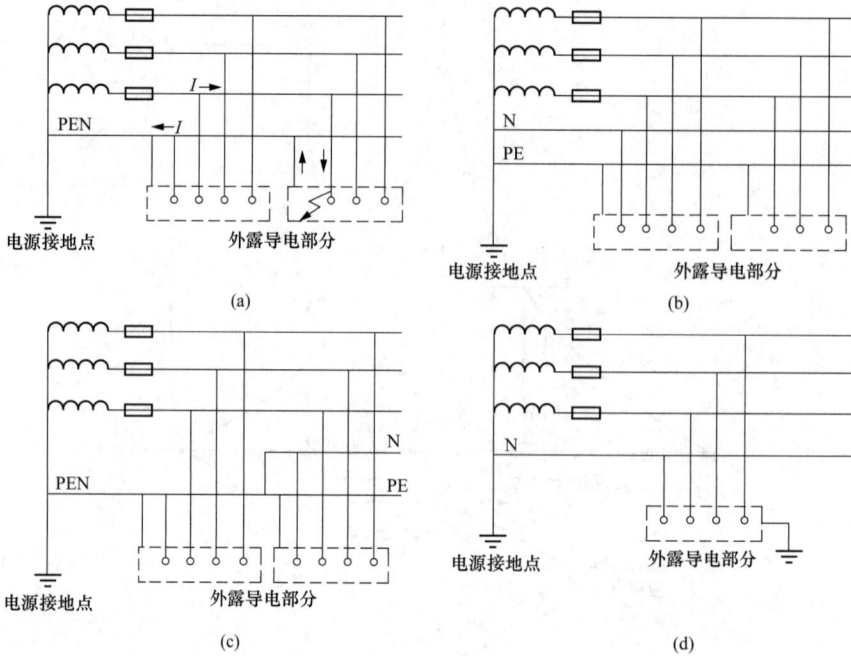

图 13-3　低压系统接地的几种型式

(a) TN-C 系统；(b) TN-S 系统；(c) TN-C-S 系统；(d) TT 系统

2. 重复接地

在中性点直接接地的三相四线制系统中，有时还需要进行零线的重复接地，即将零线的一处或多处通过接地体与大地再次连接，如图 13-4 所示。重复接地可减小零线断线时的触电危险。

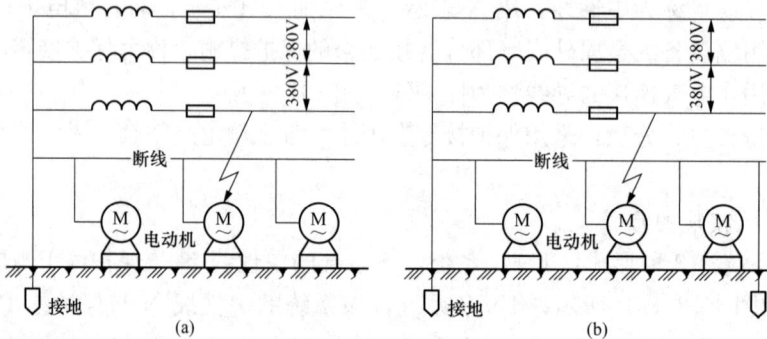

图 13-4　零线的重复接地

(a) 无重复接地情况；(b) 有重复接地情况

图 13-4（a）所示为无重复接地情况。当零线发生断线时，某台电动机一相绝缘损坏碰壳，这时断线处前的电动机外壳上的电压接近于零，而断线处后的电动机外壳上的电压接近于相电压值。有重复接地时，如图 13-4（b）所示，在断线处前、后的电动机外壳上的电压比较接近，其值都不大，所以提高了安全性。但需要指出，重复接地对人身并不是绝对安全的，最重要的是尽可能不使零线断线，在施工和运行中对此点要特别注意。

电压为 1000V 以上的电气装置中，在各种情况下，均应采取保护接地。电压在 1000V 以下的电气装置，若中性点直接接地，应采用保护接零；若中性点不接地，应采用保护接地。

由同一台发电机、同一台变压器或同一段母线供电的低压线路，不宜同时采用保护接零和保护接地两种方式。

第二节　防雷接地及接地电阻

一、防雷接地

防雷接地用来将雷电流顺利泄入地下，以减小雷电流通过接地装置时的地电位升高。

防雷接地的性质介于工作接地和保护接地之间，它是防雷保护装置不可或缺的组成部分，这有些像工作接地；但它又是保障人身安全的有力措施，而且只有在故障条件下才发挥作用，这又有些像保护接地。

从物理过程看，防雷接地与工作接地和保护接地比较有两个显著特点：一是雷电流幅值大，二是雷电流的等值频率高。雷电流幅值大，就会使地中电流密度 δ 增大，因而提高了土壤中的电场强度，在接地体附近尤为显著。当此电场强度超过土壤击穿场强时会发生局部火花放电，使土壤中电导增大，结果使接地装置在冲击电流作用下的接地电阻小于工频电流下的数值。雷电流等值频率高，会使接地体本身呈现明显的电感作用，阻碍电流向接地体远方流动，对于长度较长的接地体这种影响更为显著，结果使接地体得不到充分利用，使接地装置流过冲击电流时的接地电阻值大于工频接地电阻值。

由于上述两种原因，同一接地装置在冲击电流和工频电流下，将具有不同的电阻值。

二、接地电阻

1. 工频接地电阻

接地电阻 R_e 是表征接地装置功能的一个最重要的电气参数，它等于接地线、接地体和电流散流所遇到的全部电阻之和。不过，与散流电阻相比，前两种电阻很小，可以忽略不计。所以接地电阻 R_e 就等于从接地体到地下远处零电位面之间的对地电压 U_e 与通过接地体流入地中电流 I_e 的比值，即

$$R_e = \frac{U_e}{I_e}$$

按通过接地体流入地中工频电流求得的电阻，称为工频接地电阻。工作接地、保护接地中的接地电阻都是指工频接地电阻。

2. 冲击接地电阻

接地装置流过冲击电流时呈现的电阻，称为冲击接地电阻。它和工频接地电阻的比值称为冲击系数 α，即

$$\alpha = \frac{R_i}{R_e}$$

一般情况下，由于火花放电效应大于电感作用效应，故 $\alpha < 1$；但在接地体很长时也有可能 $\alpha > 1$。

第三节　发电厂和变电站接地电阻的一般要求

一、有效接地系统接地电阻允许值

直接接地系统和经低电阻接地系统中，一般在单相接地时，构成单相短路，相应的继电保护动作迅速切除故障部分。因此，在接地装置上只是短时间存在电压，工作人员在此时间内接触电气设备外壳的可能性很小，所以规定：当接地短路电流经接地装置流入大地时，接地装置对地电压升高不超过 2000V。由于接地短路电流较大，其 R_e 允许值仍较小。

（1）一般情况下，接地装置的接地电阻应符合下式要求：

$$R_e \leqslant \frac{2000}{I}$$

式中　R_e——考虑到季节变化的最大接地电阻，Ω；

　　　　I——流经接地装置的入地短路电流，A。

上式中，计算用流经接地装置的入地短路电流 I，采用在接地网内、外短路时，经接地装置流入地中的最大短路电流周期分量的起始有效值，该电流应按 5～10 年发展后的系统最大运行方式确定，并应考虑系统中各接地中性点间的短路电流分配，以及避雷线中分走的接地短路电流。

当 $I > 4000$A 时，要求接地电阻 R_e 不应超过 0.5Ω。

（2）在高土壤电阻率地区，无法扩大地网，地下又没有可利用的地层时，可通过技术经济比较后适当增大接地电阻，但不得大于 5Ω，并应采取相应的技术措施使接地网电位分布合理，接触电压和跨步电压在允许值内。

二、非有效接地系统接地电阻允许值

在非有效接地系统中，一般单相接地时，并不立即切除故障部分，允许继续运行一段时间。因此，在接地装置上将较长时间存在电压，人员在此时间内接触电气设备外壳的可能性较大，所以对地电压 U_e 的规定值较低，但由于 I 较小，其 R_e 允许值较大。

（1）对于高、低压设备共用的接地装置，接地电阻应符合下式：

$$R_e \leqslant \frac{120}{I} \quad (\Omega)$$

但不应大于 4Ω。

（2）对高压设备单独用的接地装置，接地电阻应符合下式：

$$R_e \leqslant \frac{250}{I} \quad (\Omega)$$

但不宜大于 10Ω。

（3）在高土壤电阻率地区，R_e 不应大于 30Ω，且应符合接触电压和跨步电压的要求。

（4）计算用接地故障电流的取值：

1）在中性点不接地系统中，计算电流采用全系统单相接地电容电流。

2）在经消弧线圈接地系统中，对于装有消弧线圈的发电厂、变电所电气设备的接地装置计算电流，等于接在同一接地装置中同一系统各消弧线圈额定电流总和的 1.25 倍。对于不装消弧线圈的发电厂、变电所电气设备的接地装置计算电流，等于断开系统中最大一台消弧线圈或切除系统中最长线路时最大可能残余电流值。

3）在经高电阻接地系统中，计算电流采用单相接地时全系统接地电流。

三、低压电气设备接地电阻允许值

低压电气设备接地装置的接地电阻，不宜超过 4Ω；对于使用同一接地装置并列运行的发电机、变压器等电力设备，其总容量不超过 100kVA 时，接地电阻允许不超过 10Ω。在中性点直接接地的低压电力网中，用电设备采用保护接零，上述接地电阻系指变压器的中性点接地电阻。

采用保护接零并进行重复接地时，要求重复接地每一重复接地装置的接地电阻不应超过 10Ω。在电力设备接地装置的接地电阻允许达到 10Ω 的电力网中，每一重复接地装置的接地电阻不应超过 30Ω，但重复接地点不应少于 3 处。

四、防雷保护接地电阻允许值

1. 独立避雷针（含悬挂独立避雷线的架构）的接地电阻

在土壤电阻率不大于 500Ω·m 的地区，不应大于 10Ω；在高土壤电阻率地区，如接地电阻难以降到 10Ω，允许采用较高的电阻值，但空气中和地中距离必须符合下列要求：

（1）独立避雷针与配电装置带电部分、发电厂和变电所电气设备接地部分、架构接地部分之间的空气中距离，应符合下式要求：

$$S_a \geq 0.2R_i + 0.1h$$

式中　S_a——空气中距离，m；

　　　R_i——避雷针的冲击接地电阻，Ω；

　　　h——避雷针校验点的高度，m。

（2）独立避雷针的接地装置与发电厂或变电所接地网的地中距离，应符合下式要求：

$$S_e \geq 0.3R_i$$

式中　S_e——地中距离，m。

当不能满足上式时，避雷针的接地装置也可与主接地网连接，但避雷针与主接地网的地下连接点至 35kV 及以下设备与主接地网的地下连接点之间，沿接地体的长度不得小于 15m。

2. 变压器门形架构上的避雷针、线的接地电阻

除水力发电厂外，在变压器门形架构上和在离变压器主接地线小于 15m 的配电装置的架构上，当土壤电阻率大于 350Ω·m 时，不允许装设避雷针、避雷线；若不大于 350Ω·m，则应根据方案比较经济效益，并经过计算后采用相应的防止反击措施，方可在变压器门形架构上装设避雷针、避雷线，但应遵守下列规定：

（1）装在变压器门形架构上的避雷针应与地网连接，并应沿不同方向引出 3～4 根放射状水平接地体。在每根水平接地体上离避雷针架构 3～5m 处装设一根垂直接地体。

（2）直接在 3～35kV 变压器的所有绕组出线上或在离变压器电气距离不大于 5m 的条件下装设避雷器。

高压侧电压为 35kV 的变电所，在变压器门形架构上装设避雷针时，变电所接地电阻不应超过 4Ω（不包括架构基础的接地电阻）。

五、其他要求

发电厂、变电站有爆炸危险，且爆炸后有可能波及发电厂和变电站内主设备或严重影响发、供电的建（构）筑物，防雷电感应的接地电阻不应大于 30Ω。

发电厂的易燃油和天然气设施防静电接地的接地电阻不应大于 30Ω。

第四节　电气装置中必须接地和不须接地的部分

一、必须接地或接零部分

（1）电机、变压器、电器、携带式及移动式用电器具的金属底座和外壳。

（2）电气设备传动装置。

（3）互感器的二次绕组。

（4）发电机中性点柜、出线柜及封闭母线的金属外壳。

（5）配电、控制、保护用的屏（柜、箱）及操作台的金属框架。

（6）气体绝缘全封闭组合电器（GIS）的接地端子。

（7）屋内外配电装置的金属和钢筋混凝土构架、靠近带电部分的金属围栏和金属门。

（8）交直流电力电缆接线盒、终端盒的金属外壳，电缆的金属外皮、穿线的钢管和电缆桥架等。

（9）铠装控制电缆的金属外皮。

（10）装有避雷线的电力线路杆塔。

（11）在非沥青地面的居民区内，小接地短路电流系统中无避雷线的架空电力线路的金属杆塔和钢筋混凝土杆塔。

（12）装在配电线路杆塔上的开关设备、电容器等电气设备。

（13）箱式变电站的金属箱体。

（14）直接接地的变压器中性点。

（15）变压器、发电机、高压并联电抗器中性点所接消弧线圈、接地电抗器、电阻器或变压器等的接地端子。

（16）避雷器、避雷针、避雷线等的接地端子。

（17）主控室、配电室和 35kV 及以下变电所的屋顶上，当装设直击雷保护装置时，若为金属屋顶或屋顶上有金属结构，则将金属部分接地；若屋顶为钢筋混凝土结构，则将其焊接成网状接地。

二、不需接地或接零部分

（1）安装在已接地的金属构架上的设备金属外壳。

（2）安装在配电屏和控制屏以及配电装置上的电气测量仪表、继电器和其他低压电器等的外壳，以及当发生绝缘损坏时在支持物上不会引起危险电压的绝缘子金属底座等。

（3）在木质、沥青等不良导电地面的干燥房间内，交流额定电压380V 及以下、直流额定电压220V 及以下的电气设备外壳，但当维护人员有可能同时触及电气设备外壳和接地物件时除外。

（4）额定电压220V 及以下的蓄电池室内的金属支架。

（5）发电厂、变电站区域的铁路轨道。

（6）与已接地的机床底座之间有可靠电气接触的电动机和电器的外壳，但爆炸危险场所除外。

小　结

接地是将电气装置中应接地的部分，通过接地装置与大地进行良好的连接。接地可分工作接地、保护接地、防雷接地和防静电接地。为了防止某些设备外壳或金属构架在绝缘损坏时呈现较高的电压，使人免遭电击而被伤害，在高压系统及中性点不接地的低压系统中，采用保护接地；在中性点直接接地的低压三相四线制系统中，采用保护接零。为了使高幅值、高频率的雷电流顺利泄入地下，减小雷电流通过接地装置时引起的地电位升高，在发电厂、变电站的防雷保护装置中要采用防雷接地。

保护接地和保护接零的接地装置，因其接地电阻远小于人体电阻，所以可保证人体安全，但在单相接地电流通过接地装置流入大地时，接地装置附近的大地表面有分布电位存在，人进入该区域时，会有跨步电压或接触电压加于人体。为了保证人身安全，要求上述接地装置的接地电阻值必须符合一定的要求。强大的雷电流通过防雷保护装置流入大地时，若防雷接地电阻较大，会在防雷接地电阻上产生很高的电位，有可能会超出附近的电气设备或人体的耐受电压，使附近的电气设备绝缘击穿或对人体放电，即"反击"。为了避免反击的出现，防雷接地电阻也必须符合一定的要求。

思考题和习题

13-1　什么叫接地？什么叫工作接地、保护接地和防雷接地？

13-2　接地装置的组成是怎样的？

13-3　电击和电伤对人体有什么伤害？电击使人致死的主要因素是什么？

13-4　保护接地和保护接零为什么能对人体起保护作用？各适用于什么情况？

13-5　什么叫接触电压和跨步电压？

13-6　为什么在低压三相四线制系统中，一般不允许同时采用保护接地和保护接零？

13-7　防雷接地有什么特点？接地电阻的含义和分类是什么？

13-8　低压系统中几种接地形式各有什么特点？

第十四章　发电厂和变电站的直流系统

在发电厂和变电站中都备有操作电源。它可采用交流电源，也可采用直流电源。操作电源的作用主要是在发电厂和变电站正常运行时，对断路器的控制回路、信号设备、自动装置等设备供电；在一次回路故障时，给继电保护、信号设备、断路器控制回路供电，以保证它们能可靠地动作；在交流厂用电源中断时，给事故照明、直流油泵及交流不停电电源等负荷供电，以保证事故保安负荷的工作。所以，操作电源是发电厂、变电所的重要组成部分，要求有充分的可靠性和独立性。

目前一般采用直流操作电源，因为直流电源可通过蓄电池储存，可看成是与发电厂和变电所一次回路无关的独立电源；另外，可使操作和保护用的电器结构简化。本章主要介绍铅酸蓄电池的结构和工作原理，以及蓄电池组直流系统。

第一节　概　　述

在发电厂和变电站中，除了直接生产、输配、变换电能的一次设备外，还有测量仪表、信号设备、控制开关、继电器等二次设备，二次设备互相连接而成的电路称为二次回路。向二次回路中控制、信号、继电保护及自动装置等供电的电源多采用直流电源。

在发电厂变电站直流系统中，一般采用蓄电池组作为直流电源。蓄电池组是一种独立可靠的电源，它在发电厂变电站内发生任何事故，甚至在全厂（站）交流电源都停电的情况下，仍能保证直流系统中的用电设备可靠且连续工作，在大型发电厂中设有多个彼此独立的直流系统，如单元控制室直流系统、网络控制室直流系统（升压站直流系统）和输煤直流系统等。

一、直流负荷的分类

1. 按功能分类

（1）控制负荷：电气和热工的控制、信号、测量和继电保护、自动装置等负荷。

（2）动力负荷：各类直流电动机、断路器电磁操动的合闸机构、交流不停电电源装置、远动、通信装置的电源和事故照明等负荷。

2. 按性质分类

（1）经常负荷：要求直流系统在正常和事故工况下均应可靠供电的负荷，如通信设备、保护装置、位置指示器等。

（2）事故负荷：要求直流系统在交流电源系统事故停电时间内可靠供电的负荷，包括事故照明和通信备用电源等。

（3）冲击负荷：在短时间内施加的较大负荷电流。冲击负荷出现在事故初期（1min）称为初期冲击负荷，出现在事故末期或事故过程中（5s）称为随机负荷。

直流操作电源容量的确定，必须以各类直流负荷容量的分析、统计和计算结果为前提。

二、对操作电源和直流系统的基本要求

对操作电源的基本要求有以下几方面：

（1）保证供电的可靠性。这是根本，最好装设独立的直流操作电源，以免交流系统故障时，影响操作电源的正常供电。

（2）具有足够的容量，能满足各种工况对功率的要求。

（3）具有良好的供电质量。正常运行时，操作电源母线电压波动范围小于5%额定值；事故时不低于90%额定值；失去浮充电源后，在最大负载下的直流电压不低于80%额定值。

（4）使用寿命、维护工作量、设备投资、布置面积合理。

对于直流系统，除了上述基本要求外，还有：

（1）在满足供电可靠性的要求下，直流系统的接线应尽可能简单，设备应尽可能简化。

（2）直流系统设计和设备选择应满足安全可靠、技术先进、经济合理的要求。

（3）尽可能减少维护工作量，满足变电所综合自动化和无人值守变电所的要求。

三、直流操作电源种类

根据构成方式的不同，在发电厂和变电站中有以下几种直流操作电源。

1. 电容储能式直流操作电源

电容储能式直流操作电源是一种用交流厂（站）用电源经隔离整流后，取得直流电为控制负荷供电的电源系统。正常运行时，它给与保护电源并接的足够大容量的电容器组充电，使其处于荷电状态；当电站发生事故时，电容器组继续向继电保护装置和断路器跳闸回路供电，保证继电保护装置可靠动作、断路器可靠跳闸。这是一种简易的直流操作电源，一般只在规模小、不很重要的电站使用。

2. 复式整流式直流操作电源

复式整流式直流操作电源是一种用交流厂（站）用电源、电压互感器和电流互感器经整流后，取得直流电为控制负荷供电的电源系统，在其设计上，要在各种故障情况下都能保证继电保护装置可靠动作、断路器可靠跳闸。这也是一种简易的直流操作电源，一般只在规模小、不很重要的电站使用。

3. 蓄电池组直流操作电源

蓄电池组直流操作电源由蓄电池组和充电装置构成。正常运行时，由充电装置为控制负荷供电，同时给蓄电池组充电，使其处于满容量荷电状态；当电站发生事故时，由蓄电池组继续向直流控制和动力负荷供电。这是一种在各种正常和事故情况下都能保证可靠供电的电源系统，广泛应用于各种类型的发电厂和变电所。

以上电容储能式和复式整流式直流操作电源系统，在20世纪六七十年代有较多的应用，80年代以后，由于小型镉镍碱性蓄电池和阀控式铅酸蓄电池的应用，这种操作电源在发电厂和变电所中已不再采用。而蓄电池组直流操作电源系统，其应用历史悠久，而且极为广泛。现代意义上的直流操作电源系统就是这种由蓄电池组和充电装置构成的直流不停电电源系统，通常简称为直流操作电源系统或直流系统。

四、直流系统工作电压

常用的电压等级有220、110、48V和24V，其中220V和110V属于强电直流电压，48V和24V属于弱电直流电压。强电直流系统是选用220V还是选用110V，需要通过技术经济比较确定。

第二节　直流操作电源系统的构成原理

目前电力系统中直流电源装置广泛采用微机控制型高频开关直流电源系统。

一、直流系统的构成

高频开关直流操作电源系统一般由交流配电单元、充电模块（高频整流模块）、蓄电池组、调压单元（硅堆降压单元）、绝缘监测装置、电池巡检装置、配电监测单元和集中监控装置等部分组成。高频开关直流操作电源系统构成原理接线如图 14-1 所示。

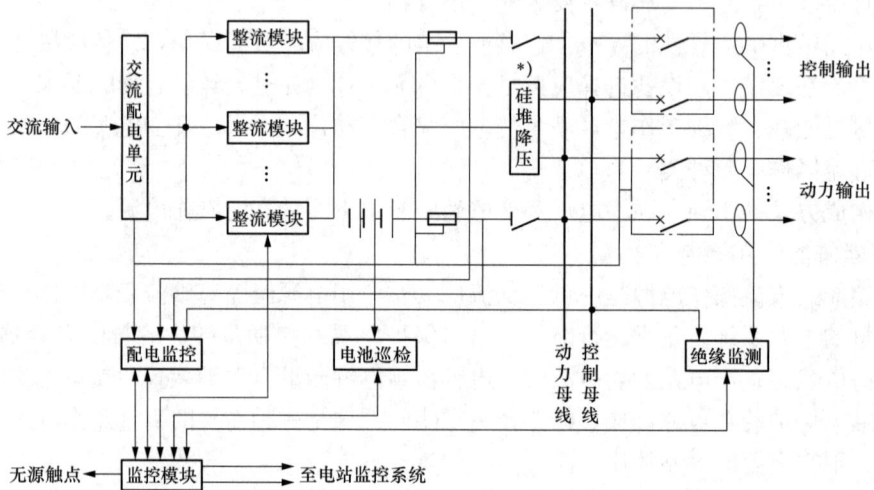

图 14-1　高频开关直流操作电源系统构成原理接线图

＊）—系统不设置硅堆降压装置时，动力母线和控制母线合并

二、直流系统的工作原理

1. 交流正常工作状态

系统的交流输入正常供电时，通过交流配电单元给各个整流模块供电。高频整流模块将交流电变换为直流电，然后经保护电器（熔断器或断路器）输出，一方面给蓄电池组充电，另一方面经直流配电单元给直流负载提供正常工作电源。

（1）交流配电单元。将交流输入电源分配给各个整流模块，并装设 C 级和 D 级防雷模块，能有效吸收电网浪涌电压，将雷电感应和线路操作产生的过电压危害降至最小，保障整流模块安全工作。对于具备两路交流输入电源的系统，可实现两路电源的自动转换。

（2）高频整流模块（充电模块）。将交流输入电源变换为直流电输出，正常时受监控装置的控制，实现对蓄电池组的恒压限流充电和自动均充/浮充转换等操作。当集中监控装置故障退出时，充电模块自动进入安全模式，按预设的浮充电压值继续运行。

（3）硅堆降压单元（调压单元）。根据蓄电池组输出电压的变化自动调节串入降压硅堆的数量，使直流控制母线的电压稳定在规定的范围内。当提高蓄电池的容量，减少整组串联的个数时，可以取消硅堆降压单元，达到简化系统接线、提高可靠性的目的。

（4）绝缘监测装置。实时在线监测直流母线的正负极对地的绝缘水平，当接地电阻下降到设定的告警电阻值时，发出接地告警信号。对于带支路巡检功能的绝缘监测装置，还可以定位接地故障点发生在哪一条馈电支路中。

（5）电池巡检装置。实时在线监测蓄电池组的单节电压和内阻，当单体电池出现开路时，发出单体异常告警信号。通过该装置可以使维护人员随时了解蓄电池组的运行状况，提高蓄电池运行管理的自动化水平。

（6）配电监控单元。采用数字变送测量仪表实时采集系统中的交流配电回路，充电装置、蓄电池组和直流配电回路的运行参数（模拟量）；采用开入模块采集各配电回路设备的状态和告警触点信号（开关量）。数据上传到监控装置进行显示、告警等处理。

（7）电源监控模块。采用集散方式对电源系统进行监测和控制。与系统各配电回路的智能设备（高频整流模块、绝缘监测装置、电池巡检装置、数字变送仪表和开关量采集模块）连接，接收处理上传信息；同时监控模块还可接入变电站自动化系统，实现对电源系统的远程监控，满足"四遥"和无人值守的要求。

此外，监控装置具备完善的智能电池管理功能，它能对电池的端电压、充放电电流、电池房环境温度等参数进行实时的在线监测，可准确地根据电池的充放电情况估算电池容量的变化，还能在电池放电后按用户事先设置的条件和运行参数，通过调节整流器的输出电流和电压，自动完成电池的限流充电和均浮充转换，并可以自动完成电池的定时均充维护和均/浮充电压温度补偿工作，实现了全智能化，不需要任何人工干预，保证蓄电池组能正常工作，最大限度地延长电池的使用寿命。

2. 交流失电工作状态

系统交流输入故障停电时，充电模块停止工作，由蓄电池组不间断地给直流负载供电。微机监控装置实时监测蓄电池组的放电电压和电流，当电池放电至设定的终止电压时，监控装置告警。

三、直流系统典型接线方案

直流电源操作系统有多种配置方案，包括 1 组蓄电池、1 组整流器、单母线接线，1 组蓄电池、1 组整流器、单母线分段接线，1 组蓄电池、2 组整流器、单母线接线，1 组蓄电池、2 组整流器、单母线分段接线，2 组蓄电池、2 组整流器、两段单母线接线，2 组蓄电池、3 组整流器、两段单母线接线等，各种配置方案可以派生出多个典型的接线方式。对于220kV 及以上的变电站和 200MW 以上的大机组发电厂，根据用电负荷和设备的布置情况，普遍采用设置直流分电屏的辐射供电网络。典型接线方案的单线图和特点说明如下。

如图 14-2 所示，直流系统由 1 组蓄电池、1 组整流器组成，直流母线为单母线接线。正常运行时，充电装置经直流母线对蓄电池充电，同时提供经常负荷电流。蓄电池的浮充或均充电压即直流母线正常的输出电压。该系统方案的阀控式铅酸蓄电池组宜选择 102、103 或104 只（110V 系统宜选择 51 或 52 只）。

如图 14-3 所示，直流系统由 1 组蓄电池、1 组整流器组成，直流母线为单母线分段接线。正常运行时，充电装置经充电直流母线对蓄电池充电，同时经硅降压装置向两段控制直流母线提供经常负荷电流。蓄电池的浮充或均充压即动力直流母线正常的输出电压，从充电直流母线经硅降压装置取得控制直流母线正常的输出电压。该系统方案的任一段直流母线故障时，均可将环形供电的负载切换到正常母线段。该系统方案的阀控式铅酸蓄电池组宜选择 108 只（110V 系统宜选择 53 或 54 只）。

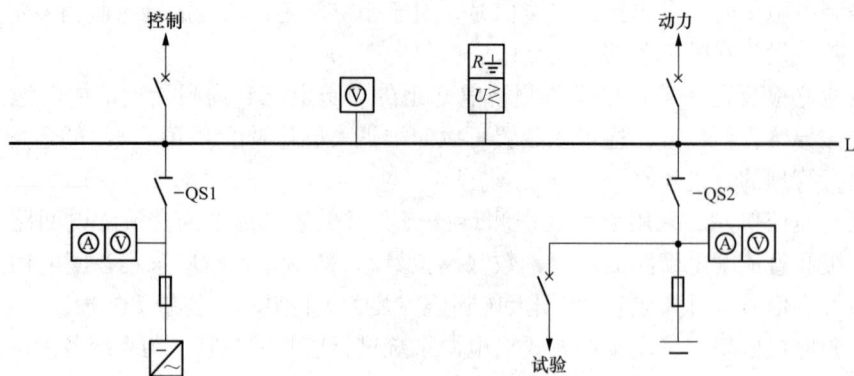

图 14-2　直流系统接线方案一

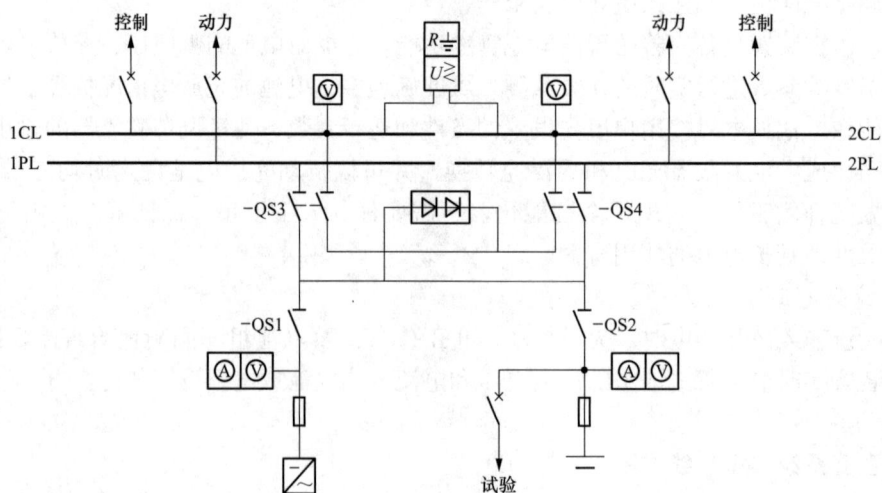

图 14-3　直流系统接线方案二

如图 14-4 所示,直流系统由 1 组蓄电池、2 组整流器组成,直流母线为单母线分段接线。

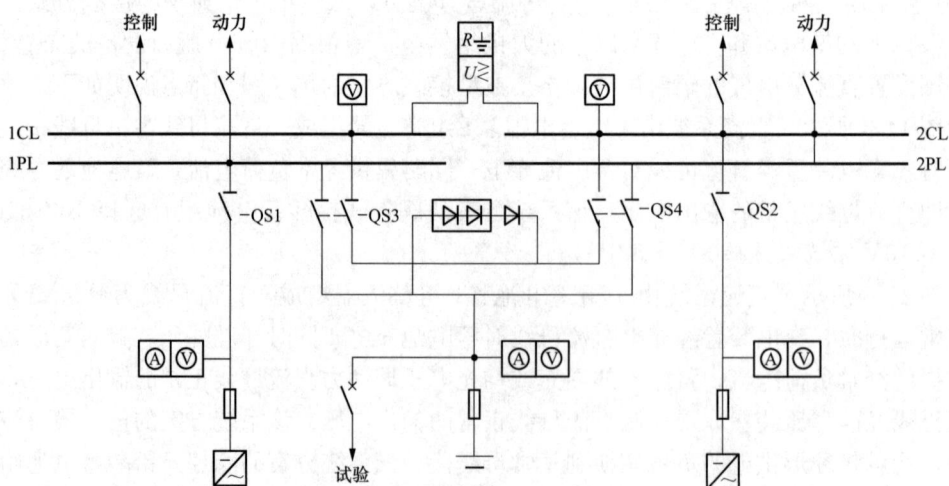

图 14-4　直流系统接线方案三

正常运行时，2 号充电装置直接供控制母线经常负荷电流，而 1 号充电装置经充电母线对蓄电池充电，同时经硅降压装置后备向控制直流母线提供经常负荷电流。蓄电池的浮充或均充电压即动力直流母线正常的输出电压，连接硅降压装置的 2 号充电装置的输出电压即控制直流母线正常的输出电压。当 2 号充电装置故障退出时，系统无间断地由充电母线经硅降压装置取得控制直流母线正常的输出电压。该系统方案的阀控式铅酸蓄电池组宜选择 108 只（110V 系统宜选择 53 或 54 只）。

第三节　铅酸蓄电池的结构和工作原理

根据电极或电解液所用物质的不同，蓄电池一般分为酸性蓄电池和碱性蓄电池两种。酸性蓄电池也就是铅酸蓄电池。铅酸蓄电池有固定型和移动型两种，固定型铅酸蓄电池容量大、寿命长，目前在发电厂和变电站中广泛采用的是 GFM 固定型防酸隔爆式铅酸蓄电池。"防酸"系指在充、放电及使用过程中，尤其是在过充电的情况下，由于内部气体强烈析出，带出很多酸雾，经防酸隔爆帽过滤后，酸雾不析出蓄电池外部。"隔爆"系指在上述情况下，一旦有明火产生，不致引起蓄电池本身内部爆炸。蓄电池组由许多相互串联的单个蓄电池所组成，其数目取决于直流系统的工作电压（一般为 110V 或 220V）。

一、铅酸蓄电池的型号

发电厂变电所直流系统常用铅酸蓄电池型号一般由三个字母和一组数字四部分组成，如 GFM-500。其含义如下：第一个字母 G 表示蓄电池为固定式；第二个字母 F 表示防酸隔爆式；第三个字母 M 表示密封式防酸雾；第四部分数字"500"表示蓄电池的额定容量，单位安培·小时（A·h），即铅酸蓄电池的额定容量为 500A·h。

二、铅酸蓄电池的结构

单体蓄电池由正极板、负极板、隔板、容器（电解槽）和电解液等组成，其结构如图 14-5 所示。

正极板采用玻璃丝管式极板，其板栅上用铅锑合金铸成许多根直的栅筋，然后在栅筋上套上玻璃丝纤维编织的套管，灌入多孔性的活性物质（通常为二氧化铅），再用铅锑合金或塑料封底后充电，通以电流氧化而成。因玻璃丝管表面有棱角形凸起，可使管内有效物质与电解液充分接触，有效物质又不易漏出，所以无脱皮、掉粉等弊病，因此寿命较长、重量较轻、维护方便。

负极采用涂膏式极板，板栅用铅锑合金制成。板栅上涂抹由铅粉和稀硫酸并加入少量硫酸钡、腐殖酸、松香等拌和而成的浆状混合物，涂膏后的极板经浸酸、烘干，再通过电流相当时间后，经氧化-还原反应使极板上的铅膏变成活性物质，成为多孔状的铅绒。

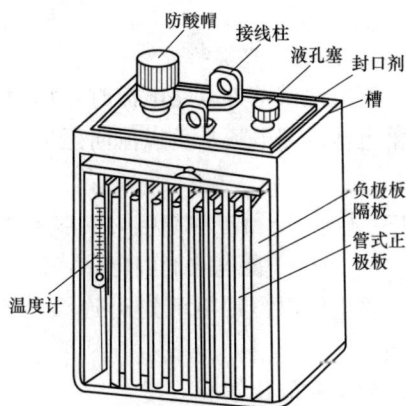

图 14-5　铅酸蓄电池的结构图

蓄电池的每一电极是由若干块极板并联组成的，极板的数目依容量而定，正、负极板交错地排列放置，负极板比正极板多一块。

正、负极板浸于电解液中，电解液面应比极板的上边至少高出 10mm，以防极板翘曲，并用微孔橡胶（或微孔塑料）隔板将正、负极板隔开，以防短路。极板与容器之间用铅或塑料弹簧支撑，极板下边与容器的底应保持一定距离，以防沉积物质使正、负极板短路。电解液为稀硫酸，由纯硫酸与蒸馏水按一定比例配制而成，在温度为 25℃时其密度一般为 1.20±0.005。

容器（或称电池槽）由玻璃或透明塑料制成，内部装有温度计、密度计，以便观察电解液温度、密度和液面高度。蓄电池外壳与盖之间用封口剂密封，构成密闭状态。盖上有防酸帽，充电过程中产生的氢、氧气体和酸雾经过防酸帽时，氢、氧气体可从防酸帽的毛细孔窜出，而酸雾仍滴回蓄电池内。这样，酸雾不易析出电池外部，可减少酸雾对蓄电池室及设备的腐蚀，这就是所谓的"防酸"。所谓"隔爆"，是指火花不易进入电池内部引起爆炸。

三、铅酸蓄电池的工作原理和特性

蓄电池是一种化学电源，放电时将原来储存的化学能转化为电能输出，充电时又将电能转化为化学能储存起来。

1. 蓄电池的电势

蓄电池的正极板和负极板插入电解液中后发生化学变化，正、负极板间便产生电位差。在外电路断开时正、负极间的电位差，就是蓄电池的电势。正、负极板材料一定时，电势的大小主要与电解液的密度有关，与极板的大小无关。温度在 5～25℃ 范围内蓄电池的电势 E 主要决定于电解液的密度 d，其关系可用下式表示：

$$E = 0.85 + d$$

式中　E——蓄电池的电势，V；

　　　d——电解液的密度值；

　　0.85——铅酸蓄电池电势常数。

d 值是电解液在极板有效物质微孔中的密度值，在停止充放电、蓄电池处于静止时才与极板间的电解液密度值相同。蓄电池充放电完毕后，电解液的密度值为 1.21，故其电势为

$$E = 0.85 + 1.21 = 2.06 \ (V)$$

2. 蓄电池的放电特性

蓄电池供给外电路电流时，称为放电。放电时，在外电路电流由正极经负载流向负极，在蓄电池内部电流从负极流向正极。蓄电池放电时的电压方程式如下：

$$U_{fd} = E - I_{fd} r_n$$

式中　U_{fd}——蓄电池放电时的端电压，V；

　　　r_n——蓄电池的内电阻，Ω。

蓄电池以恒定电流进行连续放电，其端电压随放电时间的变化曲线，称为放电特性曲线。

放电时的化学反应式为

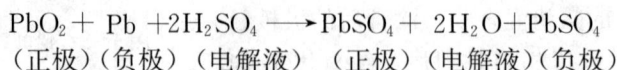

$$PbO_2 + Pb + 2H_2SO_4 \longrightarrow PbSO_4 + 2H_2O + PbSO_4$$
　（正极）（负极）（电解液）　（正极）（电解液）（负极）

由上式可见，蓄电池在放电时，正、负极板上都形成了硫酸铅（$PbSO_4$），消耗了电解液中的硫酸（H_2SO_4），同时析出水（H_2O），使电解液的密度下降，电势 E 随之下降。放电初期，由于电极表面和有效物质微孔内电解液密度骤减，使电势减小很快，所以蓄电池端

电压迅速下降。放电一定时间后，极板微孔中生成水的量与从极板外表浸入的电解液量达到动平衡时，电势下降缓慢，这时极板上硫酸铅晶块的出现和电解液中水分的增加，使蓄电池内阻增大，端电压逐渐降低。放电末期，极板上的有效物质大部分变成了硫酸铅，堵塞了极板中的微孔，使电解液很难浸入，蓄电池电阻迅速增大，端电压迅速下降，放电便结束了。此时不宜再继续放电，否则，端电压将急剧下降，同时形成许多硫酸铅大晶块，使极板发生不可恢复的翘曲和臃肿，蓄电池极板报废。这一最小允许电压称为蓄电池的放电终止电压，对发电厂为 $1.75 \sim 1.8V$，对变电所为 $1.95V$。若在放电结束时停止放电，则蓄电池端电压随着电解液向极板有效物质微孔中的浸入，可能使电压回升到 $2.0V$ 左右。

3. 蓄电池的容量

蓄电池的容量是指蓄电池放电到终止电压时，所能放出的电量 Q，即放电电流安培数与放电时间小时数的乘积。以某一恒定电流放电时，蓄电池的容量计算公式如下：

$$Q = I_{fd} t_{fd}$$

式中　Q——蓄电池的容量，$A \cdot h$；

I_{fd}——放电电流，A；

t_{fd}——放电时间，h。

蓄电池的容量 Q 与极板的表面积、电解液的密度、放电电流、终止放电电压及电解液温度等因素有关。其中，容量与放电电流关系甚大。以大电流放电时，到达终止电压时间短，放电反应不充分，放出容量达不到甚至远小于额定容量；以小电流放电时，到达终止电压的时间长，放电反应充分，放出容量可以达到或超过额定容量。

蓄电池放电到达终止电压时间的快慢称为放电率。放电率可用放电电流的大小或用放电到达终止电压的时间表示，一般都用时间表示，多以 $10h$ 放电率为正常放电率。

4. 蓄电池的充电特性

蓄电池放电终止后，必须及时充电，使正、负极板上的硫酸铅恢复成原来的有效物质。充电时利用专门的直流电源，如整流器或直流发电机。蓄电池的正极接到直流电源的正极上，负极接到直流电源的负极上。当电源的端电压大于蓄电池的电势时，蓄电池中将有充电电流流过，在电池内部电流由正极流向负极。充电时的电压方程式为

$$U_{cd} = E + I_{cd} r_n$$

式中　U_{cd}——蓄电池充电时的端电压（即外加电压），V；

I_{cd}——蓄电池的充电电流，A。

当蓄电池以不变的充电电流连续进行充电时，其外电压随充电时间变化的曲线，称为充电特性曲线。

充电时的化学反应式为

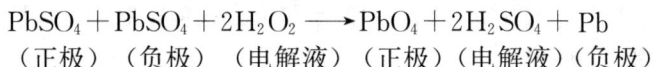

$$PbSO_4 + PbSO_4 + 2H_2O_2 \longrightarrow PbO_4 + 2H_2SO_4 + Pb$$
$$（正极）　（负极）　（电解液）　（正极）（电解液）（负极）$$

比较蓄电池充电和放电时的化学反应式可知，蓄电池充放电过程是一个可逆的化学反应过程。

充电初期，在正、负极板上的硫酸铅分别还原为 PbO_2（正极板）和海绵铅 Pb（负极板），消耗了电解液中的水，同时增加了新析出的硫酸，使极板表面和有效物质微孔内电解液密度骤增，蓄电池电势 E 随之很快上升，为维持充电电流不变，必须提高外加电压 U。

充电中期，由于极板有效物质的恢复和电解液密度的增加，内阻逐渐减小，故为维持电流不变，只需缓慢提高外电压。至充电末期，正负极板上的硫酸铅已大部分还原为 PbO_2 和 Pb，此时充电电压约为 2.3V，若再继续充电，则能量将全部用于电解水，析出大量的氢气和氧气，吸附在极板表面，使内阻大大增加，因此，为了维持恒定充电电流，必须急速提高外加电压到 2.5～2.6V。如再继续充电，电解液将呈沸腾现象，电压稳定在 2.7V 左右，这时应停止充电。蓄电池停止充电后，其端电压立即降至 2.3V，此时端电压即等于电势。以后随着极板微孔中电解液的扩散，密度逐渐下降，浓度趋于均匀，蓄电池的电势慢慢降到 2.06V 的稳定状态。

蓄电池如以大电流充电，需要的时间短；如以小电流充电，需要的时间长。蓄电池充电的快慢称为充电率，充电率可用充电电流的大小或充电时间的长短表示。常用的充电率为 10h 充电率。

必须指出，蓄电池充电电流不宜过大，一般不应超过制造厂规定的最大容许充电电流，否则将可能在有效物质还未全部还原以前，电解液就开始沸腾，而误以为充电已经完毕。这不仅消耗大量电能，而且会使极板弯曲，有效物质脱落，影响蓄电池的寿命。同时，充电不完全的蓄电池，极板易于硫化，而且达不到应有的容量。

5. 蓄电池的自放电

充满电的蓄电池无论工作与否，其内部都有放电现象，这种现象称为蓄电池的自放电。产生自放电的主要原因是极板或电解液含有杂质，形成局部小电池，小电池两极又形成短路回路，短路回路的电流引起蓄电池自放电；此外，由于电解液上、下密度不同，极板上、下电势的大小不等，所以在正、负极板上下之间的均压电流也引起蓄电池的自放电。蓄电池自放电会使极板硫化，并随蓄电池的老化而加剧。通常蓄电池在一昼夜内，由于自放电约损失全部容量的 0.5%～2%，为防止极板硫化，蓄电池应定期进行均衡充电。

四、阀控式铅酸蓄电池的特点

铅酸蓄电池密封的难点是充电时水的电解。当充电达到一定电压时（一般在 2.30V/单体以上）在蓄电池的正极上放出氧气，负极上放出氢气。一方面释放气体带出酸雾污染环境，另一方面电解液中水分减少，必须隔一段时间进行补加水维护。阀控式铅酸蓄电池就是为了克服这些缺点而研制的产品，其特点如下：

（1）采用多元优质板栅合金，提高气体释放的过电位。即普通蓄电池板栅合金在 2.30V/单体（25℃）以上时释放气体。采用优质多元合金后，在 2.35V/单体（25℃）以上时释放气体，从而相对减少了气体释放量。

（2）使负极有多余的容量，即比正极多出 10% 的容量。充电后期正极释放的氧气与负极接触，发生反应，重新生成水，即 $PbO_2 + Pb \rightarrow 2H_2SO_4 \rightarrow PbSO_4 + 2H_2O + PbSO_4$，使负极由于氧气的作用处于欠充电状态，因而不产生氢气。这种正极的氧气被负极铅吸收，再进一步化合成水的过程，即阴极吸收。

（3）为了使正极释放的氧气尽快流通到负极，必须采用和普通铅酸蓄电池所采用的微孔橡胶隔板不同的新型超细玻璃纤维隔板。其孔率由橡胶隔板的 50% 提高到 90% 以上，从而使氧气易于流通到负极，再化合成水。另外，超细玻璃纤维隔板具有将硫酸电解液吸附的功能，因此，即使电池倾倒，也无电解液溢出。

（4）采用密封式阀控滤酸结构，使酸雾不能逸出，达到安全、保护环境的目的。

在上述阴极吸收过程中，由于产生的水在密封情况下不能溢出，所以阀控式密封铅酸蓄电池可免除补加水维护，这也是阀控式密封铅酸蓄电池称为免维电池的由来。但是，免维的含义并不是任何维护都不做，恰恰相反，为了提高阀控式密封铅酸蓄电池的使用寿命，有许多维护工作需要处理。

五、蓄电池组的充电方式

（1）浮充电：在充电装置的直流输出端，始终并接着蓄电池和负载，以恒压充电方式工作。正常运行时，充电装置在承担经常性负荷的同时向蓄电池补充充电，以补偿蓄电池的自放电，使蓄电池以满容量的状态处于备用。

（2）均衡充电：简称均充，是为了补偿蓄电池在使用过程中产生的电压不均匀现象，使其恢复到规定的范围内而进行的充电。

（3）恒流限压充电：简称恒充，先以恒流方式进行充电，当蓄电池端电压上升到限压值时，充电装置自动转换为恒压充电，直到充电完毕。

六、直流操作电源系统的电池管理功能

电池管理是监控装置的核心功能，采用二级监控模式，对电池组的端电压、充放电电流、电池环境温度及其他参数进行实时在线监测。可准确地根据电池的充放电情况估算电池容量的变化，还能按用户事先设置的条件自动转入限流均充状态，并通过控制充电电压和电流来完成电池的正常均充过程。另外，可自动完成电池的定时均充维护、均/浮充电压温度补偿等工作，实现全智能化控制，不需要人工干预。

小　结

发电厂和变电站中的操作电源，是给控制、信号、保护和自动装置等二次回路供电的电源。它对发电厂和变电站的可靠运行起着极重要的作用，所以要求尽可能避免受到一次系统的影响。

目前在发电厂和变电站中多采用直流操作电源。高频开关直流操作电源系统一般由交流配电单元、充电模块（高频整流模块）、蓄电池组、调压单元（硅堆降压单元）、绝缘监测装置、电池巡检装置、配电监控单元和集中监控装置等部分组成。蓄电池组多用铅酸蓄电池。

铅酸蓄电池的电解液是硫酸溶液（H_2SO_4），正极板的有效物质为二氧化铅（PbO_2），负极板的有效物质为铅（Pb）。放电过程中的化学反应是可逆的。在放电和自放电过程中，正、负极板上都形成硫酸铅（$PbSO_4$）。如果硫酸铅在充电过程中不能完全还原，长期在极板上沉积，就使极板硫化，影响蓄电池的容量和寿命。因此，在运行和维护中，如何才能使硫酸铅不致形成过快，其晶体不致过大，充电时能完全消失，不致造成极板硫化，是非常重要的问题。

思考题和习题

14-1　发电厂、变电站中有哪些直流负荷?

14-2　对操作电源和直流系统有哪些基本要求?

14-3　直流操作电源有哪几种?

14-4 直流系统由哪些部分构成？各部分的作用是什么？

14-5 试绘制直流系统工作能量流向图。

14-6 什么是蓄电池的容量？为什么蓄电池会自放电？

14-7 蓄电池在运行维护中应注意哪些问题？

14-8 阀控式铅酸蓄电池有哪些特点？

14-9 蓄电池的充电方式有哪些？

第十五章　发电厂和变电站的保护测控系统

发电厂和变电站中除一次设备外，还有对一次设备进行测量、监察、调节和保护的电气设备，这些设备称为二次设备。它包括测量仪表、继电保护装置、自动装置、远动装置、操作电源、控制和信号器具及控制电缆等。二次设备按一定顺序连成的电路，称为二次电路或二次回路。二次回路包括控制回路、信号回路、测量监察回路、调节回路、直流电源回路、继电保护与自动装置回路等。虽然二次电路不是电气部分的主体，但是它对安全可靠地生产起着重要作用，所以工作人员必须熟悉二次电路的工作原理和有关图纸。本章首先介绍测量监察回路，然后简单介绍变电站综合自动化系统。

第一节　互感器的配置及交流绝缘监察装置

一、电流互感器及电压互感器的配置

电流互感器及电压互感器应根据测量系统、继电保护和自动装置的要求进行配置，图15-1 是发电厂中电流互感器和电压互感器的配置图。

1. 电流互感器的配置

一般凡装有断路器的回路均应配置电流互感器，此外发电机和变压器的中性点，也应配置。发电机回路中，由于测量和保护的需要，例如，为了监视三相电流的平衡和差动保护的需要，电流互感器必须采用三相配置。发电机电压引出线、母线分段断路器回路、母线联络断路器回路，则可采用两相配置。升压变压器回路和 110kV 及以上的线路采用三相配置，35kV 线路则根据需要采用两相或三相配置。

2. 电压互感器的配置

电压互感器的配置应考虑测量、继电保护和发电机自动调节励磁的要求，并应考虑同期点的设置。

图 15-1 中发电机回路装设的电压互感器 TV1，是三相五柱式或三台单相三绕组浇注式电压互感器，供给测量、继电保护及同期回路。TV2 是三台单相电压互感器，按 Dy 接线，供给自动调节励磁装置。发电机电压工作母线的每一段及备用母线，各装一台三相五柱式或三台单相三绕组浇注式电压互感器 TV3，用来供给引出线和母线的测量、继电保护、自动装置、同期装置和绝缘监察装置。发电机-三绕组变压器单元的低压侧，装设三相五柱式电压互感器 TV4，供给测量、继电保护以及系统与发电机的同期回路。若变压器低压侧接在发电机电压母线上，则其低压侧可不装设电压互感器，此时变压器回路内的测量和继电保护，可利用发电机电压母线上的电压互感器。若需要用变压器低压侧与发电机进行并列，可利用高压侧电压互感器（详见第十七章同期回路）。对于 35kV 及以上的工作母线和备用母线，各装设一套由三台单相电压互感器组成的电压互感器组，见图 15-1TV5 和 TV6。线路若与系统相连，在断路器的线路侧装一台单相电压互感器，以监视电压及作为同期用。

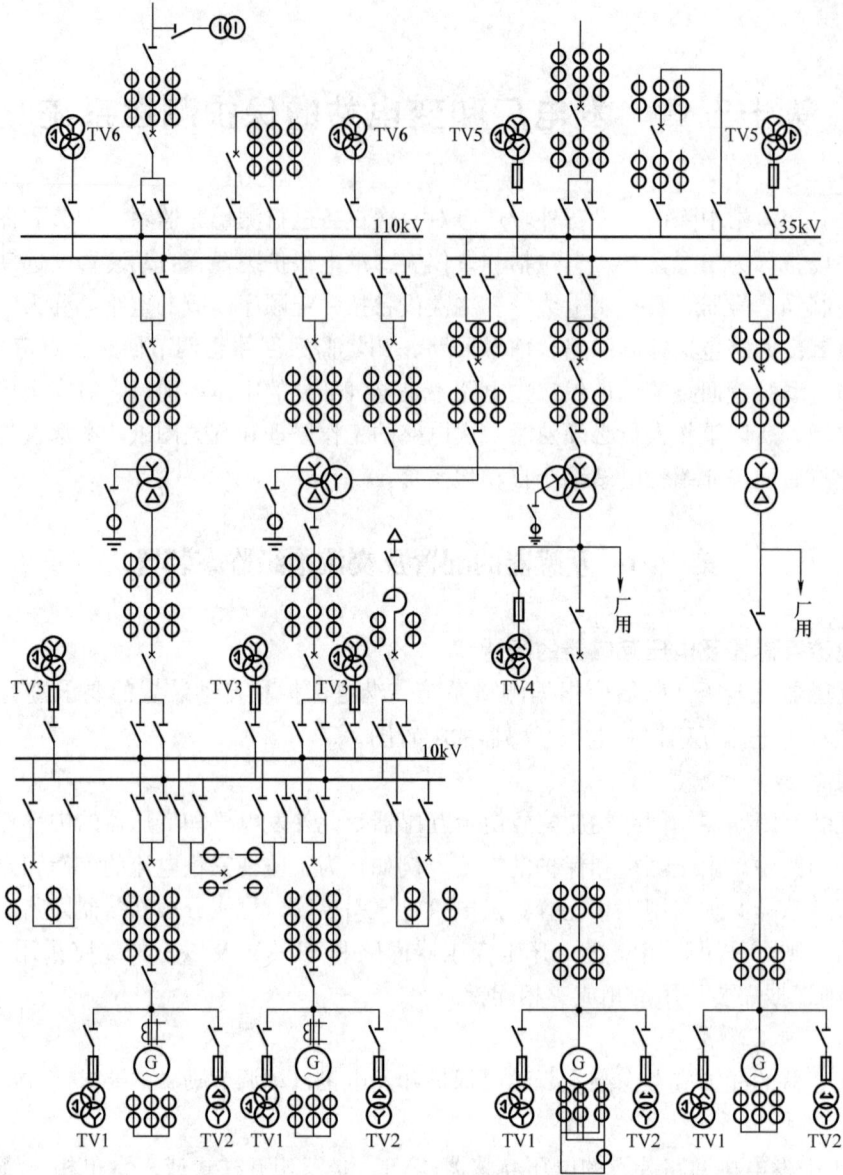

图 15-1 发电厂中电流互感器和电压互感器的配置图

二、交流绝缘监察装置

在中性点非直接接地三相系统中，发生一相接地时，故障相对地电压降低（极限情况下降到零），其他两相对地电压升高（极限情况下升至线电压），但线电压值不变，用电设备仍可正常工作。因此，在中性点非直接接地系统中发生一相接地时，可以允许继续运行一段时间，通常为 2h。但是，假如一相接地的情况不能及时被发现和加以处理，则由于两非故障相对地电压的升高，可能在绝缘薄弱处引起绝缘被击穿而造成相间短路。因此，必须装设绝缘监察装置，以便在电网中发生一相接地时，及时发出信号，使值班人员在规定时间内找出接地线路并设法消除接地故障。

　　绝缘监察装置是基于发生单相接地时系统中出现零序电压而构成的无选择性接地保护装置。图 15-2 是交流绝缘监察装置电路图。TV 是母线电压互感器，可用三相五柱式或用三个单相三绕组互感器。其一次绕组接为星形，中性点接地。正常时每相原边绕组加的是相对地电压，故二次侧星形每相绕组电压是 $100/\sqrt{3}V$，开口三角形每相绕组电压是 $100/3V$，开口三角形端输出为 0V。若一次系统中某相发生接地，一次侧该相绕组电压降低，其他两相电压升高；二次侧星形绕组的接地相绕组电压降低，其他两相电压升高；所接三个电压表中接地相示数下降，而另两相示数升高，由此，便得知一次系统中电压表示数低的一相接地。二次侧开口三角形的接地相绕组电压降低，其他两相绕组电压升高，三角形开口两端出现电压，极限情况为 100V。当此电压达到过电压继电器 KV 的启动电压时，KV 动作并发出信号。35kV 系统、发电机电压系统、自用电高压系统，都是中性点非直接接地系统，一般共用一套绝缘监察电压表，用转换开关进行切换，使电压表换接至各相应的电压互感器二次侧。

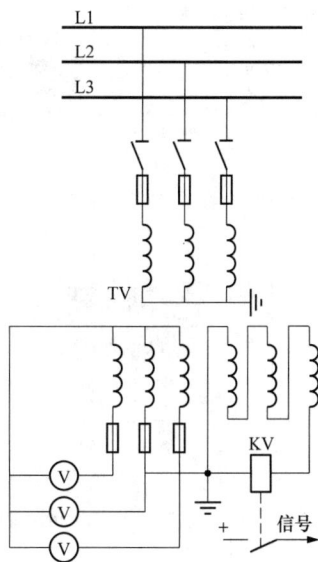

图 15-2　交流绝缘监察
装置电路图

　　当引出线较多时，为了寻找故障，采用依次拉闸的方法，将使操作繁重，此种情况下可采用具有自动寻找线路功能的小电流接地信号装置，如采用 ZD-4 型小电流接地信号装置。值班人员可利用此装置方便地寻找出故障线路。

第二节　变电站综合自动系统的概念及结构形式

一、变电站综合自动化系统的概念

　　随着电子技术、计算机技术的迅猛发展，微机在变电站二次系统中得到了广泛的应用，先后出现了微机型继电保护装置、微机型故障录波器、微机监控和微机远动装置，常规变电站二次系统逐渐由变电站综合自动化系统取代。变电站综合自动化系统就是利用自动控制技术、信息处理和传输技术，通过计算机软硬件系统或自动装置代替人工进行各种变电站运行操作，对变电站执行自动监视、测量、控制和协调的一种综合性的自动化系统。

　　变电站综合自动化系统是将变电站的二次设备（包括测量仪表、信号系统、继电保护、自动装置和远动装置等）经过功能的组合和优化设计，利用先进的计算机技术、现代电子技术、通信技术和信号处理技术，实现对全变电站的主要设备和输、配电线路的自动监视、测量、自动控制和微机保护，以及与调度通信等综合性的自动化功能；是集保护、测量、监视、控制、远传等功能于一体，通过数字通信及网络技术来实现信息共享的一套微机化的二次设备及系统。

　　110kV 变电站综合自动化系统的基本配置如图 15-3 所示。

　　在图 15-3 中，就地测控主机用于有人值班变电站的就地运行监视与控制，同时具有运行管理的功能，如生成报表、打印报表等。远动主机收集本变电站信息上传至调度端（或者控制中心），同时调度端下发的控制、调节命令通过远动主机分送给相应间隔层的测控装置，

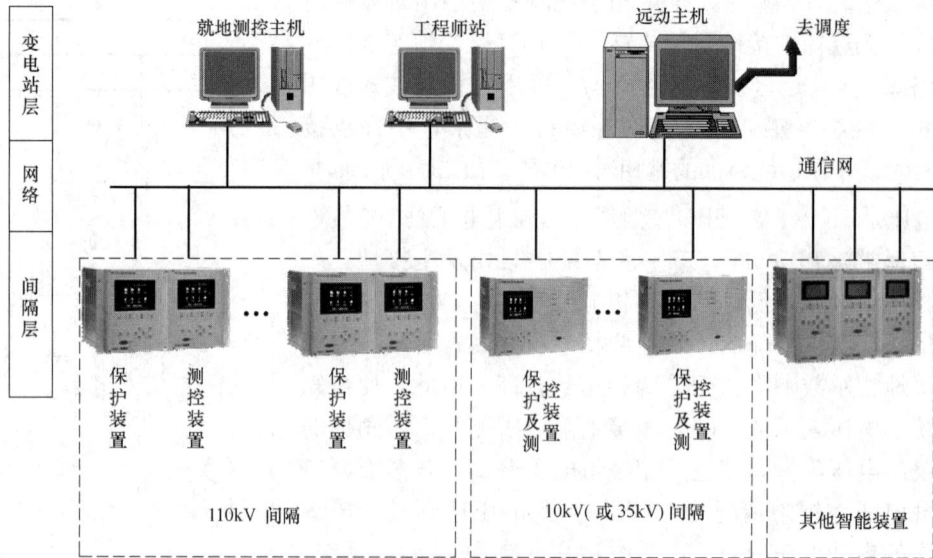

图 15-3　110kV 变电站综合自动化系统的基本配置

完成控制或调节任务。工程师站用于软件开发与管理功能，如用于监视全厂继电保护装置的运行状态、收集保护事件记录及报警信息等。110kV 线路按间隔分别配置保护装置与测控装置。10kV（或 35 kV）线路按间隔分别配置保护测控综合装置。每一个保护、测控装置或保护测控综合装置都集成了 TCP/IP 协议，具备网络通信的功能。

变电站综合自动化系统中以测控主机代替了传统变电站中的控制屏、中央信号系统和远动屏，测控主机中运行主界面的数字式显示代替了电磁型或晶体管型仪表，基于计算机技术的数字式保护代替电磁型或晶体管型的继电保护，彻底改变了常规的继电保护装置不能与外界进行数据交换的缺陷。因此，变电站综合自动化系统是自动化技术、计算机技术和通信技术等高科技在变电站领域的综合应用。变电站综合自动化系统可以采集到电力系统比较齐全的数据和信息，利用计算机的高速计算能力和逻辑判断功能，方便地监视和控制变电站内各种设备的运行和操作。

二、变电站综合自动化系统的结构形式

自 1987 年我国自行设计、制造的第一个变电站综合自动化系统投运以来，变电站综合自动化技术已得到了突飞猛进的发展，其结构体系也在不断完善，由早期的集中式发展为目前的分层分布式。在分层分布式结构中，按照继电保护与测量、控制装置安装的位置不同，可分为集中组屏、分散安装、分散安装与集中组屏相结合等几种类型。

1. 分层式结构

按照国际电工委员会（IEC）推荐的标准，在分层分布式结构的变电站控制系统中，整个变电站的一、二次设备被划分为三层，即过程层（process level）、间隔层（bay level）和站控层（station level）。其中，过程层又称为 0 层或设备层，间隔层又称为 1 层或单元层，站控层又称为 2 层或变电站层。

如图 15-4 所示为我国某 110kV 分层分布式结构的变电站综合自动化系统的结构，图中简要绘出了过程层、间隔层和站控层的设备。按照该系统的设计思路，图中每一层分别完成

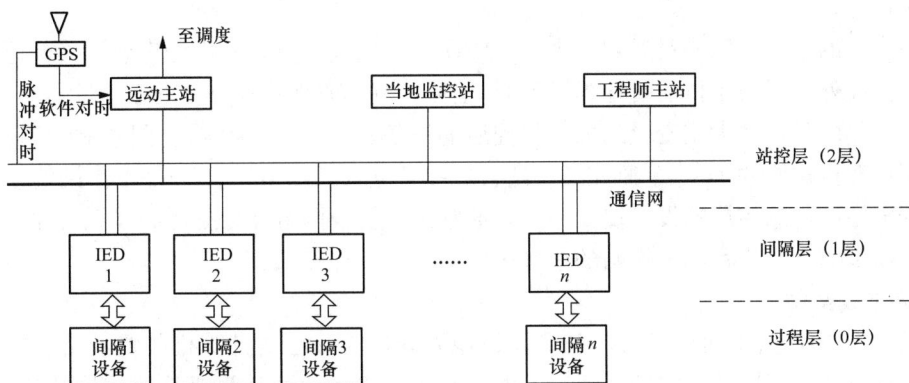

图 15-4　110kV 分层分布式结构的变电站综合自动化系统的结构

分配的功能，且彼此之间利用网络通信技术进行数据信息的交换。

过程层主要包含变电站内的一次设备，如母线、线路、变压器、电容器、断路器、隔离开关、电流互感器和电压互感器等，它们是变电站综合自动化系统的监控对象。

间隔层各智能电子装置（IED）利用电流互感器、电压互感器、变送器、继电器等设备获取过程层各设备的运行信息，如电流、电压、功率、压力、温度等模拟量信息以及断路器、隔离开关等的位置状态，从而实现对过程层进行监视、控制和保护，并与站控层进行信息的交换，完成对过程层设备的遥测、遥信、遥控、遥调等任务。在变电站综合自动化系统中，为了完成对过程层设备进行监控和保护等任务，设置了各种测控装置、保护装置、保护测控装置、电能计量装置以及各种自动装置等，它们都可被看成 IED。

站控层借助通信网络完成与间隔层之间的信息交换，从而实现对全变电站所有一次设备的当地监控功能以及间隔层设备的监控、变电站各种数据的管理及处理功能；同时，它还经过通信设备，完成与调度中心之间的信息交换，从而实现对变电站的远方监控。

站控层一般主要由当地监控站、远动主站、工程师工作站等组成，对于事故分析处理指导和培训等专家系统，以及用户要求的其他功能的工作站则可根据需要增减。

当地监控站是变电站内的主要人机交互界面，它收集、处理、显示和记录间隔层设备采集的信息，并根据操作人员的命令向间隔层设备下发控制命令，从而完成对变电站内所有设备的监视和控制。

远动主站主要完成变电站与远方控制中心之间的通信，实现远方控制中心对变电站的远程监控。它提供多种通信接口，并可根据需要扩展；支持多种常用的通信规约，并可根据要求增加新的规约；各种接口和规约可以根据需要灵活配置，遥信、遥测等信息点的容量基本没有限制；与各种常用 GPS（global positioning system），全球定位系统接收机通信，实现对变电站间隔层装置的 GPS 对时。GPS 卫星天文钟采用卫星星载原子钟作为时间标准，并将时钟信息通过通信电缆送到变电站综合自动化系统各有关装置，对它们进行时钟校正，从而实现各装置与电力系统统一时钟。

工程师工作站供专业技术人员使用。主要功能如下：①监视、查询和记录保护设备的运行信息；②监视、查询和记录保护设备的告警、事故信息及历史记录；③查询、设定和修改保护设备的定值；④查询、记录和分析保护设备的分散录波数据；⑤用户权限管理和装置运行状态统计等。

五防主机的主要功能是对遥控命令进行防误闭锁检查，自动开出操作票，确保遥控命令的正确性。此外，五防主机通常还提供编码/电磁锁具，确保手动操作的正确性。

需要指出的是，在大型变电站内，站控层的设备要多一些，除了通信网络外，还包括由工业控制计算机构成的1~2个监控工作站、1~2个远动工作站、工程师工作站等，但在中小型的变电站内，站控层的设备要少一些，通常由一台或两台互为备用的计算机完成监控工作站、远动工作站及工程师工作站的全部功能。

2. 分布式结构

在图15-4中，由于间隔层的各IED是以微处理器为核心的计算机装置，站控层各设备也是由计算机装置组成的，它们之间通过网络相连，因此，从计算机系统结构的角度来说，变电站自动化综合系统的间隔层和站控层构成的是一个计算机系统，而按照"分布式计算机系统"的定义——由多个分散的计算机经互联网络构成的统一的计算机系统，该计算机系统又是一个分布式的计算机系统。在这种结构的计算机系统中，各计算机既可以独立工作，分别完成分配给自己的各种任务，又可以彼此之间相互协调合作，在通信协调的基础上实现系统的全局管理。在分层分布式结构的变电站综合自动化系统中，间隔层和站控层共同构成分布式的计算机系统，间隔层各IED与站控层的各计算机分别完成各自的任务，并且共同协调合作，完成对全变电站的监视、控制等任务。

3. 面向间隔结构

分层分布式结构的变电站综合自动化系统的"面向间隔"的结构特点主要表现在间隔层设备的设置是面向电气间隔的，即对应于一次系统的每一个电气间隔，分别布置有一个或多个智能电子装置来实现对该间隔的测量、控制、保护及其他任务。电气间隔是指发电厂或变电站一次接线中一个完整的电气连接，包括断路器、隔离开关、电流互感器、电压互感器、端子箱等。

对于110kV以下电压等级的输电线路间隔，通常将输电线路保护、监控及远动等功能用一个装置完成，即所谓的保护测控装置。它可以完成一个输电线路间隔的所有保护及监控任务。需要指出，有的保护测控装置在其内部带有操作电路，可直接完成断路器的控制操作，不需要另外接断路器的控制回路，而有的保护测控装置在装置内部没有断路器的控制电路，因而需要另外接线完成断路器的控制操作（一般将构成控制电路的继电器组合在一起构成三相操作箱）。

对于110kV的终端变电站，有时110kV输电线路间隔不需要装设保护，而只需配置一个综合测控装置（对于不带操作回路的测控装置需配以三相操作箱）来完成对这种输电线路间隔监控任务。

对于220kV及以上电压等级的输电线路，保护装置和测控装置是各自独立的，即每个输电线路间隔需要设置输电线路保护装置（且保护通常采用双重化配置，即同时设置两套不同原理的输电线路保护装置，形成双主保护双后备保护的双重化保护）和综合测控装置。保护装置只完成对该输电线路的保护功能，而综合测控装置则完成该间隔的监控任务。由于220kV及以上电压等级的输电线路允许分相操作，其控制操作回路相对比较复杂，故通常将其控制回路做成分相操作箱（由构成控制操作电路的继电器组成），与保护装置和测控装置配合完成该间隔的控制操作。针对不同电压等级的变压器间隔，有多种配置方法来实现对它们进行保护和监控。

需要指出，在分层分布式变电站综合自动化系统发展的过程中，计算机技术及网络通信技术的发展起到了关键作用，在技术发展的不同时期，出现了多种不同结构的变电站综合自动化系统。同时，不同的生产厂家在研制、开发变电站综合自动化系统的过程中，也都逐渐形成了具有自己特色的系列产品，它们的设计思路及结构各不相同。此外，不同的变电站由于其重要程度、规模大小不同，它们采用的变电站综合自动化系统的结构也都有所不同。由于这些原因，在我国出现了多种多样的变电站综合自动化系统。但总体来说，这些变电站综合自动化系统的基本结构都符合图 15-4 的形式，只是构成间隔层和站控层的设备以及通信网络的结构与通信方式有所不同。

第三节　变电站综合自动化监控系统的基本功能

变电站综合自动化系统改变了常规继电保护装置不能与外界通信的缺陷，取代了常规的测量系统，如变送器、录波器、指针式仪表等；改变了常规的操作机构，如操作盘、模拟盘、手动同期及手控无功补偿等装置；取代了常规的告警、报警装置，如中央信号系统、光字牌等；取代了常规的电磁式和机械式防误闭锁设备；取代了常规远动装置等。现将其基本功能分述如下。

一、实时数据采集与处理功能

采集变电站电力运行实时数据和设备运行状态，主要有模拟量、状态量、电能量、数字量等，并将这些采集到的数据去伪存真后存于监控系统数据库供计算机处理使用。

1. 模拟量的采集

变电站采集的典型模拟量：各段母线电压；线路电流、电压和功率值；馈线电流、电压和功率值；主变压器电流、功率值；电容器的电流、无功功率及频率、相位、功率因数。此外，还有主变压器的油温、变电站室温、直流电源电压、站用电电压和功率等。同时，监控系统对模拟量按照需要再进行相应的处理，如越限报警、追忆记录等。

2. 状态量的采集

变电站的状态量：断路器的状态、隔离开关状态、有载调压变压器分接头的位置、同期检查状态、继电保护动作信号、运行告警信号等。这些信号都以状态量的形式，通过光电隔离电路输入至计算机，但输入的方式有区别。对于断路器的状态，需采用中断输入方式或快速扫描方式，以保证对断路器变位的分辨率在 5ms 内。对于隔离开关状态和分接头位置等状态信号，不必采用中断输入方式，可以用定期查询方式读入计算机进行判断。状态量的处理方式主要有变位确认及记录、变位闪光、事故推画面、事故推处理指导和事故启动控制等。

3. 电能量的采集

电能计量是对电能量（包括有功电能和无功电能）的采集。变电站采集电能量早期使用电能脉冲计量法。由于电能脉冲容易出现漏计或多计，计量进度不高。机电一体化电能计量仪表克服脉冲电能表只输出脉冲、传送过程中抗干扰能力差的缺点，它的电子电路部分由单片微型计算机、集成电路芯片和光电管脉冲产生电路等组成。另外，电能计量还有软件计算方法。软件计算方法是数据采集系统利用交流采样得到的电流、电压值，通过软件计算出有功电能和无功电能。目前软件计算电能也有两种途径：①在监控系统或数据采集系统中计算；②用微机电能计量仪表计算。

专用的微机型电能计量仪表，彻底打破了传统机械式仪表的结构和原理，全部由单片机和集成电路构成，通过采样电压量和电流量，由软件计算出有功电能和无功电能，因为这种装置是专门为电能计量而设计的，所以可以保证计量的准确度比较高，不仅能保存电能值，方便地实现分时统计，还具有串行通信功能，也可同时输出脉冲量。因此，微机电能计量仪表从功能、准确度和性能价格比上都大大优于脉冲电能表，是今后发展的方向。

4. 数字量的采集

数字量的采集主要是指采集变电站内由微机保护或智能自动装置的信息。主要有：①通过监控系统与保护系统通信直接采集的各种保护信号，如保护装置发送的测量值及定值、故障动作信息、自诊断信息、跳闸报告、波形等；②全球定位系统（GPS）信息；③通过与电能计费系统通信采集的电能量等。

二、人机联系功能

人机联系的桥梁是 CRT 显示器、鼠标和键盘。变电站采用微机监控系统后，无论有人值班还是无人值班站，最大的特点之一是操作人员或调度员只要面对 CRT 显示器的屏幕通过鼠标或键盘，就可对全站的运行情况和运行参数一目了然，可对全站的断路器和隔离开关等进行分、合操作，彻底改变了传统的依靠指针式仪表和模拟屏或操作屏等手段的操作方式。

1. CRT 屏幕显示内容

作为变电站人机联系的主要桥梁和手段的 CRT 显示器，不仅可以取代常规的仪器、仪表，而且可以实现许多常规仪表无法完成的功能。它可以显示的内容，归纳起来有以下几个方面：

（1）显示采集和计算的实时运行参数。监控系统所采集和通过采集信息所计算出来的 U、I、P、Q、$\cos\varphi$、有功电能、无功电能以及主变压器温度 T、系统频率 f 等，都可在 CRT 的屏幕上实时显示出来，同时在潮流等运行参数的显示画面上应显示出日期和时间（年、月、日、时、分、秒）。屏幕刷新周期可在 2～10s（可调）。

（2）显示实时主接线图。主接线图上断路器和隔离开关的位置要与实际状态相对应。进行对断路器或隔离开关的操作时，在所显示的主接线图上，对所需操作的对象应有明显的标记（如闪烁等）。各项操作都应有汉字提示。

（3）事件顺序记录（SOE）显示。显示所发生事件的内容及发生事件的时间。

（4）越限报警显示。显示越限设备名、越限值和发生越限的时间。

（5）值班历史记录。

（6）历史趋势显示。显示主变压器负荷曲线、母线电压曲线等。

（7）保护定值和自控装置的设定值显示。

（8）其他。包括故障记录显示、设备运行状况显示等。

2. 输入数据

变电站投入运行后，随着送电量的变化，保护定值、越限值等需要修改，甚至由于负荷的增长，需要更换原有的设备，如更换 TA 变比。因此，在人机联系中，必须有输入数据的功能。需要输入的数据至少有以下几种内容：

（1）TA 和 TV 变比。

（2）保护定值和越限报警定值。

（3）智能自控装置的设定值。

（4）运行人员密码。

特别要强调的是，对无人值班变电站也必须设置必要的人机联系功能，以便当巡视或检修人员到现场时，能通过液晶显示或七段显示器或 CRT 显示器或便携机观察到站内各设备的运行状况和运行参数，对断路器等的控制应具有人工当地紧急操作的措施。

三、运行监视与报警功能

所谓运行监视，主要是指对变电站的运行工况和设备状态进行自动监视，即对变电站各种状态量变位情况的监视和各种模拟量的数值监视。通过状态量变位监视，可监视变电站各种断路器、隔离开关、接地开关、变压器分接头的位置和动作情况，继电保护和自动装置的动作情况，以及它们的动作顺序。

模拟量的监视分为正常的测量和超过限定值的报警、事故模拟量变化的追忆等。当变电站有非正常状态发生和设备异常时，系统能及时在当地或远方发出事故音响或语音报警，并在 CRT 显示器上自动推出报警画面，为运行人员提供分析处理事故的信息，同时可将事故信息进行打印记录和存储。

对于一个典型的变电站，应报警的参数包括：①母线电压报警，即当电压偏差超出允许范围且越限连续累计时间达 30s（或该时间按电压监视点要求）后报警；②线路负荷电流越限报警，即按设备容量及相应允许越限时间来报警；③主变压器过负荷报警，按规程要求分正常过负荷、事故过负荷及相应过负荷时间报警；④系统频率偏差报警，即在系统解列有可能形成小系统时，当其频率监视点超出允许值的报警；⑤消弧线圈接地系统中性点位移电压越限及累计时间超出允许值时报警；⑥母线上的进出功率及电度量不平衡越限报警；⑦直流电压越限报警。

报警处理分两种方式，一种是事故报警，另一种是预告报警。前者包括非操作引起的断路器跳闸、保护装置动作或偷跳信号。后者包括一般设备变位、状态异常信息、模拟量越限报警、计算机站控系统的各个部件、间隔层单元的状态异常等。

报警方式主要有自动推出画面、报警行、音响提示（语音或可变频率音响）、闪光报警、信息操作提示，如控制操作超时等。

四、操作控制功能

操作人员可通过 CRT 屏幕对断路器、隔离开关进行分闸、合闸操作；对变压器分接头进行调节控制；对电容器组进行投、切控制，同时要能接受遥控操作命令，进行远方操作；并且所有的操作控制均能就地和远方控制、就地和远方切换相互闭锁，自动和手动相互闭锁。每一操作确保操作的唯一性、合法性、安全性、正确性、完善性，操作过程及结果均保存。

操作管理权限按分层（级）原理管理。监控系统设有专用密码的操作口令，使调度员、遥调、遥信操作员、系统维护员和一般人员能够按权限分层（级）操作和控制。

操作闭锁应包括以下内容：操作系统出口具有断路器跳闸、合闸闭锁功能。根据实时信息，自动实现断路器、隔离开关操作闭锁功能。适应一次设备现场维护操作的"电脑五防操作及闭锁系统"。五防功能是指防止带负荷拉、合隔离开关，防止误入带电间隔，防止误分、合断路器，防止带电挂接地线，防止带地线合隔离开关。CRT 屏幕操作闭锁功能，只有输入正确的操作口令和监护口令才有权进行操作控制。

五、数据处理与记录功能

监控系统除了完成上述功能外，数据处理和记录也是很重要的环节。历史数据的形成和存储是数据处理的主要内容。此外，为满足继电保护专业和变电站管理的需要，必须进行一些数据统计，其内容包括：①主变压器和输电线路有功功率和无功功率每天的最大值和最小值以及相应的时间；②母线电压每天定时记录的最高值和最低值以及相应时间；③计算受配电电能平衡率；④统计断路器动作次数；⑤断路器切除故障电流和跳闸次数的累计数；⑥控制操作和修改定值记录。

六、事故顺序记录与事故追忆功能

事故顺序记录就是对变电站内的继电保护、自动装置、断路器等在事故时动作的先后顺序自动记录。记录事件发生的时间应精确到毫秒级。自动记录的报告可在 CRT 上显示和打印输出。顺序记录的报告对分析事故、评价继电保护和自动装置以及断路器的动作情况是非常有用的。

事故追忆是指对变电站内的一些主要模拟量，如线路、主变压器各侧的电流、有功功率、主要母线电压等，在事故前后一段时间内进行连续测量记录。通过这一记录可了解系统或某一回路在事故前后所处的工作状态，对于分析和处理事故起辅助作用。

追忆的时间越长，需要的数据库容量越大。可根据系统的实际情况和需要来确定追忆时间的长短。一般事故前的追忆时间为 5s～1min，事故后为 5s～1min。事故追忆一般以召唤方式在 CRT 上显示或打印。

七、故障录波与测距功能

110kV 及以上的重要输电线路距离长、发生故障影响大，必须尽快查出故障点，以便缩短维修时间，尽快恢复供电，减少损失。设置故障录波和故障测距是解决此问题的最好途径。110kV 以下电压等级的配电线路一般只设置简单的故障记录功能。

变电站的故障录波和测距可采用两种方法实现，一是由微机保护装置兼作故障记录和测距，再将记录和测距的结果送监控机存储及打印输出或直接送调度主站，这种方法可节约投资，减少硬件设备，但故障记录的量有限；二是采用专用的微机故障录波器，并且录波器应具有串行通信功能，可以与监控系统通信。

八、制表打印功能

对于有人值班的变电站，监控系统可以配备打印机，完成以下打印记录功能：①定时打印报表和运行日志；②开关操作记录打印；③事件顺序记录打印；④越限打印；⑤召唤打印；⑥抄屏打印；⑦事故追忆打印。

对无人值班变电站，可不设当地打印功能，各变电站的运行报表集中在控制中心打印输出。

九、运行的技术管理功能

变电站综合自动化系统能对运行中的各种技术数据、记录进行管理。主要体现在三方面。

（1）历史数据处理、存档、检索。历史数据处理包括历史统计值、历史累计值、历史曲线三部分。

（2）统计值处理。监控系统可以对电压、潮流、功率因数等参数进行统计，统计值包括：

1）时统计，统计整点值及状态；

2）日统计，典型时的值，有最大、最小值，平均值，波动率，日不合格率时间和合格率等；

3）月统计，统计月典型时的最大、最小值及日期，平均值，月最大、最小值及日期，月不合格率时间和合格率；

4）典型日统计，统计典型日的整点值及状态，典型时的值，日最大、最小值，平均值，合格率。

（3）累计值处理。累计值包括小时、日、月、典型日累计等。

进行技术管理内容主要有：①变电站主要设备的技术参数档案表；②各主要设备故障、检修记录；③断路器的动作次数记录；④继电保护和自动装置的动作记录；⑤运行需要的各种记录、统计等。

十、谐波分析和监视功能

保证电力系统的谐波在规定的范围内，是电能质量的重要指标。随着用户非线性元件和设备的大量使用，电力系统的谐波含量越来越严重。目前，谐波"污染"已成为电力系统的公害之一。因此，在变电站综合自动化系统中，要重视对谐波含量的分析和监视。对谐波含量超标的地方要采取抑制措施，降低谐波含量。

1. 电力系统中的谐波源

谐波是一个周期电气量的正弦波分量，其频率为基波频率的整倍数。电力系统中的主要谐波源可分为两大类：第一类为含半导体非线性元件的谐波源，如整流设备、交直流换流设备、变流器等；第二类为含电弧和铁磁非线性设备的谐波源，如交流电弧炉、交流电焊机、日光灯、发电机、变压器等。具体表现为下列几个方面：①电网的主变压器和配电变压器；②电气化铁路；③电弧炼钢炉；④家用电器。

2. 谐波的危害性

对电力系统本身的影响主要表现在以下几个方面：①对旋转电机（发电机和电动机）产生附加功率损耗和发热、产生脉冲转动和噪声；②对无功补偿电容器组引起谐振或谐波电流的放大，从而导致电容器因过负荷或过电压而损坏；③对电力电缆也会造成电缆的过负荷或过电压击穿；④增加输电线路的损坏；⑤对继电保护和自动控制装置产生干扰和造成误动或拒动；⑥对通信设备的干扰。

3. 谐波的管理和监测

不论从保证电力系统和供电系统的安全经济运行还是从保证设备和人身的安全来看，对谐波污染造成的危害加以经常监测和限制都是极为迫切的。《电力系统谐波暂行规定》和《公用电网谐波》这两个标准对公用供电系统谐波基本允许值和谐波源注入供电点的谐波电流值作出了规定。一方面，电力部门加强了对谐波源和供电点电压或电流的谐波含量或畸变值的经常性监测，对新接入的谐波源负荷进行必要验算和管理，以保证电能的质量及广大用户设备的安全运行和正常工作；另一方面，电力用户为了保证自身设备的安全和正常运行，也应当把自己的用电设备产生的谐波畸变保持在规定的限度以下。

由于谐波对系统的污染日趋严重并造成危害，所以，在变电站综合自动化系统中，需要考虑监视谐波含量是否超过部颁标准问题，如果超标，应采取相应的抑制谐波的措施。

十一、时钟对时功能

现代电网继电保护系统、AGC调频、负荷管理和控制、运行报表统计、事件顺序记录等，为实现精确地控制，正确地分析事件的前因后果、时间的精确性和统一性十分重要。在变电站综合自动化系统中，几个断路器的跳闸顺序、继电保护动作顺序，更需要精确统一的时间来辨识，为事故分析提供正确的依据。

电网内实时时钟的核心问题是要求统一，即要求各厂站与调度中心之间的实时时钟相一致。从原理上讲，电网内各节点实时时钟的统一性要求胜过绝对准确性，因为直接应用的是时钟的相对一致性。为了实现这个时间的一致性，各厂站测控系统若能接收同一授时源的时钟，一致性问题便迎刃而解了。目前，GPS系统时间精度高，接收方便，在变电站综合自动化系统中应用广泛。在地面测控站的监控下，GPS传递的时间能与国际标准时保持高度同步，误差仅为1~10ns，可直接用来为电力系统的控制、保护、监控、SOE等服务。

在变电站微机监控系统中，设GPS授时接收装置，可直接接入主机中，接受GPS标准授时信号，保证各工作站及I/O测控单元和时钟同步系统同步。保证系统时钟精度达到1ms。考虑到对时信号传输的抗干扰性和经济性，可在每个保护室都配置GPS，或采用全站（厂）GPS时钟同步系统。GPS接收装置具有日期、时间、频率显示功能。

十二、自诊断和自恢复功能

系统自诊断是计算机监控系统能在线诊断系统全部软件和硬件的运行工况，当发现异常及故障时能及时显示和打印报警信息，并在运行工况图上用不同颜色区分显示。系统自诊断的内容包括：各工作站、测控单元、I/O采集单元等的故障，外部设备故障，电源故障，系统时钟同步故障，网络通信及接口设备故障，软件运行异常和故障，与远方调度中心数据通信故障，远动通道故障。

系统自恢复的内容包括：当软件运行异常时，自动恢复正常运行；当软件发生死锁时，自启动并恢复正常运行；当系统发生软、硬件故障时，备用设备能自动切换。

十三、维护功能

系统采用人-机交互方式对数据库中的各个数据项进行修改和增删。可修改的内容如下：①各数据项的编号、各数据项的文字描述、对开关量的状态描述、各输入量报警处理的定义；②模拟量的各种限值，包括上下限、上上限、下下限、上极限和下极限；③模拟量的采集周期，模拟量越限处理的死区，模拟量转换的计算系数，开关量状态正常、异常的定义，电能量计算的各种参数，输出控制的各种参数，对多个开关量的逻辑运算定义等。系统提供灵活方便的图形画面和报表的在线生成工具，具有在线生成、编辑、修改和定义图形画面和报表的功能。

计算机监控系统的故障诊断，能对计算机监控系统的各个设备及网络进行状态检查。通过在线自诊断确定故障发生的部位。检查和诊断的结果可显示和打印出来。

小　结

二次电路在发电厂和变电所中有着重要作用。为了监视一次设备的工作状态，反映一次设备的运行参数，构成发电厂和变电所中的测量系统。在交流和直流系统中，由于绝缘损坏造成接地是常见的故障。在中性点非直接接地的 $3\sim35kV$ 三相交流系统中，为了监视可能发生的一相接地，均需装设交流绝缘监察装置。

变电站综合自动化系统是将变电站的二次设备（包括测量仪表、信号系统、继电保护、自动装置和远动装置等）经过功能的组合和优化设计，利用先进的计算机技术、现代电子技术、通信技术和信号处理技术，实现对全变电站的主要设备和输、配电线路的自动监视、测量、自动控制和微机保护，以及与调度通信等综合性的自动化功能。是集保护、测量、监视、控制、远传等功能于一体，通过数字通信及网络技术来实现信息共享的一套微机化的二次设备及系统。

思考题和习题

15-1　发电厂和变电所中的电流互感器和电压互感器，是按什么原则配置的？

15-2　交流绝缘监察装置的基本原理是什么？

15-3　什么叫变电站综合自动化系统？

15-4　什么是分层分布式变电站综合自动化系统？

15-5　保护测控装置一般具备哪些功能？

15-6　变电站综合自动化监控系统有哪些功能？

第十六章　断路器的控制回路

现代发电厂和变电所中对断路器的控制，由于操动功率很大，大多是通过一定的电路使其操动机构的跳、合闸线圈带电而进行操动的，这种电路称为断路器的控制回路。控制回路中还包括反映断路器的位置及其操作性质等的信号电路。控制回路的种类繁多，本章主要介绍几种常见的断路器控制回路的基本构成和特点。

第一节　概　　述

发电厂和变电所内对断路器的控制方式，可分为远方控制和就地控制。远方控制是对主要设备的断路器，集中在主控制室或单元控制室内进行控制。在控制室内有测量控制装置，运行人员可利用测量控制装置或监控系统对几十至几百米以外的断路器进行操作，也可以在几十至几百千米外的远方调度中心或主控站通过远动装置对断路器进行操作，故也称为距离控制。为了检修和调试方便或特殊需要时，一般在断路器的安装地点保留了就地控制方式，在这些情况下对断路器的控制称为就地控制。

为了实现对断路器的控制，必须有发出跳、合闸操作命令的控制机构，如控制开关或控制按钮等；执行操作命令的断路器的操动机构；以及传送命令到执行机构中的中间传送机构，如继电器、接触器的触点等。由这几部分连接构成的电路，即控制回路。

一、断路器控制回路的基本要求

（1）操动机构的合闸和分闸线圈，都是按短时通过电流设计的，因此在完成合闸或分闸操作后，应立即自动断开，以免烧坏线圈。

（2）控制回路不仅应能满足由操作人员利用控制开关手动操作合、分闸的要求，而且应能满足由继电保护和自动装置实现自动合、分闸操作的要求。

（3）应有反映断路器处于合闸或分闸状态的位置信号。

（4）当断路器操动机构不带机械"防跳"机构或机械"防跳"不可靠时，必须装设电气防止"跳跃"装置。

（5）对控制回路是否完好以及有无断线故障，应能进行监视。

此外，对电路中有特殊用途的断路器，或不同操动机构的断路器，它们的控制回路还有一些特殊要求，以后将在有关部分介绍。

二、控制回路电源

发电厂和变电所中控制回路多为直流电源，使用较高的直流电压时称为强电控制，一般电压为 220V 或 110V。较低直流电压时为弱电控制，电压为 48V。目前常采用强电控制。

控制回路的接线方式很多，并且随着断路器操动机构的不同，接线也不同。常用的有液压机构控制回路和弹簧机构控制回路，下面分别介绍这两种常见的强电控制回路。

第二节　具有液压操动机构的断路器控制回路

在电力系统中，高压或超高压以上的断路器多采用液压机构。具有液压操动机构的断路器控制回路按功能主要分为分合闸继电器回路、分合闸线圈回路、非全相保护回路、各种闭锁回路、防跳回路和电动机控制回路等。控制回路的二次元件主要有交、直流接触器（KM），中间继电器（也就是防跳跃中间继电器 KF、非全相保护中间继电器 KL、闭锁继电器 KB），时间继电器（包括非全相延时继电器 KT1 电机打压时继电器 KT），辅助开关，计数器，转换开关（主副分选择开关、分合闸开关、远近控选择开关），温湿度控制器 S，电磁线圈保护器等。

为了提高断路器的分闸可靠性，控制电路中安装了两个分闸继电器，一个为主分闸继电器，另一个为合闸继电器，分别控制主分闸线圈和合闸线圈（合闸控制回路在该章节未显示）。图 16-1 所示为主分闸继电器和合闸继电器控制回路。该回路中，SB1 是主分闸旋钮，SB2 是合闸旋钮。SPT 为近控、远控选择开关，当 SPT 在近控位置时，1、2 和 5、6 触点是接通的，3、4 和 7、8 触点是断开的；当 SPT 在远控位置时，触点状态相反，即 1、2 和 5、6 触点是断开的，3、4 和 7、8 触点是接通的。KL2 和 KL3 分别是主分闸继电器和合闸继电器。

图 16-2 为主分闸和合闸线圈回路，图中显示了 A、B 两相的控制电路，C 相与 A 相原理完全相同，图中未画出。该回路中，K1 为主分闸线圈，K3 为合闸线圈。Q1、Q3 为断路器的辅助触点，当断路器在分闸位置时，其辅助常开触点是断开的，辅助常闭触点是闭合的；当断路器在合闸位置时，其辅助常开触点是闭合的，辅助常闭触点是断开的。KB1 和 KB2 为分闸闭锁继电器常闭触点，KB3 为 SF_6 气体密度继电器低气压闭锁触头。KF 为防跳继电器。

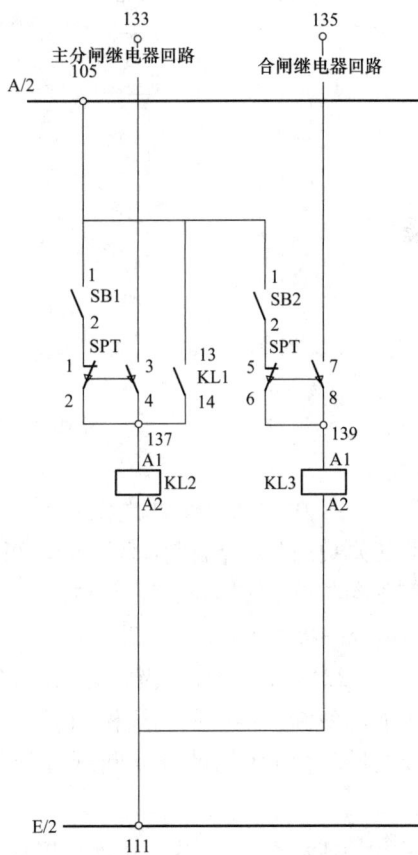

图 16-1　主分闸和合闸继电器回路

PC1 为计数器。图中所示各触点状态条件如下：①断路器在分闸位置；②液压系统未储能；③SF_6 气体为零表压；④控制回路不带电。

该控制回路的动作情况如下。

一、分闸

如图 16-1 所示，当 SPT 在近控位置时（这时 1、2 和 5、6 触点是接通的），这里可以旋转 SB1 旋钮至主分闸位置，此时 SB1（1、2）触点接通，于是 KL2 线圈通电动作。KL2 在

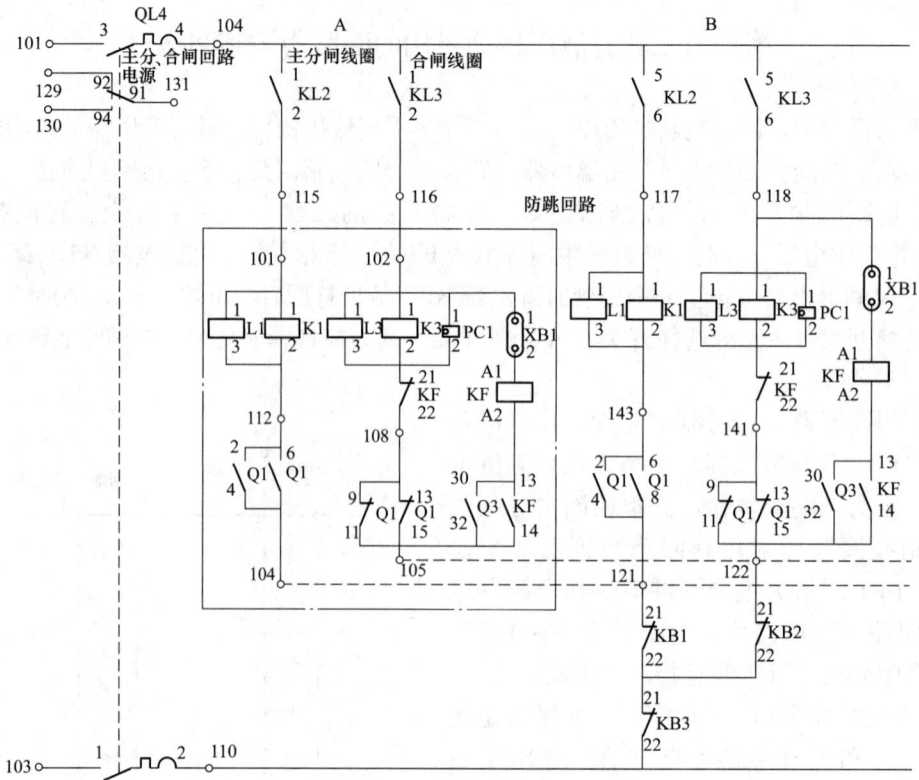

图 16-2　主分闸和合闸线圈回路

A、B、C 三相中的动合辅助触点同时闭合（图 16-2）。由于断路器在合闸位置，所以断路器的辅助开关 Q1 的动合触点是闭合的，当液压机构油压正常时，KB1 动断触点是闭合的，当 SF_6 断路器的 SF_6 气体压力正常时，KB3 动断触点也是闭合的。如图 16-2A 相：此时合闸回路由电源一极经 KL2（1、2）、K1（主分闸线圈）、Q1（4、2 和 6、8）、KB1（21、22）、KB3（21、22）到达另外一极，分闸回路接通，分闸线圈 K1 通电，产生电磁力，释放操动机构能源使断路器分闸。B 相和 C 相动作原理与 A 相相同，于是三相同时分闸。当分闸完成之后，由 Q1 辅助触点断开分闸线圈回路，以防分闸旋钮 SB1 返回太慢烧毁分闸线圈。

如图 16-1 所示，当 SPT 在远控位置时（这时 3、4 和 7、8 触点是接通的），可以由远方的控制装置和保护装置进行分闸操作。

二、合闸

在进行断路器的就地合闸操作时，先将合闸旋钮 SB2 旋转至合闸位置，此时 SB2（1、2）触点接通，于是 KL3 线圈通电动作。KL3 在 A、B、C 三相中的常开辅助触点同时闭合（图 16-2）。由于断路器在分闸位置，所以断路器的辅助开关 Q1 的常闭触点是闭合的，当液压机构油压正常时，KB1 常闭触点是闭合的，当 SF_6 断路器的 SF_6 气体压力正常时，KB3 常闭触点也是闭合的。如图 16-2A 相：此时合闸回路由电源一极经 KL3（1、2）、K3（合闸线圈）、KF（21、22）、Q1（9、11 和 13、15）、KB1（21、22）、KB3（21、22）到达另外一极，合闸回路接通，合闸线圈 K1 通电，产生电磁力，释放操动机构能源使断路器合闸。B 相和 C 相动作原理与 A 相相同，于是三相同时合闸。当合闸完成之后，由 Q1 辅助触点断开合闸线圈回路，以防合闸旋钮 SB2 返回太慢烧毁分闸线圈。

如图 16-1 所示，当 SPT 在远控位置时（这时 3、4 和 7、8 触点是接通的），可以由远方的控制装置和保护装置进行合闸操作。

三、防跳

上述控制回路装设了电气防跳电路。所谓防跳就是防止在断路器合闸到有故障的线路上时，断路器发生多次合、跳闸的跳跃现象。因为合闸到有故障的线路上时，线路的短路故障立刻反映出来，继电保护即动作跳闸。但此时如操作人员仍使控制开关手柄停在"合闸"位置，断路器就会再次合闸。接着继电保护又再次动作，如此循环，形成断路器的跳跃现象。这种跳跃现象是不允许的，多次跳跃的后果，一方面可使断路器受到损坏，另一方面使一次系统的工作受到严重影响。为了防止这种跳跃现象的发生，必须采用一定的防跳措施。

目前，有机械防跳设施的操动机构，一般来说防跳性能还是可靠的。但实际运行中，由于调整工作量很大，所以经常还需再加装电气防跳设施。当前最多采用的电气防跳设施是在控制回路中加装防跳跃闭锁继电器 KF，如图 16-2 所示。

防跳回路采用连接片 XB1 并联到合闸回路，当需要电气防跳功能投入时，这时就把连接片 XB1 接通，当不需要电气防跳功能时，就把连接片 XB1 断开。该继电器有一对常开触点和一对常闭触点。当电气防跳功能投入时，在断路器合闸时，防跳继电器 KF 由断路器的辅助触点 Q3（30、32）接通，KF 的常闭触点断开，切断合闸回路，以免断路器再次合闸，同时 KF 的常开触点闭合使 KF 线圈自保持，直到合闸继电器 KL3 失电，KF 才会复归。

四、闭锁

图 16-3 中画出了液压机构分合闸低油压闭锁回路和 SF_6 低气压闭锁回路。当液压机构

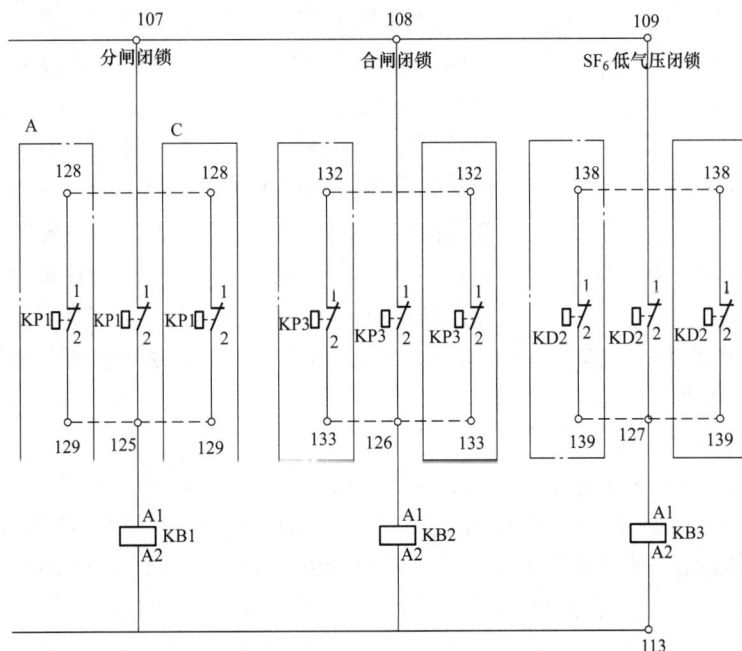

图 16-3 闭锁回路

油压较低时，会导致合分闸操作力的减小，从而影响断路器的操作时间和速度，加长电弧燃烧时间，对动静触头造成较大的伤害，严重时，可能造成灭弧室爆炸的事故。因此，液压机构油压较低时，要闭锁断路器的合分闸操作。当 SF$_6$ 气体气压较低时，同样会影响断路器的灭弧，甚至造成严重事故，这时也要闭锁合分闸操作。图中 KP1、KP3 为油压开关上的触点，油压为额定值时，这些触点是断开的，当油压分别下降到它们的动作值时，KP1 和 KP3 就会接通，从而使 KB1 和 KB2 带电。由于 KB1 和 KB2 的常闭触点分别串联在分合闸回路（图 16-2），所以当油压降低到动作值时，它们的常闭触点就会断开分合闸回路，实现分合闸操作的闭锁。

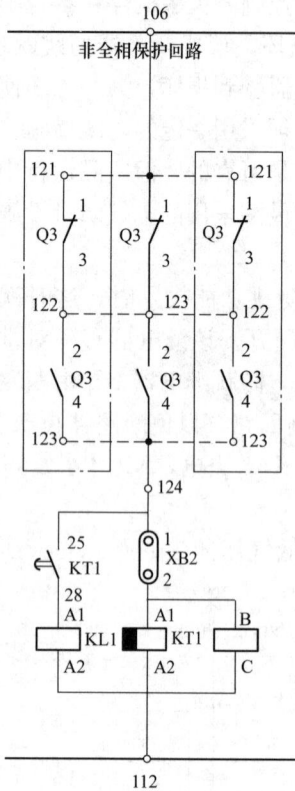

图 16-4 非全相保护回路

同理，KD2 为 SF$_6$ 气体密度继电器的常闭触点，SF$_6$ 气体在额定压力时，常闭触点是断开的，当压力降低到它的动作值时，就会接通。由于 KB3 的常闭触点串联在分合闸回路（图 16-2），所以当气压降低到动作值时，它的常闭触点就会断开分合闸回路，实现分合闸操作的闭锁。

五、非全相保护

电力系统在运行时，由于各种原因，断路器三相可能断开一相或两相，造成非全相运行。非全相运行对电力系统运行影响很大，断路器合闸不同期，系统在短时间内处于非全相运行状态，由于中性点电压漂移，产生零序电流，将降低保护的灵敏度；由于过电压，可能引起中性点避雷器爆炸；由于非同期长加大重合闸时间，对系统稳定性不利；而分闸不同期，将延长断路器燃弧时间，使灭弧室压力增高，加重断路器负担；所以应将非同期运行时间尽量缩短。图 16-4 所示为断路器的非全相保护回路，当断路器合闸三相不一致时，电路就会接通 KL1 继电器（KL1 的常开触点在图 16-1 中），从而接通分闸回路，再次把断路器跳开。如图 16-4 所示，在断路器 A、B、C 三相分别取一对辅助常开触点和一对辅助常闭触点组成"田"字形的保护回路，如果断路器合闸，有一相或两相未合上，这时 KT1 就会通电动作，其延时闭合触点 KT1（25、28）闭合，接通 KL1。时间继电器整定时间应躲过断路器正常的不同期合闸时间。

六、油泵电机控制

断路器每相机构箱内都装有一油泵电机组，用三相交流电动机或直流电动机（M）带动高压油泵储能，并由压力开关对其控制。图 16-5 为液压机构油泵电机控制回路，当液压系统的油压不足额定油压或由额定油压降至电机启动油压时，压力开关的 KP5 触点闭合，接触器的线圈 KM 得电，电机启停控制回路接通，电机启动，带动油泵打压储能；当油压上升到额定油压时，压力开关的触点 KP5 和 KP6 断开，接触器失电返回，切除电机电源，储能结束。

七、控制回路信号说明

1. 油泵电机启动信号

油泵电机由磁力启动器或直流接触器的常开辅助触点给出启动信号，由端子给出信号供用户使用，储能完毕返回，信号解除。

2. 油泵电机打压超时信号

在油泵电机得电启动的同时，时间继电器（KT）也得电启动，若电机打压超过 $2 \sim 2.5\text{min}$，时间继电器（KT）常闭触点断开，切断磁力启动器或直流接触器（KM），使电机停止运转，时间继电器（KT）的另一对常开延时闭触点在经过同一时延后闭合，由端子给出打压超时信号。

3. 分、合闸信号

在断路器分闸时，辅助开关（Q1）的某对触点闭合，通过端子可给出分闸信号。

在断路器合闸时，辅助开关（Q1）另一对触点闭合，通过端子可给出合闸信号。

目前，各厂生产的液压操作机构型号很多，液压操动机构的各压力数值不尽相同。

在 110kV 以上的中性点直接接地系统中，短路故障多是单相短路，当线路发生单相短路故障时，只断开故障相，其他两相可继续运行，然后故障相再进行单相自动重合，这对于提高线路输送容量及系统稳定具有显著作用。因此，电压在 110kV 以上的重要负荷远距离输电线路，常装有单相重合闸装置或综合重合闸装置，采用单相重合闸要求线路的断路器每相都有单独的操纵机构及传动机构。由于 110kV 以上的断路器形式和操动机构形式很多，其控制回路也各有不同，但控制回路必须能使断路器分相操作。

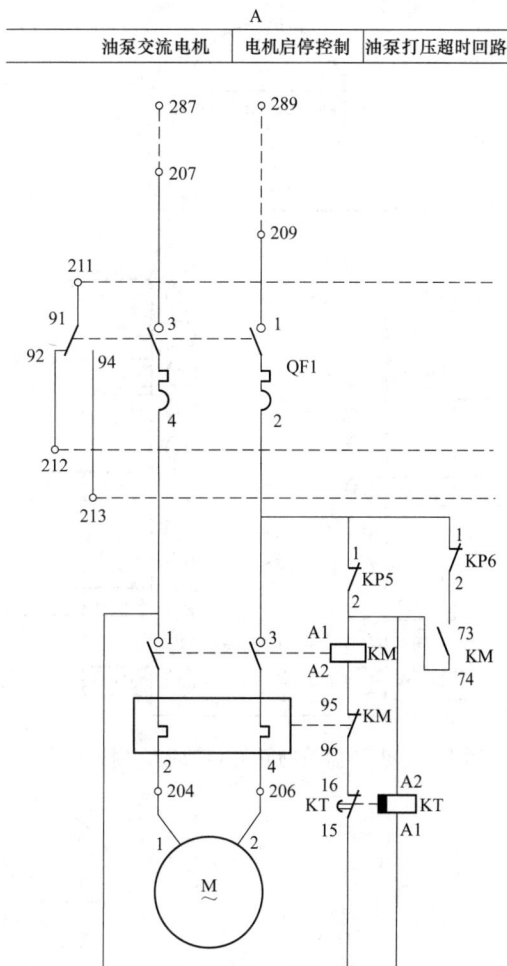

图 16-5 油泵电机控制回路

八、控制回路主要元器件安装接线图

图 16-6 是断路器辅助开关 Q1 的安装接线图，图中所示 Q1 的辅助触点是断路器在分闸位置的状态，当断路器合闸后，所有这些触点通断情况与图中位置相反；图 16-7 是防跳继电器的安装接线图，图中防跳继电器 KF 的辅助触点是 KF 线圈失电情况下的状态，当 KF 线圈带电后，所有这些辅助触点通断情况与图中相反；图 16-8 是油泵电机接触器 KM 的安装接线图，图中接触器 KM 的辅助触点是 KM 线圈失电情况下的状态，当 KM 线圈带电后，所有这些辅助触点通断情况与图中相反。Q1、KF、KM 的辅助触点并未全部使用。

Q1
F6–12 Ⅱ/WB(HTD)

③——①
Q1–6　② ④　Q1–8　121
⑦——⑤
143　Q1–2　⑥ ⑧　Q1–4
Q1–15　Q3–32　⑪ ⑨　Q1–13
⑩ ⑫
122　Q1–11　⑮ ⑬　Q1–9　141
⑭ ⑯
⑲——⑰
Q1–22　⑱ ⑳　Q1–24　158
㉓——㉑
170　Q1–18　㉒ ㉔　Q1–20

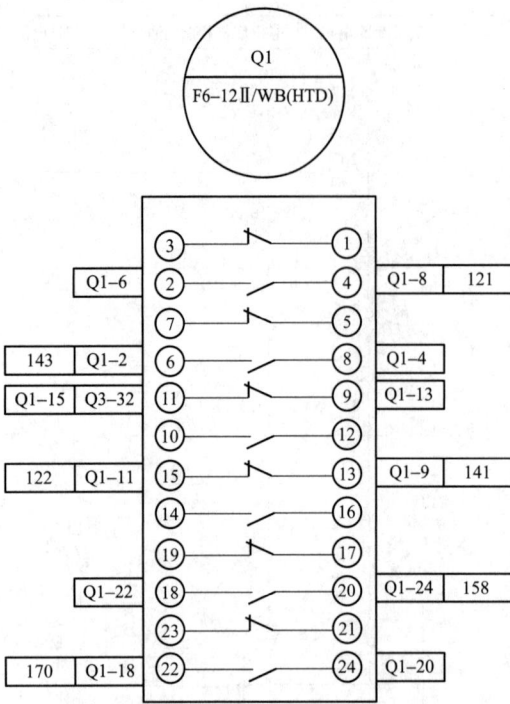

图 16-6　断路器辅助开关 Q1 的安装接线图

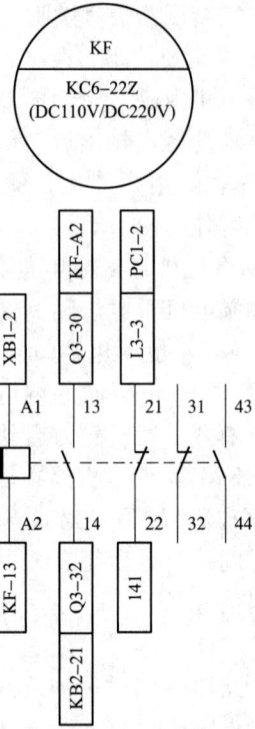

KF
KC6–22Z
(DC110V/DC220V)

XB1–2　Q3–30　L3–3
　　　KF–A2　PC1–2
A1　13　21　31　43
A2　14　22　32　44
KF–13　Q3–32　141
KB2–21

图 16-7　防跳继电器的安装接线图

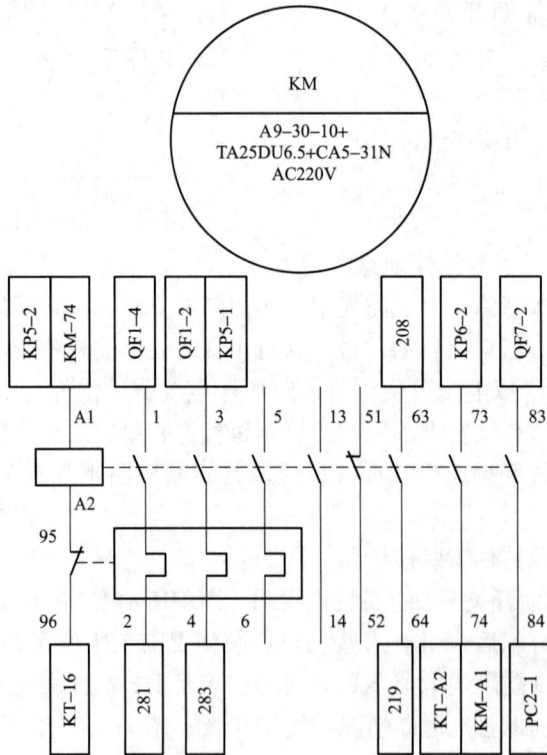

KM
A9–30–10+
TA25DU6.5+CA5–31N
AC220V

KP5–2　KM–74　QF1–4　QF1–2　KP5–1　　208　KP6–2　QF7–2
A1　1　3　5　13　51　63　73　83
A2
95　　　　　　　　　　14　52　64　74　84
96　2　4　6
KT–16　281　283　219　KT–A2　KM–A1　PC2–1

图 16-8　油泵电机接触器 KM 的安装接线图

第三节　具有弹簧操动机构的断路器控制回路

在 110kV 及以下电网中，断路器多采用弹簧操动机构，弹簧操动机构的断路器控制回路与液压操动机构的控制回路原理相似。图 16-9 为具有弹簧操动机构的断路器控制回路，表 16-1 为弹簧操动机构控制回路元器件说明。其控制回路原理说明如下。

电源控制回路	合闸控制回路	防跳控制回路	分闸控制回路	SF₆气体压力过低控制回路	最低功能压力闭锁控制回路	合闸簧储能状态信号	SF₆气压过低报警信号	电动机手动电动连锁开关	电动机储能控制回路

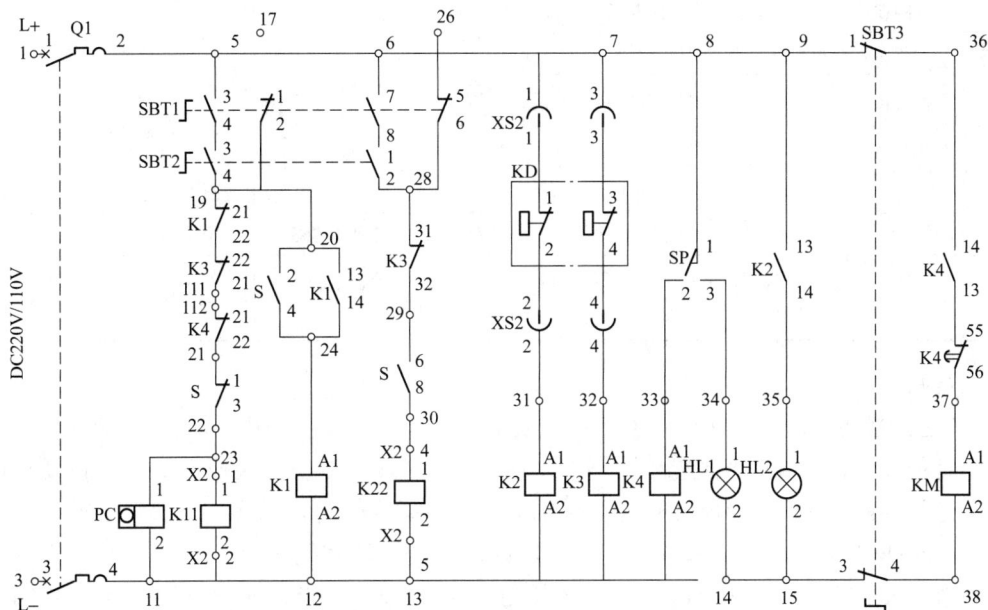

图 16-9　具有弹簧操动机构的断路器控制回路

表 16-1　　　　　　　　　　　　　弹簧机构控制回路元器件说明

文字符号	说　明	型　　号	文字符号	说　明	型　　号
Q1	控制回路开关	C45N-2　6A　2P＋SD 小型断路器	SBT2	合、分闸控制开关	LWZ2-16/2B020 转换开关；LW8-10N　715/2GL 转换开关
Q2	电机电源控制	C45N-2　10A　2P＋SD 小型断路器	SBT3	手动/电动连锁	LWZ2-16/1C020 转换开关；LW8-10T　290/1GL 转换开关
Q3	加热驱潮回路	C45N-2　6A　2P 小型断路器	KD	密度继电器	ZMJ1-T-0.5 充油型 SF₆ 气体密度继电器
SBT1	近控/中控选择	LWZ2-16/2N029 转换开关；LW8-10N　721/2GL 转换开关	K1	防跳继电器	JZC4-22Z/TH 接触器式继电器

续表

文字符号	说　明	型　　号	文字符号	说　明	型　　号
K2	SF$_6$ 气压过低报警继电器	JZC4-22Z/TH 接触器式继电器	M	交直流电动机	S568B　PG 交直流电动机
K3	SF$_6$ 最低功能压力闭锁继电器	JZC4-22Z/TH 接触器式继电器	PC	计数器	404.481 型六位可回零电磁计数器
K4	储能控制延时继电器	JZC4-22Z/TH 接触器式继电器＋SK8-DT2 空气延时头	HL1	合簧储能信号灯	AD11-25/22 信号灯(DC2202V 绿色)
K11	合闸线圈	5P3.520.015 电流 2.80A	HL2	SF$_6$ 低气压报警信号灯	AD11-25/22 信号灯(DC2202V 黄色)
K22	分闸线圈	5P3.520.015 电流 2.80A	ST	温控开关	SHNK-A 型温度控制器
SP	储能位置开关	LXW5-11G3 微动开关	X1	端子排接线端子	UK5N 通用接线端子
KM	电机控制接触器	CJX2-209Z/TH 直流控制交流接触器	X2	合、分闸线圈接线端子	UK5N 通用接线端子
EHD	驱潮器	SJR7-100 型电热去湿器(220V、100W)	S	辅助开关	F□-24Ⅱ/L 辅助开关
EHK	加热器	SJR7-100 型电热去湿器(220V、100W)	XS1	三孔电源插座	10A　220
			XS2	FQ 防水插头座	OTK16.540.003

一、合闸

SBT1 是远控近控转换开关，当在远控位置时，SBT1(1、2)、SBT1(5、6)接通，由远方控制室进行控制；当在近控位置时，SBT1(3、4)、SBT1(7、8)接通，由安装在就地的控制开关进行控制。SBT2 是合、分闸控制开关，当选择合闸时，SBT2(3、4)接通；当选择分闸时，SBT(1、2)接通。K1(21、22)为防跳继电器的常闭触点，原理与液压机构控制回路相似。K3(22、21)为 SF$_6$ 低气压闭锁继电器的触点，当气压正常时，触点是闭合的。K4(21、22)是弹簧储能继电器的常闭触点，当弹簧储能时，该触点是闭合的。S(1、2)为断路器的一对辅助触点，当断路器在分闸位置时该常闭触点是闭合的。PC 为计数器，记录断路器的合闸次数。K11 为合闸线圈，当线圈通电时断路器在合闸弹簧的作用下合闸，合闸完成后，由断路器的辅助触点 S(1、2)切断合闸回路，以免合闸线圈通电时间长而烧毁。

二、分闸

当需要进行分闸时，由 SBT2 合、分闸控制开关或远方控制开关接通分闸回路，使分闸线圈 K22 通电，断路器在分闸弹簧的作用下分闸。分闸回路中串联了 K3(31、32)和 S(6、8)的作用与合闸回路的 K3(22、21)和 S(1、2)是一样的。

三、信号

具有弹簧操动机构的断路器控制回路提供了 SF$_6$ 气体低气压报警信号和合闸弹簧未储能信号。图 16-9 中，KD(1、2)和 KD(3、4)是 SF$_6$ 气体密度继电器的两对常闭触点，当气体压力降低到其动作值时，KD(1、2)首先闭合，启动继电器 K2，常开触点 K2(13、14)闭合，发出低气压报警信号。当 SF$_6$ 气体压力继续降低时，KD(3、4)闭合，启动继电器

K3，继电器 K3 的两对触点分别串联在分闸回路中，用来闭锁分合闸。SP 为储能位置开关，当合闸弹簧储能后，SP(1、3) 接通；点亮合闸弹簧已储能信号指示灯。当合闸弹簧未储能时，SP(1、2) 接通，启动继电器 K4，K4 的辅助常闭触点 K4(21、22) 断开合闸回路。

四、储能

当合闸弹簧能量释放后，SP(1、2) 接通，启动继电器 K4，K4 的辅助常开触点 K4 (14、13) 闭合，接触器 KM 通电接通储能电动机，使合闸弹簧储能。当合闸弹簧储能完成后，SP(1、2) 断开，继电器 K4 失电，常开触点 K4(14、13) 断开 KM 回路，电动机停止转动。如果由于意外合闸弹簧储能完不成或储能完成后 SP 切换不了，电动机会一直旋转，这时就由延时断开触点 K4(55、56) 断开电动机控制回路。

第四节　断路器和隔离开关的操作闭锁

隔离开关由于没有灭弧装置，不能接通或断开负荷电流。如果违反操作规程，在带负荷的情况下断开开关，将造成严重后果。因此，断路器和隔离开关之间必须装设操作闭锁装置，使断路器处于闭合状态时，不致带负荷断开隔离开关。

断路器和隔离开关的操作闭锁装置，又称防误闭锁装置，按动作原理可分为机械、电气和微机三大类。

一、机械防误闭锁装置

机械防误闭锁是最基本的防误闭锁方式，它是利用设备中的机械传动部位的互锁来实现的，一般用在比较简单的配电装置中，多用在 6～10kV 及 35kV 的成套开关柜上。目前用得比较多的是防误操作程序锁，该锁能强制运行人员按照既定的安全操作程序，对电气设备进行操作。锁由锁体、锁轴及钥匙等部分组成，其中锁体是主体部分。锁体上有钥匙孔，孔边有两个圆柱和钥匙的两个编码圆孔相对应。锁轴是实现闭锁的执行元件，直接控制设备的操作，其运动受两把钥匙的控制。当具有两把钥匙时，锁轴被释放，设备可进行操作。操作后，上一程序钥匙被锁住，下一程序钥匙取出，此时锁轴被制止，而将设备闭锁。目前我国生产的防误操作程序锁有几个系列，结构不尽相同。根据不同的主接线有不同编码的程序锁，而且除可防止隔离开关误操作外，还有防止其他误操作的功能。

二、电气防误闭锁装置

电气防误闭锁装置利用电磁锁来实现防止误操作。电磁锁由电锁和电钥匙两部分组成，其构造如图 16-10 所示。电锁装设在每个隔离开关操动机构的手柄上，以便把隔离开关锁住，而电钥匙全厂或全变电所共有二、三把。电磁锁的工作原理如图 16-11 所示，电锁固定在隔离开关的操动机构上，电钥匙是可以取下的。电锁用来锁住操动机构的转动部分，即锁芯在弹簧的压力下，锁进操动机构的小孔内，使操动机构的手柄不能转动。电钥匙上有一个线圈和一对插头，在锁上有固定插座。当断路器 QF 在断开位置时，其操动机构上的辅助常闭触点接通，给插座加上直流操作电压。如需将

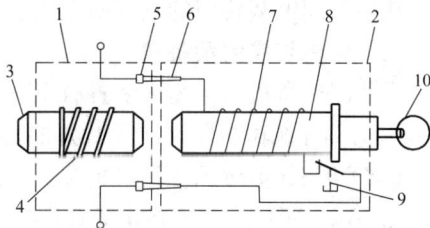

图 16-10　电磁锁的构造示意图

1—电锁；2—电钥匙；3—锁芯；4—弹簧；
5—插座；6—插头；7—线圈；8—电磁铁；
9—解除按钮；10—钥匙环

隔离开关 QS 断开，首先应将电钥匙的插头插入插座内，线圈接通电源，产生磁力，锁芯被吸出，锁被打开，隔离开关才能操作。

当隔离开关在断开状态时，锁芯进入操作手柄下边的小孔内，使隔离开关在锁未打开之前不能进行合闸，而此锁的打开，也只有在断路器处在断开位置时才有可能。

电气防误闭锁装置的构成，除了电磁锁之外，还必须有断路器的辅助触点等构成的闭锁电路。图 16-12 为单母线系统隔离开关电气闭锁的电路图。两台隔离开关的手柄上分别装有电磁锁插座 YA1 和 YA2，其电源由断路器的辅助常闭触点 QF1 引来，这就保证了只有在断路器断开时，电锁才能被吸出，隔离开关才能操作。

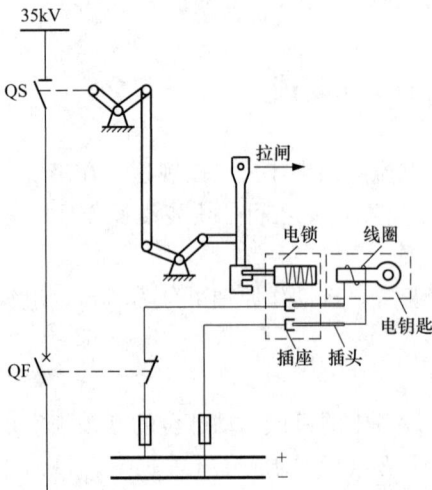

图 16-11　电磁锁的工作原理

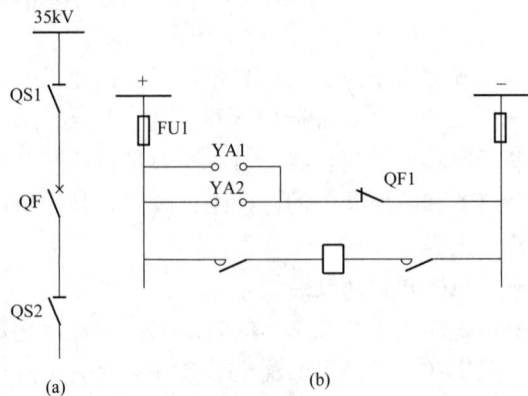

图 16-12　单母线系统隔离开关电气闭锁的电路图
(a) 一次电路图；(b) 电气闭锁电路图

在双母线配电装置中，除了一般的断开或接通线路的操作外，为了倒换母线，还需要在不断开线路断路器的情况下，进行母线隔离开关的切换操作。但由于在进行这种切换操作的过程中，双母线的联络断路器也必须处在合闸位置，所以以双母线接线的电气闭锁电路比较复杂。关于双母线及其他形式一次接线的电气闭锁电路，此处不再介绍。

电气防误闭锁装置具有在断路器和隔离开关安装距离较远时，能防止隔离开关误操作的优点，但具有连接用的控制电缆数目较多、闭锁装置的触点和线路上的缺陷不易被发现的缺点。在屋外配电装置中的电气防误闭锁装置，往往因气候等因素而影响直流系统绝缘。

三、微机防误闭锁装置

目前国产微机防误闭锁装置有 FY-90WJFW 型、WYF-51 型、DNBS Ⅱ 型等。现以 DN-BS Ⅱ 型为例介绍微机防误闭锁装置的构成和基本工作原理。

1. DNBS Ⅱ 型微机防误闭锁装置的构成

图 16-13 所示为 DNBS Ⅱ 型微机防误闭锁装置的结构和工作示意图。该装置由 WJBS-1 型微机模拟盘、DNBS-1A 型电脑钥匙和编码锁三部分构成。

模拟盘由盘面、专用微机等组成。盘面用马赛克拼装而成，盘上有主接线的模拟元件，所有模拟元件均有一对触点与主机相连，主机内有电脑专家系统，盘内通有交、直流电源。模拟盘可挂于墙上或落地安装。

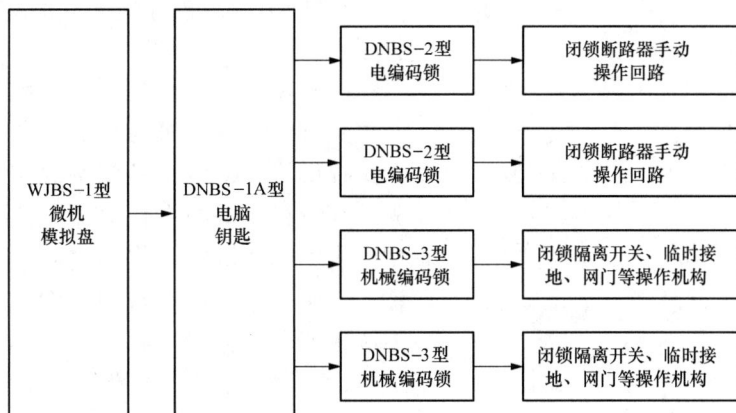

图 16-13　DMBSⅡ型微机防误闭锁装置的结构和工作示意图

电脑钥匙通过接口与模拟盘联系，主要功能是接收、记忆储存由模拟盘主机发送的操作票，然后按操作票内容依次打开 DNBS-2 型电编码锁和 DNBS-3 型机械编码锁，实现设备的操作。电脑钥匙内配有 5V、300mA·h 可充电池，当电源关闭时，记忆不丢失，并有清除功能。DNBS-1A 型电脑钥匙的外形如图 16-14 所示。其中电源开关 1 用于控制电源的通断，开关在"Ⅰ"位置时电源接通，在"O"位置时电源切断；传输定位销 2 用于接收由模拟盘主机发出的操作信号，并兼作电编码锁的导电极；探头 3 用于检测锁编码；解锁杆 4 用于开机械编码锁，并兼作电编码锁的导电极；开锁按钮 5 用于打开机械编码锁；显示屏 6 用于显示操作内容及设备编号。电脑钥匙每个发电厂或变电所配两只，其中一只备用。

DNBS-2 型电编码锁和 DNBS-3 型机械编码锁的外形如图 16-15 所示。每台断路器的控制回路配一把电编码锁，装于该断路器的控制屏内；也可用来闭锁电动操作的隔离开关的控制回路。DNBS-3 型机械编码锁的外形如同日常用的锁一样，每个闭锁对象（隔离开关、临时接地、网门等）配一把，且应有一定数量的备用，安装时被闭锁设备需备有锁鼻。每把锁

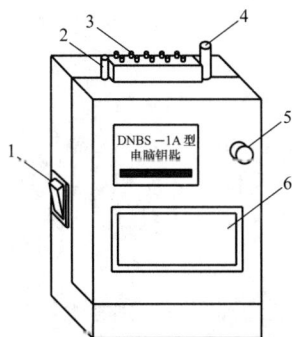

图 16-14　DNBS-1A 型电脑钥匙的外形
1—电源开关；2—传输定位销；3—探头；
4—解锁杆；5—开锁按钮；6—显示屏

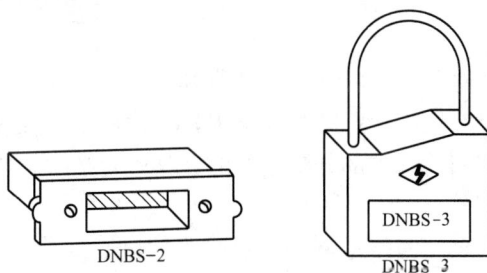

图 16-15　DNBS-2 型电编码锁和
DNBS-3 型机械编码锁的外形

的编码是唯一的。DNBS-2 型电编码锁的电气接线如图 16-16 所示，它接于控制回路正电源与控制开关 SA 的 5、6 端子之间，可闭锁断路器的手动操作回路。

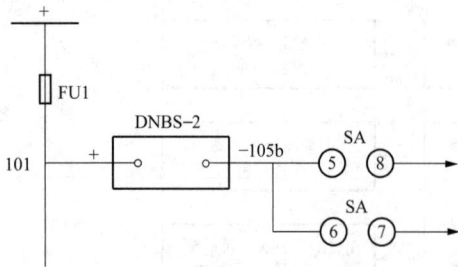

图 16-16　DNBS-2 型电编码锁的
电气接线

2. DNBS Ⅱ 型微机防误闭锁装置的基本工作原理

（1）在主机中预先形成电脑专家系统。该装置是以微型计算机为核心设备，制造厂根据用户提供的主接线图及闭锁原则，在系统中预先编写所有设备的操作原则，实际上是在微机中形成了一个倒闸操作的电脑专家系统，同时输入了所有带二次项目的操作票并由电脑专家系统整理、归纳、储存。

（2）预演操作。操作人员在开始倒闸操作前，先打开装置的电源，输入操作任务，然后在模拟盘上进行预演操作。此时，微机中的电脑专家系统自动对每一项操作进行判断；若操作正确，则发出一声表示正确的声音信号；若操作错误，则在显示屏上闪烁显示错误操作项的设备编号，并发出持续的报警声，直至错误项复位。预演结束后，通过模拟盘上的传输插座将正确的操作票内容输入到 DNBS-1A 型电脑钥匙中，并可通过打印机打印出操作票。

（3）现场操作。操作人员拿着电脑钥匙到现场进行实际操作。依据电脑钥匙显示屏上显示的设备编号，将钥匙插入相应的编码锁内，此时钥匙通过探头自动检测操作对象是否正确。若正确则显示"一"并发出两声音响，同时开放其闭锁回路或机构，这时便可进行断路器操作或打开机械编码锁进行隔离开关等的操作，每项操作结束时，电脑钥匙自动显示下一项操作内容；若走错间隔操作，即操作对象错误，则不能开锁，同时电脑钥匙发出持续的报警声，以提醒操作人员，从而达到强制闭锁的目的。

（4）事故情况下的操作。这是允许不经过模拟盘预演而使用 DJS-1 型电解钥匙和 JSS-1 型机械解锁钥匙到现场直接操作。操作时，将 DJS-1 型电解钥匙插入电编码锁中，闭锁回路被短接，断路器即可进行操作；将 JSS-1 型机械解锁钥匙插入机械编码锁中，旋转 90°，锁被打开，隔离开关等设备即可进行操作。

小　结

目前对断路器的分、合闸操作，大多是通过控制回路进行的。虽然控制回路的形式繁多，但是对控制回路的基本要求，是设计组成控制回路的主要依据。所以，各种形式的控制回路，它们的基本部分是类似的，其中包括跳合闸操作、信号、防止跳跃、对控制回路的监视四大部分。

分、合闸回路是整个控制回路的核心部分。不论远方控制、就地控制还是自动装置控制，最终都要接通分、合闸回路，分、合闸线圈带电后，产生电磁力，打开操动机构能源，促使断路器分、合闸。断路器的辅助触点串联接在分、合闸回路中，在分、合闸动作完成后，立即切断分、合闸线圈回路，以免烧毁分、合闸线圈。反映断路器分、合闸的位置信号，也是由断路器的辅助触点接通的。分、合闸控制开关是控制回路中的主要元件，它一方面可以就地安装，也可以远方安装，进行手动分、合闸控制操作。

防止跳跃回路，目前多用防跳闭锁继电器构成电气防跳装置，它广泛应用于 35kV 及以上电压的断路器控制回路中。

断路器采用的操动机构不同，以及对控制回路监视的方法不同等，使断路器的控制回路又有不同的特殊点。

为了防止隔离开关误操作，在配电装置中，采用了机械闭锁、电气闭锁或微机闭锁的技术措施。此外，运行人员还必须遵守有关的操作规程和安全规程的规定。

思考题和习题

16-1　断路器的控制回路应满足哪些基本要求？

16-2　断路器为什么要采用防跳装置？防跳装置应满足什么要求？跳跃闭锁继电器如何起到防跳作用？

16-3　液压操动机构的控制回路与弹簧操动机构的控制回路有哪些基本区别？

16-4　断路器控制回路在断路器动作完成后，靠什么来切断控制电源，以满足跳、合闸线圈短时通过电流的要求？

16-5　试述弹簧和液压操动机构断路器控制回路的特点。

第十七章　同　期　回　路

目前绝大多数发电机都是在电力系统中并列运行的。但是，待并发电机只有在满足一定条件下，才能投入电力系统并列运行。在发电机投入电力系统并列运行时，必须完成一定的操作，这种操作称为并列操作或同期并列。发电机非同期投入电力系统，会引起很大的冲击电流，不仅会危及发电机本身，甚至可能使整个系统的稳定性受到破坏。要使发电机安全地投入电力系统，首先要求同期装置可靠，同期回路和操作正确。同期方式比较多，本章主要介绍手动准同期装置的接线和有关操作、自动准同期装置的构成和工作原理。

第一节　同期方式及同期点的选择

一、同期方式
目前电力系统中应用的同期方式有两种：准同期和自同期。

1. 准同期方式

准同期方式是指在发电机并列前已励磁，然后在一定条件下将发电机断路器合闸，合闸瞬间发电机定子电流接近于零。

准同期应满足的条件：

（1）待并发电机电压与运行系统的电压大小应相等。

（2）待并发电机电压的相位与运行系统电压的相位应相同。

（3）待并发电机的频率与运行系统的频率应相同。

准同期并列方式的优点是正常情况下并列时，冲击电流较小，不会使相同电压降低；缺点是并列操作时间较长，如果合闸瞬间不正确，可能造成非同期并列事故，引起发电机损坏。因此，对准同期并列操作的技术要求较高，必须由有一定经验的运行人员来执行。一般大、中型发电厂中的正常并列，多采用准同期方式。

2. 自同期方式

自同期方式是在发电机转速升高到接近系统同步转速时，将未加励磁的发电机投入系统，然后给发电机加上励磁，在原动机转矩和同步转矩等作用下将发电机拉入同期。

自同期方式的优点是并列快，不会造成非同期合闸，特别在系统事故时能使发电机迅速并入系统；自同期的缺点是冲击电流大，振动较大，可能对机组有一定影响，或造成合闸瞬时系统频率和电压下降。

由于同期并列操作是经常进行的，为了避免由于多次使用自同期产生累积效应而造成发电机绝缘缺陷，应对自同期使用进行一定的限制。

另外，必须指出：发电机母线电压瞬时下降对其他用电设备的正常工作将产生影响，为此也需受到限制，所以自同期并列方法现已很少采用。本章只对准同期作介绍，不再讨论自同期。

二、同期点和同期方式的设置

在发电厂中，断路器很多，但并不是每个断路器都可用于并列。只有当断路器断开时，其两侧的电压来自不同电源的电压，该断路器必须进行同期并列操作才能合闸。这些担任同期并列任务的断路器，称为同期点。

发电厂同期点和同期方式设置的原则如下：

（1）直接与母线连接的发电机引出端的断路器、发电机-双绕组变压器单元接线的高压侧断路器、发电机-三绕组变压器单元接线各电源侧断路器，应设同期点。其同期方式，对水电厂同时设有手动准同期、自动准同期和自动自同期；火电厂同时设有手动准同期和自动准同期。

（2）双侧有电源的双绕组变压器的低压侧或高压侧断路器、三绕组变压器有电源的各侧断路器，应设同期点。其同期方式一般用手动准同期。

（3）母线分段断路器、母线联络断路器、旁路断路器，应设同期点，其同期方式一般用手动准同期方式。

（4）接在母线上且对侧有电源的线路断路器，应设同期点，一般采用手动准同期方式，有些线路则采用半自动准同期方式。

（5）对于110kV及以上线路，当设有旁路母线时，也可用旁路母线上的电压互感器进行同期并列。

（6）多角形接线和外桥接线中，与线路相关的两个断路器，均设同期点；一个半断路器接线的运行方式变化较多，一般所有断路器均设同期点，均采用手动准同期方式。

在变电所中，一般不考虑设置同期点。根据电力系统运行的要求，对需要经常并列或解列的断路器及调相机，可设置自动准同期装置。

第二节　同期表计与同期检查继电器

目前在发电厂采用的手动准同期装置，均为带非同期闭锁的手动准同期装置，它由同期表计、同期检查继电器和相应的转换开关组成。

一、同期表计

为了检查待并发电机和运行系统进行准同期的三个条件，必须用测量表计来比较两个系统的电压、频率和相位。这种测量装置有两种类型。一种是同期小屏，它有两只电压表，分别测量待并发电机和运行系统的电压；两种频率表，分别测量待并发电机和运行系统的频率；一只同期表，通过对同期表的观察，选择合适的角度合闸，使断路器触头接通瞬间两侧电压的相位相同。另一种是装一只组合式同期表，它包括一只电压差表、一只频率差表和一只同期表，有效情况下可再加装一只电压表和频率表，以测量待并发电机的电压和频率的绝对值。

手动准同期有集中同期和分散同期两种方式。当采用集中方式时，一般采用组合式同期表，装在中央信号控制屏上，在该屏上能对任一被并列机组进行调速和调压，并能对任一被并列机组进行同期操作。当采用分散方式时，同期操作在被并列机组本身的控制屏上进行，此时应根据仪表的清晰可见程度，在主控室控制盘主环的两翼装设一块或两块同期小屏。

下面介绍同期表的工作原理和接线。

1. 同期表

同期表有电磁式、电动式、铁磁电动式、整流式等。目前应用较多的有 1T1-S 型、1T3-S 型和 41T3-S 型电磁式同期表。以下简单介绍目前广泛采用的 1T1-S 型同期表的工作原理及其接线。

图 17-1 为 1T1-S 型同期表的外形和内部结构。图 17-2 为 1T1-S 型同期表的电路图。同期表内部有三个固定线圈 L、1L 和 3L，并适当串接电阻。1L 和 3L 两个线圈垂直布置，分别接在待并发电机的不同相间电压上，产生旋转磁场。另一个线圈 L 接在运行系统的相间电压上。线圈 L 布置在 1L 和 3L 内部，并且沿轴向绕在可动 Z 型铁片 F 的轴套 C 外面。由于电压和频率的差异，可动部分所带动的指针 E 作旋转指示，反映非同期的情况。若待并发电机的频率高于运行系统的频率，指针就向"快"的反向不停地旋转；反之，则向"慢"的方向旋转。频率差得越多，指针转得越快；反之，则越慢。如两侧频率接近，指针就停止不动。指针停留的位置与零位中心线（红线）之间的夹角，表示两侧电压的相位差。当待并发电机电压滞后系统电压一个角度时，指针停留在"慢"的方向一个相应的角度；当待并发电机电压超前系统电压一个角度时，指针停留在"快"的方向一个相应的角度；当指针在零位中心线（红线）上时，两侧相位差为零。

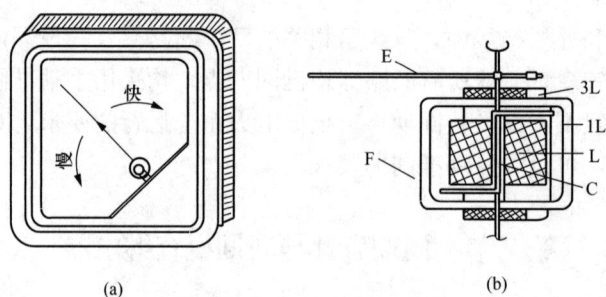

(a)　　　　　　　　(b)

图 17-1　1T1-S 型同期表的外形和内部结构

(a) 外形；(b) 内部结构

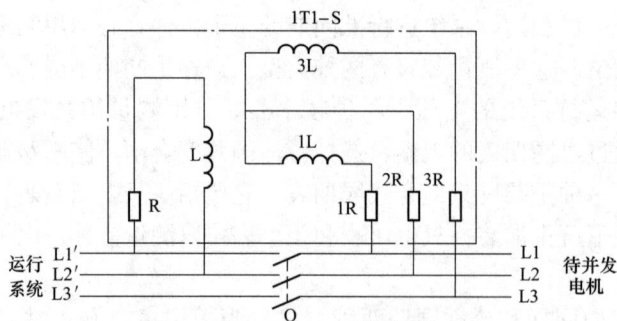

图 17-2　1T1-S 型同期表的电路图

2. 组合式同期表

组合式同期表有三相式和单相式两种，常用的为 MZ-10 型，它由频率差表、电压差表和同期表三个测量机构组成。图 17-3 所示为 MZ-10 型同期表的外形和外部接线。

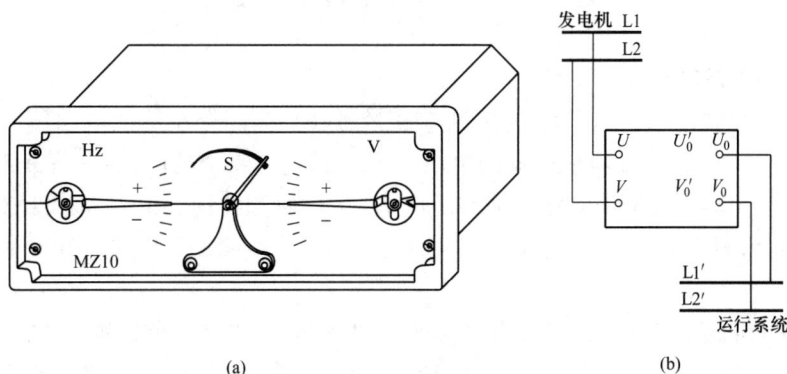

图 17-3　MZ-10 型同期表的外形和外部接线

（a）外形；（b）单相式同期表外部接线

频率差表 Hz 是一电磁式流比计。它反映待并发电机和运行系统的频率差。当两者频率相同时，指针在零位；当待并发电机的频率高于系统频率时，指针向正方向偏转；反之，则指针向负方向偏转。

电压差表 V 是电磁式微安表，它反映待并发电机和运行系统的电压差值。当两者电压相等时，指针在零位；当待并发电机电压大于系统电压时，指针向正方向偏转；反之，则指针向负方向偏转。

同期表的工作原理与 1T1-S 型基本相同。

组合式同期表的优点是准确度高、尺寸小、不需要单独的同期小屏。其缺点是不能指示两侧电源频率和电压的绝对值。

当同期过程有"粗略同期"和"精确同期"之分时，U_0、V_0 接"粗略同期"回路，U_0'、V_0' 接"精确同期"回路。当同期过程不分"粗"、"细"时，U_0 和 U_0'、V_0 和 V_0' 相连。

二、同期检查继电器

为了防止由于运行人员误操作而造成非同期合闸，在手动准同期系统中，装设有防止非同期合闸的非同期闭锁装置，它由同期检查继电器构成。

目前国产的同期检查继电器有 DT-13 型、DT-1 型和 BT-1B 型三种。BT-1B 型是一种晶体管同期检查继电器。DT-13 型和 DT-1 型同期检查继电器的原理相同，下面简单介绍这种继电器的工作原理。

DT-13 型和 DT-1 型同期检查继电器的结构，与一般电磁式电压继电器相同。它有两个参数相同的线圈，此两线圈在开口的凵字形铁芯开口处的上下磁极上各绕一半，并里、外交叉放置，使极性相反。这两个线圈分别接于待并发电机和运行系统相同的相间电压上，当两侧电压大小相等、相位一致时，两线圈所产生的磁通大小相等、方向相反，互相抵消，继电器的常闭触点闭合，允许断路器合闸。相反，当同期调节不满足时，继电器的常闭触点断开，使断路器不能合闸。

第三节　同期表计的外部接线

一、同期小屏及其接线

图 17-4(a) 为同期小屏的屏面布置图，图 17-4(b) 为同期小屏的电路图。图中，同期小母线 2L1 和 2L3 接待并发电机的同期电压；2L′1 接运行系统的同期电压；L2 接中间相电压，因为电压互感器二次侧中间相接地，所以 L2 可供两侧共用。图中 V1 和 Hz1 接待并发电机电压；V2 和 Hz2 接运行系统电压。同期表 S 的三个线圈，分别接待并发电机和运行系统的电压。

SSM1 为同期表计转换开关（又称手动准同期开关），它有三个位置："断开"（垂直）、"粗略"（逆时针转 45°）、"精确"（顺时针转 45°）。平时不用同期表计时，此开关放在"断开"位置，所有触点全部断开，表计退出。在"粗略"位置（也称粗调位置）时，其偶数触点闭合，从图 17-4(b) 可见，这时只有电压表和频率表与同期小母线接通，而同期表没有接入。调整待并发电机的电压和频率，使两电压表和频率表的指数达到额定值，待指示相同时，旋转 SSM1 至"精确"（又称细调）位置，其奇数触点闭合，此时电压表、频率表和同期表均与同期小母线接通，并开始旋转。SSM1 的奇数触点有的还串联在断路器的合闸控制回路中，因此只有当 SSM1 旋转到"细调"位置时，断路器才能合闸。

SSM 是投入和推出同期检查继电器 KY 的转换开关（又称同步闭锁开关），其触点 1、3 与同期检查继电器 KY 的触点并联。SSM 旋转到"退出"位置时，其触点 1、3 接通，同期检查继电器触点被短接而退出工作。SSM 旋转到"运行"位置时，其触点 1、3 断开，同期检查继电器投入工作。

图 17-4(b) 中的转换开关 SSA1，是自同期装置投入和退出时用的切换开关。若投入手

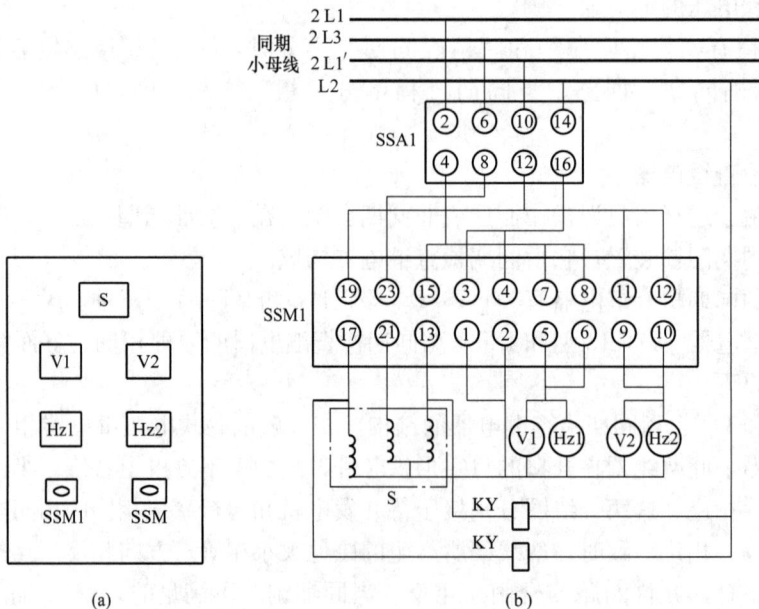

图 17-4　同期小屏
(a) 屏面布置图；(b) 电路图

动准同期装置，自同期开关必须退出。当 SSA1 在"断开"位置时，其偶数触点接通，将同期小母线电压加到同期小屏上。转换开关 SSA1 和 SSM1 共用一个可抽出的手柄，当 SSM1 投入时 SSA1 必定退出。

二、单相组合式同期表接线

图 17-5 为采用单相组合式同期表的同期装置电路图，接线的基本情况与图 17-4 相同。由于采用单相组合式同期表，使接线简化，同期表装在各待并发电机的控制屏上。图中还接入电压表 V1 和频率表 Hz1，用于测量待并发电机的电压和频率。运行系统的电压和频率，可用母线电压表和频率表监视。当 SSM1 在"粗调"位置时，电压表 V1、频率表 Hz1、组合式同期表的电压差表和频率差表投入；

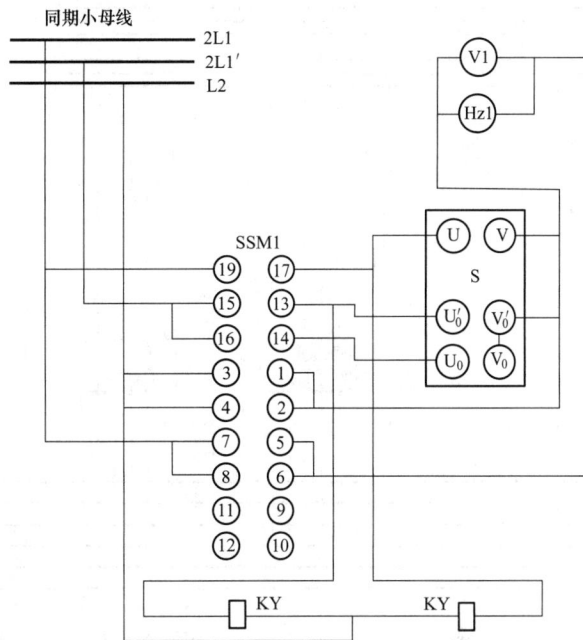

图 17-5　采用单相组合式同期表的同期装置电路图

当 SSM1 在"细调"位置时，组合同期表的同期表和同期检查继电器 KY 才投入。

第四节　手动准同期回路

一、同期电压的引入

由上节可知，同期表计所需电压是取自同期小母线。同期小母线上的同期电压又是如何引入的？下面以图 17-6 所示电路为例，说明采用同期小屏时同期电压的引入和同期回路。

图 17-6 所示为采用同期小屏时手动准同期装置电路图。对应图中的待并发电机，是将发电机出口处电压互感器 TV 的二次侧电压，经同期开关 1SM 引至同期小母线 2L1 和 2L3 上；而对应母线侧，由于是双母线接线，其同期电压是由母线电压互感器的电压小母线Ⅰ L1（ⅡL1），经母线隔离开关的辅助触点 QS1（QS2），再经 1SM 引至同期小母线上 2L1′上。经隔离开关辅助触点切换，是为了确保引至同期小母线的电压，与被操作的断路器两侧主系统的电压完全一致。即当断路器 QF1 是经隔离开关 QS1 接到主母线Ⅰ上时，ⅠL1 上引至 2L1′；当断路器 QF1 是经隔离开关 QS2 接到主母线Ⅱ上时，应将接于主母线Ⅱ的电压互感器 TV2 的二次电压，从其小母线ⅡL1 上引至 2L1′。因为切换过程是利用了隔离开关的辅助触点，所以在进行主系统操作的同时，二次电压的切换就自动完成了。

当利用母线联络断路器进行同期并列时，两侧的同期电压都是由母线电压互感器的电压小母线，先经隔离开关的辅助触点，再经同期转换开关 2SM 引至同期小母线的。

图 17-6 中的小母线 M721、M722 是断路器控制回路中的同期合闸小母线。

对于具有 Yd11 接线的双绕组升压变压器，通常是利用其低压侧断路器进行同期并列。如果被比较的同期电压分别从高、低压母线电压互感器引出时，如图 17-7 所示，则变压器

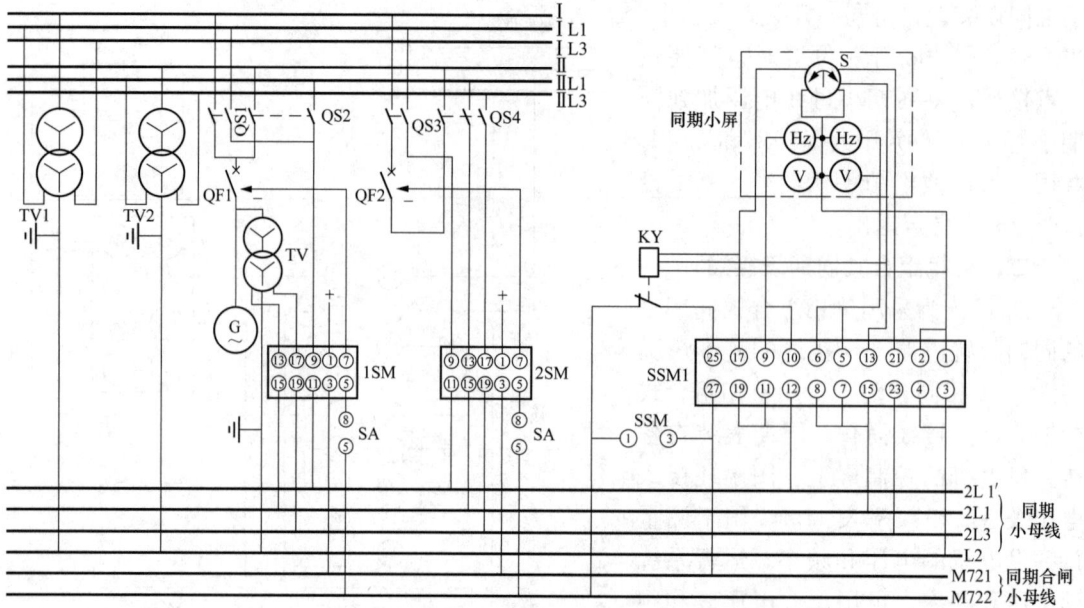

图 17-6 采用同期小屏时手动准同期装置电路图

两侧电压相角不一致，相角差为 30°，此时不能直接进行比较，必须采用转角变压器对此相角进行补偿。

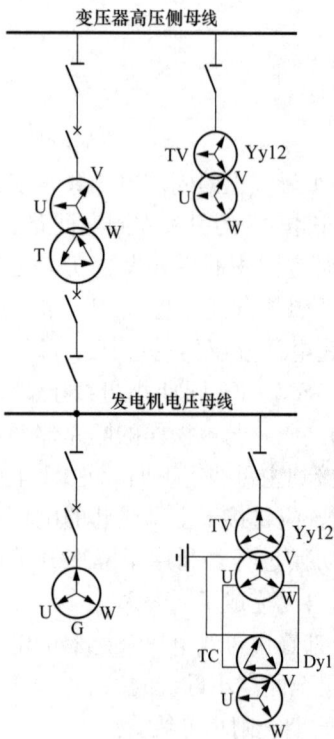

图 17-7 双绕组变压器同期电压的相位关系

转角变压器是 Dy1 接线，如图 17-7 中的变压器 TC。其变比为 $100 \Big/ \frac{100}{\sqrt{3}}$，它是由主变压器低压侧母线电压互感器引来的同期电压，接在转角变压器的一次侧（D 侧）。转角变压器二次侧（Y 侧），即可得到与主变压器高压侧母线互感器相位相同的同期电压，如图 17-7 所示。

图 17-7 所示为双绕组变压器同期电压的相位关系。由于主变压器高压侧（Y 侧）的线电压，落后于低压侧（△侧）线电压 30°，而高、低压母线电压互感器为 Yy12 接线，其一次侧、二次侧没有相位差，所以两电压互感器 TV 的二次电压也相差 30°。采用 Dy1 转角变压器 TC 补偿后，由于其 Y 侧线电压也落后△侧 30°，就可使 TC 二次电压与高压侧母线电压互感器 TV 二次电压相位相同，然后由 TC 二次再接至同期小母线。必须注意，这种接法主变压器低压侧（△侧）的母线电压互感器，必须与 TC 的△侧相连，TC 一般接于待并系统。

二、同期点断路器的合闸控制回路

同期点断路器的合闸控制回路与一般断路器有所不同，其电路如图 17-8 所示。

不论采用哪一种同期方式，断路器的合闸控制回路，

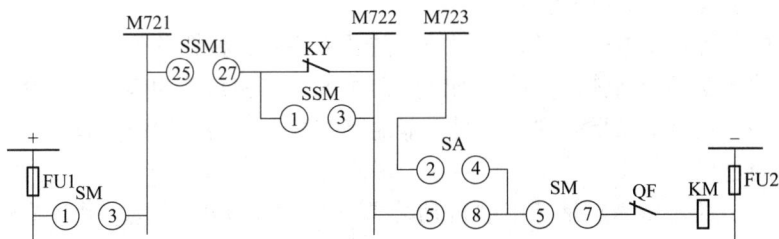

图 17-8　同期点断路器的合闸控制回路

都经同期开关 SM 的触点加以控制。只有当该断路器的同期开关 SM 在"投入"位置时，其触点 1、3 和 5、7 接通，才有可能合闸，同期合闸小母线 M721、M722、M723 是共用的。

为了避免出现差错，全厂所有的同期开关 SM 共用一个可抽出的手柄，此手柄只有在"断开"位置时才能抽出，这样就可保证在同期小母线上只存在由一个同期开关 SM 所引入的同期电压。

如果采用手动准同期方式，当满足同期条件时，由值班人员操作控制开关 SA，合闸脉冲由控制小母线"＋"经 SM 触点 1、3，M721，SSM1 触点 25、27，同期检查继电器 KY 的常闭触点，M722，SA 触点 5、8，SM 触点 5、7，断路器的辅助触点 QF1，合闸接触器线圈 KM 到"－"电源，使断路器合闸。

同期合闸小母线 M723 用于自同期和自动准同期。

三、手动准同期的主要操作步骤

下面以采用同期小屏装置、发电机并列于运行母线为例，说明手动准同期的主要操作步骤。

（1）发电机升速到额定值后，合上灭磁开关给发电机励磁。

（2）调节励磁电流使发电机电压升到额定值，合同期开关 SM 于"投入"位置，将待并发电机电压与运行母线电压加到同期小母线上。

（3）操作转换开关 SSM2，将自同期装置退出，投入同期小屏。

（4）操作同期小屏上的粗细调转换开关 SSM1 到"粗调"位置，调节发电机转速和电压，使两电压表和频率表的指示一样。

（5）操作 SSM1 到"细调"位置，将同期表投入，同期表开始旋转。

（6）调节发电机转速，使同期表指针向"快"的方向缓慢旋转，即待并发电机频率略高于运行母线电压频率，将控制开关 SA 旋转到"预备合闸"位置，待指针靠近红线时，立即将 SA 转到"合闸"位置，使断路器合闸。由于发电机频率略高，故合闸后立即带上少许有功功率，利用其同步力矩将发电机拖入同期。

第五节　自动准同步装置

一、自动准同期装置的功能

在满足并列条件的情况下，采用准同期并列方法将待并发电机组投入电网运行，只要控制得当就可使冲击电流很小且对电网扰动甚微，因此，准同期并列是电力系统运行中的主要并列方式。

自动准同期装置一般具有两种功能：

（1）自动检测待并发电机与母线之间的压差及频差是否符合并列条件，并在满足这两个条件时，能自动地发出合闸脉冲，使并列断路器主触头在相角差为零的瞬间闭合。

（2）当压差、频差不满足并列条件时，能对待并发电机自动地进行调压、调速，以加快进行自动并列的过程。

自动准同步装置（ASA）是专用的自动装置，自动监视电压差、频率差及选择理想的时间发出合闸脉冲，使断路器在零相角差时合闸；同时设有自动调节电压和频率单元，在压差和频差不合格时发出控制脉冲。频差不满足要求时，自动调节原动机的转速，减小或增加频率，即通过控制原动机的调速器（DEH）实现。压差不满足要求时，自动调节发电机的电压使电压接近系统的电压，即通过控制发电机励磁调节装置（AER）来实现。

自动准同步装置具有均压控制、均频控制和合闸控制的全部功能，将待并发电机和运行系统的 TV 二次电压接入自动装置后，由它实现监视、调节并发出合闸脉冲，完成同步操作的全过程。

二、自动准同步装置的组成

图 17-9 为典型自动准同步装置构成原理图，由图可见，自动准同步装置主要由频率差控制单元、电压差控制单元、合闸信号控制单元和电源组成。

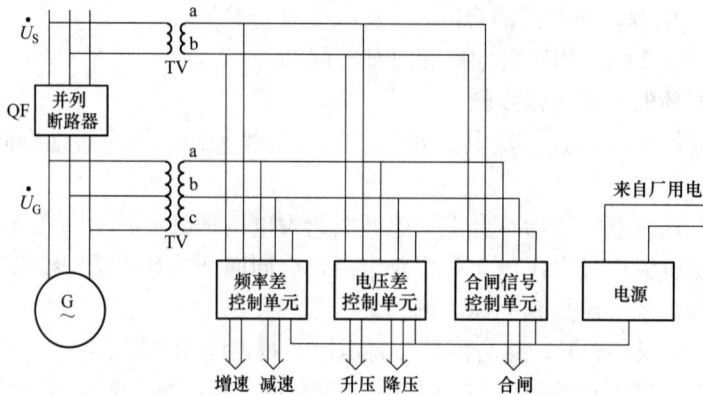

图 17-9　典型自动准同步装置构成原理图

频率差控制单元的任务是自动检测 $\dot{U}_G$ 与 $\dot{U}_S$ 间的滑差角频率 ω_d，且自动调节发电机转速，使发电机的频率接近于系统频率。

电压差控制单元的任务是自动检测 $\dot{U}_G$ 与 $\dot{U}_S$ 间的电压差，且自动调节发电机电压 U_G，使它与 U_S 间的电压差值小于规定允许值，促使并列条件的形成。

合闸信号控制单元的任务是检查并列条件，当待并机组的频率和电压都满足并列条件时，选择合适的时间发出合闸信号，使并列断路器 QF 的主触头接通时，相角差 ϕ 接近于零或控制在允许范围以内。

在准同步并列操作中，合闸信号控制单元是准同步并列装置的核心部件，其控制原则是在频率和电压都满足并列条件的情况下，在 $\dot{U}_G$ 与 $\dot{U}_S$ 要重合之前发出合闸信号。两电压相量重合之前的信号称为提前量信号。

按提前量的不同，准同步并列装置可分为恒定越前相角和恒定越前时间两种。恒定越前相角同步装置采用并列点两侧电压相量重合之前的一个角度 ϕ_{dq} 发出合闸脉冲。恒定越前时间同步装置则采用重合点之前的一个时间 t_{dq} 发出合闸脉冲。前者只有在一特定频差时才能实现零相角差并网，而后者却可保证在任何频率差时都可在零相角差实现并网。

三、微机型自动准同步装置的主要特点及要求

（1）高可靠性。自动准同步装置的原理和判据正确，采用先进、可靠的微机装置。在软件及硬件上具备很大的冗余度，确保没有误动的可能。

（2）高精度。同步装置应确保在相角差为零时完成并网操作。捕获零相角差需要有严格的数学模型，考虑到并网过程中影响机组运行的各种因素，如汽温、汽压、水头（水电站）变化及调速器的扰动等。同时能自动测量合闸回路的合闸时间（即断路器的合闸时间和中间继电器的时间之和）。装置的高精度是发电机及系统安全的保证。

（3）高速度。同步装置的并网速度关系到系统的运行稳定性及电能质量，还关系到电厂的运行经济性。同步操作是基于系统的需求，尽快接入发电机有利于系统的功率平衡。同时尽快完成并网操作将节约可观的空载能耗。提高同步并网的速度有两个途径：一是以优化的控制算法确保同步装置能既快速又平稳地将发电机的电压和频率调整到给定值；二是以精确的预测算法确保在电压差和频率差满足定值要求后，能捕捉到第一次出现零相角差时机将发电机平滑地并入电网。

（4）能融入分布式控制系统（DCS）。同步装置应是 DCS 的一个智能终端，通过与上位机的通信完成开机过程的全盘自动化。上位机也需获得同步装置的静态定值、动态参数及并网过程状况的信息。

（5）操作简单、方便，有清晰的人机界面。同步装置的面板应能提供运行人员在并网过程中所需的全部信息，如重要定值、压差、频差及相差的动态显示等。这些信息也可通过现场总线传送到上位机，制造商应提供装置的通信协议。

（6）二次线设计简单清晰。同步装置接入 TV 二次电压、断路器操动机构合闸绕组、汽轮机数字电液调速装置 DEH、励磁调节装置 AER 等回路的接线应正确明晰。

（7）调试方便。装置调试简单，引出线方便，电压差、频率差、相角、合闸时间的整定在面板上进行，有明显的标志。

（8）有较长时间的运行实践经验。同步装置必须对发电厂和变电站负绝对责任，因此，产品的业绩及历史至关重要。目前，国内研制的微机型自动准同步装置有深圳市智能设备开发有限公司的 SID-2 系列自动准同步装置、南瑞系统控制公司的 MAS 自动准同步装置、南京东大集团电力自动化研究所的 MFC2051-1 自动准同步装置、南京国瑞电力有限公司的 WX 准同步装置和许继集团有限公司的 W2Q-3 准同步装置等。

小 结

发电厂内的同期操作是十分重要的操作，同期操作错误，会影响到机组本身的安全和系统的稳定运行。同期方式有多种，本章仅介绍手动准同期。

手动准同期是发电厂中常用的正常同期方式，它要求必须满足一定的条件才允许进行同

期合闸。

发电厂一次电路中的断路器断开后，其两侧电压为两个不同电源的电压时，断路器必须经过同期操作才能合闸，该断路器即称为发电厂中的同期点，如发电机出口断路器、主变压器低压侧断路器、母线分段断路器、母线联络断路器等。

关于手动准同期装置，本章仅介绍了各同期点公用的同期小屏和分散装在各同期点控制屏上的组合式同期表。同期测量各表计的同期电压，取自同期小母线；同期小母线上的同期电压，取自各相应的电压互感器二次侧。

为了保证在同期条件下合闸，在同期回路中采用了一系列闭锁措施，如同期检查继电器、同期开关等，这些都有效地防止了非同期合闸。

同期操作的步骤不能错误，尤其要注意只有在同期表缓慢向"快"的方向旋转并接近红线时，才允许合闸，否则可能会出现事故。

自动准同步装置（ASA）是专用的自动装置。自动监视电压差、频率差及选择理想的时间发出合闸脉冲，使断路器在零相角差时合闸。同时设有自动调节电压和频率单元，在压差和频差不合格时发出控制脉冲。频差不满足要求时，自动调节原动机的转速，减小或增加频率，即通过控制原动机的调速器（DEH）实现。压差不满足要求时，自动调节发电机的电压使电压接近系统的电压，即通过控制发电机励磁调节装置（AER）来实现。自动准同步装置主要由频率差控制单元、电压差控制单元、合闸信号控制单元和电源组成。

思考题和习题

17-1 发电机采用准同期并列时应满足哪些条件？

17-2 当使用共同的同期小屏时，如何才能保证只有一台断路器两侧的电压加到同期小屏上？

17-3 1T1-S型同期表的基本原理是什么？

17-4 为什么要采用同期检查继电器？同期检查继电器基本工作原理是什么？

17-5 转角变压器有什么用处？接线组别应如何考虑？变比应如何考虑？

17-6 进行同期操作的断路器，其合闸脉冲要经过哪些触点和小母线？为什么必须这样做？

17-7 发电厂中设置同期点的原则是什么？

17-8 试述同期操作的主要步骤。

17-9 为什么同期表指针停止在红线时不允许合闸？

17-10 试说明手动准同期回路中，都采用了哪些闭锁措施，以防止非同期合闸。

17-11 自动准同期装置主要由哪些部分构成？各部分的作用是什么？

附　录　常用系数及设备参数表

附表 1　　　　　　　矩形导体长期允许载流量（A）和集肤效应系数 K_s

导体尺寸 $h \times b$ (mm×mm)	铝 导 体								
	单条			双条			三条		
	平放 (A)	竖放 (A)	K_s	平放	竖放	K_s	平放	竖放	K_s
25×4	292	308							
25×5	332	350							
40×4	456	480		631	665	1.01			
40×5	515	543		719	756	1.02			
50×4	565	594		779	820	1.01			
50×5	637	671		884	930	1.03			
63×6.3	872	949	1.02	1211	1319	1.07			
63×8	995	1082	1.03	1511	1644	1.10	1908	2075	1.20
63×10	1129	1227	1.04	1800	1954	1.14	2107	2290	1.26
80×6.3	1100	1193	1.03	1517	1649	1.18			
80×8	1249	1358	1.04	1858	2020	1.27	2355	2560	1.44
80×10	1411	1535	1.05	2185	2375	1.30	2806	3050	1.60
100×6.3	1363	1481	1.04	1840	2000	1.26			
100×8	1547	1682	1.05	2259	2455	1.30	2778	3020	1.50
100×10	1663	1807	1.08	2613	2840	1.42	3284	3570	1.70
125×6.3	1693	1840	1.05	2276	2474	1.28			
125×8	1920	2087	1.08	2670	2900	1.40	3206	3485	1.60
125×10	2063	2242	1.12	3152	3426	1.45	3903	4243	1.80

导体尺寸 $h \times b$ (mm×mm)	铜 导 体								
	单条			双条			三条		
	平放 (A)	竖放 (A)	K_s	平放	竖放	K_s	平放	竖放	K_s
25×3	323	340							
30×4	451	475							
40×4	593	625							
40×5	665	700							
50×5	816	800							
50×6	906	955							
60×6	1069	1125		1650	1740		2060	2240	
60×8	1251	1320		2050	2160		2565	2790	
60×10	1395	1475		2430	2560		3135	3300	
80×6	1360	1480		1940	2110	1.15	2500	2720	
80×8	1553	1690	1.10	2410	2620	1.27	3100	3370	1.44
80×10	1747	1900	1.14	2850	3100	1.30	3670	3990	1.60
100×6	1665	1810	1.10	2270	2470		2920	3170	
100×8	1911	2080	1.14	2810	3060	1.30	3610	3930	1.50
100×10	2121	2310	1.14	3320	3610	1.42	4280	4650	1.70
125×8	2210	2400		3130	3400		3995	4340	
125×10	2435	2650	1.18	3770	4100	1.42	4780	5200	1.78

注　1. 载流量按最高允许温度＋70℃，基准环境温度＋25℃、无风、无日照条件计算；

　　2. b 为宽度，h 为厚度。

附表 2

槽形铝导体长期允许载流量及计算数据

截面尺寸 (mm)				双槽导体截面 (mm²)	集肤效应系数 K_s	导体载流量 (A)	截面系数 W_Y (cm³)	惯性距 I_Y (cm⁴)	惯性半径 r_Y (cm)	截面系数 W_X (cm³)	惯性距 I_X (cm⁴)	惯性半径 r_X (cm)	双槽焊成整体时				共振最大允许距离 (cm)	
a	b	c	d										截面系数 W_{Y0} (cm³)	惯性距 I_{Y0} (cm⁴)	惯性半径 r_{Y0} (cm)	惯性距 S_{Y0} (cm³)	双槽实连	双槽不实连
75	35	4	6	1040	1.02	2280	2.52	6.2	1.09	10.1	41.6	2.83	23.7	89	2.93	14.1		
75	35	5.5	6	1390	1.04	2620	3.17	7.6	1.05	14.1	53.1	2.76	30.1	113	2.85	18.4	178	114
100	45	4.5	8	1550	1.038	2740	4.51	14.5	1.33	22.2	111	3.78	48.6	243	3.96	28.8	205	125
100	45	6	8	2020	1.074	3590	5.9	18.5	1.37	27	135	3.7	58	290	3.85	36	203	123
125	55	6.5	10	2740	1.085	4620	9.5	37	1.65	50	290	4.7	100	620	4.8	63	228	139
150	65	7	10	3570	1.126	5650	14.7	68	1.97	74	560	5.65	167	1260	6.0	98	252	150
175	80	8	12	4880	1.195	6600	25	144	2.4	122	1070	6.65	250	2300	6.9	156	263	147
200	90	10	14	6870	1.32	7550	40	254	2.75	193	1930	7.55	422	4220	7.9	252	285	157
200	90	12	16	8080	1.465	8800	46.5	294	2.7	225	2250	7.6	490	4900	7.9	290	283	157
225	105	12.5	16	9760	1.575	10 150	66.5	490	3.2	307	3400	8.5	645	7240	8.7	390	299	163
250	115	12.5	16	10 900	1.563	11 200	81	660	3.52	360	4500	9.2	824	10 300	9.82	495	321	200

注　1. 载流量按最高允许温度+70℃、基准环境温度+25℃、无风、无日照条件计算。

2. h 为槽形铝导体高度，b 为宽度，c 为弯曲半径。

附表 3　裸导体载流量在不同海拔高度及环境温度下的综合校正系数 K

导体允许最高温度（℃）	适应范围	海拔高度（m）	实际环境温度（℃）						
			+20	+25	+30	+35	+40	+45	+50
+70	屋内矩形、槽形、管形导体和不计日照的屋外软导线	1000 及以下	1.05	1.00	0.94	0.88	0.81	0.74	0.67
	计及日照时屋外软导线	1000 及以下	1.05	1.00	0.95	0.89	0.83	0.76	0.69
		2000	1.01	0.96	0.91	0.85	0.79		
		3000	0.97	0.92	0.87	0.81	0.75		
		4000	0.93	0.89	0.84	0.77	0.71		
+80	计及日照时屋外管形导体	1000 及以下	1.05	1.00	0.94	0.87	0.80	0.72	0.63
		2000	1.00	0.94	0.88	0.81	0.74		
		3000	0.95	0.90	0.84	0.76	0.69		
		4000	0.91	0.86	0.80	0.72	0.65		

附表 4　常用三芯（铝）电力电缆长期允许载流量　　　　　　　　　　　　　　　　　　　　　（A）

电缆芯线截面（mm²）	6kV 黏性纸绝缘 直埋地下	6kV 黏性纸绝缘 置空气中	6kV 聚氯乙烯绝缘 直埋地下	6kV 聚氯乙烯绝缘 置空气中	6kV 交联聚乙烯绝缘 直埋地下	6kV 交联聚乙烯绝缘 置空气中	10kV 黏性纸绝缘 直埋地下	10kV 黏性纸绝缘 置空气中	10kV 交联聚乙烯绝缘 直埋地下	10kV 交联聚乙烯绝缘 置空气中	20~35kV 黏性纸绝缘 直埋地下	20~35kV 黏性纸绝缘 置空气中	20~35kV 交联聚乙烯绝缘 直埋地下	20~35kV 交联聚乙烯绝缘 置空气中
10	55	48	49	43	70	60	65	60	90	60				
16	70	60	63	56	95	85	90	80	105	80				
25	95	85	81	73	110	100	105	95	130	95	80	75	90	85
35	110	100	102	90	135	125	130	120	150	120	90	85	115	110
50	135	125	127	114	165	155	150	145	185	145	115	110	135	135
70	165	155	154	143	205	190	185	180	215	180	135	135	165	165
95	205	190	182	168	230	220	215	205	245	205	165	165	185	180
120	230	220	209	194	260	255	245	235	275	235	185	185	210	200
150	260	255	237	223	295	295	275	270	325	270	210	200	230	230
185	295	295	270	256	345	345	325	320	375	320	230	230	250	
240	345	345	313	301	395									

附表 5　充油纸绝缘电力电缆（无钢铠）长期允许载流量 (A)

钢芯截面 (mm²)	110kV 直埋地下	110kV 置空气中	220kV 直埋地下	220kV 置空气中	330kV 直埋地下	330kV 置空气中
100	290	330				
240	400	515	390	490		
400	470	655	460	625	430	590
600	520	780	515	750	480	705
700	540	820	535	795	500	750
845			575	875		

注 1. 充油电力电缆均为单芯铜线电缆。
　2. 直埋地下敷设条件：深埋 1m，水平排列中心距 250mm，缆芯最高工作温度 75℃，环境温度 25℃，土壤热阻系数 80℃·cm/W，护层两端接地。
　3. 空气中敷设条件：水平靠紧排列，缆芯最高允许工作温度 75℃，环境温度 30℃，护层两端接地。
　4. 在上述条件下，若护层一端接地，载流量可大于本表中数值。

附表 6　电缆芯线最高允许工作温度 (℃)

电缆种类	6	10	20~35	110~330
黏性纸绝缘电缆	65	60	50	
聚氯乙烯绝缘电缆	65			
交联聚乙烯绝缘	90	90	80	
充油纸绝缘			75	75

附表 7　35kV 及以下电压电缆在不同环境温度下长期允许电流的校正系数

	空气中				土壤中			
	30	35	40	45	20	25	30	35
50	1.0	0.85	0.67	0.45	1.10	1.0	0.89	0.77
60	1.0	0.89	0.78	0.66	1.07	1.0	0.93	0.85
65	1.0	0.91	0.82	0.72	1.06	1.0	0.94	0.87
80	1.0	0.94	0.87	0.80	1.04	1.0	0.95	0.90
90	1.0	0.95	0.90	0.84	1.04	1.0	0.96	0.92

附表 8　电缆在空气中多根并列敷设时允许电流的校正系数

并列根数 电缆中心距	1	2	3	4	5
$S=d$	1	0.90	0.85	0.82	0.80
$S=2d$	1.00	1.00	0.98	0.95	0.90
$S=3d$	1	1.00	1.00	0.98	0.96

注　S 为电缆中心间距，d 为电缆外径。

附表 9　电缆在土壤中直埋多根并行敷设时允许电流的校正系数

并列根数 电缆之间净距（mm）	1	2	3	4	5
100	1	0.88	0.84	0.80	0.75
200	1	0.90	0.86	0.83	0.80
300	1	0.92	0.89	0.87	0.85

附表 10　支柱绝缘子和穿墙套管技术数据

支柱绝缘子				穿墙套管				
型号	额定电压(kV)	绝缘子高度(mm)	机械破坏负荷(kN)	型号	额定电压(kV)	额定电流(A)[母线型套管内径(mm)]	套管长度(mm)	机械破坏负荷(kN)
ZL-10/4	10	160	4	CB-10	10	200、400、600、1000、1500	350	7.5
ZL-10/8	10	170	8	CC-10	10	1000、1500、2000	449	12.5
ZL-10/16	10	185	16	CB-35	35	400、600、1000、1500	810	7.5
ZL-10/4G	10	210	4	CM-12-86	12	内径86	480	20
ZS-10/4	10	210	4	CM-12-105	12	内径105	484	23
ZS-10/5	10	220	5	CM-12-142	12	内径142	487	30
ZS-15/4T	15	260	4	CM-12-160	12	内径160	488	8
ZSN-15/4T	15	260	4	CM-12-130	12	内径130	720	23
ZL-20/16	20	265	16	CM-12-330	12	内径330	782	40
ZL-20/30	20	290	30	CWLB2-10	10	200、400、600、1000、1500	394	7.5
ZS-20/10	20	350	10	CWLC2-10	10	2000、3000	435	12.5
ZL-35/4Y	35	380	4	CWLC2-20	20	2000、3000	595	12.5
ZL-35/4	35	380	4	CWLB2-35	35	400、600、1000、1500	830	7.5
ZL-35/8	35	400	8	CMW-24-180	24	4000A、内径180	805	20
ZLA-35GY	35	445	4	CMW-24-330	24	8000A、内径330	805	40
ZLB-35GY	35	450	7.5	CMW-40.5-320	40.5	6000A、内径320	942	40
ZS-35/4	35	400	4					
ZS-35/8	35	420	8					
ZS-35/16	35	500	16					
ZSX-35/4	35	420	4					

附表 11

10kV 断路器技术参数

型号	额定电压 (kV)	额定电流 (A)	额定开断电流 (kA)	额定关合电流 (峰值, kA)	动稳定电流 (峰值, kA)	热稳定电流 (kA) 2s	3s	4s	5s	固有分闸时间 (s)	合闸时间 (s)
ZN5-10 II	10	630、1000	20	50	50			20		0.05	0.1
		1250	25	63	63			25		0.05	0.15
ZN9-10	10	1250	20	50	50			20		0.05	0.15
ZN12-10	10	1250、2500	31.5	80	80			31.5		0.065	0.075
		1600、2000、3150	50	125	125		50			0.065	0.075
ZN18-10	10	630	25	63	63		25			0.03	0.045
ZN22-10	10	1250、1600、2000、2500、3150	40	100	100			40		0.065	0.075
ZN32-10	10	1600、2500、3150	40	100	100		40			0.05	0.08
ZN63-12	12	630、1250、1600	20	50	50			20		0.04	0.06
		2500、3150	31.5	80	80			31.5			
			40	100	100			40			
ZW14A-12	12	630	20	50	50			20		0.06	0.07
ZW2-10	10	400	6.3	16	16			6.3		0.03	0.1
		630	16	31.5	31.5			16			
		250	31.5	80	80			31.5			
LN-10	10	2000	40	80	110		43.5			0.06	0.06
LN2-10 II	10	1250、1600	31.5	80	80	31.5				0.06	0.15
LW3-12	12	400、630	6.3	16	16			16		0.04	0.06
			12.5	31.5	31.5			31.5			
			20	50	50			50			
LW3-10 III	10	400	6.3	16	16			6.3		0.04	0.06
		600	12.5	31.5	31.5			12.5			
HB10	10	1250、1600、2000	40	100	100		43.5			0.06	0.06

附表 12　35kV 断路器技术参数

型　号	额定电压 (kV)	额定电流 (A)	额定开断电流 (kA)	额定关合电流 (峰值, kA)	动稳定电流 (峰值, kA)	热稳定电流 (kA) 2s	3s	4s	5s	固有分闸时间 (s)	合闸时间 (s)
ZN-35	35	630 1250	8 16	20 40	20 40			8 16		0.06	0.20
ZN12-35	35	1250, 1600, 2000, 2500	25, 31.5	63, 80	63, 80			31.5			
ZN72-40.5	40.5	1600	31.5	80	80			31.5		0.07	0.09
ZW30-40.5	40.5	1250, 1600, 2000	31.5	80	80			31.5		0.065	0.1
LN2-35Ⅲ	35	1250, 1600	25	63	63			25		0.06	0.2
LW8-40.5	40.5	1600, 2000	25, 31.5	63, 80	63, 80			25		0.06	0.1
LW19-40.5	40.5	630, 1250	16, 25	40, 63	40, 63		16, 25			0.055	0.095
HB35	35	1250, 1600, 2000	25	63	63		25			0.06	0.06

附表 13　110kV 断路器技术参数

型　号	额定电压 (kV)	额定电流 (A)	额定开断电流 (kA)	额定关合电流 (峰值, kA)	动稳定电流 (峰值, kA)	热稳定电流 (kA) 2s	3s	4s	5s	固有分闸时间 (s)	合闸时间 (s)
ELFSL2-1	110	2500 3150	40	100	100		31.5			0.026	
OFPI-110 [OFPT(B)-110]	110	1250 1600 2000 3150 4000	31.5 40 50	80 100 125	80 100 125		40 50			0.03	0.12
SFM-110 (SFMT-110)	110	2000 2500 3150 4000	31.5 40 50	80 100 125	80 100 125		31.5 40 50			0.025	
LW6B-126	126	3150	40	100	100		40				
LW35-126	126	3150	31.5	100	100		40				

附表 14　　220kV 断路器技术参数

型号	额定电压 (kV)	额定电流 (A)	额定开断电流 (kA)	额定关合电流 (峰值, kA)	动稳定电流 (峰值, kA)	热稳定电流 (kA) 2s	3s	4s	5s	固有分闸时间 (s)	合闸时间 (s)
LW6B-252	252	3150	40 50	125	1215		50				
LW10B-252	252	3150	40 50	100 125	100 125		40 50			0.025	0.1
LW-220 I	220	1600	40	100	100		40			0.04	0.15
LW2-220	220	2500	31.5 40 50	80 100 125	80 100 125		31.5 40 50			0.03	0.15
LW6-220	220	2500 3150	40 50	100 125	100 125					0.03	0.09
ELFSL4-1	220	2500 3150 4000 4000	40	100	100		40			0.02	
ELFSL4-2	220	4000 4000	50	125	125		50			0.021	
OFPI-220 [OFPT (B)-220]	220	1250 (1600) 2000 3150 4000)	40 50 63	100 125 160	100 125 160		40 50 63			0.03 (0.02)	0.12
SFM-220 (SFMT-220)	220	2000 (2500) 3150 4000)	40 50 63	100 125 160	100 125 160		40 50 63			0.025 (0.03)	0.1

附表 15　　500kV 断路器技术参数

型　号	额定电压 (kV)	额定电流 (A)	额定开断电流 (kA)	额定关合电流 (峰值, kA)	动稳定电流 (峰值, kA)	热稳定电流 (kA) 2s	3s	4s	5s	固有分闸时间 (s)	合闸时间 (s)
LW6-500(H)	500	3150	50 40	125 100	125 100		50 40			0.028	0.09
LW10B-550	550	3150	50	125	125		50				
LW12-500	500	2500 4000	50 63	125 160	125 160		50 63			0.02	0.13
LW13-500	500	2000 2500 3150	40 50 63	100 125 160	100 125 160		40 50 63			0.025	0.10
500-SFM	500	2000 2500 3150	40 50	100 125	100 125		40 50			0.02	

附表16

隔离开关技术参数

型号	额定电压(kV)	额定电流(A)	动稳定电流(kA)	热稳定电流(kA)
GN5-6(GN5-10)	6(10)	200	25.5	10(5s)
GN6-6T(GN6-10T)		400	52	14(5s)
GN8-6T(GN8-10T)		600	52	20(5s)
GN19-10, GN19-10C	10	400	31.5	12.5(4s)
GN19-10XT		630	50	20(4s)
GN19-10XQ, GN24-10D		1000	80	31.5(4s)
GN30-10(□)		1250	100	40(4s)
GN2-10	10	1000	80	40(5s)
		2000	85	51(5s)
		3000	100	70(5s)
GN22-10(□)	10	2000	100	40(2s)
		3150	125	50(2s)
GN3-10	10	3000	200	120(5s)
		4000		
GN10-10T	10	3000	160	75(5s)
		4000	160	80(5s)
		5000	200	100(5s)
		6000	200	105(5s)
GN2-20	20	400	50	10(10s)
GN23-2C	20	2500	150	63(3s)
		5000	250	100(3s)
		8000	300	120(3s)
GN10-20	20	6000	224	74(10s)
		8000		
		9100		

续表

型　号	额定电压 (kV)	额定电流 (A)	动稳定电流 (kA)	热稳定电流 (kA)
GN21-20	20	10 000	400	149(2s)
		12 500	250	105(5s)
GN6-35T	35	1000	75	30(5s)
GN2-35T, GN13-35	35	400	52	14(5s)
		600	64	25(5s)
GN16-35	35	1250	63	25(4s)
		2000	64	25(4s)
GW4-35(D)	35	630	50(100)	20(4s)
GW5-35Ⅱ(D)		1000	80(100)	25(31.5)(4s)
		1250	80(100)	31.5(4s)
		1600	100	31.5(4s)
		2000	100	40(31.5)(4s)
GW13-35, GW13-110	35, 110	630	55	16(4s)
GW4-110(D)	110	630	50(100)	20(4s)
GW5-110Ⅱ(D)		1000	80(100)	25(31.5)(4s)
		1250	80(100)	31.5(4s)
		1600	100	31.5(4s)
		2000	100	40(31.5)(4s)
GW16-220(D)	220	2500	125	30(3s)
GW4-220(D)	220	630	50	20(4s)
		1000	80	31.5(4s)
		1250	100	40(4s)
GW11-220(D)	220	1600	125	50(4s)
GW17-220(D)		2500	125	50(4s)
GW6-220(D)		2500	100	40(3s)

附表17　电流互感器技术数据

型号	额定电流比	级次组合	准确度级	二次负荷 0.2 (Ω)	0.5	1	3	B、D	5P (VA)	10P	10%倍数 二次负荷(Ω)	10%倍数 倍数	1s热稳定 电流(kA)	1s热稳定 倍数	动稳定 电流(kA)	动稳定 倍数
LA-10	5~200/5	0.5/3	0.5		0.4	0.4	0.6					10		90		160
	300~400/5		1									10		75		135
	500/5		3									10		60		110
	600~1000/5													50		90
	200~300/5				0.6	1.0		0.6				15		120		215
LAJ-10 LRJ-10	400/5	0.5/D	0.5		0.8	1.0		0.8				10(15)		75		135
	600~800/5	1/D	D		1.0	1.0		0.8				10(15)		50		90
	1000~1500/5	D/D			1.2	1.6		1.0				10(15)		50		90
	2000~6000/5				2.4	2.0		2.0				10(15)		50		90
LFZ1-10	5~300/5	0.5/B	0.5		0.4	0.4		0.6				(12)		90		160
	400/5	1/B、B/B			0.4	0.4		0.6				(12)		80		140
LFZD2-10	75~200/5	0.5/D	0.5		0.8			1.2				15		120		210
	300~400/5	D/D	D									15		80		160
LFZJB6-10	150/5	0.5/B	0.5		0.4			0.6				15	22.5		44	
	200~300/5		B										24.5		44	
LDZJ1-10	600~1500/5	0.5/3、1/3 0.5/D、D/D			1.2	1.6 1.2	1.2	1.6				(15)		50		90
LDZB6-10	400~500/5	0.5/B			0.8			1.2				15	31.5(2s)		80	

续表

型号	额定电流比	级次组合	准确度级	二次负荷 0.2(Ω)	0.5(Ω)	1(Ω)	3(Ω)	B、D(VA)	5P(VA)	10P(VA)	10%倍数 二次负荷(Ω)	倍数	1s热稳定 电流(kA)	倍数	动稳定 电流(kA)	倍数
LQJC-10	5~100/5	0.5/D	0.5		0.4							6		90		225
	150~400/5	1/D	1 / D					0.6				6 / 15		75		160
LZZJB6-10	150/5		D									15	22.5		44	
	200~400/5	0.5/B	0.5 / B		0.4			0.6					24.5		44	
	500~800/5												33		59	
	1000~1500/5												41		74	
LMZJ1-10	2000~3000/5	0.5/D	0.5 / D		2.4	2.4		4.0				15				
LQZ-35	15~600/5	0.5/D	0.5 / D		2.0	4.0 / 1.2	3.0	2.0			0.8	35		65		100
L-35	75~200/5	0.5/B	0.5 / B		2.0						2.0	20		55		167~170
	300/5													41.5		140
	400/5															105
LB-35	75~200/5	0.5/B1/B2	0.5 / B1		2.0			2.0			2.0	15		65		167~170
	300/5	0.5/0.5/B2	B2					2.0			2.0	20		55		140
	400/5	B1/B1/B2												41.5		109
LCW-35	15~1000/5	0.5/3	0.5 / 3		2	4	2				2 / 2	28 / 5		65		100

续表

型号	额定电流比	级次组合	准确度级	二次负荷 (Ω) 0.2	0.5	1	3	B、D (VA)	5P	10P	10%倍数 二次负荷 (Ω)	倍数	1s 热稳定 电流 (kA)	倍数	动稳定 电流 (kA)	倍数
L-110	50~200/5	0.5/B	0.5		1.6						1.6	15		75		178~179
	300/5	B	B											70		178
	400/5													52.5		134
LB-110 LB1-110	2×50~2×200/5	0.5/B	0.5		2.0						2.0	15		73~75		178~187
	2×300/5	B/B	B											70		183
	2×400/5													52.5		138
LCWB4-110	2×50~2×200/5	0.5/B1 B2/B3	0.5 B1 B2 B3		2						2.4 2.4 2.0	30 20 20		75		135
LB9-220	4×300/5	B/B/B B/0.5/0.2	0.2 0.5 B	1.2	2.0						2.4 2.4 2.4	15 15 15		42		78
LCW-220	4×300/5	0.5/D D/D	0.5 D		2 1.2	4					2 1.2	20 30		60		
LCWB2-220W	2×200~2×600/5	0.2/0.5 P/P P/P	0.2 0.5 P	50VA	2					60	20	15	31.5	60	80	

附表18　电压互感器技术数据

型号	额定电压 (kV)			二次绕组额定容量 (VA)				辅助(剩余)绕组额定容量(VA)	分压电容量 (μF)	最大容量 (VA)
	一次绕组	二次绕组	辅助绕组	0.2	0.5	1	3(3P)			
JDJ-10	10	0.1			80	150	320			640
JDF-10	10	0.1		25	50	150				
JDZ12-10	10	0.1		40	100					800
JDZF-10	10	0.1		30						
JDZJ1-10, JDZB-10	10/√3	0.1/√3	0.1/3		50	80	200			400
JDZX11-10B	10/√3	0.1/√3	0.1/3	40	100	200		100(6P)		600
JDX-10	10/√3	0.1/√3	0.1/3	100	100			100		1000
UNE10-S	10/√3	0.1/√3	0.1/3	30	40	200		50(6P)		500
UNZS10	10	0.1	0.1	30	30					500
JSJV-10	10	0.1			140	200	500			1100
JSJB-10	10	0.1			120	200	480			960
JSJW-10	10	0.1	0.1/3		120	200	480			960
JSZW3-10	10	0.1	0.1/3		150	240	600			1000
JSZG-10	10	0.1	0.1/3		150			120√3(6P)		400
JD7-35	35	0.1		80	150	250	500			1000
JDJ2-35	35	0.1			150	250	500			1000
JDZ8-35	35	0.1		60	180	360	1000	100		1800
JDX7-35	35√3	0.1/√3	0.1/3	80	150	250	500			1000
JDJJ2-35	35√3	0.1/√3	0.1/3		150	250	500			1000
JDZX8-35	35√3	0.1/√3	0.1/3	30	90	180	500	100(6P)		600
JCC6-110(W2, GYW1)	110√3	0.1/√3	0.1	150	300	500	500	300(3P)		2000

续表

型号	额定电压(kV)			二次绕组额定容量(VA)				辅助(剩余)绕组额定容量(VA)	分压电容量(μF)	最大容量(VA)
	一次绕组	二次绕组	辅助绕组	0.2	0.5	1	3(3P)			
JCC3-110B(BW2)	110/√3	0.1/√3	0.1		300	500	(500)			2000
JDC6-110	110/√3	0.1/√3	0.1		300	1000	(500)	300(3P)		2000
TYDI110/√3-0.015	110/√3	0.1/√3	0.1	100	200	400			0.015	
JCC5-220(W1, GYW1)	220√3	0.1/√3	0.1		300	500	(300)			2000
JDC-220	220√3	0.1/√3	0.1	150	300	500	(500)			2000
JDC9-220(GYW)	220√3	0.1/√3	0.1			500	(1000)			2000
TYD220/√3-0.0075	220√3	0.1/√3	0.1	100	200	400			0.007 5	
TYD₃500√3	500√3	0.1√3		150	300				0.005	

附表 19　限流电抗器的基本技术参数

型号	额定电压(kV)	额定电流(A)	电抗(%)	额定线圈电感(mH)	三相通过容量(kVA)	单相无功容量(kvar)	单相损耗(75℃, W)	动稳定电流(kA)	热稳定(kA·s)
NKL-6-500-4	6	500	4				2860	31.9	27(1s)
NKL-10-400-4	10	400	4					25.5	22.5(1s)
NKSL-6-400-5	6	400	5	1.379	3×1386	69.3	3153	20.4	22.26
NKSL-10-400-4	10	400	4	1.838	3×2309	92.4	3196	25.5	27.56
NKSL-6-600-4	6	600	4	0.735	3×2078	83	2347	38.25	49.33
NKSL-10-600-6	6	600	6	1.838	3×3464	207.8	5775	25.5	33

参 考 文 献

[1] 李建基. 新型中压开关设备选型手册. 北京：中国水利水电出版社，2007.

[2] 林莘. 现代高压电器技术. 北京：机械工业出版社，2011.

[3] 徐国政. 高压断路器原理和应用. 北京：清华大学出版社，2000.

[4] 郭贤珊. 高压开关设备生产运行实用技术. 北京：中国电力出版社，2006.

[5] 凌子恕. 高压互感器技术手册. 北京：中国电力出版社，2005.

[6] 黄绍平，李永坚，秦祖泽. 成套电器技术. 北京：机械工业出版社，2005.

[7] 黄兴泉，郭琳. 电气设备运行与检修. 北京：中国电力出版社，2010.

[8] 王季梅. 高压交流熔断器及其应用. 北京：机械工业出版社，2006.

[9] 李建基. 高压开关设备实用技术. 北京：中国电力出版社，2005.

[10] 陈家斌. 电缆图表手册. 北京：中国水利水电出版社，2004.

[11] 《电气工程师手册》第二版编辑委员会. 电气工程师手册. 2版. 北京：机械工业出版社，2000.

[12] 电力工业部西北电力设计院. 电力工程电气设备手册：电气一次部分. 北京：中国电力出版社，1998.

[13] 电力工业部西北电力设计院. 电力工程电气设备手册：电气二次部分. 北京：中国电力出版社，1996.

[14] 熊信银. 发电厂电气部分. 3版. 北京：中国电力出版社，2004.

[15] 傅知兰. 电力系统电气设备选择与实用计算. 北京：中国电力出版社，2004.

[16] 狄富清. 变电设备合理选择与运行检修. 北京：机械工业出版社，2006.

[17] 姚春球. 发电厂电气部分. 北京：中国电力出版社，2004.

[18] 李景禄，胡毅，刘春生. 实用电力接地技术. 北京：中国电力出版社，2002.

[19] 中国电器工业协会《输配电设备手册》编辑委员会. 输配电设备手册(上、下册). 北京：机械工业出版社，2000.